W0256243

RÖNTGENTHERAPIE

OBERFLÄCHEN- UND TIEFENBESTRAHLUNG

VON

DR. H. E. SCHMIDT

SECHSTE UMGEARBEITETE UND ERWEITERTE AUFLAGE

HERAUSGEGEBEN VON

DR. A. HESSMANN

DIRIGIERENDEM ARZT DER RÖNTGENABTEILUNG
DES KRANKENHAUSES AM URBAN-BERLIN

MIT 103 ABBILDUNGEN

Springer-Verlag Berlin Heidelberg GmbH
1923

ISBN 978-3-662-31894-2
DOI 10.1007/978-3-662-32721-0
ISBN 978-3-662-32721-0 (eBook)

Vorwort zur sechsten Auflage.

Die vorige Auflage vermittelte die Erfahrungen auf dem Gebiete der Röntgentherapie, die seit dem Jahre 1915 bis Ende 1919 gesammelt waren, den Bedürfnissen der Praxis angepaßt. Nach einem Jahr war die 5. Auflage bereits vergriffen und eine neue Auflage sollte herausgebracht werden. Die Jahre 1920 und 1921 brachten indessen eine beispiellose Entwicklung der praktischen Röntgentiefentherapie. Wie ein Blitz schlug die Verkündung der biologischen Sarkom- und Karzinomdose durch Wintz auf dem Röntgenkongreß des Jahres 1920 ein, und ein jeder der aufhorchenden Röntgenärzte ließ es sich angelegen sein, nunmehr an die Behandlung maligner Tumoren mit den entsprechenden Dosen heranzugehen. Aber die neue Tiefentherapiemethodik mußte anderen Ortes erst aufgebaut und Erfahrungen mit ihr gesammelt werden. Das war nicht so leicht, wie es manchem zunächst scheinen möchte, eine fest umrissene Tiefendose überall da räumlich homogen wirksam werden zu lassen, wo gerade eine bösartige Geschwulst wuchs. Mißerfolge traten unter diesen Umständen ein, vielleicht sogar über das notwendige Maß hinausgehende Schäden, die dann der neuen Bestrahlungsmethode zur Last gelegt wurden. Auf dem Röntgenkongreß des Jahres 1921 waren daher die Meinungen über die Karzinomdose schon geteilt. Zudem ergriff gerade zu dieser Zeit das Wort „Reizdose“ die Gemüter und verwirrte zunächst die Sachlage bei der Bestrahlung des Krebses, wenn nicht bei den Röntgenologen, so doch zum mindesten bei den Ärzten, die der schwierigen Materie ferner standen. Das Jahr 1922 brachte dann allmählich eine Klärung der Maßnahmen, die zweckmäßig zur Behandlung eines Karzinoms im Röntgenlaboratorium anzuwenden sind, so daß jetzt die lokale Intensivbestrahlung eines malignen Tumors ebenso selbstverständlich ist wie die Bekämpfung der allgemeinen Krebsdisposition eines Organismus mittels der Reizbestrahlung von Organen mit innerer Sekretion (vgl. das Kapitel über die Behandlung maligner Tumoren).

Der neuen Auflage wäre es also kaum förderlich gewesen, wenn sie früher erschienen wäre, zu einer Zeit, wo die Klärung der Sachlage noch nicht eingetreten war. Wir wissen nunmehr, daß zwar die intensive lokale Röntgenbehandlung nicht das Allheilmittel für den Krebs bedeutet, daß sie aber allen anderen Mitteln unblutiger Art überlegen ist, und zuweilen noch dann hilft, wenn alles andere versagt. Auch unterliegt es keinem Zweifel mehr, daß gleichbedeutend die Allgemeinbehandlung der Krebsdisposition eines Körpers einzusetzen hat, sofern die Behandlung des Karzinoms von Erfolg gekrönt sein soll. Diese Gesichtspunkte waren daher maßgebend für die notwendige Umarbeitung der verschiedenen Kapitel über Tiefentherapie. Außer allen anerkannten und durch längere Erfahrung gesicherten Bestrahlungsmethoden sind in der 6. Auflage eine Anzahl neuer instrumenteller Mittel zur Erzeugung und meßtechnischen Kontrolle von Tiefendosen zu finden, soweit ihnen für die Röntgenpraxis eine wesentliche Bedeutung innewohnt.

Wie in der vorigen Auflage habe ich für die Dosierung an der Körperoberfläche auch in dem Abschnitt über Tiefentherapie das Sabourand-Noiré-Dosimeter seiner Einfachheit und Zuverlässigkeit halber beibehalten, und ich befinde mich hier in erfreulicher Übereinstimmung mit Holzknecht.

Erwähnt sei an dieser Stelle noch das von der Wiener Schule herausgebrachte Mittel gegen die Röntgennausea — das Röntgenosan —, das mit seiner Chlornatriumkomponente der Kochsalzverarmung des Körpers bei der Tiefenbestrahlung entgegenwirken soll.

In dem Kapitel Gynäkologie ist die Methodik bei der Myombestrahlung weiter vereinfacht worden, und die Bestrahlung der Milz zur Behandlung funktioneller Blutungen nachgeholt, ebenso in dem Abschnitt Dermatologie die Thymusbestrahlung bei Psoriasis sowie die Bestrahlung der Milz beim chronisch rezidivierenden Ekzem.

Möge die neue Auflage wie die früheren dem schon bewanderten Röntgentherapeuten dazu dienen, daß er seine Kenntnisse leichter in die Praxis umsetzt. Dem Neuling aber möge der Leitfaden einen deutlichen Begriff von der Schwierigkeit exakter Dosierung in der Tiefe des menschlichen Körpers geben, um ihn vor der vorzeitigen Anwendung der Tiefentherapie zu bewahren.

Berlin, September 1923.

A. Hessmann.

Inhaltsverzeichnis.

Physikalisch-technischer Teil.

Seite

Kathoden- und Röntgenstrahlen 1
Röntgeninstrumentarium 5
Stromquelle 5
Induktor 6
Unterbrecher 9
Quecksilber-Motor-Unterbrecher 9
Wehnelt-Unterbrecher 13
Gashaltige Röntgenröhren 14
Gasfreie Röntgenröhren 25
Vorrichtungen zur Unterdrückung der verkehrten Stromrichtung 31
Instrumente zur Prüfung der Qualität der Röntgenstrahlen . . 34
Radiometer 34
Kryptoradiometer 35
Waltersche Härteskala 36
Der absolute Härtemesser nach Christen 36
Qualimeter von Bauer 40
Sklerometer von Klingelfuß 41
Analysator von Glocker 41
Instrumente zur Prüfung der Quantität der Röntgenstrahlen 42
Freundsches Meßverfahren 42
Radiometer nach Sabouraud und Noiré 43
Radiometer nach Bordier 46
Quantimeter nach Kienböck 46
Fällungsradiometer nach Schwarz 49
Holzknechts Skala zum Sabouraud 50
Köhlersche Meßmethode 51
Elektrische Meßmethoden 52
Vorrichtungen zur Kontrolle der Röhrenkonstanz 61
Strahlungsregionen der Röntgenröhre 64
Die Bedeutung der Röntgenstrahlenqualität für die direkte Dosimetrie 65
Behandlung der Röntgenröhren 68

Therapeutischer Teil.

Die Entwicklung der Röntgentherapie 72
Die Röntgenstrahlen-Dermatitis und ihre Folgeerscheinungen 85
Das Röntgenkarzinom 97

Seite
Dosierung der Röntgenstrahlen 98
Die Erythem-Grenze bei den verschiedenen Strahlenqualitäten . 106
Desensibilisierung und Sensibilisierung für Röntgenstrahlen 108
Allgemeine Bestrahlungstechnik 116
Methodik der Oberflächenbestrahlung 143
Methodik der Tiefenbestrahlung 145
Die forensische Bedeutung der Schädigung durch Röntgenstrahlen 150
Die Hygiene im Röntgenzimmer 153
Indikationen 156
a) Dermatologie.
Psoriasis (Thymusbestrahlung) 156
Ekzem (einschl. Milzbestrahlung) 161
Pityriasis rosea 164
Lichen simplex chronicus (Vidal) 165
Lichen ruber planus 165
Lichen ruber verrucosus 167
Prurigo 167
Aknekeloid 167
Akne vulgaris 168
Rhinophyma 169
Furunkulosis 169
Pemphigus vegetans 170
Lupus erythematodes 170
Sklerodermie 171
Elephantiasis 171
Granulosis rubra nasi 172
Seborrhoea oleosa 172
Hyperhidrosis 172
Hidrocystadenom 173
Ichthiosis 173
Keratoma hereditarium palmare et plantare 173
Dariersche Dermatose 174
Hypertrichosis 174
Leukoplakia linguae 176
Perniones 176
Favus 176
Trichophytie (Sykosis parasitaria) 178
Sykosis simplex 180
Lupus vulgaris 181
Lupus pernio 184
Skrophuloderma 185
Tuberculosis cutis verrucosa 185
Erythema induratum 185
Folliklis und Aknitis 186
Rhinosklerom 186
Verruca 188
Keloid 189
Angiom 190
Lipom 191
Fibrom 191

Seite

Carcinoma cutis . . . 191
Pagets disease . . . 196
Xeroderma pigmentosum . . . 196
Sarkoma cutis . . . 197
Mykosis fungoides . . . 200
Syphilis . . . 201
Pruritus . . . 202

b) Innere Medizin.
Leukämie . . . 203
Pseudoleukämie . . . 206
Polyglobulie . . . 206
Polyzythämie . . . 206
Malaria . . . 207
Morbus Banti . . . 208
Morbus Addisonii . . . 208
Morbus Basedowii . . . 208
Arthritis deformans und Arthritis urica . . . 210
Bronchitis, Bronchialasthma . . . 210
Neuralgie . . . 211
Syringomyelie . . . 213
Multiple Sklerose . . . 213
Arteriosklerose . . . 213

c) Chirurgie.
Tuberkulose der Drüsen, Knochen und Gelenke . . . 214
Lungen-, Kehlkopf-, Nieren-, Blasen-, Bauchfell-, Nebenhoden-Tuberkulose . . . 218
Aktinomykose . . . 222
Venerische Bubonen . . . 222
Morbus Mikulicz-Kümmel . . . 223
Struma . . . 223
Thymushypertrophie . . . 224
Prostatahypertrophie . . . 224
Behandlung maligner Tumoren . . . 226
Konzentration der Bestrahlung . . . 235

d) Gynäkologie.
Myoma uteri; Präklimakterische Blutungen; Chronische Metritis; Dysmenorrhoe; Funktionelle Blutungen (Milzbestrahlung) 286

e) Ophthalmologie.
Lid-Epitheliome . . . 292
Hornhaut-Epitheliome . . . 293
Sarkome des Bulbus und der Orbitalgegend . . . 294
Lupus conjunctivae . . . 295
Trachom . . . 295
Frühjahrskatarrh, Episkleritis, Hornhautflecke, Hornhautgeschwüre . . . 296

f) Oto-Rhino-Laryngologie . . . 296

Nachtrag . . . 298
Röntgentherapie bei Ulcus ventriculi et duodeni . . . 298
Röntgentherapie in der Zahnheilkunde . . . 298

Physikalisch-technischer Teil.

Kathoden- und Röntgenstrahlen.

Zur Erzeugung von Röntgenstrahlen sind elektrische Ströme von hoher Spannung und gleicher Richtung erforderlich, die Stromstärke kann dabei sehr gering sein.

Die Begriffe „Spannung" und „Stromstärke" macht man sich am besten durch Vergleich des elektrischen Stromes mit einem Wasserstrom klar. Wie das Wasser von Stellen höheren zu Stellen niedrigeren Druckes fließt, so strömt die Elektrizität von Stellen höherer zu Stellen niedrigerer Spannung. Die Spannung bei der strömenden Elektrizität entspricht also dem Druck beim strömenden Wasser.

Die Menge Wasser, welche in einem Rohre von bekanntem Querschnitt an einer bestimmten Stelle in 1 Sekunde vorbeifließt, ist offenbar ein Maß für die Stärke des Stromes, ebenso die Elektrizitätsmenge, die durch einen Draht von bekanntem Querschnitt an einer bestimmten Stelle in 1 Sekunde hindurchströmt, ein Maß für die Stärke des elektrischen Stromes. Die Einheit der Spannung nennt man 1 Volt, die der Stromstärke 1 Ampère. Ein kurzer dicker Draht setzt dem elektrischen Strom einen viel geringeren Widerstand entgegen als ein langer dünner Draht; durch ersteren können große Elektrizitätsmengen bei niedriger Spannung, durch letzteren kleine Elektrizitätsmengen nur bei hoher Spannung fließen.

Zur Messung der Spannung und Stromstärke dienen sog. Volt- und Ampèremeter, deren Konstruktion auf der Tatsache beruht, daß ein beweglicher stromdurchflossener Leiter in einem konstanten Magnetfelde eine Ablenkung erfährt, und zwar um so mehr, je kräftiger der Strom ist. Diese Drehspul-Instrumente nach Deprez-d'Arsonval zeichnen sich durch große Präzision aus. Zur Messung der Stromstärke in Röntgenröhren werden Milliampèremeter benutzt, deren Wirkungsweise auf gleicher Grundlage beruht.

Hochgespannte Ströme erhält man am bequemsten durch Induktion; unter Induktion versteht man folgenden von Faraday entdeckten Vorgang:

In einem geschlossenen stromlosen Leiter entsteht ein elektrischer Strom, sobald diesem Leiter ein Magnet genähert oder von ihm entfernt wird. Ebenso entstehen in einem geschlossenen stromlosen Leiter Ströme, wenn in seiner Nähe ein Strom geöffnet oder geschlossen wird. Auf dieser Tatsache beruht die Konstruktion der sog. Induktionsapparate, welche im wesentlichen aus zwei voneinander isolierten, gewöhnlich übereinander gewickelten Drahtrollen bestehen. Die Drahtrolle, durch welche der Hauptstrom geschickt wird, bezeichnet man als primäre, die darüber gewickelte, in welcher durch Öffnung und Schließung des Hauptstromes die hochgespannten Induktionsströme entstehen, als sekundäre Spule. Man bezeichnet den induzierenden auch als primären, den induzierten oder Induktionsstrom auch als sekundären Strom. Der Öffnungsinduktionsstrom ist dem Schließungsinduktionsstrom entgegengesetzt gerichtet und besitzt eine größere Intensität. Induktionsströme entstehen auch beim Stärker- und Schwächerwerden sowie beim Nähern und Entfernen des primären Stromes. Sie sind beim Schließen, Nähern und Stärkerwerden des primären Stromes diesem entgegengesetzt, beim Öffnen, Entfernen und Schwächerwerden ihm gleich gerichtet. Induktion findet auch im primären Stromkreise selbst statt, wenn dieser aus vielen, dicht aneinander liegenden Windungen besteht. Die dadurch entstehenden Ströme heißen Extraströme. Der Vorgang wird als Selbstinduktion bezeichnet. Da es sich beim Betrieb von Röntgenröhren darum handelt, einen niedrig gespannten Strom in einen solchen von hoher Spannung umzuwandeln, und da die Spannung des sekundären Stroms um so größer ist, je größer die Stärke des primären Stroms und je zahlreicher die Windungen der sekundären Rolle sind, so wählt man für die primäre Rolle verhältnismäßig dicken und kurzen, für die sekundäre Rolle dagegen dünnen und langen Draht.

Zur selbsttätigen Unterbrechung des primären Stromes dient z. B. der Wagnersche Hammer (Abb. 1). Das hufeisenförmige Eisenstück *M* wird durch den herumfließenden Strom magnetisch und zieht den Anker *A*, der bei *F* durch eine Feder befestigt ist, an und von der Metallspitze *S* fort. Dadurch wird der Strom unterbrochen, und infolgedessen verliert das Eisenstück *M* seinen Magnetismus, die Feder geht in ihre alte Lage zurück, der Strom ist wieder geschlossen, und das alte Spiel beginnt von neuem.

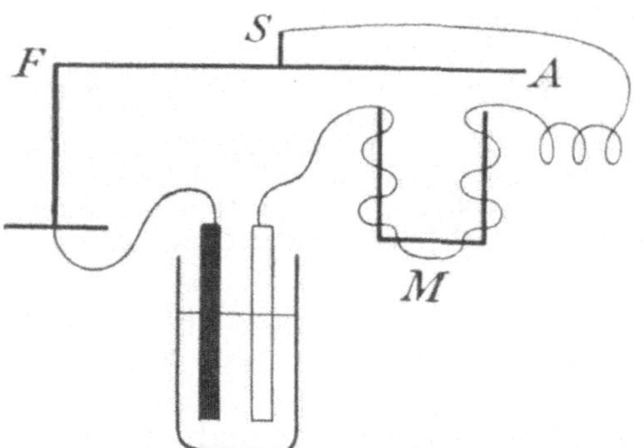

Abb. 1. Wagnerscher Hammer.

Der Wagnersche Hammer ist ein Bestandteil des Dubois-Reymondschen Schlitten-Induktoriums, bei welchem die sekundäre über die primäre Spirale geschoben und dadurch die Wirkung abgestuft werden kann.

Wirksamer als das Dubois-Reymondsche Schlitten-Induktorium ist der Ruhmkorffsche Funkeninduktor, bei welchem beide Spiralen übereinander gewickelt sind und der Draht der sekundären oft bis 100 000 m lang ist. Im Innern der primären Rolle befindet sich außerdem ein unterteilter Eisenkern, welcher durch seinen entstehenden und vergehenden Magnetismus die Induktionswirkung verstärkt.

Schickt man den hochgespannten Strom eines Induktionsapparates — es handelt sich immer um den bei der Öffnung des primären Stromes entstehenden Induktionsstrom, dessen Spannung höher ist als die des Schließungsinduktionsstromes — durch eine mit zwei eingeschmolzenen Elektroden versehene Glasröhre, so zeigt sich — vorausgesetzt, daß die beiden Elektroden weit genug voneinander entfernt sind, um bei der angewendeten Spannungsdifferenz das Überspringen von Funken unmöglich zu machen — gar nichts, solange der Druck in der Röhre gleich dem einer Quecksilbersäule von 760 mm Höhe ist. Sobald aber der Luftgehalt der Röhre so weit verdünnt ist, daß der Druck der Luft im Innern der Röhre etwa 6—8 mm Quecksilber beträgt, sieht man zwischen den Elektroden ein helles, violettes Lichtband auftreten. Derartige Röhren wurden zuerst von Geißler in Bonn hergestellt und heißen nach ihm Geißlersche Röhren. Bei genauerem Zusehen findet man, daß das violette, von der positiven Elektrode ausgehende Licht geschichtet ist und sich nicht ganz bis an die von einem bläulichen Lichtschimmer umgebene negative Elektrode erstreckt, sondern von dieser durch einen kleinen dunklen Zwischenraum, den „dunklen Kathodenraum" getrennt ist. Bei weiterem Auspumpen der Röhre wird der dunkle Kathodenraum immer größer, das positive farbige Lichtband immer kürzer, bis es schließlich ganz verschwindet. Gleichzeitig tritt eine andere Erscheinung auf, die zuerst 1869 von Hittorf beobachtet wurde; es beginnt nämlich das Glas der Röhre gegenüber der negativen Elektrode (Kathode) zu fluoreszieren. Die Farbe der Fluoreszenz ist von der Glasart abhängig; das Thüringer Glas, aus welchem die meisten Röntgenröhren bestehen, leuchtet grünlich, das Cerium-Didymglas rötlich, englisches Glas blau und das Lithium-Glas (Lindemann-Glas) leuchtet überhaupt nicht. Diese Erscheinung läßt sich am einfachsten durch die Annahme erklären, daß von der Kathode Strahlen ausgehen, die selbst für gewöhnlich nicht sichtbar sind, aber da, wo sie von der Glaswand absorbiert werden, diese zur Fluoreszenz bringen. Die Fluoreszenzstrahlen fanden nach ihrer Entdeckung durch Hittorf lange keine besondere Beachtung, bis es 1879 Crookes gelang, Röhren herzustellen, in deren Innern der Druck etwa $^1/_{1000}$ mm Quecksilber betrug. Solche Röhren machten auch die Versuche mit Kathodenstrahlen wesentlich leichter.

Hittorf bewies, daß die Kathodenstrahlen 1. senkrecht zur

Kathode fortgehen; 2. das Glas, welches sie treffen, zur Fluoreszenz bringen; 3. durch den Magneten leicht abgelenkt werden. Eine vierte Eigenschaft der Kathodenstrahlen wurde erst von Crookes entdeckt, nämlich die, mechanische Wirkungen auf leicht bewegliche Körper auszuüben. Bringt man nämlich in einer Crookesschen Röhre ein leicht bewegliches Flügelrad auf zwei Glasschienen verschiebbar an, so treffen die Kathodenstrahlen die Flügel, drehen diese und treiben das Rädchen auf den Schienen vorwärts. Kehrt man den Strom um, so bewegt sich das Rädchen in der entgegengesetzten Richtung. Gerade diese mechanische Wirkung der Kathodenstrahlen spricht sehr für die Annahme, daß es sich hier nicht um eine Wellenbewegung, sondern um eine Bewegung kleinster, materieller Teilchen (Elektronen) handelt, die von der Kathode fortgeschleudert werden.

Die Kathodenstrahlen werden von dem Glase vollständig absorbiert. Zwar gelang es Lenard, dem Schüler von Hertz, der die Beobachtung gemacht hatte, daß die Kathodenstrahlen durch äußerst dünne Schichten von Aluminium hindurchgehen, diese Strahlen dadurch aus der Röhre heraus zu bekommen, daß er in die Glaswand ein kleines Stück von Aluminiumfolie einsetzte; aber damit war nicht viel mehr geglückt als der Beweis, daß die Kathodenstrahlen auch in dichter Luft bestehen können, während sie nur in stark verdünnter Luft entstehen können.

Da machte Ende des Jahres 1895 Röntgen die Entdeckung, daß auf der Stelle der Glaswand, welche von Kathodenstrahlen getroffen wird, neue Strahlen entstehen, die sich von den Kathodenstrahlen dadurch unterscheiden, daß sie 1. nicht vom Magneten abgelenkt werden und 2. nur zum Teil vom Glase absorbiert, zum Teil aber hindurchgelassen werden. Diese vom Entdecker als X-Strahlen, heute allgemein als Röntgenstrahlen bezeichneten Strahlen besitzen eine Reihe charakteristischer Eigenschaften: 1. sie verbreiten sich geradlinig nach allen Seiten; 2. sie sind durch ein Prisma nicht brechbar und auch nur in geringem Maße reflektierbar; 3. sie schwärzen die photographische Platte; 4. sie bringen fluoreszenzfähige Körper, z. B. Barium-Platin-Zyanür, zum hellen Aufleuchten; 5. sie erzeugen in dem Medium, in dem sie absorbiert werden, wiederum Röntgenstrahlen, sog. Sekundärstrahlen; 6. sie durchdringen alle Körper nach Maßgabe ihres spezifischen Gewichts und ihrer Schichtdicke; 7. sie wirken auf lebende Zellen je nach der absorbierten Strahlenmenge reizend, lähmend oder tötend. Diese beiden letzten Eigenschaften geben den Röntgenstrahlen die enorme praktische Bedeutung für die medizinische Diagnostik und die Therapie.

Was die Durchlässigkeit der verschiedenen Körper für Röntgenstrahlen anbetrifft, so sind am wenigsten durchlässig die schweren Metalle, aber auch Eisen, Silber, Gold, Kupfer, Blei lassen in dünnen Schichten Röntgenstrahlen bestimmter Wellenlänge passieren. Auf die optische Durchlässigkeit kommt es gar nicht an; Glas ist weniger durchlässig als Aluminium.

In den letzten Jahren ist es Laue, Friedrich und Knipping gelungen, durch komplizierte Versuche den Nachweis zu erbringen, daß die Röntgenstrahlen ebenso wie die Wärme- und Lichtstrahlen Ätherschwingungen sind, die von einer Bremsung der Elektronen herrühren. Außerdem rufen diese in den Massenteilchen des getroffenen Körpers Schwingungen hervor, die als Fluoreszenzstrahlen bezeichnet werden. Die bei der Bremsung der Elektronen auftretenden Bremsstrahlen liefern ein kontinuierliches Spektrum, während die Fluoreszenzstahlen ein aus einzelnen Linien zusammengesetztes Spektrum besitzen, abhängig von der chemischen Natur der getroffenen Teile.

Das Spektrum der Bremsstrahlen nimmt einen Bezirk ein, der von den ultravioletten Strahlen noch durch eine recht erhebliche Lücke getrennt ist, d. h. also es sind Ätherschwingungen von bedeutend kürzerer Wellenlänge. Trotzdem durch diese Versuche auch eine „Beugung“ der Röntgenstrahlen unter Einwirkung von Kristallgittern nachgewiesen werden konnte, können wir sie doch praktisch auch weiterhin als unablenkbar von ihrer Strahlungsrichtung ansehen.

Wenn nun auch die Wellenlänge der Röntgenstrahlen noch sehr viel kürzer ist als die der ultravioletten Strahlen, so gibt es doch in diesem kurzwelligen Bezirk wieder Röntgenstrahlen verschiedener Wellenlänge; je kleiner diese ist, um so durchdringungsfähiger, „härter“ sind die Strahlen und umgekehrt.

Röntgeninstrumentarium.

Stromquelle.

Am meisten zu empfehlen ist der Anschluß an eine Gleichstromzentrale wegen der größten Sicherheit und Gleichmäßigkeit des Betriebes. Der Anschluß an eine Wechsel- oder Drehstromanlage kann durch einen rotierenden Umformer oder einen Synchronmotor erfolgen, welche den vorhandenen Wechsel- oder Drehstrom in Gleichstrom umwandeln. Auch mit Akkumulatoren ist der Betrieb eines Röntgenapparates möglich; ferner kann man den Strom größerer Influenzmaschinen zum Betriebe der Röntgenröhren benutzen, welche direkt an die Maschinen angelegt werden. Doch ist die Leistung der Akkumulatoren und besonders der vorhandenen Influenzmaschinen so gering, daß sie als Stromquellen für röntgentherapeutische Zwecke kaum in Betracht kommen. Bei dem Induktor-Unterbrecher-betrieb handelt es sich natürlich immer um zwei Ströme entgegengesetzter Richtung, von denen nur der eine, der Öffnungsinduktionsstrom, die Röhre von der Anode zur Kathode durchfließen soll. Die modernen Unterbrecher und zum Teil auch die Röhren sind aber so konstruiert, daß der Schließungsinduktionsstrom in der Regel gar nicht zur Geltung kommt. Außerdem kann man ihn auch durch besondere Vorrichtungen eliminieren (vgl. „Vorrichtungen zur Unterdrückung der verkehrten Stromrichtung“, S. 31). Außer den Induktor-Unterbrecher-Apparaten finden vielfach auch die sog. Hochspannungsgleichrichter Verwendung für den Röntgenröhrenbetrieb, welche den der Leitung entnommenen Gleichstrom durch einen Umformer in Wechselstrom umwandeln, den Wechselstrom mittels eines Transformators auf hohe Spannung bringen und schließlich die beiden Phasen des Wechselstroms gleich richten, so daß ein pulsierender Gleichstrom die Röhre durchfließt (Instrumentarium von Snook, Koch & Sterzel [Transverter, Radio-Silexapparat], „Idealapparat“ von Reiniger, Gebbert & Schall, Reform- und Intensiv-Reform-Apparat der Veifa-Werke, Apparate von Siemens & Halske, Sanitas u. a.).

Die Hochspannungsgleichrichter sind besonders da beliebt, wo Wechselstrom vorhanden ist, der ohne weiteres für die Induktor-Unterbrecher-Apparate nicht brauchbar ist, sondern erst in Gleichstrom transformiert werden muß. Beide Systeme — sowohl die mit Unterbrecher wie die ohne Unterbrecher arbeitenden — leisten Vorzügliches. Trotzdem ist auch heute noch speziell für die Zwecke der Oberflächentherapie der Betrieb mit Induktoren und Unterbrechern bei weitem beliebter.

Induktor.

Ein Funkeninduktor besteht wie jeder Induktionsapparat aus zwei Teilen, aus einer starken, über ein Bündel weicner, voneinander isolierter Eisendrähte oder über eine Anzahl weicher Eisenbleche gewickelten Drahtspule, durch welche der primäre Strom hindurchgeleitet wird. Diese primäre Spule steckt isoliert in einer zweiten größeren, aus zahlreichen Windungen feinen Kupferdrahtes bestehenden Rolle, der sekundären Spule. Die Enden der sekundären Rolle gehen zu den beiden Ableitungsklemmen des Induktors. Die Spannung der induzierten Ströme ist, wie gesagt, außer von der Stärke des induzierenden Stromes abhängig von der Zahl der Windungen der sekundären Spule. Die Klemmen der meisten Induktoren sind mit + und — versehen, um die Richtung des Öffnungsstromes anzudeuten, auf welchen allein es bei der Erzeugung der Röntgenstrahlen ankommt. Denn die Stromimpulse, die durch Öffnen und Schließen des primären Stromes induziert werden, sind von ganz ungleicher Intensität. Die des Öffnungsstromes überwiegt bei weitem, und zwar aus folgenden Gründen:

Sowohl bei der Öffnung als auch bei der Schließung des primären Stromes entstehen durch die Selbstinduktion in der primären Spule die sog. Extraströme, die beim Schließen die entgegengesetzte Richtung haben wie der Hauptstrom, ihn also schwächen und bewirken, daß er nicht plötzlich, sondern ganz allmählich von Null bis zu seiner vollen Stärke ansteigt, während sie bei der Öffnung dem Hauptstrom gleichgerichtet sind und viel kürzere Zeit andauern als die Schließungsextraströme, so daß dadurch die Unterbrechung des primären Stromes keine nennenswerte Verzögerung erleidet, sondern ziemlich plötzlich erfolgt. Da nun aber die in der sekundären Spule induzierten elektromotorischen Kräfte um so größer sind, je plötzlicher die Öffnung und die Schließung resp. das Verschwinden und Entstehen des primären Stromes stattfindet, so muß der durch die Öffnung induzierte sekundäre Stromstoß eine bedeutend größere Intensität haben als der bei der Schließung induzierte.

Die Leistungsfähigkeit eines Induktors ist außer von seiner Bauart von seinen Dimensionen abhängig. Je größer diese sind und je besser die einzelnen Teile des Induktors voneinander isoliert sind, je zweckmäßiger die Eisen- und Kupferverhältnisse des Induktors gewählt sind, desto größer ist seine Leistung. In der Röntgentechnik werden Induktoren verwendet, deren sekundäre Spannung so groß ist, daß die Elektrizität in Gestalt eines Funkenbandes von 15—100 cm Länge von Klemme zu Klemme übergeht, die gebräuchlichen Typen besitzen jetzt Funkenbänder von 20—50 cm Länge.

Ein guter Induktor soll die vorgeschriebene Funkenlänge dauernd vertragen können, ohne daß seine Isolation Schaden nimmt oder sich verdächtige Erscheinungen, z. B. Funkenbildung an anderen Stellen als zwischen den Klemmen zeigen. Dies ist natürlich nur möglich, wenn die Hartgummirohre, welche den Kern der sekundären bzw. die Hülle der primären Spule bilden, aus allerbestem, unter sehr hoher Spannung geprüftem Material bestehen und ihre Wandung hinreichend stark ist.

Die innere Isolation der sekundären Spule muß kräftig genug sein, um die außerordentlich hohen Spannungen, welche zwischen den Drahtwindungen herrschen, zu vertragen. Die Bewickelung der Spule ist zu diesem Zweck aus vielen sehr dünnen, untereinander leitend verbundenen Drahtscheiben hergestellt, welche voneinander durch mehrere paraffinierte Papierstreifen isoliert sind. Nach der Fertigstellung wird die Sekundärspule im Vakuum mit einer schwer schmelzbaren Isoliermasse ausgegossen.

Der Eisenkern ist von großer Bedeutung für die Güte des Induktoriums; von seiner Dimensionierung und der Qualität des Eisens hängt der Wirkungsgrad des Apparates in erster Linie ab.

Die Spannung des sekundären Stromes eines Induktors von 50 cm Schlagweite dürfte etwa 150 000—165 000 Volt betragen. Zum Induktor gehört der Kondensator, welcher meist in dem

Abb. 2. Funkeninduktor und Kondensator. (Reiniger, Gebbert & Schall A.-G.)

als Sockel für den Induktor dienenden Holzkasten untergebracht wird. Der Kondensator ist eine vielfach geschichtete Franklinsche Tafel (eine andere Form der Leydener Flasche), deren beide Belegungen parallel zum Unterbrecher geschaltet sind, also mit den Unterbrecherkontakten leitende Verbindung besitzen. Der Zweck des Kondensators ist, die Elektrizitätsmengen, welche durch den Öffnungsextrastrom frei werden, aufzunehmen, den bei der Öffnung entstehenden durch den Öffnungsextrastrom bedingten Funken, welcher ein Hindernis für die möglichst plötzliche Unterbrechung des primären Stromes bildet, zu verkleinern und dadurch die Wirkung des Apparates zu erhöhen.

Die modernen ,,Intensiv-Induktoren" sind den älteren Typen an Leistungsfähigkeit bei weitem überlegen. Bei den älteren Typen kam es vor, daß infolge der Erwärmung bei starker Belastung das Paraffin zwischen den Drahtwindungen schmolz. Aus diesem Grunde baut man die Induktoren auch so, daß die Primärspule von der Sekundärspule durch eine Luftschicht getrennt ist und stellt den Induktor nicht horizontal (wie in Abb. 2), sondern vertikal. Erwärmt sich der Induktor, so steigt die warme Luft zwischen Primär- und Sekundärspule nach oben und kalte Luft dringt von unten nach. Es findet also automatisch eine Art Kaminkühlung statt [1]).

Unterbrecher.

Der Unterbrecher hat den Zweck, den Strom, welcher durch die primäre Spule fließt, selbsttätig zu öffnen und zu schließen. Dadurch werden in der sekundären Spule die hochgespannten Induktionsströme hervorgerufen, welche zur Erzeugung der Röntgenstrahlen dienen. Ein guter Unterbrecher hat folgende Anforderungen zu erfüllen: 1. gleichmäßiges Arbeiten; 2. hinreichend hohe Unterbrechungszahl; 3. sicheres Kontaktgeben und Unterbrechen. Der einfache Platin-Unterbrecher, der nach dem Prinzip des Wagnerschen Hammers (vgl. S. 2) konstruiert ist, genügt diesen Anforderungen nicht, da die zu erzielende Unterbrechungszahl zu gering, das Leuchten der Röntgenröhre daher nicht ruhig, sondern flackernd und außerdem die Kontaktgebung unvollkommen und ungleichmäßig ist. Für den Betrieb der Röntgenröhren kommen nur die in dem folgenden Abschnitt beschriebenen Unterbrecher in Betracht.

Quecksilber-Motor-Unterbrecher.

Es gibt eine ganze Anzahl ,,mechanischer" Unterbrecher (Siemens & Halske, Löwenstein, Levy, Reiniger, Gebbert & Schall, Koch & Sterzel, Sanitas u. a.). Von den verschiedenen Typen soll hier nur der Rotax-Unterbrecher der ,,Sanitas" und der Gas-Unterbrecher der Reiniger, Gebbert & Schall-A.-G. genauer beschrieben werden.

Der ,,Rotax" besteht aus dem birnenförmig gestalteten Unterbrechergefäß (in Abb. 3 oben) und dem Motor (in Abb. 3 unten), der das Unterbrechergefäß in schnelle Rotation versetzt.

[1]) Durch einen Ventilationsmotor und einen zum Primärspulenraum führenden Pappschornstein kann diese Wirkung noch wesentlich gesteigert werden, so daß ein Durchschmelzen des Induktors selbst bei Dauerbetrieb verhindert wird. Besonders guten Schutz gegen das Durchschlagen von Induktoren bietet die Isolation der Sekundärspule mit Hilfe von Öl.

Das im Ruhezustande am Boden befindliche Quecksilber, über welchem sich eine Schicht Petroleum befindet, bildet bei der Rotation einen an der Wand des Unterbrechergefäßes rotierenden Quecksilberring, welcher eine im Innern des Gefäßes exzentrisch angebrachte bewegliche Scheibe mit 1 oder 2 Kontakten mitreißt, so daß die Kontakte in bestimmten Pausen für längere oder kürzere Zeit in den Quecksilberring eintauchen und auf diese Weise abwechselnd Stromschluß und Stromöffnung erzielt wird. Mittels einer Schraube kann die Scheibe verstellt werden, derart, daß die Kontakte mehr oder weniger weit und damit auch längere oder kürzere Zeit in den rotierenden Quecksilberring eintauchen und die Stromschlußdauer nach Wunsch variiert werden kann. Mit dem Quecksilber rotiert natürlich gleichzeitig das Petroleum, und zwar bildet es, da es leichter ist, einen an der Innenfläche des Quecksilberringes rotierenden Flüssigkeitsring. Das Petroleum hat den Zweck, die Funkenbildung, welche beim Austritt der Kontaktsegmente aus dem rotierenden Quecksilberring stattfindet, nach Möglichkeit zu unterdrücken, da sonst ja ein Verbrennen des Quecksilbers und eine Beschädigung der Segmente sehr rasch stattfinden müßte.

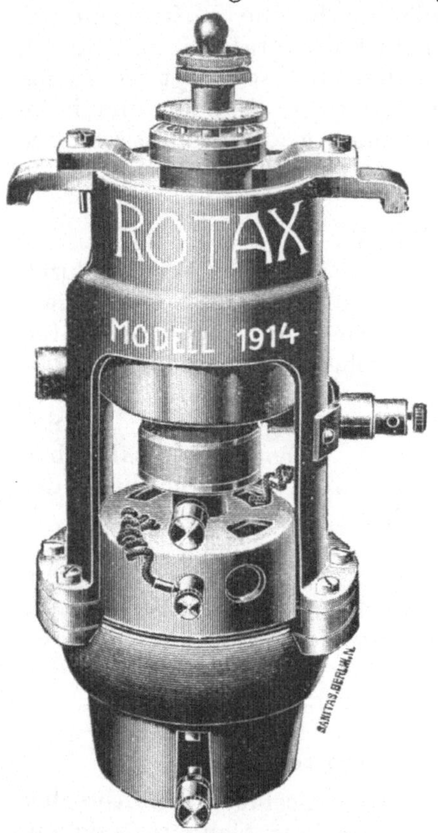

Abb. 3. Rotax-Unterbrecher der Elektrizitäts-Gesellschaft „Sanitas".

Auch eine Verschlammung des Quecksilbers findet nicht so leicht statt, da durch die Zentrifugierung des Quecksilbers eine Art Selbstreinigung erzielt wird.

Die Variierungsmöglichkeit der Stromschlußdauer und der Umdrehungszahl in Verbindung mit dem Regulierwiderstand für den primären Strom gestattet die feinste Abstufung in der Stromintensität. Nach längerem Gebrauch findet natürlich doch eine Verschlammung des Quecksilbers und eine Abnutzung der

Segmente statt, so daß ab und zu — bei sehr starker Inanspruchnahme etwa alle 2 Monate — eine gründliche Revision durch die Fabrik zu empfehlen ist.

Der Arzt soll selbst etwa alle **14** Tage nachsehen, ob noch genügend Quecksilber und genügend Petroleum in dem Unterbrechergefäß vorhanden ist und eventuell das fehlende Quantum nachfüllen.

Außer der Stromschlußdauer ist bei dem Rotax-Unterbrecher auch die Umdrehungszahl und damit die Anzahl der Unterbrechungen durch den Regulierwiderstand des Motors zu variieren. Man wird den Unterbrecher im allgemeinen nicht schneller laufen lassen, als zum einigermaßen ruhigen (nicht flackernden) Aufleuchten der Röntgenröhre erforderlich ist.

Eine genaue Vorschrift für die übrigens verhältnismäßig einfache Behandlung des Unterbrechers wird jedem Apparate von der Firma beigegeben.

Abb. 4. Gas-Unterbrecher der Reiniger, Gebbert & Schall-A.-G.

(Unten das Unterbrechergefäß, oben der Motor, welcher die Rotation des Quecksilberstrahls besorgt, vorn am Unterbrechergefäß der Hebel zum Höher- und Tieferstellen der Segmente zwecks Variierung der Stromschlußdauer.)

Einen neueren Typ der Quecksilber-Motor-Unterbrecher, der übrigens in Frankreich schon lange in Gebrauch ist, stellt der sogenannte Gas-Unterbrecher dar. Er ist in Deutschland zuerst von der Reiniger, Gebbert & Schall-A.-G. in den Handel gebracht worden, wird aber auch von anderen deutschen Firmen (Siemens & Halske, Koch & Sterzel, Sanitas, Veifa-Werke) hergestellt.

Bei diesem Typ steht das Unterbrechergefäß fest und ein rotierender Quecksilberstrahl spritzt gegen Segmente, die oben breit, nach unten sich verjüngen und in der Höhe mittels eines Hebels verstellbar sind, so daß die Stromschlußdauer variiert werden kann; sie muß länger sein, wenn ein breiterer, kürzer, wenn ein schmalerer Teil der Segmente getroffen wird.

Das Wesentliche bei diesem Typ aber ist, daß zur Verhinderung der Funkenbildung bei der Stromöffnung nicht Petroleum, sondern Gas, am besten gewöhnliches Leuchtgas benutzt wird, welches das Unterbrechergefäß vollkommen ausfüllen muß, da beim Vorhandensein atmosphärischer Luft Explosionen stattfinden könnten, die übrigens gefahrlos wären; denn ein Sicherheitsventil trägt auch dieser Möglichkeit Rechnung.

Am besten wird das Unterbrechergefäß direkt an die Gasleitung angeschlossen, doch kann zur Füllung auch Blaugas verwendet werden, das in Stahlflaschen geliefert wird.

Man muß sich täglich, bevor der Unterbrecher in Betrieb gesetzt wird, einmal davon überzeugen, daß das Unterbrechergefäß vollständig mit Gas gefüllt ist. Das geschieht in der Weise, daß man einen auf dem Deckel befindlichen Auslaßhahn öffnet, das ausströmende Gas entzündet und so lange brennen läßt, bis die Flamme nicht mehr blau, sondern gelb aussieht. Dann wird der Auslaßhahn geschlossen und der Unterbrecher ist betriebsfertig. Am besten steht er tagsüber dauernd unter Gasdruck, während nachtsüber der Hahn der Gasleitung der Sicherheit wegen geschlossen bleibt. Eine besondere Wartung des Unterbrechers ist nur insofern erforderlich, daß man gelegentlich nachsieht, ob die Ölvorrichtungen für die rotierende Achse in Ordnung sind, da es sonst passieren kann, daß sie sich — bei stundenlanger Benutzung des Unterbrechers — festläuft. Außerdem muß das durch unreines Leuchtgas leicht verrußende Quecksilber etwa jeden Monat gereinigt werden, am besten dadurch, daß es durch ein poröses Stück Stoff gepreßt wird.

Der Hauptvorteil dieses sehr leistungsfähigen Typs vor dem „Rotax“ ist geringere Verschlammung, da eben als Funkenlöschmittel statt des Petroleums Gas verwendet wird, und die sehr einfache Bedienung. Ferner ist der Unterbrecher mittels eines Synchron-Motors ohne weiteres auch an Wechselstrom anzuschließen, während beim „Rotax“ ein Transformator erforderlich ist.

Der Gasunterbrecher ist zur Zeit der beste und leistungsfähigste Unterbrecher, wenngleich auch bei diesem Typ wie erwähnt von Zeit zu Zeit eine Reinigung erforderlich ist, besonders wenn das Gas sehr reichlich Kohlenstaub enthält, wie das bei der zur Zeit verarbeiteten Kohle leider die Regel ist, der sich dem

Quecksilber beimengt und gelegentlich auch zu einer Verstopfung der Düsen führt, durch welche der Quecksilberstrahl gegen die Kontaktsegmente geschleudert wird.

Wehnelt-Unterbrecher.

Die Konstruktion des Wehnelt-Unterbrechers beruht auf folgender Tatsache. Taucht man in ein Gefäß mit verdünnter Schwefelsäure zwei Elektroden, eine größere Bleiplatte und einen dünnen Platindraht, welcher von einem Porzellanrohr umgeben

Abb. 5. Dreiteiliger Wehnelt-Unterbrecher.

ist und nur mit der Spitze in die Flüssigkeit hineinreicht, schickt nun einen Strom hindurch, derart, daß die Platinspitze die positive Elektrode (Anode) bildet, und schaltet ferner in diesen Stromkreis die primäre Rolle eines Induktionsapparates ein, so tritt durch die Wärme- und elektrolytische Wirkung eine Gasbildung um die Anode ein. Der die Anode umgebende Gasmantel verhindert die Berührung der Flüssigkeit mit der Platinspitze und bewirkt also eine Unterbrechung des Stromes, bei welcher durch die Selbstinduktion ein starker Öffnungsfunke entsteht, welcher die schließlich entstehende Knallgasblase zur Explosion bringt. Nach der Explosion kommt die Flüssigkeit wieder in Berührung mit der Platinspitze, der Strom ist geschlossen. Dieser Vorgang wiederholt sich mit großer Schnelligkeit und Regelmäßigkeit.

Statt eines Platindrahtes werden auch 3, von Walter sogar 6 verwendet, die verschieden dick sind und aus dem isolierenden Porzellanrohr verschieden weit vorgeschoben werden können. Die Unterbrechungen erfolgen um so langsamer, je weiter der Platinstift in die Säure hineinreicht resp. je dicker er ist, je größer also die freie Oberfläche der Anode ist, um so schneller, je kleiner die letztere ist. Je größer die freie Anodenfläche, desto größer muss auch die primäre Stromstärke sein, bei welcher der Unterbrecher seine Tätigkeit beginnt.

Eine interessante Modifikation des Wehnelt-Unterbrechers ist der Simon-Unterbrecher. Simon vermutete die Ursache der Unterbrechungen im Wehnelt-Apparat in der Jouleschen Wärme, d. h. der an den verengten Stellen der Strombahn stattfindenden Wärmeentwicklung, welche zur Verdampfung der Flüssigkeit und zur Bildung einer Dampfhülle um die Platinspitze führen soll. War diese Ansicht richtig, so mußte eine Unterbrechung auch dann eintreten, wenn in einem Elektrolyten von großem Querschnitt an einer Stelle die Strombahn stark verengt wird. In der Tat ist dies der Fall. Der Simon-Unterbrecher besitzt zwei gleichartige Elektroden, die aber in der Säure durch ein Diaphragma aus Porzellan voneinander getrennt sind. Dieses Diaphragma hat eine oder mehrere feine Öffnungen, welche der Strom passieren muß. An diesen Öffnungen findet die Unterbrechung des Stromes statt.

Der Simon-Unterbrecher hat sich im Röntgenbetrieb nicht einbürgern können, und auch der Wehnelt-Unterbrecher ist heute im therapeutischen Betrieb durch die modernen Gas-Unterbrecher völlig verdrängt worden [1]).

Denn diese leisten ebensoviel, brauchen sehr viel weniger Strom, sind einfacher zu handhaben und gestatten eine genauere Regulierung der Unterbrechungszahl und der Stromstärke, die ja für eine möglichst gute Konstanz der Röntgenröhre sehr wichtig ist.

Gashaltige Röntgenröhren.

Wir unterscheiden heute zwei prinzipiell voneinander verschiedene Arten von Röntgenröhren, die älteren, auch jetzt noch in Gebrauch befindlichen gashaltigen und die neueren gas-

[1]) Dagegen leistet der Wehnelt-Unterbrecher in Verbindung mit einem Intensiv-Induktor für diagnostische Zwecke besonders auf dem Gebiet der Lungen-, Herz- sowie Magen-Darmaufnahmen noch heute vorzügliche Dienste.

freien Röntgenröhren. Zunächst sollen die älteren gashaltigen Röhren geschildert werden.

Da die Kathodenstrahlen sich senkrecht zur Fläche der Kathode fortpflanzen, kann man sie auf einen Punkt konzentrieren dadurch, daß man der Kathode die Form eines Hohlspiegels gibt. Die Kathodenstrahlen vereinigen sich dann im Krümmungsmittelpunkt der Kugel, von welcher der Kathodenhohlspiegel einen Teil darstellt. Bringt man an dieser Stelle ein Platinblech — eine sog. Antikathode — in schräger Stellung zur Kathode an, so werden von diesem Platinblech die Röntgenstrahlen senkrecht und radiär nach allen Richtungen hin ausgehen (vgl. Abb. 6). In Wahrheit liegt nun das Antikathodenblech nicht im Krümmungsmittelpunkt des Kathodenhohlspiegels, sondern ein

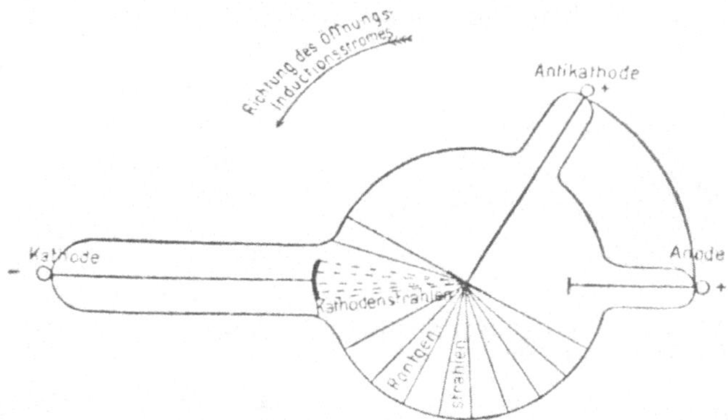

Abb. 6. Schema einer Röntgenröhre.

beträchtliches Stück dahinter. Mit abnehmendem Luftdruck rückt nämlich der sog. Brennpunkt oder Fokus immer weiter von der Kathode fort. Außerdem vereinigen sich die Kathodenstrahlen nicht wie gewöhnliche Lichtstrahlen in einem Punkte, sondern es gibt, da es sich bei Kathodenstrahlen um negativ geladene kleinste Massenteilchen (Elektronen) handelt, welche sich infolge ihrer gleichartigen Ladung gegenseitig abstoßen, nur eine Stelle größter Einschnürung. Bei Therapieröhren wird der Antikathodenspiegel zweckmäßig nicht an der Stelle der größten Einschnürung des Kathodenstrahlenbündels, sondern ein Stück weiter davor angebracht; man erhält dann einen größeren Brennfleck und die Wärmeentwicklung ist dann nicht so groß. Ein möglichst kleiner Brennfleck ist nur bei Röhren, die zu diagnostischen Zwecken dienen, erforderlich. Die Kathodenstrahlen auf die Glaswand der Röhre selbst zu konzentrieren, so daß an dieser Stelle die Röntgenstrahlen entstehen, ist darum unzweckmäßig, weil die Kathodenstrahlen eine derartige Wärmeentwicklung hervorrufen, daß das Glas an der getroffenen Stelle sehr bald schmelzen würde. Auch den Antikathodenspiegel selbst hinterlegt man noch mit größeren Metallmassen oder läßt ihn den Boden eines Glasrohres bilden, in welches Wasser gefüllt werden kann; sowohl die Hinterlegung mit Metall wie die Wasserkühlung bei den modernen Röhren bezweckt eine bessere Wärmeableitung und damit eine bessere Konstanz der Röhre. Denn durch starke Erhitzung des Antikathodenspiegels werden Gasmengen aus dem Metall frei, die dann natürlich das Vakuum erniedrigen müssen.

Eine Röntgenröhre ist also eine stark evakuierte Glaskugel, welche drei röhrenförmige Fortsätze besitzt. Diese dienen zur Aufnahme der Elektroden, der Anode, der hohlspiegelförmigen Kathode und der annähernd im Krümmungsmittelpunkt der letzteren befindlichen Antikathode. Anode und Kathode sind aus Aluminium, die Antikathodenfläche aus Platin oder einem anderen, schwer schmelzbaren Metall (Iridium, Wolfram) gefertigt. Die Zuschmelzstelle der Röntgenröhren befindet sich meist an dem Glasfortsatz, welcher zur Aufnahme der Kathode dient, dem sog. „Kathodenhals“ und stellt einen kleinen Auswuchs des Kathodenhalses dar, der durch eine darüber gestülpte Gummihülse geschützt ist. Eine Röntgenröhre soll — eingeschaltet und richtig belastet — eine Halbteilung in eine grün leuchtende, vor dem Antikathodenspiegel gelegene und eine dunkle, hinter dem Antikathodenspiegel gelegene Kugelhälfte zeigen (vgl. Abb. 6). Die grüne Fluoreszenz der Halbkugel vor dem Antikathodenspiegel soll durch „sekundäre“ Kathodenstrahlen bedingt sein, d. h. Strahlen, welche mit den Röntgenstrahlen auf dem Antikathodenspiegel entstehen und sich, ebenso wie diese senkrecht und radiär nach allen Seiten fortpflanzen, aber vom Glase vollkommen absorbiert und in Fluoreszenzlicht umgewandelt werden. Diese komplizierte Annahme besonderer Strahlen zur Erklärung der Fluoreszenz ist nicht unbedingt erforderlich. Es könnte sich auch um stark absorbierbare, besonders „weiche“ Röntgenstrahlen handeln, welche

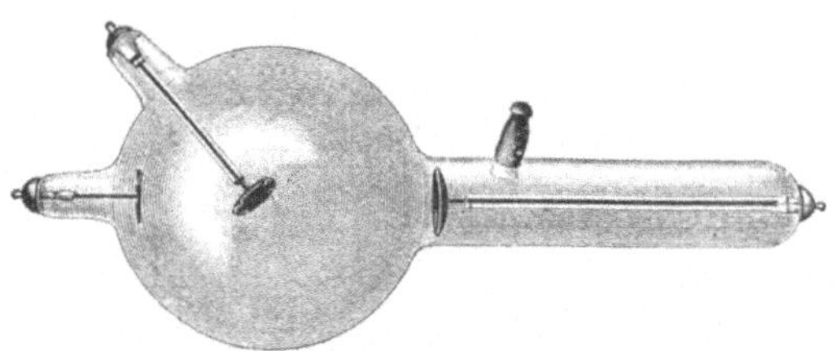
Abb. 7. Einfache Röntgenröhre ohne Regeneriervorrichtung.

von der Glaswand der antefokalen Kugelhälfte völlig absorbiert und in Fluoreszenzlicht transformiert werden[1]).

Abb. 7 zeigt eine derartige einfache Röntgenröhre; in dem längeren Glasfortsatz befindet sich die Kathode, ihr gegenüber die Anode und Antikathode.

Solche Röhren besitzen aber zwei große Nachteile; einmal wird durch die auffallenden Kathodenstrahlen das Platinblech der Antikathode bei längerem Betriebe so stark erhitzt, daß es glühen und schließlich schmelzen kann, und dann wird die Röhre bei längerem Gebrauche immer luftleerer. Ebenso aber wie dichte

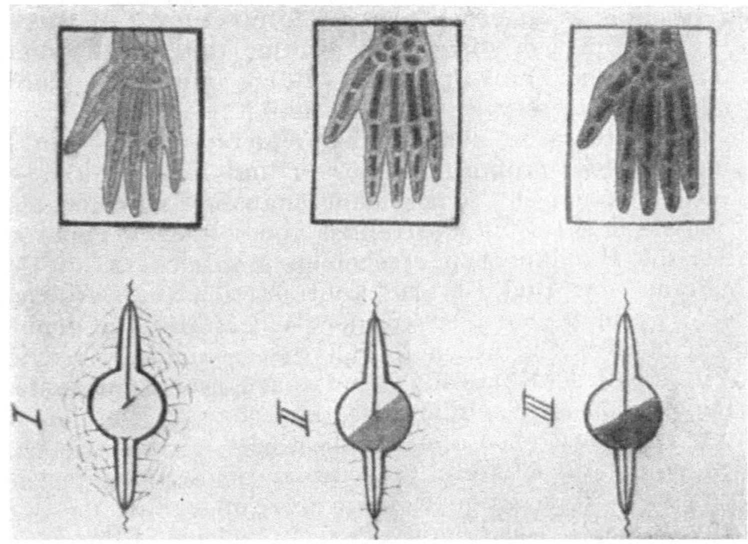

Abb. 8. Verhalten des Stromdurchgangs und des Durchleuchtungsbildes bei verschiedenem Vakuum der Röntgenröhren.

Luft dem elektrischen Strom einen großen Widerstand entgegensetzt, so auch ein sehr hohes Vakuum. Die Luftverdünnung wird mit der Zeit so groß, daß der Strom seinen Weg um die Röhre herum nimmt in der Form von elektrischen Entladungen, die Röhre wird — wie der Terminus technicus lautet — immer „härter". Es findet eben beim Stromdurchgang ein Gasverbrauch statt. Ferner ist für das „Härterwerden" von Bedeutung die Zerstäubung des Platins, welche zu einer Deponierung von feinsten Platinteilchen auf die Glaswand führt. Diese Teilchen binden offenbar Gase und erhöhen damit das Vakuum der Röhre. Sehr

[1]) Diese Annahme ist logischer, indem sie die Einheit der Umsetzung der Kathodenstrahlen in Röntgenstrahlen wahrt.

wichtig ist nun aber der Einfluß des Vakuums auf die Qualität der erzeugten Röntgenstrahlen. Ist das Vakuum so hoch, der Widerstand für den Strom so groß, daß die gesamten Elektrizitätsmengen ihren Weg um die Röhre herumnehmen, so ist die Röhre „zu hart", sie gibt gar keine Röntgenstrahlen. Ist das Vakuum etwas niedriger, so daß nur ein Teil des Stromes durch die Röhre, ein anderer um die Röhre herumgeht, so entstehen Röntgenstrahlen, welche ein sehr starkes Penetrationsvermögen besitzen; sie durchdringen z. B. die Knochen der Hand fast ebenso leicht wie die Weichteile, so daß ein flaues, kontrastloses Bild entsteht (vgl. Abb. 8, I). Das Fluoreszenzlicht derartiger „harter" Röhren ist durchsichtig grün, der Strom geht nur zum Teil durch die Röhre, zum Teil um die Röhre herum, die Ausgleichung der Elektrizitätsmengen außerhalb der Röhre gibt sich durch ein mehr oder weniger starkes Knistern kund.

Ist das Vakuum so niedrig, der Widerstand für den Strom so gering, daß der größte Teil durch und nur ein kleiner Teil um die Röhre herumgeht, so bezeichnet man die Röhre als „mittelweich". Sie liefert Röntgenstrahlen von mittlerer Penetrationsfähigkeit, die Handknochen erscheinen grauschwarz, die Weichteile hellgrau, das Bild ist also kontrastreich (vgl. Abb. 8, II). Ist das Vakuum noch niedriger, der Widerstand für den Strom also noch geringer, so gleichen sich die gesamten Elektrizitätsmengen innerhalb der Röhre aus, es entstehen dann Röntgenstrahlen, deren Penetrationskraft minimal ist, die also z. B. von den Weichteilen der Hand fast ebenso stark absorbiert werden wie von den Knochen, so daß die letzteren tiefschwarz, die ersteren fast ebenso dunkel erscheinen; derartige Röhren bezeichnet man als „weich" (vgl. Abb. 8, III). Das Fluoreszenzlicht solcher Röhren ist gesättigter, mehr gelblich, weniger durchsichtig als das härterer Röhren. Um die Anode herum ist meist ein blauer Lichtmantel sichtbar, bei sehr weichen Röhren auch ein blaues Lichtband, welches sich — entsprechend der Richtung der Kathodenstrahlen — von der Kathode zur Antikathode erstreckt.

Bei weiterer Erniedrigung des Vakuums wird die Röhre „zu weich", sie gibt ebenso wie die „zu harte" Röhre keine Röntgenstrahlen; dagegen treten bläuliche Lichtnebel auf, welche die ganze Röhrenkugel ausfüllen. Man hat also in diesem Falle eine Geißlersche Röhre vor sich.

Zwischen den drei Härtegraden: hart, mittelweich, weich gibt es natürlich Übergangsstufen. Je mehr Röntgenstrahlen von einem Körper, z. B. von Bromsilbergelatine oder von der menschlichen Haut absorbiert werden, desto stärker ist auch ihre Wirkung auf die betreffenden Körper, desto stärker z. B.

die Schwärzung der photographischen Platte oder die schädigende Wirkung auf die Haut. Es ist also sowohl für diagnostische als auch für therapeutische Zwecke erwünscht, das Vakuum und damit die Qualität der Röntgenstrahlen „regulieren“ zu können, und zwar ist man imstande, die Röhre härter zu machen durch einen Regulieransatz mit einem bei geeigneter Strompassage zum Glühen gebrachten Stück Platindrahts, der beim Erkalten überflüssige Gasmengen bindet, während man zum Weichen der Röntgenröhren die Fähigkeit gewisser Metalle (Platin, Palladium), in glühendem Zustande Wasserstoff diffundieren zu lassen, benutzt (Gundelach) oder die Eigenschaft bestimmter Substanzen (Ätzkali, Kohle, Glimmer), Gase auf sich zu kondensieren und beim Erwärmen abzugeben (Ehrhardt, Müller, Radiologie). Die erste Art der Gaszufuhr bezeichnet man als Osmoregulierung. An den Röhren befindet sich — luftdicht eingeschmolzen — ein dünnes, nach außen geschlossenes Röhrchen aus Platin oder Palladium. Will man die Röhre weicher machen, so erwärmt man das geschlossene Ende des Röhrchens mit einer Spirituslampe bis zur Rotglut. In glühendem Zustande läßt dann das Röhrchen Wasserstoff aus der Flamme in das Innere der Röntgenröhre diffundieren, die Röhre wird weicher. Man kann die Osmoregulierung auch aus der Entfernung vornehmen mittels eines Mikrobunsenbrenners, dessen Flamme durch einen Drosselgashahn vergrößert und verkleinert werden kann (Gas-Fernregulierung nach Holzknecht). Auch auf elektrischem Wege ist die Osmoregulierung aus der Ferne zu betätigen. Bei der zweiten Art der Regenerierung durch Erhitzung gasabgebender Substanzen wie Kohle oder Glimmer läßt man die Erwärmung dieser Substanzen den sekundären Strom besorgen, indem man einen beweglichen Metallhebel, der mit der Kohle- oder Glimmerplatte in Verbindung steht, so weit der Kathode — am einfachsten mittels eines langen Holzstabes — nähert, bis Funken überspringen. Derartige Röhren sind zuerst von C. H. F. Müller in Hamburg und von E. Ducretet in Paris hergestellt worden.

Eine originelle Regulierungsart ist die von Bauer angegebene Luftregenerierung, die es ermöglicht, durch Druck auf ein Gebläse ein minimales Quantum atmosphärischer Luft in die Röhre zu pressen.

Von allen Regenerierungsmethoden hat sich die Osmoregulierung am besten bewährt, und zwar kommt sie jetzt ausschließlich in Form der Fernregulierung vom strahlengeschützten Orte aus zur Anwendung.

Was nun die verschiedenen Röhrentypen anbelangt, so sollen und können hier nicht alle, die eventuell brauchbar sind, beschrieben werden, sondern nur einige, die sich gerade für therapeutische Zwecke besonderer Beliebtheit erfreuen. Man unterscheidet metallreiche und metallarme Röhren. Bei den ersteren wird die Wärmeableitung von dem Antikathodenspiegel durch eine starke Metallhinterlegung erzielt (Typen von Gundelach, Rosenthal, Fürstenau, Müller u. a.), bei den letzteren bildet der Antikathodenspiegel den Boden eines Kühlgefäßes, das mit Wasser gefüllt ist (Müller).

Infolge dieser Wasserkühlung verträgt die Röhre eine stärkere Belastung, ohne ihren Härtegrad zu ändern, da eben eine Erhitzung des Platinspiegels und damit ein Freiwerden von Gas

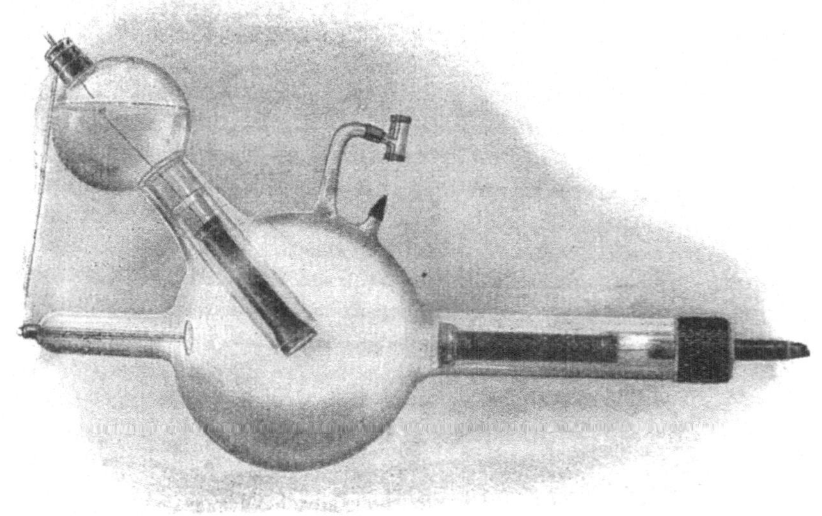

Abb. 9. Müllersche Siederöhre.

und ein Weicherwerden der Röhre erst eintritt, wenn auch das Wasser im Kühlrohr sich stark erhitzt resp. ins Kochen gerät. Dann muß entweder die Röhre oder aber das Wasser gewechselt werden.

Man hat auch, um das Wechseln des Wassers zu vermeiden, besondere Pumpvorrichtungen konstruiert, welche eine Kühlung der Antikathode durch fließendes Wasser ermöglichen. Auch derartige immerhin recht umständliche Vorrichtungen sind völlig entbehrlich geworden durch die Konstruktion der Müllerschen Siederöhre (Abb. 9).

Diese Röhre hält sich am besten konstant, wenn das über dem Antikathodenspiegel befindliche Wasser kocht. Verwendet man kaltes Wasser, so hat die Röhre zunächst die Neigung, zu hart zu werden und man muß öfter die Fernregulierung benutzen, um sie bei einem brauchbaren Härtegrade konstant zu halten. Erst wenn das Wasser zu sieden anfängt, bleibt die Röhre von selbst konstant. Man tut daher gut, von vornherein möglichst heißes Wasser einzufüllen, das dann sehr bald ins Kochen gerät. Bei der Siederöhre ist eben das Antikathodenmetall so gründlich ausgeglüht, daß es kein Gas mehr abgibt, wenn durch mehr oder weniger kaltes Wasser eine Erwärmung verhindert wird. Es findet dann nur ein Verbrauch des im Röhreninneren befindlichen Gases durch den elektrischen Strom statt, die Röhre wird also härter. Erst wenn das Wasser kocht, erwärmt sich das Antikathodenmetall offenbar gerade so stark, daß es wieder etwas

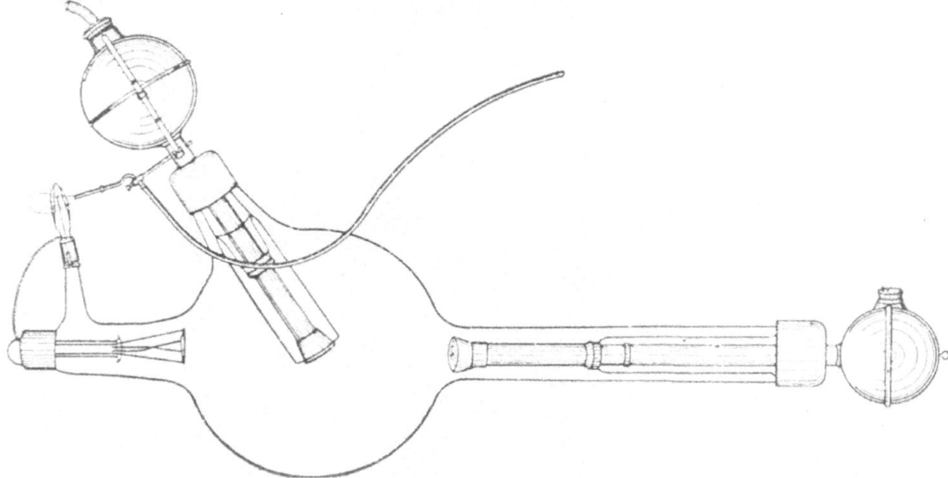

Abb. 10. Selbsthärtende Siederöhre (Müller) mit Wasserkühlung auch der Kathode.

Gas abgibt. Dann halten sich Gasverbrauch und Gasabgabe das Gleichgewicht, d. h. also, die Röhre bleibt konstant.

Etwas abweichend von dem eben geschilderten Typ ist die selbsthärtende Siederöhre (Abb. 10) gebaut. Zunächst ist der Kathodenhals erheblich länger, so daß man eine viel höhere Spannung anlegen kann, ohne befürchten zu müssen, daß Funken um die Röhre herum ihren Weg nehmen und gelegentlich die Glaswand durchbohren. Ferner weist die Kathode in der Regel Luftkühlung auf und zwar mit Hilfe eines besonderen Metall-Rippenkörpers, der mit der Kathode in geeigneter Verbindung steht. Natürlich müssen auch die Metallteile, besonders die Antikathode, so gut entgast sein, daß sie auch bei stärkster Erwärmung kein Gas mehr abgeben. Man muß demnach dieser Röhre durch die Regeneriervorrichtung gerade so viel Gas zuführen, als zu ihrem Ansprechen erforderlich ist und die Regeneriervorrichtung in sehr kurzen Zeitabständen betätigen. Durch einen elektrischen Funken, der dauernd zwischen Regenerier-

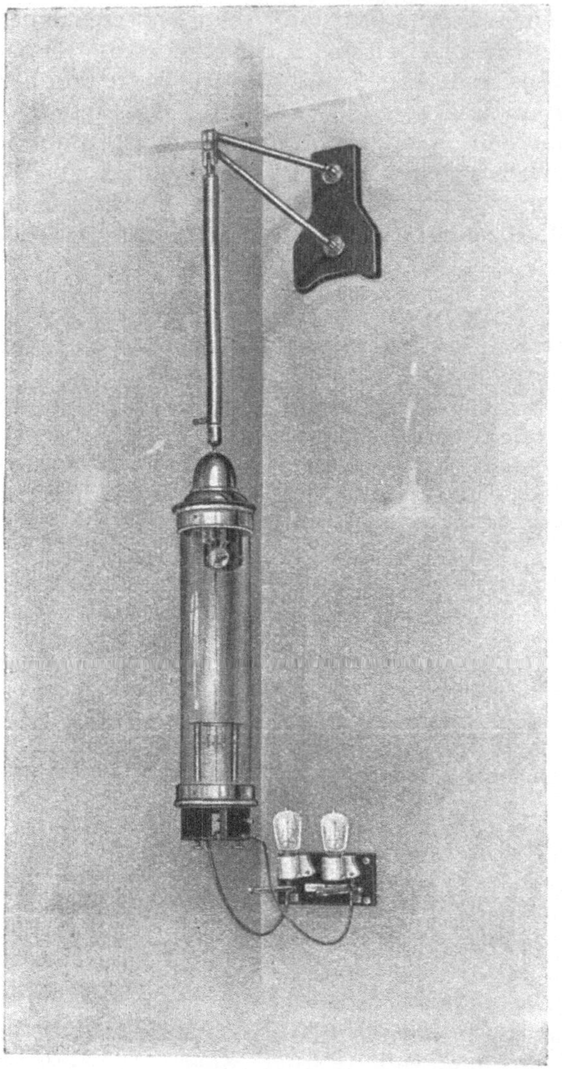

Abb. 11. Regenerierautomat nach Wintz.

rohr und Palladiumstäbchen überspringt, wird der Reguliergasstrom entzündet, so oft die Regeneriervorrichtung durch Fingerdruck betätigt wird. Das lästige Wiederanstecken des Gasstroms fällt hiermit weg.

Noch einfacher geht das Regenerieren der Röhre mit Hilfe des Wintzschen Regenerierautomaten (Abb. 11) vor sich. Dieser arbeitet in der Weise, daß ein zur Kontrolle des Röhrenstromes eingeschaltetes Milliampèremeter einen Kontakt schließt, sobald der Milliampèremeterzeiger unter einen bestimmten, vorher eingestellten Wert zurückgeht. Durch das Zurückgehen des Milliampèremeterzeigers wird ein Hilfsstromkreis eingeschaltet, der die Regulierflamme gerade so lange betätigt, bis die ursprüngliche Milliampèrezahl wieder erreicht ist. In diesem Moment öffnet das Milliampèremeter den Kontakt und die Regulierflamme geht wieder in die Zündstellung zurück.

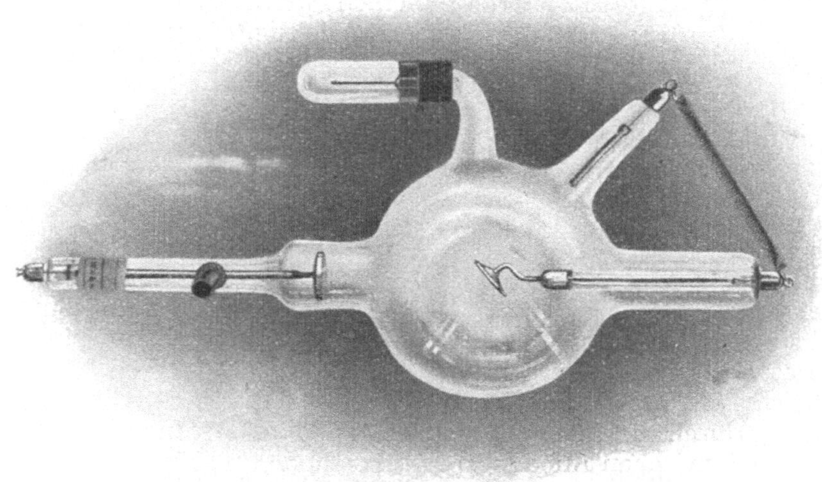

Abb. 12. Kleine Therapie-Röhre (Burger).

Während die „Sideröhren" in erster Linie, die selbsthärtende Sideröhre ausschließlich für die Tiefentherapie in Betracht kommen, genügen für die Oberflächentherapie in den allermeisten Fällen einfachere und billigere Röhren. Insbesondere sind Röhren von kleinerem Kugeldurchmesser (ca. 12 cm) empfehlenswert, weil man mit diesen näher an die zu bestrahlende Hautpartie herangehen kann.

Solche Typen sind z. B. die kleine Therapie-Röhre von Gundelach, die Eta-Röhre von Bauer, das Dermo-Rohr der Radiologie-G. m. b. H. und die kleine Therapie-Röhre von Burger (Abb. 12).

Mit der Aufzählung der hier genannten Röhren-Typen soll nicht gesagt sein, daß andere, hier nicht genannte Typen für therapeutische Zwecke ungeeignet sind. Vielmehr leisten für die Zwecke der Tiefentherapie auch die Helmröhre der Watt-A.-G., die Siedekühlröhre von Fürstenau und vor allem auch die Siedekühlröhre von Reiniger, Gebbert & Schall gute Dienste.

Man wird immer einen Unterschied machen müssen in der Auswahl der gashaltigen Röhren, je nachdem man sie für Oberflächen- oder Tiefenbestrahlungen gebrauchen will.

Jedenfalls soll man immer für beide Zwecke besondere Röhren vorrätig halten.

Alte vielgebrauchte Röhren färben sich, besonders in dem vor dem Antikathodenspiegel liegenden Kugelabschnitte, aber auch — wenn auch schwächer — hinter demselben. Hält man eine derartige alte Röhre gegen einen weißen Hintergrund, so zeigt sich der Kathodenhals ganz durchsichtig, die vor dem Antikathodenspiegel liegende Kugelhälfte dagegen mehr oder weniger violett, die hinter demselben gelegene Kugelhälfte gelblich verfärbt. Die violette Färbung durchsetzt die ganze Dicke des Glases und beruht auf einer chemischen Veränderung des Glases (Reduzierung von Mangan), wie sie auch durch die Radium- und Lichtstrahlen hervorgerufen wird. Außerdem kommt es bei älteren Röhren zu einer Metallzerstäubung, welche zu einem Belag an der Innenfläche der Glaskugel führt. Diese Zerstäubung von Metallteilchen ist von Bedeutung für das ständige Härterwerden der Röhren, weil sie einen Teil der im Röhreninnern enthaltenen Gase binden.

Das Ende einer Röntgenröhre ist gewöhnlich dadurch bedingt, daß sich — häufig beim Regenerieren alter Röhren — ein Funke den Weg durch die Glaswand bahnt; es dringt Luft in das Röhreninnere und zwischen Anode resp. Antikathode und Kathode gleicht sich nun die Elektrizität — wie immer in dichter Luft — in Form eines Funkenbandes aus. Ist die Durchschlagsöffnung besonders klein, so daß nur ganz allmählich minimale Luftmengen eindringen, so zeigen sich im Röhreninnern zunächst rotviolette Lichtnebel; erst wenn ein genügendes Quantum Luft eingedrungen ist, springen dann Funken von der Anode resp. der Antikathode zur Kathode über. Zu den glücklicherweise sehr seltenen, aber dafür um so unangenehmeren Ereignissen gehört die Implosion einer Röntgenröhre, die unter lautem Knall und pulverförmiger Zerstäubung des Glases erfolgt, oft ohne jede nachweisbare Veranlassung, während die Röhre nicht in Betrieb ist. Ursache hierfür ist nicht selten ein mehr oder weniger jäher Temperaturwechsel, der auf die Glaswand einwirkt, oder ein ungleichmäßiger Druck auf diese. Zuweilen sind beide Momente zusammen verantwortlich zu machen. Ist bei einer Implosion das Auge verletzt (Blutung aus der Konjunktiva), vermeide man unbedingt jedes Wischen oder Drücken am Auge. Die Lider bleiben am besten leicht geschlossen oder wenig geöffnet, so daß der Schmerz möglichst gering bleibt. Die Entfernung der Glassplitter aus dem Konjunktivalsack muß dann sofort vom Augenarzt vorgenommen werden. Die Heilung der fast ausnahmslos oberflächlichen Verletzungen der Bindehaut und auch der Kornea erfolgt dann restlos im Verlauf einer Woche. Nur wenn durch Druck der Hand oder ausnahmsweise einmal durch einen etwas dickeren Glassplitter sofort die Kornea durchgehend verletzt worden ist, kann das Auge verloren gehen. Das Tragen einer Schutzbrille beim Hantieren mit der Röntgenröhre ist daher zur Pflicht zu machen. Die Implosion einer Röhre während einer therapeutischen Bestrahlung ist nicht zu befürchten.

Gasfreie Röntgenröhren.

In den letzten Jahren ist es gelungen, Röntgenröhren herzustellen, bei denen die Erzeugung der Röntgenstrahlen ohne Mitwirkung von Gasresten zustande kommt. Diese Röhren bezeichnet man darum als gasfreie Röntgenröhren im Gegensatz zu den älteren gashaltigen Typen. Absolut gasfrei ist allerdings keine Röhre; immerhin enthalten aber diese neuen Röhren nur so geringe Gasreste, daß sie für die Leitung des elektrischen Stromes nicht ausreichen. Man kann sie darum praktisch als „gasfrei" bezeichnen.

Zum Verständnis dieser neueren Typen ist eine kurze Erörterung der Theorie nötig, die man über die Vorgänge in den gashaltigen Röhren aufgestellt hat. Man nimmt an, daß jeder Stoff, also auch das in den Röntgenröhren befindliche Gas aus kleinsten, weder mechanisch noch chemisch teilbaren Partikelchen besteht, die man als Atome bezeichnet.

Ἄτομος (atomos) heißt unteilbar. Gewisse Naturerscheinungen zwingen uns aber, auch das Atom als etwas Zusammengesetztes zu betrachten. Wir unterscheiden an dem Atom den Atomkern, der wie die Sonne von einer Anzahl sehr kleiner Planeten umgeben ist, die man als Elektronen bezeichnet. Der Atomkern ist elektrisch positiv, die Elektronen sind elektrisch negativ geladen. Das Atom als Ganzes ist also als elektrisch neutral anzusehen. Nun ist das Gefüge des Atoms anscheinend ein ziemlich lockeres und durch äußere Einflüsse, z. B. durch Zusammenstöße mit anderen Atomen, durch die Wirkung des Lichtes oder eines elektrischen Feldes kann es leicht zu einer Loslösung eines oder mehrerer Elektronen kommen. Es bleibt dann ein Atomrest, entweder der Atomkern allein oder in Verbindung mit einem oder mehreren Elektronen, die noch haften geblieben sind, übrig; diesen Atomrest müssen wir als positiv elektrisch geladen ansehen, da das ursprünglich vorhanden gewesene elektrische Gleichgewicht des Atoms durch die Abspaltung der negativ geladenen Elektronen gestört worden ist. Schickt man nun durch eine gashaltige Röntgenröhre einen hochgespannten elektrischen Strom, so beginnen die schon vorhandenen oder erst durch die Hochspannung aus dem Atomgefüge herausgerissenen Atomreste mit ihrer positiven Ladung nach dem negativen Pol, der Kathode zu wandern, und man bezeichnet sie daher als Ionen. ἰον (ion) heißt ,,das Wandernde. Die abgespaltenen Elektronen mit ihrer negativen Ladung wiederum wandern nach dem positiven Pol, der Antikathode. Durch die ,,Ionisation" des Gases, d. h. durch den Zerfall der Gasatome in Ionen und Elektronen wird überhaupt erst ein Stromtransport ermöglicht, indem die Ionen positive Elektrizität zum negativen, die Elektronen negative Elektrizität zum positiven Pol tragen.

Die auf die Kathode aufprallenden Ionen zertrümmern wiederum deren Atome, so daß Elektronen frei werden, die infolge ihrer negativen Ladung von der positiv geladenen Antikathode angezogen werden. Auf ihrem Wege zur Antikathode stoßen diese Elektronen zum Teil wieder auf Gasatome und zertrümmern sie, so daß sie in positiv geladene Atomreste (Ionen) und negativ geladene Elektronen zerfallen.

Die Elektronenströme, die von der Kathode zur Antikathode wandern, nennt man Kathodenstrahlen. Auf der Antikathode werden sie in Röntgenstrahlen transformiert. Durch den Aufprall der Elektronen kommt es auch zu einer starken Erwärmung des Antikathodenmetalls.

Dadurch, daß ein Teil der Elektronen durch den Zusammenstoß mit zahlreichen Gasatomen aufgehalten wird, während andere Elektronen zufälligerweise keine oder nur wenige Atome auf ihrem Wege antreffen, gelangen manche Elektronen langsamer, manche schneller zur Antikathode. Die Folge dieser verschiedenartigen Geschwindigkeit der Elektronen ist die Entstehung von Röntgenstrahlen verschiedener Wellenlänge, d. h. also verschiedenen Härtegrades. Je größer die Geschwindigkeit der Elektronen ist, desto kleiner ist die Wellenlänge der durch sie erzeugten Röntgenstrahlen, d. h. also desto härter sind die Strahlen.

Es ist daher ohne weiteres verständlich, daß in gasreicheren Röhren wegen der größeren Anzahl der vorhandenen Atome, welche die Elektronen auf ihrem Wege zur Antikathode aufhalten, die weicheren Strahlen, in gasärmeren Röhren wegen der geringeren Anzahl der vorhandenen Atome, welche die Bewegung der Elektronen sehr viel weniger behindern, die härteren Strahlen überwiegen müssen.

Die neueren gasfreien Röhren sind nun so stark ausgepumpt, daß die wenigen, noch vorhandenen Gasatome resp. die aus ihnen abgespaltenen Ionen nicht mehr ausreichen, um genügend Elektronen aus der Kathode herauszutreiben. Um in solchen Röhren die Kathode zur Abgabe von Elektronenzu zwingen, muß man sich eines anderen Mittels bedienen, nämlich der Glühhitze. Jeder glühende Körper sendet Elektronen aus, und zwar um so mehr, je höher seine Temperatur ist. Erhitzt man einen Wolframdraht auf etwa 2000°, so strahlt er Elektronen aus, und nun genügt die Anlegung einer Hochspannung, um diesen Elektronen die zur Erzeugung der Röntgenstrahlen erforderliche Geschwindigkeit zu geben. Es gibt zwei Typen der gasfreien Röhren, die konstruktiv etwas voneinander verschieden sind, die Coolidge-Röhre und die Lilienfeld-Röhre.

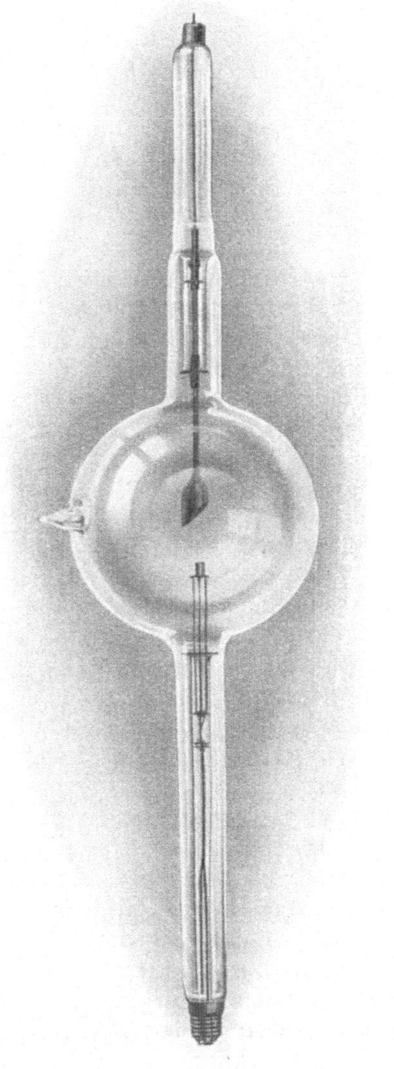

Abb. 13. A. E. G.-Röhre der Veifa-Werke.

Bei der Coolidge-Röhre (Abb. 13) befindet sich an Stelle der hohlspiegelförmigen Aluminiumkathode eine dünne Wolframspirale, die durch einen besonderen, von einem Heiztransformator gelieferten niedergespannten elektrischen Strom zum Glühen gebracht wird. Über die Wolframspirale ist ein Metallzylinder geschoben, der die wandernden Elektronen so zusammendrängt, daß sie auf der Fläche der Antikathode auftreffen. Die Antikathode selbst besteht aus einem massiven Wolframklotz, der während des Betriebes ebenfalls glüht. Doch wird seine Temperatur kaum so hoch, daß er gleichfalls Elektronen aussendet, so daß eine Wasserkühlung der Antikathode überflüssig ist. Aber selbst wenn die Temperatur so hoch steigen würde, daß eine Elektronenausstrahlung zustande käme, so wäre das doch nur dann bedenklich, wenn verkehrte Stromimpulse durch die Röhre gehen würden. Dann allerdings würde die Kathode zur Antikathode und die Antikathode zur Kathode werden, und die von der Antikathode ausgestrahlten Elektronen würden in der Richtung nach der Kathode zu wandern beginnen, d. h. also, es würden dann Kathodenstrahlen von der Antikathode ausgehen, die auf die Glaswand auftreffen würden und sie so stark erhitzen könnten, daß das Glas schmilzt. Zum Betriebe der Coolidge-Röhre ist daher ein schließungsstromfreies Instrumentarium wie z. B. das Coolidge-Instrumentarium von Siemens & Halske sowie andere Apparate erforderlich (vgl. das spätere Kapitel über Tiefentherapieinstrumentarien). Im übrigen läßt sich jedes vorhandene Instrumentarium für den Betrieb der Coolidge-Röhre einrichten, da hierzu nichts weiter erforderlich ist als ein Heiztransformator.

Die Regulierung der Röntgenstrahlenquantität erfolgt durch Veränderung der Temperatur der Wolframspirale (Glühkathode). Je stärker der Heizstrom ist, desto mehr Elektronen sendet die Glühkathode aus, desto mehr Röntgenstrahlen entstehen auf der Antikathode.

Die Regulierung der Röntgenstrahlenqualität erfolgt durch Veränderung der Spannung. Je höher diese ist, desto schneller wandern die Elektronen von der Kathode zur Antikathode, desto härter sind die entstehenden Röntgenstrahlen, und der Fortschritt, den uns die gasfreien Röhren bringen, liegt vor allen Dingen eben darin, daß ihre Einstellung auf einen bestimmten Härtegrad nicht mehr vom jeweilig vorhandenen Gasrückstand abhängig ist, sondern daß diese instrumentell beliebig oft in jedem gewünschten Grade vorgenommen werden kann.

Da eine besondere Reguliervorrichtung und eine Wasserkühlung völlig entbehrlich sind, ist auch die äußere Form der Coolidge-Röhre erfreulich einfach gestaltet. Als Betriebsschema einer Coolidge-Röhre, besonders einer neuen, merke man sich, daß bei niedrigster Spannung der Heizstrom sogleich auf 2 Milliampère einzuregulieren ist. Dann wird die Spannung Knopf für Knopf an den beiden Regulierrheostaten in die Höhe gebracht bis auf 180 000 bzw. 200 000 Volt. Vor dem Glühen der Antikathode tritt besonders bei neuen, aber auch sonst bei nicht ganz tadellosen Röhren für Augenblicke Fluoreszenzlicht im Ansatz der Antikathode auf infolge Austritts kleinster Gasteile in die Röhre. Es verschwindet fast immer, sobald die Antikathode glüht.

Seltener treten Fluoreszenzerscheinungen bei hoher Spannung auf, wobei das Milliampèremeter mehr oder weniger weit ausschlägt. Sie gehen fast immer schnell vorüber und bilden keine Gefahr für die Röhre. Halten sie aber an, so muß mit der Spannung zurückgegangen werden.

Etwas abweichend von der Coolidge-Röhre ist die Lilienfeld-Röhre (Abb. 14) konstruiert. Auch bei dieser Röhre sendet ein glühender Draht die Elektronen aus. Aber diese Glühkathode befindet sich in einer besonderen, der Hauptröhre angeschmolzenen Glaskugel, deren Inneres durch eine Durchbohrung der Kathode (Arbeitskathode) mit dem Vakuum der Hauptröhre in Verbindung steht. Der Elektronenstrom, der von der Arbeitskathode zur Antikathode geht, heißt „Röntgenstrom". Die Temperatur der Glühkathode bleibt hier unverändert; die Intensität der Röntgenstrahlen ist von der Stärke des Röntgenstromes abhängig, die wiederum von der Spannung des Zündstromes abhängt. Der Härtegrad der Röntgenstrahlen dagegen ist abhängig von der Spannung des Röntgenstromes.

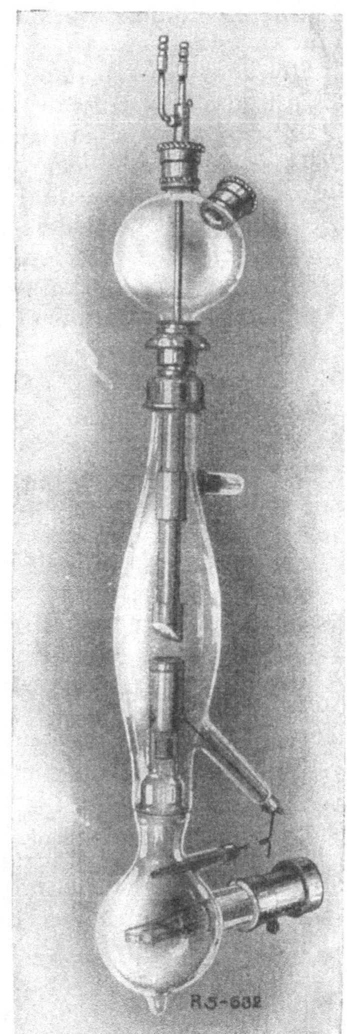
Abb. 14. Lilienfeld-Röhre.

Während wir also bei der Coolidge-Röhre nur zwei Stromkreise haben, den Hochspannungskreis und den Heizstromkreis, sind bei der Lilienfeld-Röhre drei Stromkreise erforderlich: der erste für die Regulierung der Spannung des Zündstromes, der zweite für die Regulierung der Spannung des Röntgenstromes und der dritte für die Heizung der Glühkathode. Außerdem ist die Antikathode mit Wasserkühlung mittels Kühlpumpe versehen und auch die ganze Installation des Betriebsinstrumentariums ist erheblich komplizierter als bei der Coolidge-Röhre.

In der Gestalt der Lilienfeld-Röhre ähnlich, im Betrieb aber viel einfacher, gleich der Coolidge-Röhre, ist die neue Müller-Elektronenröhre. Sie ist als Wasserkühlröhre mit Platinantikathodenspiegel und Kühlung durch siedendes Wasser ausgebildet. Gekennzeichnet ist die Röhre durch schlanke, torpedoartige Form und eine von der Röhrenachse abgebogene und um diese schwenkbare Wasserkugel. So gestattet sie dem therapeutischen Strahlenbündel jede beliebige Lage im Raum zu geben. Besonders ausgebildet ist bei der Müller-Elektronenröhre die Kathode. Dem Glühdraht derselben ist nämlich ein Drahtnetz vorgelagert. Die von der Antikathode ausgehenden Elektronenströme müssen erst durch dieses Gitter hindurch, um zur Kathode zu gelangen. Da das Gitter wie ein Widerstand wirkt, kommt ein Strom in der Röhre erst bei höherer Spannung zustande. Die niedrigen Teile der Spannungskurve werden so automatisch ausgeschaltet und eine Homogenisierung in ähnlicher Weise wie bei der Lilienfeld-Röhre

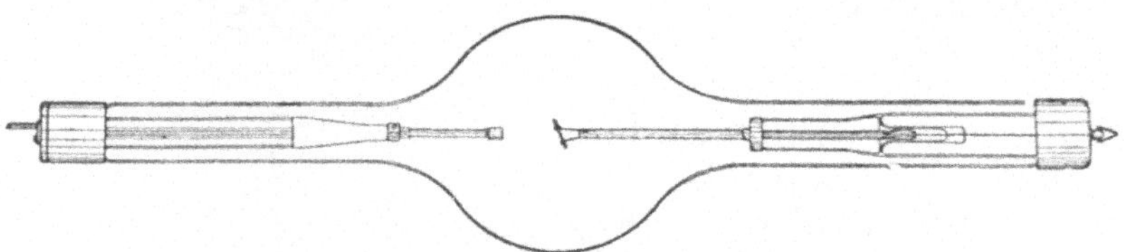

Abb. 15. Müller-Elektronen-Röhre.

erzielt, und zwar ohne Zündtransformator, Homogenisierungs- und Sonderwiderstände. Ein Übelstand dieser Elektronenröhre mit Wasserkühlung war die Tatsache, daß sie nie ganz horizontal in den Röhrenschutzkasten gestellt werden durfte, sondern immer etwas erhöht an der Antikathodenseite, um die Hinterfläche der Antikathode immer mit siedendem Wasser bedeckt zu erhalten. Sobald diese Vorsichtsmaßregel vom Personal außer acht gelassen wurde — leider kam das nicht allzu selten vor — wurde die Röhre durch Überhitzung des Antikathodenmetalls unbrauchbar. Die Firma Müller hat daher die Fabrikation dieser sonst sehr guten Röhre aufgegeben und liefert jetzt eine gut funktionierende Elektronen-Trockenröhre (cf. Abb. 15) ähnlich der Coolidgeröhre. Sie braucht nur einen etwas stärkeren Heizstrom als die A.E.G.-Elektronenröhre, so daß die Widerstände des Heizstromkreises darauf einzuregulieren sind. Im Betriebe ist mit dieser neuen Müller-Röhre genau so zu verfahren wie mit der A.E.G.-Röhre der Veifawerke. Zweifellos stellt sie gegenüber der Röhre mit Wasserkühlung einen wesentlichen Fortschritt dar und ist daher für die Tiefentherapie durchaus zu empfehlen.

Alle drei Röhren, sowohl die Coolidge-Müller- wie die Lilienfeld-Röhre, sind in erster Linie für die Zwecke der Tiefentherapie konstruiert worden. Sie gestatten die Anlegung einer sehr viel höheren Spannung und gewährleisten dadurch die Erzeugung viel härterer Röntgenstrahlen als die gashaltigen Röntgenröhren, von denen nur die Siedekühlröhren und besonders die „selbsthärtende Sieederöhre" bezüglich der Strahlenhärte mit den gasfreien Typen konkurrieren kann. Die Annahme, daß bei einer bestimmten Spannung auch immer nur Elektronen von einer bestimmten Geschwindigkeit von der Kathode zur Antikathode wandern und dort nur Röntgenstrahlen eines bestimmten Härtegrades erzeugen, hat sich als irrig erwiesen.

Auch die gasfreien Röhren zeigen nach längerem Betriebe eine mit der Zeit ständig zunehmende Braunfärbung der Glaswand. Ihre Lebensdauer scheint länger zu sein als die der gashaltigen Röhren und ist in der Hauptsache abhängig von der Haltbarkeit der Wolframspirale (Glühkathode) und von einem möglichen Durchschlag der Glaswand infolge eines elektrischen Funkens.

Wir haben auch in den gasfreien Röhren niemals eine homogene, sondern immer eine heterogene Strahlung. Denn bei einer Spannung von beispielsweise 150 000 Volt sind nicht nur Elektronen vorhanden, deren Geschwindigkeit gerade dieser Spannung entspricht, sondern auch Elektronen, die schon bei niedrigeren Spannungen, also mit geringerer Geschwindigkeit zur Antikathode wandern. Es entsteht also immer ein Gemisch von Röntgenstrahlen verschiedener Härte, und in diesem Gemisch sind neben den weicheren um so härtere Strahlen vorhanden, je höher die angelegte Spannung ist.

Vorrichtungen zur Unterdrückung der verkehrten Stromrichtung.

Die gashaltigen Röntgenröhren leiden bei dem Betriebe mit Induktor und Unterbrecher besonders durch die Schließungsströme, welche die gleiche Wirkung haben wie verkehrte Stromrichtung und die Röhre sehr schnell hart machen. Für den Schließungsstrom wird nämlich die Kathode zur Anode und die Antikathode zur Kathode, so daß die Kathodenstrahlen auf dem leicht zerstäubbaren Antikathodenspiegel entstehen, feinste Metallteilchen losreißen, die schließlich einen gelbbraunen bis braunschwarzen Belag auf der Glaswand bilden und zur Bindung der Gase im Innern der Röhre führen. Das gilt vor allem für weiche Röhren wegen des an und für sich geringen Widerstandes, welchen sie dem Schließungsstrom bieten. Den Durchgang des Schließungsstromes erkennt man bei den gashaltigen Röhren daran, daß auf der hinter dem Antikathodenspiegel gelegenen Kugelhälfte unregelmäßige fluoreszierende Ringe, konaxial zur Anode resp. zur Antikathode auftreten. Übrigens werden auch auf der vor dem Antikathodenspiegel gelegenen fluoreszierenden Kugelhälfte durch den Schließungsstrom fluoreszierende Flecken hervorgerufen, die — eben weil sie innerhalb der fluoreszierenden Kugelhälfte gelegen — nicht sichtbar sind. Der Schließungsstrom ist auch darum recht störend, weil er die exakte Messung der Stromstärke mittels eines in den sekundären Stromkreis eingeschalteten Milliampèremeters erschwert oder unmöglich macht, da er dieses in umgekehrter Richtung wie der Öffnungsstrom durchfließt. Das Milliampèremeter zeigt also dann nicht die Stärke des Öffnungsstromes an, sondern nur den aus den beiden entgegengesetzten Stromrichtungen resultierenden Mittelwert.

Bei den gasfreien Röhren macht sich der Schließungsstrom nicht durch Fluoreszenzerscheinungen bemerkbar, und es besteht daher hier noch mehr als bei den gashaltigen Röhren die Gefahr, daß die dann auf der Antikathode entstehenden und auf die gegenüberliegende Glaswand aufprallenden Kathodenstrahlen eine derartige Hitze entwickeln, daß das Glas bei längerer Einwirkung zum Schmelzen gebracht wird.

Sehr gut zeigt die Glimmlichtröhre nach Gehrke das Vorhandensein von Schließungsstrom an. Die Glimmlichtröhre ist eine mäßig evakuierte Glasröhre mit zwei stabförmigen Metallelektroden, welche in den sekundären Stromkreis eingeschaltet wird. Passiert nur der Öffnungsinduktionsstrom die Röntgenröhre, so zeigt nur die Kathode der Glimmlichtröhre einen blauen Lichtmantel. Geht auch der Schließungsinduktionsstrom hindurch, so tritt auch um die Anode der Glimmlichtröhre ein blauer Lichtmantel auf.

Da nun der Schließungsstrom eine erheblich niedrigere Spannung besitzt als der Öffnungsstrom, so kann man den ersteren dadurch ausschalten, daß man ihm einen Widerstand in den Weg legt, den er nicht überwinden kann, während der Öffnungsstrom ihn mit Leichtigkeit überwindet. Diesem Zwecke dienen z. B. die sog. Ventilröhren. Die Ventilröhren sind evakuierte, meist mit Regeneriervorrichtung versehene, in ihrer Form den Röntgenröhren ähnelnde Glastuben, mit zwei Elektroden, die derartig angeordnet sind, daß die Überbrückung des Raumes zwischen ihnen dem Schließungsstrome sehr erhebliche, dem kräftigeren Öffnungsstrome wesentlich geringere Schwierigkeiten macht. Die Ventilröhren werden aber — auch trotz der Regeneriervorrichtung

— sehr schnell hart und damit unbrauchbar. Sie sind heute wohl allgemein dadurch verdrängt, daß man in den Stromkreis eine gewöhnliche Funkenstrecke oder ein Funkenventil, eine Kombination von mehreren Funkenstrecken, einschaltet. Abb. 16 zeigt eine solche Vorschaltfunkenstrecke. Als Anode dient eine Metallspitze, als Kathode eine Metallplatte. Man wählt die Entfernung zwischen beiden so groß, daß gerade noch der Öffnungsfunke von der Spitze zur Platte überspringen kann und bei den gashaltigen Röhren keine fluoreszierenden Flecken und Ringe mehr auftreten. Bei Einschaltung der Funkenstrecke wird die Röhre härter, weil eben der Widerstand im sekundären Stromkreis größer und damit die zur Überwindung dieses Widerstandes erforderliche Spannung höher wird. Der Härtegrad einer Röhre ist ja nicht nur vom Vakuum, sondern auch von der sekundären Spannung abhängig.

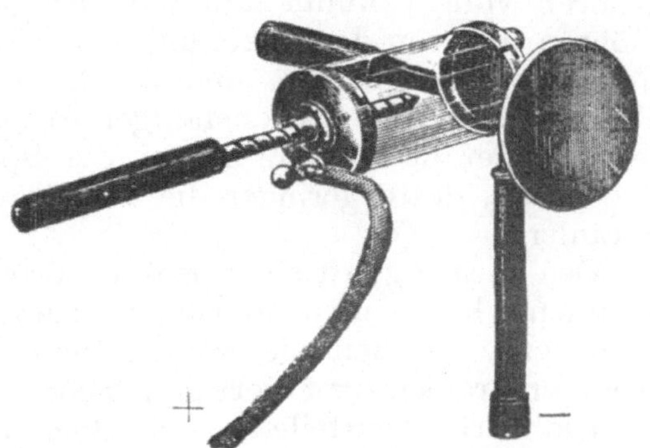

Abb. 16. Vorschaltfunkenstrecke zur Unterdrückung des Schließungsstromes.

Die Intensität der Schließungsströme ist im übrigen auch von der Bauart der Induktoren, von der Konstruktion der Röhren und der Unterbrecher abhängig. So überwiegt beim Wehnelt die Spannung des Öffnungsstromes die des Schließungsstromes sehr wenig, bei den Quecksilbermotorunterbrechern dagegen sehr erheblich. Bei letzteren liegen also in dieser Beziehung die Verhältnisse für den Röhrenbetrieb viel günstiger.

Schließungsstrom macht sich, wie gesagt, besonders bei weichen Röhren wegen ihres sehr geringen Widerstandes bemerkbar und läßt sich dann durch Ventilröhren oder Vorschalt-Funkenstrecken eliminieren.

Aber auch sehr harte Röhren, welche eine besonders starke Belastung erfordern, lassen bisweilen Schließungsstrom hindurch, einfach aus dem Grunde, weil mit der stärkeren Belastung nicht nur die Spannung des Öffnungsinduktionsstromes, sondern auch die des Schließungsinduktionsstromes wächst und infolgedessen auch den größeren Widerstand harter Röhren überwindet.

Instrumente zur Prüfung der Qualität der Röntgenstrahlen.

Die Qualität der Röntgenstrahlen ist bei den gashaltigen Röhren vom Vakuum und von der Spannung, bei den gasfreien Röhren nur von der Spannung des sekundären Stromes abhängig. Je höher das Vakuum und die Spannung, je „härter" also die Röhre, desto penetrationsfähiger die erzeugten Röntgenstrahlen; je niedriger das Vakuum und die Spannung, je „weicher" also die Röhre, desto geringer die Penetrationskraft der produzierten Strahlen.

Den Härtegrad einer Röhre, also die Qualität der Röntgenstrahlen, kann man ungefähr schon nach der Intensität des Schattens, welchen die vorgehaltene Hand auf dem durch die Röntgenstrahlen zur Fluoreszenz gebrachten Barium-Platin-Zyanür-Schirm wirft, beurteilen; je dunkler der Schatten, desto weicher die Röhre und umgekehrt. Man tut gut, nie seine eigene Hand, sondern ein Handskelett als Testobjekt zu benutzen, um Schädigungen der Haut und der Nägel zu vermeiden. Dieses Handskelett ist zweckmäßig in eine Masse eingebettet, welche einen den Weichteilen entsprechenden Schatten auf dem Fluoreszenzschirm erkennen läßt. Für therapeutische Bestrahlungen genügt die annähernde Schätzung der Strahlenqualität nach dem Handschattenbilde nicht, sondern es ist die zahlenmäßige Bestimmung des Härtegrades mittels der in den folgenden Zeilen genauer geschilderten „Härteskalen" oder „Härtemesser" erforderlich.

Abb. 17. Radiometer nach Benoist.

Radiometer.

Dieses von Benoist (Abb. 17) angegebene, von Walter verbesserte Instrument beruht auf der ungleichen Änderung der Transparenz des Silbers und des Aluminiums. Diese Ungleichheit der Änderung tritt auf, sobald sich die Qualität der Röntgenstrahlen ändert. Während die Transparenz beim Silber mit der Änderung der Qualität nur sehr wenig wechselt, ist sie beim Aluminium bei den verschiedenen Härtegraden sehr verschieden. Das erklärt sich wohl daraus, daß das Silber ein sehr viel größeres Absorptionsvermögen für Röntgenstrahlen besitzt als das Aluminium, und also in dünner Schicht nur die in jeder — auch in einer weichen — Röhre vorhandenen härteren Strahlen passieren läßt, so daß der Schatten der Silberplatte auf dem Leuchtschirm sowohl bei weichen wie bei harten Röhren immer annähernd die gleiche Intensität zeigt, während das Aluminium in dünner Schicht auch weiche und erst in dickerer Schicht nur härtere Strahlen passieren läßt.

Bei einer weicheren Röhre wird daher eine dünnere Aluminiumschicht auf dem Leuchtschirm den gleichen Schatten geben wie die Silberplatte, bei einer härteren Röhre eine dickere Schicht.

Zum Vergleiche dient eine dünne Silberplatte und ein in arithmetischer Reihe zweiter Ordnung stufenförmig verdickter Aluminiumstreifen, dessen einzelne Stufen durch Bleizahlen kenntlich gemacht sind. Bei einem bestimmten Härtegrad wird eine bestimmte Stufe des Aluminiumstreifens, die natürlich um so dicker sein wird, je härter die Röhre ist, die gleiche Helligkeit zeigen wie die Silberplatte; die Bleizahl der betreffenden Stufe gibt den Härtegrad der Röhre direkt an.

Kryptoradiometer.

Eine weitere Vervollkommnung des Radiometers hat Wehnelt in seinem Kryptoradiometer (Abb. 18) erreicht, und zwar dadurch, daß der Aluminiumstreifen nicht stufenförmig, sondern

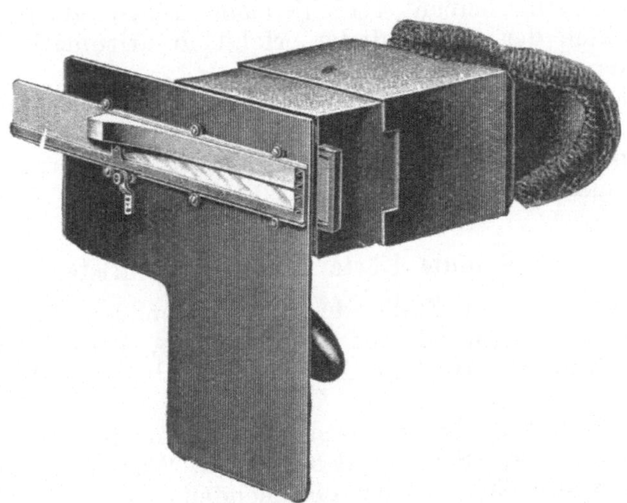

Abb. 18. Kryptoradiometer nach Wehnelt.

keilförmig ist; es kann bei dieser Anordnung nicht vorkommen, daß die Qualität einer Röhre zwischen zwei Stufen liegt und damit eine genaue Messung unmöglich ist. Ein weiterer Mangel des Stufenradiometers, nämlich die Irritation des Auges durch die verschiedene Helligkeit der der maßgebenden Stufe benachbarten Aluminiumfelder auf dem Leuchtschirm ist dadurch vermieden, daß sich zwischen den Metallstreifen und dem Schirm eine für Röntgenstrahlen undurchlässige Platte befindet, die nur durch einen schmalen Spalt den Röntgenstrahlen den Durchgang zum Fluoreszenzschirm gestattet. Beide Metallstreifen sind auf einem Schieber angebracht, der mittels Zahn und Trieb an dem Spalt vorbeigeschoben werden kann. Auch der Leuchtschirm ist, um eine Ermüdung bei ständiger Beleuchtung derselben Stelle zu verhüten, verschiebbar. Eine am Schieber angebrachte Skala und ein an der undurchlässigen Platte markierter Index ermöglichen die Ablesung des Härtegrades. Es empfiehlt sich, den kleinen Leuchtschirm von Zeit zu Zeit dem Tageslicht auszusetzen, da er sich mit der Zeit bräunt. Diese Bräunung beeinträchtigt die Fluoreszenzfähigkeit und verschwindet wieder unter dem Einflusse des Tageslichtes.

Waltersche Härteskala.

Die Waltersche Härteskala besteht aus einer für Röntgenstrahlen undurchlässigen Bleiplatte, in welcher 8 Löcher ausgestanzt und mit Platinscheiben verschiedener Dicke ausgefüllt sind. Die Zunahme der Schichtdicke erfolgt in arithmetischer Reihe 2. Ordnung.

Vor der Bleiplatte ist ein Fluoreszenzschirm angebracht, auf welchem um so mehr Platinscheiben als fluoreszierende Felder erscheinen, je penetrationsfähiger die Röntgenstrahlen sind, je härter also die Röhre ist.

Der absolute Härtemesser nach Christen.

Christen hat an Stelle der konventionellen Einheiten der verschiedenen Skalen (Benoist, Wehnelt, Walter u. a.) als absolutes Maß des Härtegrades die „Halbwertschicht“ eingeführt.

Unter Halbwertschicht versteht man nach Christen diejenige Dicke einer Schicht destillierten Wassers, gemessen in Zentimetern, welche von der einfallenden Strahlung gerade die Hälfte absorbiert und die andere Hälfte durchläßt.

Je weicher die Strahlung, desto dünner ihre Halbwertschicht; je härter eine Strahlung, desto dicker ihre Halbwertschicht, d. h. um so tiefer kann sie eindringen, bevor sie durch Absorption die Hälfte ihrer Intensität eingebüßt hat.

Da nun die Absorptionsfähigkeit der menschlichen Weichteile nur sehr unwesentlich von derjenigen des destillierten Wassers abweicht, so kann man praktisch annehmen, daß die auf Wasser bezogene Halbwertschicht ohne wesentlichen Fehler auf das menschliche Weichteilgewebe übertragbar ist.

Der absolute Härtemesser von Dr. Christen-Bern beruht auf folgendem Prinzip:

Die von der Röntgenröhre *A* ausgehende Strahlung fällt durch zwei Absorptionskörper *B* und *C* auf einen Fluoreszenzschirm *D*, dessen Fluoreszenzschicht dem Beschauer zugekehrt ist (vgl. Abb. 19). Der „Halbwert“ der von *A* ausgehenden Strahlung wird hergestellt, indem als Absorptionskörper *B* ein Metallblech-

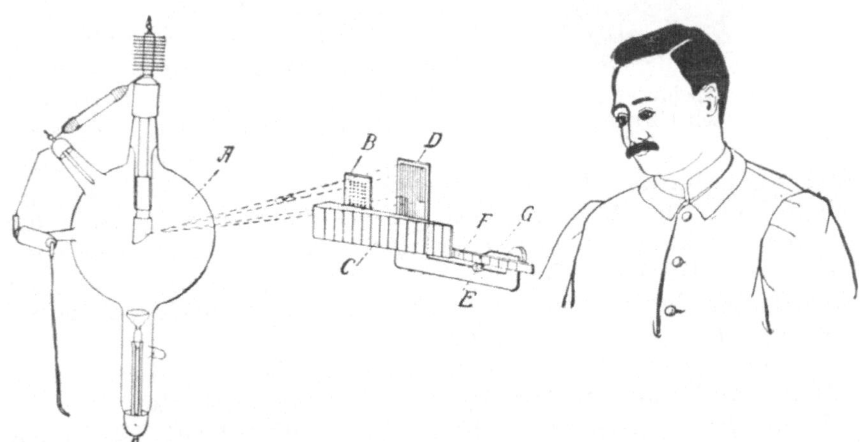

Abb. 19. Schematische Darstellung der Messung der Halbwertschicht.

sieb verwendet wird, bei welchem der Querschnitt sämtlicher Löcher gleich dem Querschnitt des stehengebliebenen Bleches ist. Durch diese „Halbwertplatte“ geht stets die Hälfte der Strahlung, ob hart oder weich, denn die Summe aller Löcher ist gleich der halben Fläche der Scheibe. Durch das Metall geht nichts hindurch. Was durchgeht, ist also bei jeder Strahlung gerade so viel wie das, was nicht durchgeht, d. h. die Hälfte dessen, was auffällt. Durch einen größeren Abstand zwischen Metallsieb *B* und Fluoreszenzschirm *D* sowie durch die stets vorhandene räumliche Ausdehnung des Brennfleckes (Fokus) wird das Fluoreszenzbild der Sieblöcher nicht scharf, sondern verwaschen sein und es entsteht somit auf dem Fluoreszenzschirm *D* eine gleichmäßige Fluoreszenz, deren Helligkeit natürlich halb so groß (Halbwert) ist als beim direkten Auftreffen der Strahlen ohne das Sieb *B*.

Mit dieser Fluoreszenzhelligkeit wird diejenige Helligkeit verglichen, welche von Röntgenstrahlen erregt wird, in deren Bahn der Absorptionskörper liegt. Dieser besteht aus Bakelit, einem Material, dessen Absorptionsfähigkeit genau gleich der des destillierten Wassers ist. Der Absorptionskörper C ist treppenförmig abgestuft und kann mit Hilfe eines Zahntriebes E hin- und hergeschoben werden. Es wird nun diejenige Dicke des Absorptionskörpers C durch den optischen Vergleich der beiden Fluoreszenzfelder gesucht, bei welcher die Fluoreszenzhelligkeit beider Felder genau die gleiche ist. Die jeweilige Dicke des Absorptionskörpers C und dadurch auch die Halbwertschicht in Zentimetern wird abgelesen an einer seitlichen Skala F mit Hilfe des Zeigers G. Die Messung ist also praktisch genau die gleiche, wie sie bisher mit dem Präzisions-Kryptoradiometer von Prof. Wehnelt ausgeführt wurde.

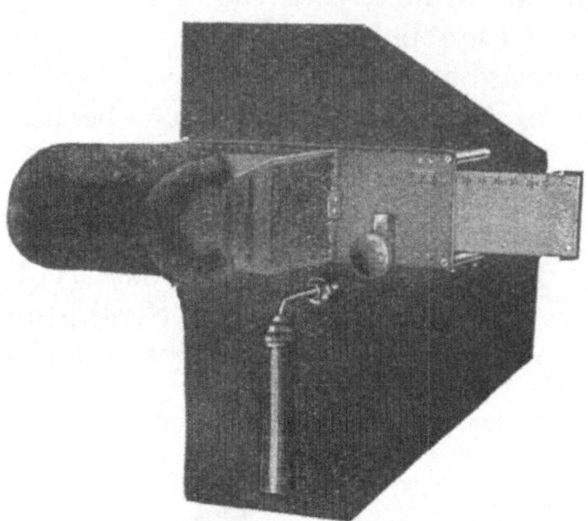

Abb. 20. Absoluter Härtemesser nach Christen.

Um ein einwandfrei richtiges Resultat bei der Messung zu erhalten, muß das Instrument unbedingt so gehalten werden,

1. daß die Vergleichsfelder die größtmöglichste Breite haben und
2. daß an der Grenze der Vergleichsfelder weder eine helle noch eine dunkle Trennungszone auftritt. Nur dann haben die eintretenden Strahlen die korrekte Richtung parallel zu den Löchern der Halbwertplatte.

Der absolute Härtemesser von Dr. Christen wird in seiner äußeren Form durch Abb. 20 dargestellt, aus welcher ersichtlich ist, daß auf einem Schutzblech (gegen Schädigung der Hände und des Gesichts des Messenden) die Meßeinrichtung angebracht ist und die Betrachtung bzw. Messung bei unverdunkeltem Raum ermöglicht wird durch ein Kryptoskop, welches sich dicht an das Gesicht des Beobachtenden anlegt. Die Messung ist durch Ablenkung jeden Seitenlichtes und Verwendung sehr helleuchtender Fluoreszenzmasse eine sehr genaue.

Die Halbwertschicht ist das einzige Maß, welches uns auch über die Tiefendosen orientiert. Haben wir z. B. eine Strahlung von der Halbwertschicht 2 cm und applizieren auf die Hautoberfläche die Dosis 100, so wissen wir, daß wir in 2 cm Tiefe die Dosis 50, in 4 cm Tiefe die Dosis 25, in 8 cm die Dosis 12,5 haben, vorausgesetzt natürlich, daß kein Knochen unter der Haut liegt.

Nach dem Vorschlage von Christen empfiehlt es sich, statt von „Strahlen mit der Halbwertschicht 0,5, 1, 1,5, 2 cm" einfach von 0,5, 1, 1,5, 2 cm-Strahlen zu sprechen, geradeso wie wir ja auch nicht von „Kugeln mit dem Durchmesser 6 mm", sondern von „6 mm-Geschossen" sprechen.

Die Handhabung des Instrumentes ist ziemlich umständlich und die Einstellung jedenfalls schwieriger als bei der Wehnelt-Skala, so daß immerhin eine größere Übung dazu gehört, die Halbwertschichten richtig abzulesen. Ich bevorzuge daher für die Praxis nach wie vor die Wehnelt-Skala.

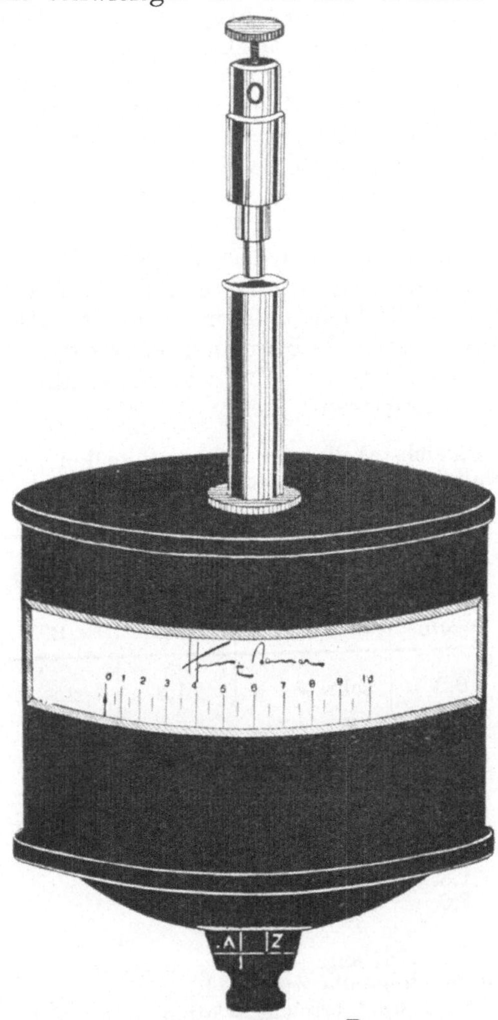

Abb. 21. Qualimeter von Bauer.

Die Angaben eines Qualimeters sind je nach dem benutzten Instrumentarium etwas verschieden. Will man sich also auf die Angaben des Qualimeters verlassen, so muß man bei jedem Wechsel des Instrumentariums oder auch nur des Unterbrechers von neuem feststellen, welchen Zahlen der Wehnelt-Skala die Zahlen des Qualimeters entsprechen.

Der Härtegrad 12 We. wurde durch Vorschaltung eines 1 mm dicken Aluminiumfilters, der Härtegrad 13 We. durch Vorschaltung eines 2 mm dicken Aluminiumfilters bei einer Röhre von 10 We. erhalten. Durch weitere Verstärkung des Aluminiumfilters (bis zu 6 mm!) wird die Halbwertschicht nicht deutlich größer. Nach Untersuchungen von Hans Meyer steigt die Halbwertschicht bei Vorschaltung eines 4 mm dicken Aluminiumfilters auf 2,5 cm, bleibt dann konstant bei weiterer Verstärkung des Filters bis zu 7 mm; erst bei 8 mm Dicke überschreitet die Halbwertschicht 2,5 cm, ohne aber 3 cm zu erreichen. Für die sehr harten „ultrapenetrierenden" Strahlen, wie sie die gasfreien Röhren liefern, sind die üblichen Härtemesser (Wehnelt, Christen usw.) nicht mehr brauchbar. Man benutzt als Maß für die Härte dieser Strahlen meist die parallele Funkenstrecke, die 40—45 cm beträgt, während einer Strahlung von 10—12 We. eine parallele Funkenstrecke von etwa 25—30 cm entspricht.

Qualimeter von Bauer.

Das Qualimeter von Bauer ist ein Zeiger-Instrument, welches aus der sekundären Spannung den Härtegrad bestimmt. Es wird mit dem negativen Pol des Induktors verbunden. Seine Angaben erfolgen nicht in Volt, sondern in Graden, welche den Stufen einer Treppe aus Bleiblechen von Zehntel Millimetern entsprechen.

Ist das Instrument außer Betrieb, so steht der Zeiger auf Null; ist eine Röhre eingeschaltet, so erfolgt ein Zeigerausschlag, der um so größer ist, je härter die Röhre ist; steht der Zeiger also z. B. auf 5, so haben wir eine mittelweiche, steht er auf 10, eine harte Röhre vor uns. Die Skala umfaßt die Zahlen 1—10 (vgl. Abb. 21).

Das Qualimeter ist kein objektiver Härtemesser, aber trotzdem ein ganz ausgezeichnetes Mittel zur Kontrolle der Röhrenkonstanz, das schließlich nicht mehr leistet als die parallele Funkenstrecke, aber jedenfalls bequemer ist als diese, da ein Blick auf die Skala genügt, um uns über die Konstanz und Inkonstanz einer Röhre zu orientieren.

Vergleichstabelle der konventionellen Härteskalen mit dem absoluten Maß der Halbwertschicht (nach einem Prospekt der Firma Reiniger, Gebbert & Schall).

Halbwertschicht in cm	Härtebezeichnung	Wehnelt-Einh. We.	Benoist-Einh. B.	Walter-Einh. W.	Benoist-Walter B.-W.	Bauer Qualim. Garde
0,2	sehr weich	1,3	2 —	—	1 —	0,8
0,4	„ „	2,9	2 +	3 —	2 —	2,0
0,6	weich	5,6	3 +	5 —	3 +	3,7
0,8	mittel	8,3	6 +	7 —	5 +	5,6
1,0	hart	10,0	8 +	8 —	6 +	6,4
1,2	sehr hart	11,2	—	—	—	7,5
1,4	„ „	12,3	—	—	—	8,1
1,6	„ „	13,2	—	—	—	8,7
1,8	„ „	14,0	—	—	—	9,3
2,0	„ „	14,8	—	—	—	9,9

Die Zeichen + und — bezeichnen „mehr" und „weniger" in bezug auf die folgende Zahl, z. B. 5 — heißt, daß 5 Grade noch nicht bei dem Vergleichwert erreicht werden, 5 +, daß 5 Grade überschritten werden.

Vergleichstabelle der Wehnelt-Skala und des Qualimeters mit dem Christenschen Härtemesser (nach Untersuchungen des Verfassers).

Wehnelt-Einh. (We.)	Halbwert-schicht in cm	Bauer-Qualimeter Grade	Härtegrad
5—7	0,7—0,9	5—7	mittelweich
10	ca. 1,5	10	hart
12	ca. 2	—	sehr hart
13	ca. 2,25	—	„ „

Sklerometer von Klingelfuß.

Das Sklerometer von Klingelfuß ist ein Hitzdraht-Voltmeter und mißt eine der gesamten Sekundärspannung proportionale Teilspannung in Volt, zieht also wie das Qualimeter aus der Spannung Schlüsse auf den Härtegrad. Als objektiver Härtemesser dürfte das Instrument wohl ebensowenig in Betracht kommen wie das Qualimeter.

Analysator von Glocker.

Die Tatsache, daß verschiedene Metalle immer nur bei dem Auftreffen von Röntgenstrahlen einer bestimmten Härte eine charakteristische Sekundärstrahlung aussenden, bildet die Grundlage für die Konstruktion des Glockerschen Analysators.

In diesem Apparat, der die Form eines rechteckigen, für Röntgenstrahlen undurchlässigen Kastens hat, befinden sich fünf verschiedene Metallplatten übereinander angeordnet, von denen die beiden obersten nur beim Auffallen sehr harter und harter, die mittlere nur beim Auffallen mittelweicher und die beiden unteren nur beim Auffallen weicher und sehr weicher Röntgenstrahlen ihre charakteristische Sekundärstrahlung aussenden, die dann auf einer photographischen Platte getrennt voneinander registriert wird. Eine Überkreuzung der für jedes Metall charakteristischen Sekundärstrahlen auf dem Wege zur photographischen Platte wird dadurch vermieden, daß sich aus geeignetem Material gefertigte horizontale Zwischenebenen von den Grenzen der Metallplatten bis zur photographischen Platte erstrecken. Haben wir ein Strahlengemisch, das vorwiegend harte Strahlen enthält, so werden auf der photographischen Platte die oberen, den oberen Metallplatten entsprechenden Felder stärker geschwärzt erscheinen; enthält das Strahlengemisch vorwiegend weiche Strahlen, so werden umgekehrt die unteren Felder eine stärkere Schwärzung zeigen. Wir sind also in der Lage, uns mittels dieses sehr einfach zu handhabenden Apparates jeder Zeit über die Zusammensetzung einer Röntgenstrahlung in einwandfreier Weise zu orientieren.

Instrumente zur Prüfung der Quantität der Röntgenstrahlen.

Einen Weg, die applizierte Röntgenstrahlenmenge direkt zu messen, hat uns Holzknecht mit seinem Chromoradiometer im Jahre 1902 gewiesen. Ihm verdanken wir es, daß die Röntgenbehandlung aus einem unsicheren, im Dunkeln tappenden Verfahren eine wissenschaftliche Disziplin geworden ist.

Die Wirkung der Röntgenstrahlen auf die Haut ist nämlich immer erst nach einer bestimmten Latenzzeit zu erkennen.

Dagegen zeigen gewisse chemische Substanzen unter der Einwirkung der Röntgenstrahlen eine Farbenänderung, die sofort sichtbar ist.

Sowohl die Reaktion von seiten der Haut wie auch die Verfärbung dieser chemischen Substanzen ist abhängig von der absorbierten Strahlenmenge, sie ist um so stärker, je mehr Röntgenstrahlen zur Absorption gebracht werden.

Einer bestimmten Hautreaktion, z. B. einem Erythem, wird also eine ganz bestimmte Farbennuance entsprechen.

Wenn auch das erste „chemische Dosimeter", das Chromoradiometer, sich als unbrauchbar erwies und von Holzknecht selbst zurückgezogen wurde, so basieren doch auf ihm alle späteren Dosimeter, von denen besonders das Radiometer von Sabouraud-Noiré und das Quantimeter von Kienböck in der Praxis Verwendung finden.

Zu beachten ist, daß alle chemischen Dosimeter nur für eine mittelweiche Strahlung geeicht sind und also zunächst nur für diese Strahlenqualität Gültigkeit haben aus Gründen, welche aus dem später folgenden Abschnitt „Die Bedeutung der Röntgenstrahlenqualität für die direkte Dosimetrie" ersichtlich sind.

Freundsches Meßverfahren.

Freund hat vorgeschlagen, die unter der Einwirkung der Röntgenstrahlen eintretenden, von der Menge der absorbierten Röntgenstrahlen abhängigen Farbenänderungen einer $2^0/_0$igen Lösung von Jodoform in Chloroform für die Beurteilung der absorbierten Röntgenstrahlenmenge zu verwerten. Das Verfahren ist umständlich und die Möglichkeit der Fehlerquellen (Einwirkung der Temperatur, des Lichtes, Fortschreiten der Färbung nach Unterbrechung der Bestrahlung) ist größer als bei den anderen direkten dosimetrischen Methoden, so daß es sich keinen Eingang in die Praxis verschafft hat.

Radiometer nach Sabouraud und Noiré.

Auch dieses Radiometer ist ein Chromometer und mißt direkt die absorbierte Röntgenstrahlenmenge (Abb. 22). Es wird hier ein Reagenzpapier verwendet, und zwar ein Stück Barium-Platin-Zyanürpapier. Dieses Reagenzpapier hat eine hellgrüne Farbe, die durch Einwirkung der Röntgenstrahlen in ein Gelb und schließlich in Rot und Braun übergeht. Wird das durch die Röntgenstrahlen verfärbte Papier dem Tageslichte ausgesetzt, so nimmt es wieder seine hellgrüne Farbe an und kann dann von neuem benutzt werden. Es empfiehlt sich, die gleiche Tablette nach

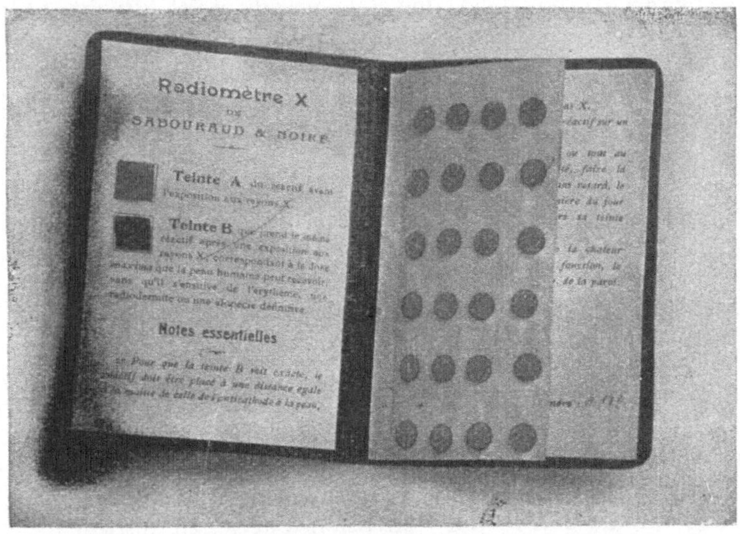

Abb. 22. Radiometer nach Sabouraud-Noiré.

der Entfärbung höchstens 2—3 mal zu benutzen; zur Abschätzung der erzielten Färbung dienen zwei Farben: ein dem Reagenzpapier entsprechendes Hellgrün (Teinte A) und ein Dunkelgelb (Teinte B). Man soll so lange bestrahlen, bis das Reagenzpapier die dunkelgelbe Färbung angenommen hat; dann hat man die Maximaldosis appliziert, welche die Haut verträgt, ohne daß eine starke Dermatitis oder dauernder Haarausfall eintritt. Das Reagenzpapier bzw. die Reagenztablette muß von der Antikathode halb so weit entfernt sein wie die Haut. Diese Befestigung des Reagenzpapieres in der halben Entfernung geschieht entweder mittels eines besonderen, am Röhrenstativ oder am Schutzkasten verschieblich angebrachten Halters aus Metall oder Holz oder einfacher mittels eines viermal gebogenen

(_⊓_) dünnen Pappstreifens, der an der Glaswand mit Leukoplast befestigt wird. Das Stück, welches die Reagenztablette trägt, muß der Wärmeeinwirkung halber 2 cm von der Glaswand der Röhre entfernt bleiben. Im übrigen ist das Instrument, das die Form eines kleinen Taschenbuches hat, handlich, billig und der Unterschied zwischen der normalen und der der Maximaldosis entsprechenden Färbung ist so deutlich, daß Irrtümer in der Abschätzung der Farbe kaum möglich sind.

Auch bei diesem Instrument sind gewisse Vorsichtsmaßregeln zu beachten, um Fehler in der Dosierung zu vermeiden. Vor allem muß die Einwirkung der Wärme ausgeschaltet werden, die Tabletten dürfen also der Glaswand nicht direkt anliegen, weil starke Erwärmung gleichfalls eine Gelb- bzw. Braunfärbung zur Folge hat, die allerdings nicht so gleichmäßig ist wie die durch Röntgenstrahlen hervorgerufene, sondern sich auf die Randpartien der Tablette beschränkt, während das Zentrum fast immer grün bleibt oder jedenfalls eine sehr viel schwächere Verfärbung zeigt. Das dürfte sich so erklären, daß die Tabletten am Rande, wo sie ausgestanzt sind, die schützende Kollodiumschicht verloren haben, so daß dort die Wärmewirkung besonders leicht zur Geltung kommt. Für die Röntgenstrahlen bildet natürlich der dünne Kollodiumüberzug kein Hindernis, und Zentrum und Peripherie der Tablette sind daher bei reiner Röntgenstrahlenwirkung ganz gleichmäßig gefärbt.

Man sieht also der Tablette ohne weiteres an, ob die Färbung nur durch Röntgenstrahlen oder durch Röntgenstrahlen und Wärmewirkung bedingt ist. In letzterem Falle ist die Färbung am Rande immer erheblich dunkler, und man hat sich zur Abschätzung an die Farbe der zentralen Partie zu halten.

Die Erwärmung der Glaswand ist um so stärker, je näher die Antikathode der Glaswand und je stärker die Belastung ist. Besonders bei sehr starker Belastung wird man die Tablette der Glaswand nicht zu nahe bringen dürfen. Zweckmäßig ist es, jede Tablette durch einen Scherenschnitt zu halbieren und nur immer eine halbe Tablette zu bestrahlen. Erstens spart man auf diese Weise an Tabletten, und zweitens ist die Abschätzung der Färbung leichter, wenn man eine halbierte Tablette mit dem geraden Rand an die Testfarbe legt; man muß dann ein gleichmäßig gelb gefärbtes Feld haben, wenn die Teinte B erreicht ist.

Die Tabletten sollen ferner möglichst mit Metall ($^1/_2$ mm dickes Bleiblech) hinterlegt, genau in der halben Fokushautdistanz angebracht und während der Bestrahlung vor grellem Tageslicht geschützt sein. Es genügt, wenn die Bestrahlung — wie gewöhnlich — in einem nur leicht verdunkelten Raum oder bei gedämpftem Tageslicht vorgenommen wird. Auch die Aufbewahrung der Tabletten ist nicht ganz gleichgültig; sie sollen bei möglichst gleichmäßiger mittlerer Zimmertemperatur gehalten und vor Röntgenstrahlen und Wärmeeinwirkung geschützt werden.

Der Vergleich mit den Testfarben muß bei Tageslicht erfolgen, und zwar bei diffusem Tageslicht, wie es durch die üblichen Vorhänge in das Zimmer dringt, nicht etwa bei direktem Sonnenlicht, da die Färbung der Reagenztabletten bei diesem und bei elektrischem Glühlicht bedeutend dunkler erscheint und so eine zu große Strahlendosis vortäuschen würde. Die Ausdosierung einer Röhre erfolgt daher am besten bei leicht bedecktem Himmel in der Zeit von 10 Uhr morgens bis 2 Uhr nachmittags. Die Tabletten sind deutsches Fabrikat und werden von der Firma L. Drault & Raulot-Lapointe (Paris), welche das Radiometer zuerst in den Handel brachte, aus Deutschland bezogen. Zur Zeit ist das Radiometer von der Firma Koch & Sterzel (Dresden) zu beziehen. Um zu beurteilen, ob die Tabletten sich unter dem Einflusse des Tageslichtes wieder vollkommen entfärbt haben, betrachtet man sie am besten bei elektrischem Glühlicht (Kohlenfadenlampe) oder einer anderen Lichtquelle, die reich an gelben und roten Strahlen ist (Benzinlampe), weil man dann Spuren einer noch vorhandenen Gelb- bzw. Braunfärbung leichter erkennt.

Verfärbte Tabletten legt man zur Entfärbung an das Fenster, aber nicht in direktes Sonnenlicht, da hier wieder die Wärme die Entfärbung verhindern oder jedenfalls verlangsamen würde.

Die Tabletten sind nicht immer von gleicher Empfindlichkeit. Zu jedem Radiometer gehört ein bestimmter Satz Tabletten. Demnach ist auch die Teinte B bei den einzelnen Exemplaren verschieden und bei Nachbestellungen ist es durchaus erforderlich, die Nummer des betreffenden Exemplars, welche auf der zweiten Seite verzeichnet ist, anzugeben.

Beobachtet man genau die hier gegebenen Vorschriften, so ist das Radiometer für die Praxis genügend zuverlässig und wegen seiner Einfachheit und des billigen Preises von allen direkten Dosimetern das empfehlenswerteste [1]).

Um die Schwankungen des Tageslichtes zu vermeiden, wird von Krüger [2]) eine künstliche Lichtquelle empfohlen, welche spektroskopisch dieselbe Beschaffenheit haben soll wie das diffuse Tageslicht, und zwar eine

[1]) Zumal die Holzknechtsche Skala zum Sabouraud (vgl. S. 50 und 51) auch das Ablesen von Teildosen gestattet.

[2]) Sofern man mit ausdosierten Röhren arbeitet, sind beide Vorrichtungen für die Praxis überflüssig.

50-kerzige Osramlampe mit einem Blauglasfilter von bestimmter Dicke und bestimmter Färbung (zu beziehen von Pohl, Kiel, Hospitalstraße).

Auch eine Modifikation von Bucky (Orthospektraldosimeter, hergestellt von Siemens & Halske, Berlin) gestattet die Ablesung bei einer konstanten künstlichen Lichtquelle.

Radiometer nach Bordier.

Das Radiometer nach Bordier ist eine Modifikation desjenigen von Sabouraud und Noiré. Die Barium-Platin-Zyanür-Tabletten werden hier direkt auf die zu bestrahlende Haut resp. dicht daneben gelegt. Die Skala besteht aus 5 Farben (Teinte 0, 1, 2, 3, 4, gelbgrün bis gelbbraun). Teinte 1 soll der Sabouraud-Noiréschen Teinte B, die folgenden stärkeren Garbennuancen intensiveren Reaktionsgraden entsprechen. Die Modifikation ist nicht besonders empfehlenswert.

Gerade die Anfangsfärbungen, auf welche es vor allem ankommt, scheinen nicht ganz zuverlässig zu sein und die Reaktion fällt meist stärker aus, als man erwarten sollte (Wetterer, Kienböck). Auch Verfasser konnte feststellen, daß die Teinte 1 nach Bordier noch nicht erreicht war, wenn die Sabouraud-Tablette in der halben Entfernung vom Fokus bereits die Teinte B anzeigte. Bei elektrischem Glühlicht erscheinen natürlich auch bei diesem Radiometer die Färbungen immer etwas dunkler.

Quantimeter nach Kienböck.

Bei dem quantimetrischen Verfahren wird die von der Haut absorbierte Strahlendosis nach der mehr oder weniger intensiven Schwärzung eines auf der Haut mitbestrahlten, schwarz kuvertierten Chlorbromsilbergelatinepapierstreifens von bestimmter Empfindlichkeit durch Vergleich mit einer Normalskala abgeschätzt. Diese besteht aus einer Reihe stufenweise dunkler werdender Felder, welche in „quantimetrischen" Einheiten, x genannt, die absorbierte Strahlenmenge angeben. Die mit 10 x bezeichnete Schwärzungsnuance soll ungefähr der Sabouraud-Noiréschen Normaldosis (Teinte B der in halber Fokushautdistanz bestrahlten Reagenztablette) entsprechen[1]) (Abb. 23).

Der bestrahlte Papierstreifen wird „nach der Sitzung in der Dunkelkammer einer bestimmten Entwicklung mit nachfolgender Fixierung unterzogen. Die Entwicklung des Streifens geschieht mit Entwickler von vorgeschriebener Zusammensetzung bei Zimmertemperatur (18° C) 1 Minute lang, wodurch sich das Reagenzpapier um so dunkler grau färbt, je größere Lichtmengen absorbiert

[1]) Die Gleichung 10 x = 1 SN gilt aber nur für ungefilterte Strahlen.

wurden. Aus dem Entwickler wird der Streifen nach raschem Eintauchen in Wasser in eine gewöhnliche Fixierlösung gebracht, wo er auch nur kurz verweilt und die Färbung des Papieres lichtbeständig wird. Der Streifen wird nun noch feucht oder nach dem Trocknen mit der Normalskala verglichen" (Kienböck).

Für Tiefenbestrahlungen wird noch eine Zusatzskala nach Gauß geliefert, welche die Ablesung höherer x-Zahlen gestattet. Bei Verwendung dieser Skala müssen die Quantimeterstreifen unter einem 10 mm dicken Aluminiumblock bestrahlt werden. Die Skala beginnt mit einer Schwärzung, die 10 x entspricht.

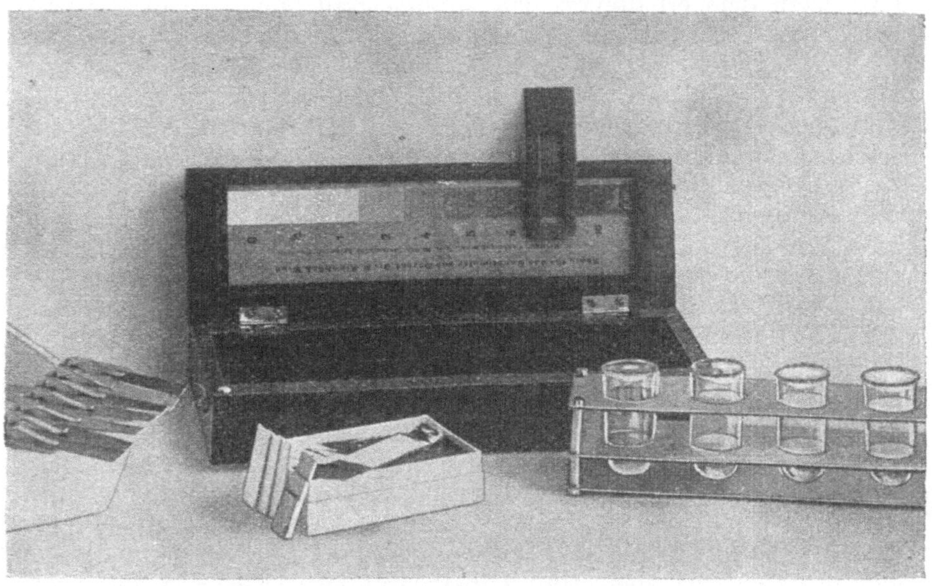

Abb. 23. Quantimeter nach Kienböck.

Diese Anfangsstufe der Zusatzskala wurde in der Weise gewonnen, daß man einen Quantimeterstreifen unter dem Aluminiumblock so lange bestrahlte, bis ein anderer in gleicher Entfernung ohne Aluminiumblock mitbestrahlter Streifen nach der Kienböck-Skala 10 x zeigte. Natürlich mußte die unter dem Aluminiumblock erzielte, 10 x entsprechende Schwärzung sehr viel heller ausfallen als an der Original-Kienböck-Skala, so daß man nun bequem stärkere Schwärzungsgrade für die höheren x-Zahlen verwenden konnte.

Das Quantimeter gibt uns nicht nur über die verabfolgte Oberflächendosis Aufschluß, sondern gestattet uns auch eine

Abschätzung der in tieferen Schichten absorbierten Strahlenmenge. Das geschieht mittels Aluminiumplättchen von 1 mm Dicke, welche ungefähr ebensoviel Röntgenstrahlen absorbieren wie eine Gewebsschichte von 1 cm Dicke und während der Bestrahlung derart auf den kuvertierten Papierstreifen gelegt werden, daß dieser nur partiell bedeckt ist. Der unter dem Aluminium erscheinende Schwärzungsgrad zeigt dann ungefähr die Dose an, die in einer 1 cm tiefen Gewebsschicht appliziert wurde.

Wenn man einen Quantimeterpapierstreifen durch mehrere solcher übereinander gelegter Aluminiumplättchen bestrahlt, kann man nach dem erhaltenen Schwärzungsgrad auch die in tieferen Schichten absorbierten Strahlenmengen annähernd abschätzen.

Trotz dieser und anderer Vorzüge ist das Quantimeter als Dosimeter für die Praxis nicht besonders geeignet, erstens, weil das Entwicklungsgeschäft sehr viel Zeit und große Sorgfalt erfordert, und zweitens vor allem aus dem Grunde, weil die applizierte Dose nicht direkt abgelesen werden kann, da die Schwärzung des Papierstreifens erst nach der Entwicklung und Fixierung zu sehen ist, und Kienböck selbst gibt zu, daß man, wenn es sich nicht um ganz schwache Bestrahlungen handelt, noch gleichzeitig ein „offenes“, d. h. ein direkt ablesbares Dosimeter — z. B. Sabouraud-Noiré — nötig hat.

Drittens hat sich leider gezeigt, daß die Quantimeterstreifen nicht verläßlich sind; Vergleichsuntersuchungen (H. E. Schmidt) haben ergeben, daß die Kienböckstreifen keineswegs immer 10 x anzeigen, wenn die S.-N.-Tablette die Teinte B zeigt, sondern meist mehr: bisweilen 15 x, bisweilen 20 x, bisweilen 30 x und darüber. Kirstein hat meine Resultate bestätigen können und betont auch gerade die Regellosigkeit in den Angaben der Quantimeterstreifen als das Hauptübel, während Levy-Dorn und Hessmann in ihren Nachuntersuchungen zwar gleichfalls gefunden haben, daß der Quantimeterstreifen bei Anwendung filtrierter Strahlen erheblich mehr als 10 x anzeigt, wenn die S.-N.-Tablette die Teinte B erreicht hat, aber doch der Meinung sind, daß ein gewisses konstantes, gesetzmäßiges Verhältnis der x-Zahl zu der Teinte B besteht. Angaben über die bei Röntgentiefenbestrahlungen verabreichten Dosen sollten daher nicht in x (Kienböck)-Einheiten gemacht werden, wie das jetzt noch vielfach geschieht, wenigstens nicht in x-Zahlen allein, vielmehr der leichteren Orientierung halber in Volldosen nach Sabouraud und Noiré und unbedingt im Verein mit der gewählten Filterdicke. Denn die 3, 5, 8 und 10 mm-Filtervolldose ist, in x-Einheiten ausgedrückt, derart verschieden, daß Dosierungsfragen fernerstehenden Ärzten ein Urteil über die jeweils verabreichte und wirksame Oberflächen- bzw. Felddose außerordentlich schwer gemacht wird.

Wenn dann zur weiteren Charakterisierung der verabfolgten Tiefendose, besonders bei Veröffentlichungen, noch die der S.-N.-Dose entsprechenden Kienböckwerte oder Werte, die mit einem Iontometer bzw. Intensimeter von Fürstenau gewonnen sind, angegeben werden, so ist damit die Tiefendose so genau wie möglich kontrolliert, gleichzeitig werden die Beziehungen der einzelnen Dosimeter untereinander jedem Röntgentherapeuten geläufig.

Ganz anders liegen die Dinge bei der Oberflächentherapie, wo das Kienböcksche Quantimeter wenigstens bis etwa zur Dosis 5 x vorzügliche Dienste leistet.

Fällungsradiometer nach Schwarz.

Der Schwarzsche Dosimeter beruht auf der von ihm entdeckten Eigenschaft der Röntgenstrahlen, aus einer konzentrierten Ammoniumoxalatsublimatlösung Kalomel auszufällen, einer Eigenschaft, die bekanntlich auch das Tageslicht besitzt, und in der Tat ist ja die oben genannte Lösung schon von Eder zur Tageslichtmessung benutzt worden.

Durch den Ausfall von Kalomel entsteht eine Trübung der wasserklaren Flüssigkeit, die schwarz verhüllt aufbewahrt werden muß, um die Einwirkung des Tageslichtes auszuschalten, das sonst gleichfalls eine Trübung herbeiführen würde.

Die Intensität der Trübung ist abhängig von der absorbierten Strahlenmenge. Zur Beurteilung der erzielten Trübung dienten zuerst Vergleichseprouvetten, die Flüssigkeiten von verschiedenen Trübungsgraden enthielten (Trübung 1, 2, 3). Trübung 3 entsprach ungefähr der Tenite B des Sabouraud-Noiréschen Radiometers. Neuerdings dient zur Beurteilung der erzielten Trübung eine Trübungsskala, welche aus übereinander gelegten matten Zelluloidstreifen besteht; diese Skala zeigt vier verschiedene, an Intensität zunehmende Trübungsgrade. Die Röntgenstrahlenmenge, welche in halber Fokus-

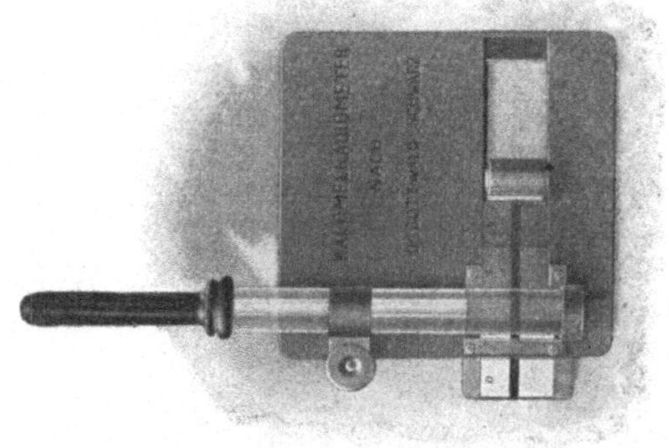

Abb. 24.
Trübungsskala mit Prüf-Eprouvette nach Schwarz.

hautdistanz gemessen, die erste deutliche Trübung hervorruft, nennt Schwarz 1 Kalom (K) (Abb. 24).

Nach der neuen Skala soll 4 K etwa der Erythemdosis, 3 K der Epilationsdosis, 2 K der halben und 1 K einer viertel Erythemdosis entsprechen.

Ein bestimmtes Quantum der Prüfflüssigkeit wird in einer umgestürzten, mit hoher Gummikappe bedeckten Eprouvette bestrahlt, die an der einen Röhrenflanke in halber Fokushautdistanz mittels einer besonderen Fixiervorrichtung befestigt wird, während mit der anderen Röhrenflanke die betreffende Körperregion bestrahlt werden soll.

Die Flüssigkeit befindet sich also während der Bestrahlung in der Gummikappe, welche einerseits einen Schutz gegen die Einwirkung des Fluoreszenzlichtes und des Tageslichtes bietet und andererseits die Röntgenstrahlen fast ungehindert passieren läßt, während sich die Glaswand der Eprouvette natürlich in beiden Beziehungen gerade umgekehrt verhalten würde. Die Temperatur hat keinen Einfluß auf die Ausfällung von Kalomel.

Die Umlagerung von Orthonitrobenzaldehyd in die entsprechende Säure unter dem Einfluß von Röntgenstrahlen hat Wintz als chemische Meßmethode benutzt. Die Menge der entstehenden Orthonitrosobenzoesäure wird auf titrimetrischem Wege festgestellt durch Umwandlung der Säure in das Natriumsalz mit $^{1}/_{100}$ n-Natronlauge. Als Indikator für die Beendigung des Prozesses dient Phenolphthalein. Beide Fällungsradiometer haben übrigens in der Praxis keine nennenswerte Verbreitung finden können.

Holzknechts Skala zum Sabouraud.

Holzknecht hat eine „Skala zum Sabouraud" konstruiert, welche es gestattet, kleinere und größere Dosen abzulesen (Abb. 25 und 26). Er benutzt halbkreisförmige Tabletten, die mit dem geraden Rand an den Rand der ebenfalls halbkreisförmigen Scheibchen der Skala gelegt werden, so daß die beiden aneinandergelegten halben Scheibchen einen Kreis mit gleichfarbigen Hälften ergeben müssen.

Die Farbenskala wird in der Weise hergestellt, daß ein halbkreisförmiges Leuchtschirmscheibchen unter einem Zelluloidstreifen hin- und hergeschoben werden kann, der an dem einen Ende durchsichtig sich nach dem anderen Ende zu immer mehr verfärbt. Man erhält so eine Skala, welche zwischen einem Hellgrün (der Normalfarbe des unbestrahlten Scheibchens entsprechend) an dem einen und einem Rotbraun an dem anderen Ende die verschiedenen Übergangsfarben zeigt. Die Einheit bezeichnet Holzknecht mit 1 H.

Einer Gelbfärbung, welche mit 5 H bezeichnet wird, entspricht ungefähr die Erythemdosis.

Neben der „kontinuierlichen" Skala ist noch eine „Stufenskala" dadurch geschaffen, daß eine Reihe runder Originaltabletten unter dem Farbband angebracht ist. Über der Skala befinden sich vier Zahlenreihen; welche benutzt werden soll — je nach der verschiedenen Empfindlichkeit der Tabletten, die erste, zweite, dritte oder vierte —, wird vom Fabrikanten angegeben. Die Ablesung erfolgt bei elektrischem Glühlicht.

Die Tabletten werden in halber Fokushautdistanz bestrahlt. Neuerdings wird noch eine zweite Skala mitgeliefert, welche die Ablesung der Dosen bei Bestrahlung der Tabletten in ganzer Fokushautdistanz gestattet.

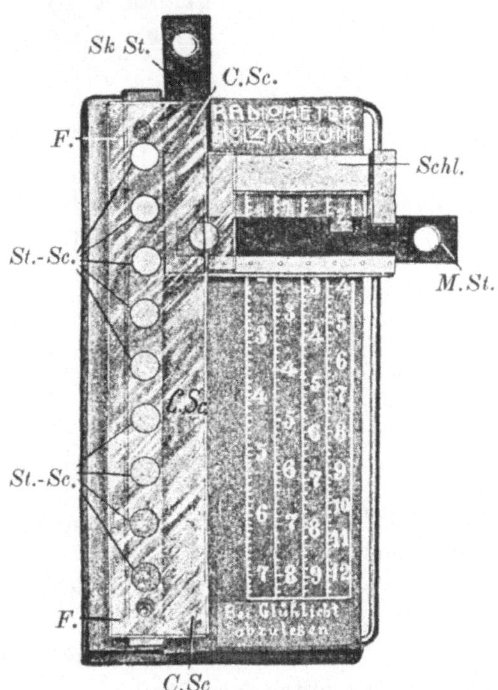

Abb. 25. Holzknechts Skala zum Sabouraud.

M.St. Reagenzstück oder Meßstück; *Sk.St.* Skalenstück. Beide sind der Vorratsschachtel entnommen und in den Schlitten (*Schl.*) des Instruments eingeschoben. *F.F.* Farbband; *C.Sc.* Kontinuierliche Skala; *St.Sc.* Stufenskala.

Köhlersche Meßmethode.

Köhler hat eine besondere „Thermometerröhre" (Hirschmann) herstellen lassen und benutzt die Erwärmung der Glaswand als Maß für die produzierte Strahlenmenge. Der Grad der Erwärmung steht nämlich in einem bestimmten Verhältnis zu der Röntgenstrahlenemission, so daß aus der am Thermometer nach einer bestimmten Zeit ablesbaren größeren und kleineren Temperaturerhöhung Rückschlüsse auf die absorbierte Röntgenstrahlenmenge gezogen werden können, und zwar nach einer Tabelle, welche angibt, wie lange die Expositionszeit bei den verschiedenen, nach einer bestimmten Zeit erreichten Temperatursteigerungen ausgedehnt werden muß, damit man — eine Glashautdistanz von 5 cm vorausgesetzt — ein leichtes Erythem

4*

erhält. Die von Köhler aufgestellte Tabelle hat nur für ganz bestimmte Betriebsverhältnisse Geltung und muß für andere

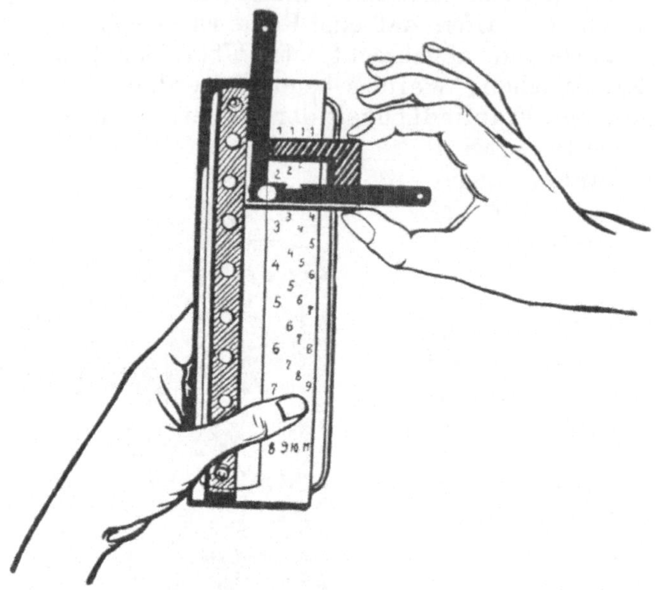

Abb. 26. Handhabung des Apparates.

Betriebsverhältnisse eventuell empirisch variiert werden. Dem Erfinder hat sich das Verfahren in seiner Praxis als verläßlich bewährt, Eingang in die Praxis hat es aber bisher nicht gefunden.

Elektrische Meßmethoden.

Von den elektrischen Meßapparaten hat in den letzten Jahren vor allen Dingen das Intensimeter von Fürstenau Verbreitung gefunden, dessen Konstruktion auf der Tatsache beruht, daß das Selen, ein dem Schwefel ähnliches chemisches Element, unter der Einwirkung der Röntgenstrahlen seinen elektrischen Widerstand verändert.

Der Apparat besteht aus der Auffangedose, die Selen enthält, und dem eigentlichen Meßinstrument, das durch Zeigerausschlag die Dose am strahlensicheren Orte abzulesen gestattet. Die Auffangedose, welche mit dem Meßinstrument durch eine lange Leitungsschnur verbunden ist, wird den Röntgenstrahlen ausgesetzt, und zwar in der gleichen Entfernung wie die zu bestrahlende Haut. Dann erfolgt ein Zeigerausschlag, der um so größer ist, je mehr Strahlen die Auffangedose getroffen haben.

Auf weitere Einzelheiten der Konstruktion kann hier nicht eingegangen werden. Eine genaue Gebrauchsanweisung wird jedem Intensimeter, dessen äußere, für Oberflächentherapie gebräuchliche Form Abb. 27 zeigt, beigegeben.

Den Spezialtyp für Tiefendosierung stellt die Abb. 28 dar. Er unterscheidet sich in der äußeren Gestalt und im inneren Aufbau von der üblichen Form des gewöhnlichen Intensimeters und zeigt im Gegensatz zu diesen zwei Meßbereiche. Bei gleichem Umfang umfaßt die eine Skala 20 Teile, während die zweite nur 4 Skalenteile aufweist. Stellt sich z. B. der Zeiger des Intensimeters bei einer Messung mit stärkerer Filterung und größerem

Abb. 27. Intensimeter nach Fürstenau. Normaltyp für Oberflächenbestrahlungen.

Fokus-Selenzellenabstand unter den Skalenteil 3 oder gar 2 ein, so kann man durch Druck auf einen Schaltknopf auf den unteren Meßbereich umschalten, wodurch noch einzelne Zehntel von F. (Fürstenau)-Einheiten genau ablesbar sind (vgl. Abb. 29) und selbst bei geringen Oberflächenintensitäten eine große Genauigkeit der Messung erzielt wird. Dieser Spezialtyp für Tiefendosierung gewinnt seine besondere Brauchbarkeit für die Praxis erst in Verbindung mit dem Wasserphantom nach Fürstenau (Abb. 30). Es gestattet nämlich die Strahlenmessung im Inneren eines mit Wasser gefüllten Behälters, und zwar bis zu einer Tiefe, die der entsprechenden Gewebstiefe eines zu bestrahlenden Objekts entspricht.

Die Messung von R-Strahlen in der Tiefe wird ermöglicht durch eine in das Innere des Wasserbehälters hineinragende wasserdichte und dabei strahlendurchlässige Hülse, in die der Meß-Selenkörper des Intensimeters für Tiefentherapie hineingeschoben wird. Mittels eines Handgriffs kann dann die Hülse mitsamt dem Meßkörper von Zentimeter zu Zentimeter unterhalb der Wasseroberfläche verstellt werden, so daß der Dosenquotient und damit die jeweilige prozentuale Tiefendose für praktische Zwecke hinreichend genau festgelegt werden kann. Dieses leicht zu handhabende Instrument sollte daher zum Rüstzeug eines jeden Röntgen - Tiefentherapeuten gehören.

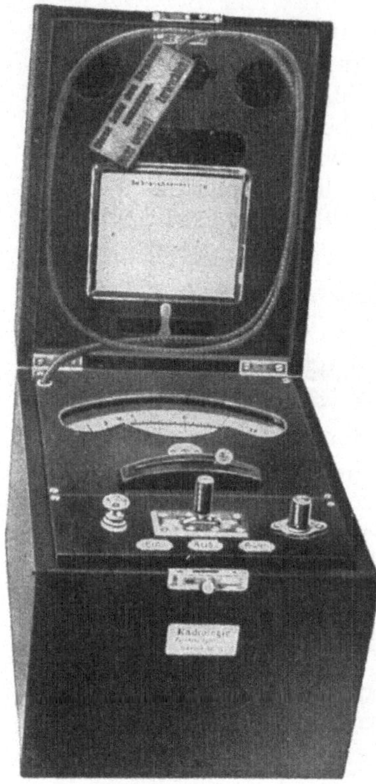

Abb. 28.
Spezialtyp für Tiefendosierung.

Auf der Ionisierung der Luft durch Röntgenstrahlen beruht das Iontoquantimeter von Reiniger, Gebbert & Schall und das Ionometer von Siemens & Halske.

Dieser Röntgendosismesser (Abbildung 31 und 32) besteht aus einer kleinen Ionisationskammer, aus einem mit Blei ausgekleideten Kasten, dessen wesentlicher Inhalt eine Verstärkerröhre ist, und aus einem Präzisions - Zeigergalvanometer, eingebaut in einen fahrbaren Meßtisch. Die Ionisationskammer ist so bemessen, daß mit ihr Messungen sowohl innerhalb eines geräumigen, im Durchschnitt kreisförmigen Wasserphantoms an der Oberfläche und in der Tiefe vorgenommen werden können als auch an beliebigen Stellen der Körperoberfläche von Patienten, sowie in gewissen Körperhöhlen (z. B. Vagina, Rektum). Auf diese Weise können Oberflächen- und Tiefendosen in zuverlässiger Weise

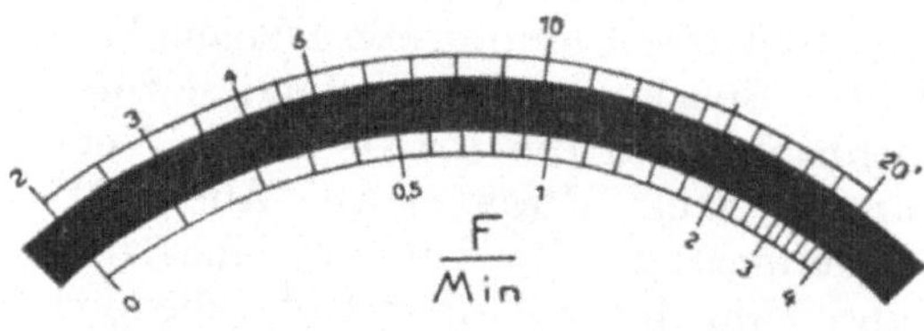

Abb. 29. Intensimeter für stärkere und geringe Oberflächenintensitäten.

Abb. 30. Wasserphantom zur Tiefendosierung.

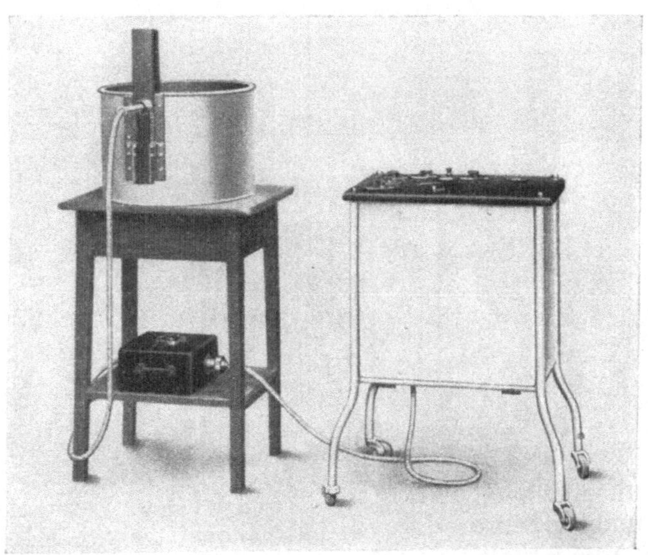

Abb. 31. Siemens-Röntgen-Dosismesser (Ionometer).

ermittelt werden, ebenso die Verteilung der Dosis innerhalb des Bestrahlungsraumes.

Mit Hilfe eines etwa 2 m langen, hochisolierenden, metallgepanzerten Kabels wird der von der Innenelektrode der Ionisations-

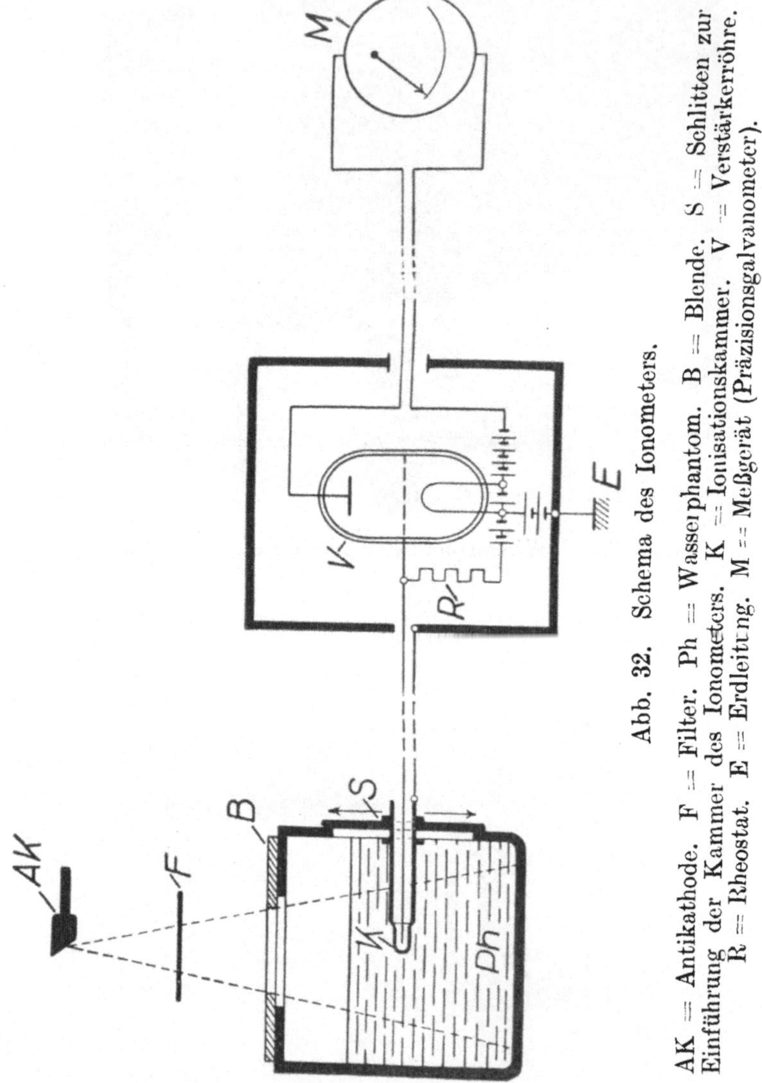

Abb. 32. Schema des Ionometers.

AK = Antikathode. F = Filter. Ph = Wasserphantom. B = Blende. S = Schlitten zur Einführung der Kammer des Ionometers. K = Ionisationskammer. V = Verstärkerröhre. R = Rheostat. E = Erdleitung. M = Meßgerät (Präzisionsgalvanometer).

kammer aufgenommene Ionisationsstrom der sog. Verstärkerröhre zugeführt, und zwar über einen besonders konstruierten Widerstand. Die zwischen den Enden des Widerstandes auftretende Spannung ist dem jeweilig zufließenden Ionisationsstrom proportional und stellt daher ein Maß für den zur Anode der Verstärkerröhre gelangenden Anodenstrom dar. Dieser nunmehr erheblich verstärkte Anodenstrom wird durch ein Kabel von beliebiger Länge dem Präzisionszeigergalvanometer im Meßtisch zugeführt und hier dem Zeigerausschlag entsprechend als Zeiteinheitsdosis bzw. Sekundendosis abgelesen. Die Sekundendosis kann also in jedem Zeitabschnitt leicht festgestellt werden, ohne weitere Messungen — wie z. B. mit der Stoppuhr — anstellen zu müssen.

Ersetzt man das Zeigermeßgerät durch ein registrierendes, so kann die Sekundendosis während der ganzen Bestrahlungsdauer

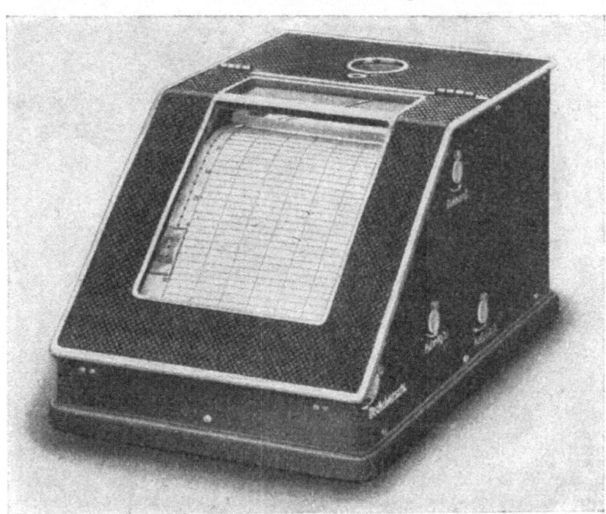

Abb. 33. Registrierendes Meßgerät zur selbsttätigen Aufzeichnung der Sekundendosis während der Bestrahlung.

auf einen ablaufenden Papierstreifen aufgezeichnet werden (Abb. 33). Dadurch ist eine bleibende Unterlage für die Dosierung während der Bestrahlung gegeben, was z. B. in forensischen Fällen von Bedeutung ist.

Der Meßbereich des Zeigergalvanometers kann in drei Stufen verändert werden. Der Röntgen-Dosismesser eignet sich daher für Messungen bei allen in der Praxis vorkommenden Oberflächen- und Tiefendistanzen, sowie bei allen möglichen Strahlenhärten, Intensitäten, Filterungen und Feldgrößen, zumal es bereits die Probe in der Praxis, wie Holfelder berichtet, mit ausgezeichnetem Erfolg bestanden hat.

Die Messungen können an einem vom Bestrahlungsplatz entfernten Ort vorgenommen werden entweder im Bereiche des Röntgenschutzhauses oder in einem außerhalb des Bestrahlungsraumes liegenden Zimmer, z. B. dem Sprechzimmer des Arztes. Abb. 34 zeigt den Siemens-Röntgen-Dosismesser im Gebrauch bei der Messung der Dosis an der Hautoberfläche eines Patienten.

Seiner mannigfachen Vorzüge wegen wäre diesem Dosimeter im besonderen Maße der Eingang in die Praxis zu wünschen. Bei den jetzigen wirtschaftlichen Verhältnissen werden aber nur wenige Privatärzte und leider auch nicht allzu zahlreiche öffentliche Rönt-

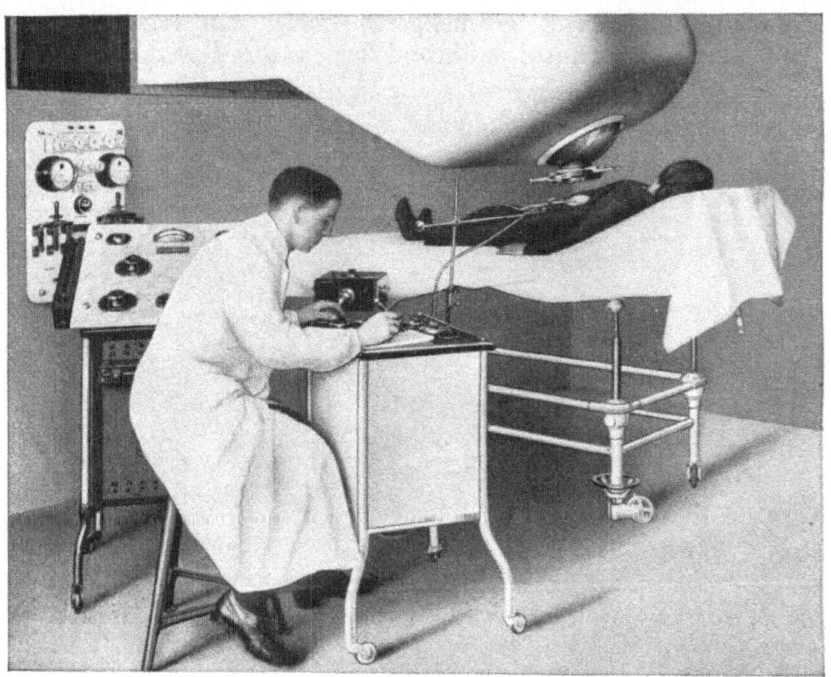

Abb. 34. Ionometer im Gebrauch an der Körperoberfläche.

geninstitute in der Lage sein, sich dieses exakte und gut durchkonstruierte Meßinstrument anzuschaffen.

Im Gegensatz zu diesem Ionometer zeigt das Iontoquantimeter von Reiniger, Gebbert und Schall an Stelle des Galvanometers ein Elektrometer und zwar in Form eines Elektroskops mit Aluminiumfolien. Diese sind gegeneinander beweglich angeordnet und können durch eine entsprechende Vorrichtung geladen werden, wodurch sie sich als gleichsinnig elektrisierte Körper abstoßen, und entladen werden z. B. durch leitende Verbindung mit der Erde. Sobald die Erdleitung an einer Stelle unterbrochen wird, bleiben die geladenen Folien gespreizt und beginnen erst zusammenzufallen, sobald Röntgenstrahlen auf die Trennungsstelle fallen. Die Luft, die sonst ein schlechter Leiter ist, wird nämlich durch die auffallenden Röntgenstrahlen in ihren Elementarteilen (Atomen) verändert, gewinnt durch deren Teilung elektrizitätsleitende

Abb. 35. Strahlenmeßbank nach Wintz mit Ionto-Quantimeter und Säulenstativ für Tiefenbestrahlungen.

Eigenschaft und im selben Augenblick stellt sich das Phänomen der Entladung seitens der geladenen Aluminiumfolien ein. Die eben erwähnte Wirkung der Röntgenstrahlen auf Luft bzw. auf Gase überhaupt wird als Ionisierung bezeichnet und damit ist das Prinzip einer Messung durch Ionisation gegeben.

Die Stelle der unterbrochenen Erdleitung nimmt im Iontoquantimeter eine Ionisationskammer ein. Die Ladung des Elektroskops wird mit Hilfe einer kleinen Elektrisiermaschine bewerkstelligt. In seiner ursprünglichen Form war das Instrument 1914 nach Angaben von Szilard durch die Firma Reiniger, Gebbert und Schall konstruiert worden. Das Volumen der Ionisationskammer war auf 1 ccm bemessen. Die Wände der Kammer waren aus Blei mit einem dünnen Aluminiumblech an der Oberseite für den Durchgang der Röntgenstrahlen.

Auf die Isolation des Verbindungskabels zwischen Kammer und Elektrometer war besondere Sorgfalt verwendet worden. Trotzdem bewährte sich das Szilardsche Instrument in der Praxis nicht. Es wurde daher von Wintz wesentlich verbessert, und zwar besonders in der Ausgestaltung der Ionisationskammer, der Isolierfähigkeit des Verbindungskabels und in der Skala des Elektrometers. In der von Wintz geschaffenen Modifikation (vgl. Abb. 35) ergibt das Iontoquantimeter gute Resultate bei den einzelnen Messungen. Die Handhabung der ganzen Apparatur ist aber, wie Wintz selbst hervorhebt, nicht einfach, zudem ist die Isolation des Instruments vom Wetter abhängig, besonders an feuchten oder gewitterschwülen Tagen.

Auch bedeutet die Beobachtung der sich entladenden Aluminiumzeiger am Elektrometer mit Hilfe einer Stoppuhr immerhin eine gewisse Komplikation. Das gut ausgebaute Meßgerät hat daher kaum Aussicht, ausgedehnten Eingang in die Praxis, besonders zu Messungen am Patienten selbst, zu finden. Für kontrollierende Messungen im Laboratorium wird es dagegen dauernden und großen Wert behalten.

Damit ist die Darstellung der einzelnen Dosimeter, deren zweckentsprechender Gebrauch für eine zielbewußte und erfolgreiche Röntgentherapie so wichtig ist, zu Ende. Nochmals sei hervorgehoben, daß für Oberflächentherapie allein die Sabouraud-Noiréméthode für Volldosen und in ihrer Modifikation nach Holzknecht auch für Teile der Erythemdose vollkommen ausreicht. In dem großen Gebiet der Röntgentiefentherapie sind indessen die Sabouraud-Noirétabletten nur als Testobjekte zur Normierung der Haut-Erythemdose zu gebrauchen, während zur Bestimmung der prozentualen Tiefendosen vornehmlich die elektrischen Meßmethoden heranzuziehen sind. Als Ersatz kann man sich hierbei auch des Kienböckstreifens bedienen, besonders in Verbindung mit einem Wasserphantom.

Vorrichtungen zur Kontrolle der Röhrenkonstanz.

Es ist aus verschiedenen Gründen für therapeutische Bestrahlungen erwünscht, die Röhren für eine längere Betriebszeit konstant halten zu können, so daß sich Qualität und Quantität der Strahlung nicht oder jedenfalls nicht wesentlich ändert.

Bei den gashaltigen Röhren ist dazu vor allem eine geeignete Belastung erforderlich, d. h. die Intensität des sekundären Betriebsstromes, als dessen direktes Umwandlungsprodukt die Röntgenstrahlen zu betrachten sind, muß so gewählt werden, daß der Röhre weder zu viel noch zu wenig elektrische Energie zugeführt wird. Natürlich ist die sekundäre Leistung wieder von der primären Stromstärke abhängig.

Wenn man eine Röhre zu stark belastet, so wird sie weicher, d. h. die Penetrationsflüssigkeit der Strahlen nimmt ab, und zwar aus dem Grunde, weil starke Erwärmung der Antikathode durch die aufprallenden Kathodenstrahlen — und der Glaswand durch die auf der Antikathode entstehenden sekundären Kathodenstrahlen (oder nach Köhler durch die von der Antikathode ausgehende Wärmestrahlung) ein Freiwerden der an die Metall- und Glasteile gebundenen Gasmengen bewirkt.

Ist eine Röhre andererseits zu schwach belastet, so wird von dem vorhandenen Gasgehalt ein Teil beim Durchgang des elektrischen Stromes verbraucht, ohne daß ein Ersatz durch Gasmengen, die aus den Metall- und Glasteilen frei werden, stattfindet, da bei zu schwacher Belastung die Erwärmung der Röhre nicht ausreicht, um nennenswerte Gasmengen frei zu machen; die Röhre wird also härter.

Das Richtige liegt auch hier in der Mitte; eine Röhre hält sich während des Betriebes konstant bei einer Belastung, welche so gewählt ist, daß der beim Stromdurchgang entstehende Gasverlust durch die infolge Erwärmung der Glas- und Metallteile (besonders der Antikathode) freiwerdenden Gasmengen gerade ausgeglichen wird. Eine derartige Belastung ist sowohl für die momentane Konstanz als auch für die Lebensdauer der Röhre am zweckmäßigsten, demnächst eine Belastung, welche etwas zu schwach für die Röhre ist, so daß sie die Neigung zeigt, während des Betriebes ganz langsam härter zu werden, weil man dann derartige geringe Änderungen des Vakuums mittels der Regeneriervorrichtung wieder ausgleichen kann.

Schon das Aussehen der Röhre selbst bietet uns — natürlich nur im verdunkelten Raume oder bei gedämpftem Tageslicht — Anhaltspunkte für die Beurteilung der Röhrenkonstanz. Eine weiche Röhre zeigt ein gesättigtes, gelblichgrünes Fluoreszenzlicht und fast immer blaues Anodenlicht und läßt kein Knistern hören. Wird die Röhre härter, so weicht die satte, gelblich-grüne Farbe des Fluoreszenzlichtes einem durchsichtigen reinen Grün und das blaue Anodenlicht verschwindet, außerdem tritt Knistern auf, das durch die sich außerhalb der Röhre ausgleichenden Elektrizitätsmengen bedingt ist und mit zunehmendem Härtegrad immer stärker wird. In umgekehrter Reihenfolge spielen sich die eben geschilderten Vorgänge ab, wenn eine harte Röhre weicher wird. Wird eine weiche Röhre noch weicher, so tritt zunächst „Schließungslicht" auf, d. h. fluoreszierende Ringe auf der retrofokalen Kugelhälfte, ferner ein blaues Lichtband zwischen Kathode und Antikathode und schließlich zeigen sich violette Lichtnebel, welche die Röhrenkugel vollkommen ausfüllen, so daß man dann also eine Geißlersche Röhre vor sich hat, die überhaupt keine Röntgenstrahlen mehr produziert.

Bezüglich der Qualität der Strahlung gibt uns also schon der Anblick der Röhre selbst einen gewissen Aufschluß. Bezüglich der Quantität der Strahlung dagegen können wir aus dem Aussehen der Röhre nur sehr wenig schließen. Die Fluoreszenz gestattet fast gar keinen Rückschluß auf die Strahlenmenge.

Jedenfalls sind Änderungen der Qualität und Quantität der Strahlung aus der einfachen Beobachtung der Röhrenbeschaffenheit während des Betriebes nicht genügend genau zu beurteilen. Dagegen ist das mittels eines in den sekundären Stromkreis eingeschalteten Milliampèremeters und einer parallel zur Röhre geschalteten Funkenstrecke, oder bequemer mittels des Qualimeters möglich. Das Milliampèremeter orientiert uns über die sekundäre Stromstärke, welche die Röhre durchfließt, vorausgesetzt, daß neben dem Öffnungsinduktionsstrom nicht gleichzeitig auch der Schließungsinduktionsstrom in umgekehrter Richtung durch die Röhre und durch das Milliampèremeter fließt und infolgedessen die Angaben des Milliampèremeters in dem Sinne modifiziert, daß es nicht den wahren, sondern einen zu niedrigen Wert anzeigt. Die Schließungsinduktion stört weniger, wenn sie nur zuweilen stoßweise die Röhre passiert, ein Vorgang, der sich dann jedesmal durch ein geringes momentanes Zurückschnellen des Milliampèremeterzeigers bemerkbar macht. Arbeitet die Röhre schließungslichtfrei, so ist ein Zurückgehen des Milliampèremeterzeigers ein Zeichen dafür, daß die Röhre härter wird, ein Vorwärtsgehen ein Zeichen dafür, daß die Röhre weicher wird.

Zur Beurteilung der Konstanz einer Röhre genügt aber das Milliampèremeter allein noch nicht, sondern man muß außer der Stromstärke auch noch die sekundäre Spannung kennen, die ja entsprechend dem Widerstande der Röhren — proportional dem Härtegrade — wächst. Man kann sich zu diesem Zwecke einer parallel zur Röhre geschalteten Funkenstrecke bedienen, welche aus zwei Elektroden, am besten einer Metallspitze (positive Elektrode) und einer Metallplatte (negative Elektrode) besteht, von denen die eine der anderen beliebig genähert bzw. von ihr entfernt werden kann. Die Länge der Luftfunkenstrecke muß auf einer Skala mit Zentimeterteilung ablesbar sein und wird in dieser Form als Spintermeter bezeichnet. Bequemer ist die Benutzung des Qualimeters an Stelle der parallelen Funkenstrecke.

Haben wir nun eine Röhre eingeschaltet und wollen uns über ihren Härtegrad bzw. über die gerade im sekundären Stromkreis herrschende Spannung orientieren, so nähern wir die eine Elektrode der anderen so weit, bis eben Funken von der Spitze zur Platte überzuspringen beginnen; diese Funkenstrecke bezeichne ich als parallele oder äquivalente Funkenstrecke, sie ist um so größer, je härter eine Röhre ist und umgekehrt. Ebenso ist der Qualimeterausschlag um so größer, je härter die Röhre ist und umgekehrt. Bei der gleichen primären Belastung stehen also die Angaben des Milliampèremeters und der Funkenstrecke resp. des Qualimeters in umgekehrtem Verhältnis zueinander. Also: bei einer weicheren Röhre hat man eine größere Milliampèrezahl und eine kleinere Funkenstrecke resp. einen kleineren Qualimeterausschlag, bei einer härteren ist die Sache umgekehrt.

Haben wir nun eine gashaltige Röhre bei einer bestimmten, für die Röhre gerade passenden „optimalen" Belastung eingeschaltet, so muß die Röhre längere Zeit konstant bleiben, d. h. die der gerade gewählten primären Belastung entsprechenden Angaben des Milliampèremeters und der parallelen Funkenstrecke resp. des Qualimeters dürfen sich nicht ändern. War die primäre Belastung nicht richtig gewählt, z. B. zu schwach, so wird die Röhre während des Betriebes härter, die Milliampèrezahl sinkt, die parallele Funkenlänge resp. der Qualimeterausschlag wird größer; war die primäre Belastung zu stark, so wird die Röhre während des Betriebes weicher, die Milliampèrezahl steigt, die parallele Funkenlänge resp. der Qualimeterausschlag wird kleiner. Wird an der primären Belastung nichts geändert und die Milliampèrezahl sinkt, während die parallele Funkenstrecke resp. der Qualimeterausschlag nicht größer, sondern kleiner wird, so ist das ein Zeichen dafür, daß Schließungsinduktionsstrom durch die Röhre fließt, der ja dem Öffnungsinduktionsstrom entgegenarbeitet und dadurch ein Zurückgehen des Milliampèrezeigers bedingt; in diesem Falle würde also das Milliampèremeter einen falschen, zu niedrigen Wert anzeigen.

Das Produkt aus Stromstärke und Spannung ist nun maßgebend für die Beurteilung der Wirksamkeit einer Röntgenröhre. Denn wie sich jede elektrische Energie aus diesem Produkt (Ampère × Volt) berechnet, so auch die Intensität der Röntgenstrahlen, die ja nur eine aus dem sekundären Strom direkt entstandene Energieform darstellen.

Das Milliampèremeter und die parallele Funkenstrecke resp. das Qualimeter sind also gleichsam die beiden Zügel, mittels deren man die Röhre vollkommen in seiner Gewalt hat, und wenn man einmal eine Röhre mittels eines direkten Dosimeters bei einer ganz bestimmten sekundären Stromstärke und Spannung ausdosiert hat, so ist die Anwendung des direkten Dosimeters bei allen weiteren Bestrahlungen mit dieser Röhre überflüssig, wenn man immer unter diesen gleichen Betriebsverhältnissen arbeitet (kombinierte Methode der Dosierung).

Strahlungsregionen der Röntgenröhre.

Die Röntgenstrahlen pflanzen sich von dem Fokus auf dem Antikathodenspiegel im Innern der Röhre nach allen Seiten hin gleichmäßig fort, die Intensität der Strahlung ist also im Inneren der Röhre überall die gleiche, nur die äußerste Randstrahlung ist darum etwas schwächer, weil ein Teil der Randstrahlen durch das Metall des Antikathodenspiegels selbst absorbiert wird.

Anders liegen die Dinge außerhalb der Röhre. Denkt man sich die Röhre durch eine Ebene, in welcher Anode, Kathode und Antikathode liegen, in eine rechte und eine linke Kugelhälfte geteilt, und bezeichnet diese Ebene als ersten Hauptschnitt der Röhre (Kienböck), so ist die Strahlung in diesem ersten Hauptschnitt außerhalb der Röhre nicht gleichmäßig, sondern nimmt an Intensität nach dem Anodenansatz zu erheblich ab, weil dort — ebenso wie am Übergang der Röhrenkugel in den Kathodenhals — die Dicke der Glaswand erheblich zunimmt und also mehr Strahlen absorbiert (Kienböck, Walter).

Denkt man sich senkrecht zum ersten Hauptschnitt durch den Antikathodenspiegel eine zweite Ebene gelegt, welche die Röhrenkugel in eine vordere und eine hintere Hälfte teilt, so ist in diesem zweiten Hauptschnitt der Röhre (Kienböck) die Strahlung am intensivsten und fast ganz gleichmäßig, weil in diesem Teil der Röhrenkugel, welcher vom Anoden- und Kathoden. hals gleich weit entfernt ist, die Glaswand am dünnsten und außerdem recht gleichmäßig dünn ist. Es liegt das an der Herstellungsweise der Röhren, die bekanntlich geblasen werden.

Reagenzkörper oder Reagenztabletten soll man daher immer nur im zweiten Hauptschnitt der Röhre anbringen und außerdem am besten während der Bestrahlung noch öfter verschieben.

Am sichersten ist es meines Erachtens, bei der Prüfung mittels eines direkten Dosimeters das Strahlenbündel zu verwerten, welches man auch zur Therapie benutzt, um Fehlerquellen, welche durch die wechselnde Dicke der Glaswand bedingt sein könnten, zu vermeiden. Natürlich ist es nicht angängig, während der therapeutischen Sitzung die Reagenztablette in das therapeutische Strahlenbündel zu legen, da ja durch die Tablette ein Teil der Strahlung absorbiert wird und für die therapeutische Wirkung verloren geht.

Will man wirklich das Strahlenbündel, das man für die Therapie verwendet, hinsichtlich seiner Oberflächenwirkung mittels eines direkten Dosimeters prüfen, so muß man zunächst die Belastung ausprobieren, bei welcher sich die Röhre konstant hält, und die Konstanz durch Milliampèremeter und parallele Funkenstrecke (oder bequemer durch das Qualimeter) kontrollieren. Dann macht man zunächst einmal die Prüfung der Oberflächenwirkung, indem man die Reagenztablette oder den Reagenzkörper oder die Reagenzflüssigkeit direkt in das therapeutische Strahlenbündel bringt. Bei allen weiteren Bestrahlungen ist dann die Anwendung eines direkten Dosimeters überflüssig, weil man dann immer unter den gleichen Betriebsverhältnissen (gleiche Entfernung, gleiche Milliampèrezahl, gleiche parallele Funkenstrecke bzw. Qualimeterausschlag) arbeitet.

Die Bedeutung der Röntgenstrahlenqualität für die direkte Dosimetrie.

Wie schon früher erwähnt, sind die chemischen Dosimeter nur zuverlässig bei einer mittelweichen Strahlung (5—7 der Wehnelt-Skala). Diese Tatsache wird durch die folgenden Versuche experimentell bewiesen:

I.

8. 6. 1909. Frl. L. H., Tätowierung an der Beugeseite des rechten Vorderarmes. Versuchsweise Röntgenbestrahlung. Zwei Sitzungen: linke Hälfte

der Tätowierung mit mittelweicher Therapiezentralröhre (6—7 Wehnelt) bei 0,8—0,6 Milliampère, 6 bis 8 cm paralleler Funkenstrecke und 18 cm Fokushautdistanz 10 Minuten bestrahlt. Dosis: der Teinte B des Radiometers von Sabouraud und Noiré entsprechend.

Rechte Hälfte der Tätowierung mit der gleichen Röhre, aber in sehr weichem Zustande (2—3 Wehnelt) 2—1,6 Milliampère, 4—5 cm paralleler Funkenstrecke, 12 cm Fokushautdistanz) 18 Minuten bestrahlt. Dosis: der Teinte B des Radiometers von Sabouraud und Noiré entsprechend.

9. 6. 1909. An beiden bestrahlten Stellen leichtes Erythem.

22. 6. 1909. Erythem stärker, besonders auf der rechten Hälfte der Tätowierung; etwas Ödem, Schmerzhaftigkeit.

30. 6. 1909. Einzelne Blasen auf der rechten Hälfte der Tätowierung; Erythem auf der linken Hälfte der Tätowierung etwas schwächer.

6. 7. 1909. Auf der linken Hälfte Bräunung und Abschuppung, auf der rechten Hälfte noch Erythem, Blasen eingetrocknet.

15. 7. 1909. Reaktionen auf beiden Seiten abgeheilt, Haut leicht pigmentiert, auf der rechten Hälfte stärker wie links.

15. 10. 1909. Nachuntersuchung ergibt normale Verhältnisse, Tätowierung nicht beeinflußt.

20. 2. 1910. Status idem.

II.

14. 7. 1909. 12—1 Uhr mittags. Vier sternförmige Stellen an der Innenfläche meiner linken Hand werden mit verschieden harten Röhren bestrahlt unter Abdeckung der Umgebung durch Bleiblechplatten mit entsprechenden Ausschnitten.

Stelle 1: Die gleiche Röhre wie in den vorigen Versuchen. 5—7 Wehnelt. 10 Minuten. Dosis: der Teinte B entsprechend.

Stelle 2: Die gleiche Röhre, nur sehr viel weicher, 2 bis 3 Wehnelt. 18 Minuten, im übrigen unter den gleichen Verhältnissen (Milliampère, parallele Funkenstrecke, Fokushautdistanz) wie bei Bestrahlung der rechten Hälfte der Tätowierung im vorigen Versuch. Dosis: der Teinte B entsprechend.

Stelle 3: Bauer-Röhre, 0,5 Milliampère, 15 cm paralleler Funkenstrecke, 22 cm Fokushautdistanz, 10 Wehnelt, 18 Minuten. Dosis: der Teinte B entsprechend.

Stelle 4: Bestrahlung ebenso wie bei Stelle 3.

7 Uhr abends: Erythem auf Stelle 1 und 2.

17. 7. 1909. Erythem auf Stelle 1 und 2 etwas schwächer.

24. 7. 1909. Erythem auf Stelle 1 und 2 noch immer deutlich.

30. 7. 1909. Erythem auf Stelle 1 und 2 intensiver.

31. 7. 1909. Erythem auf Stelle 2 stärker als auf Stelle 1, außerdem Schwellung und Schmerzhaftigkeit.

4. 8. 1909. Blasenbildung im ganzen bestrahlten Bezirk auf Stelle 2.

9. 8. 1909. Rötung auf Stelle 1 und 2 abgeblaßt; Eröffnung der Blase auf Stelle 2. Keine Reaktion auf Stelle 3 und Stelle 4.

12. 8. 1909. Entfernung der Blasendecke auf Stelle 2.

15. 8. 1909. Trockene Abstoßung der Oberhaut auf Stelle 1, nochmalige Häutung auf Stelle 2.

20. 8. 1909. Schwache Rötung und Schuppung auf Stelle 1 und 2. Stelle 3 und 4 immer noch ohne Reaktion.

18. 10. 1909. Stelle 1 und 2 markieren sich immer noch bei genauer Betrachtung durch leichte Rötung und geringe Schuppung. Auf Stelle 3 und 4 normale Verhältnisse.

1. 3. 1910. Status idem. Keine Hautatrophie.

1. 3. 1911. Hautatrophie und Teleangiektasien auf Stelle 1 sehr gering, auf Stelle 2 ziemlich stark.

11. 12. 1912. Status idem.

25. 6. 1914. Status idem.

15. 2. 1919. Status idem.

Aus den geschilderten Versuchen I und II geht hervor, daß das Radiometer von Sabouraud und Noiré nur für eine mittelweiche Strahlung (Strahlung von mittlerer Penetrationsfähigkeit, ca. 5—7 der Wehneltschen Härteskala) Gültigkeit hat. Wenn man bei diesem Härtegrad bestrahlt, bis die Reagenztablette (in halber Fokushautdistanz) die Teinte B erreicht hat, erhält man ein Erythem.

Bestrahlt man bei härterer Strahlung (größerer Penetrationsfähigkeit der Strahlen, ca. 10 der Wehneltschen Härteskala und darüber), bis die Tablette die Teinte B zeigt, so erhält man gar keine sichtbare Reaktion.

Bestrahlt man mit sehr weicher Röhre (Strahlung von sehr geringer Penetrationsfähigkeit, ca. 2—3 der Wehneltschen Härteskala), bis die Reagenztablette die Teinte B angenommen hat, so erhält man eine zu starke Reaktion: Rötung, Schwellung und Blasenbildung.

Diese Ergebnisse finden ihre Erklärung darin, daß das Absorptionsvermögen der Sabouraud-Noiréschen Reagenztablette sehr viel größer ist als das der menschlichen Haut, wie das schon die Untersuchung mit dem Leuchtschirm zeigt.

Benutzt man nun eine mittelweiche Strahlung (5—7 We.) und bestrahlt so lange, bis die Teinte B erreicht ist, so hat die in doppelter Entfernung befindliche Haut in der Tat eine Dosis Röntgenstrahlen absorbiert, welche ein Erythem zur Folge hat. Bestrahlt man aber mit härterer Röhre (penetrationsfähigerer Strahlung), so wird die Tablette vermöge ihrer größeren Absorptionsfähigkeit bereits die Teinte B anzeigen, wenn die Haut noch nicht einen entsprechenden Bruchteil dieser härteren Strahlung absorbiert hat. Die Hautreaktion muß demnach schwächer ausfallen. Umgekehrt liegen die Verhältnisse bei sehr weichen Röhren. Mit anderen Worten: Man wird mit dem Radiometer von Sabouraud und Noiré richtig dosieren bei einer Strahlung von mittlerer Penetrationskraft, unterdosieren bei einer Strahlung von großer Penetrationskraft [1]), überdosieren bei einer Strahlung von geringer Penetrationskraft [2]).

---

[1]) Was für die Zwecke der Tiefentherapie besonders beachtenswert und günstig ist für die Oberfläche.

[2]) Für Röntgenstrahlen unter 5 We. ist also das S.-N.-Dosimeter praktisch unbrauchbar.

Meine zahlreichen klinischen Erfahrungen bestätigen die auf experimentellem Wege gemachten Feststellungen vollkommen und gestatten außerdem noch weitere Schlüsse: Ich habe nämlich gefunden, daß man bei einer härteren Strahlung von ca. 10 Wehnelt ungefähr doppelt so lange bestrahlen muß, wie nach den Abgaben des Radiometers von Sabouraud und Noiré zu erwarten wäre, um ein Erythem zu bekommen, bei einer weicheren Strahlung von ca. 2 Wehnelt höchstens halb so lange.

Ähnlich müssen die Verhältnisse bei allen direkten Dosimetern liegen, die auf chemischen Dissoziationen beruhen; alle diese Dosimeter können nur für eine bestimmte Strahlenqualität, wahrscheinlich auch für die gebräuchlichste mittelweiche Strahlung Gültigkeit haben.

Für jede Strahlenqualität brauchbar könnte nur ein Reagenzpapier sein (resp. ein Reagenzkörper oder eine Reagenzflüssigkeit), dessen Absorptionsvermögen dem der menschlichen Haut vollkommen entspricht.

Behandlung der Röntgenröhren.

Die Behandlung der Röntgenröhren ist von größter Bedeutung für ihre Lebensdauer. Natürlich sind die einzelnen Fabrikate nicht gleichwertig, aber auch die bestkonstruierte Röhre kann durch unzweckmäßige Behandlung rasch, unter Umständen beim ersten Einschalten ruiniert werden.

So soll man eine Röhre, die eben vom Fabrikanten geliefert ist, nicht sofort einschalten, besonders dann nicht, wenn sie bei feuchter Luft transportiert und dann gleich in die trockene, warme Luft des Röntgenzimmers gebracht worden ist. Dann funktioniert die Röhre schlecht, sie ist unruhig, zeigt flackerndes Fluoreszenzlicht, „schlägt um", d. h. erscheint bald weich, bald hart. Läßt man die Röhre aber einen oder zwei Tage im Röntgenzimmer lagern, so funktioniert sie meist tadellos. Tut sie das dann noch nicht, so liegt irgendein Fabrikationsfehler vor und die Röhre muß dem Lieferanten als unbrauchbar zurückgegeben werden.

Die Röhren sollen bei gleichmäßiger mittlerer Zimmertemperatur aufbewahrt und öfter durch Abwischen mit einem weichen Flanellappen vom Staub gereinigt werden. Wenn man eine Röhre aus dem Schrank oder von dem Wandbrett nimmt, fasse man sie stets an dem Kathodenhals, der besonders widerstandsfähig ist [1]).

Dann befestigt man die Röhre in dem Schutzkasten, legt die Kabel an und schaltet ein; zunächst wird schwächste

[1]) Das Tragen einer Schutzbrille ist dabei dem Personal zur Pflicht zu machen.

Belastung gewählt, um zu sehen, ob die Kabel richtig angelegt sind, ob also der Öffnungsinduktionsstrom von der Anode zur Kathode geht. Dann sieht man bei den gashaltigen Röhren — im leicht verdunkelten Zimmer resp. bei gedämpftem Tageslicht — die vor dem Antikathodenspiegel gelegene Kugelhälfte gleichmäßig grün aufleuchten. Sieht man dagegen auf der hinter dem Antikathodenspiegel gelegenen Kugelhälfte unregelmäßige fluoreszierende Flecke und Ringe — letztere immer konaxial zur Anode und Antikathode —, während die antefokale Hälfte gleichfalls nur einzelne fluoreszierende Ringe und Flecken zeigt, so geht der Öffnungsinduktionsstrom von der Kathode zur Antikathode bzw. Anode, die Kabel sind also verkehrt angelegt und müssen umgelegt werden.

Bei verkehrter Schaltung entstehen so die Kathodenstrahlen auf dem Platinspiegel, treffen — da sie sich senkrecht zu der Ebene, auf welcher sie entstehen, fortpflanzen — auf einen kleinen, ungefähr der Größe des Platinspiegels entsprechenden Bezirk der gegenüberliegenden Glaswand, die dadurch — bei sehr starker Belastung, von welcher ja die Menge der prodzuierten Kathodenstrahlen abhängig ist — so stark erhitzt werden kann, daß die Röhre „durchbrennt" und damit zerstört ist.

Ist die Röhre richtig eingeschaltet, so wird die primäre Stromstärke mittels der Regulierkurbel des Rheostaten soweit gesteigert, daß die Röhre hinreichend hell aufleuchtet. Bei Röhren mit starker Metallantikathode oder Wasserkühlröhren wählt man die Belastung möglichst kräftig (2—2,5 Milliampère), da die widerstandsfähige Antikathode den Anprall der Kathodenstrahlen gut aushält, ohne sich zu sehr zu erwärmen, ohne daß also eine zu große Gasabgabe und damit ein Weicherwerden der Röhre zu befürchten ist. Bei Röhren mit schwacher Antikathode muß man natürlich auch eine entsprechend schwächere Belastung wählen, wenn man sie für einige Zeit konstant halten will (etwa 0,5—1 Milliampère).

Wird eine Röhre weicher, so muß man die Belastung ein wenig verringern, wird sie härter, etwas erhöhen, hält sie sich konstant, so ist die Belastung richtig. Wird eine Röhre weicher, so kann man sie dadurch, daß man sie ein paar Mal für kürzere Zeit kräftig überlastet, zwingen, sich später bei der gleichen Belastung, bei welcher sie früher weicher wurde, konstant zu halten.

Es sei hier von vornherein bemerkt, daß man jede Röntgenröhre für eine gewisse Zeit annähernd konstant halten kann, aber nur bei einer bestimmten, gerade passenden Belastung.

Weiche Röhren sind weniger wirksam als mittelweiche, weil ein großer Teil der Strahlung durch Absorption in der Glaswand verloren geht, harte Röhren weniger wirksam, weil die Penetrationskraft der Strahlen zu groß ist, gleiche Belastung vorausgesetzt. Weiche Röhren kann man außerdem nur schwach belasten, weil sie sonst während des Betriebes noch weicher und damit also noch weniger wirksam werden. Härtere Röhren dagegen kann man stärker belasten und so die geringere Absorption durch Steigerung der Quantität wieder ausgleichen.

Die kräftigste Belastung vertragen also — wenn wir von den gasfreien Röhren absehen — die Röhren, bei welchen die Ableitung der auf der Antikathode durch die aufprallenden Kathodenstrahlen erzeugten Wärme am vollkommensten ist; das sind zur Zeit die Siederöhren, die man auch in hartem Zustande mit 2—3 Milliampère längere Zeit belasten kann, ohne daß sie weicher werden.

Eine möglichst kräftige Belastung ist erwünscht bei Tiefenbestrahlungen, bei denen nur harte Röhren verwendet und die Strahlen außerdem durch Filtration noch weiter gehärtet werden. Um die hierdurch bedingte Strahlenvergeudung wieder wett zu machen, ist eben eine besonders kräftige Belastung erforderlich, zumal, wenn es darauf ankommt, die wirksame Dosis in möglichst kurzer Zeit zu applizieren.

Die Röhren mit schwacher Antikathode (kleine Therapieröhre [Burger], vergl. Abb. 12) vertragen nur eine schwache Belastung (0,6—1 Milliampère) und eignen sich demnach nicht für Tiefen-, sondern nur für Oberflächenbestrahlungen.

Hat man eine Röhre längere Zeit in Betrieb gehabt und läßt sie dann längere Zeit ruhen, so werden beim Erkalten der erwärmten Glas- und Metallteile die vorher frei gewordenen Gasmengen wieder gebunden, außerdem ist ein bestimmtes Gasquantum beim Stromdurchgang verbraucht worden, so daß die Röhre, wenn man sie nach längerer Ruhepause wieder in Betrieb nimmt, etwas härter erscheint. Diese Erhöhung des Vakuums muß man dann wieder durch Benutzung der Regeneriervorrichtung ausgleichen.

Über den Härtegrad der Röhren orientiert man sich, wie gesagt, mittels der verschiedenen „Härtemesser" (vgl. den Abschnitt: Instrumente zur Prüfung der Qualität der Röntgenstrahlen).

Über die Konstanz der Röhren bzw. über Änderungen der Konstanz gibt uns in feinster Weise das Milliampèremeter und die parallele Funkenstrecke resp. das Qualimeter Aufschluß (vgl. den Abschnitt: Vorrichtungen zur Kontrolle der Röhrenkonstanz).

Eine bestimmte primäre Stromstärke, etwa für weiche, mittelweiche und harte Röhren anzugeben, ist sinnlos. Bei großem Induktorium wird man z. B. viel weniger Ampère brauchen, um die gleiche sekundäre Leistung zu erzielen, wie bei einem kleinen Induktorium. Falls die Tourenzahl des Unterbrechers variabel ist, so soll man sie nicht zu niedrig und jedenfalls so hoch wählen, daß die Röhre ruhig, gleichmäßig aufleuchtet, und die einzelnen Unterbrechungen nicht durch stoßweises Aufleuchten zu erkennen sind. Man soll die einmal gewählte Tourenzahl dauernd beibehalten.

Auch an der Stromschlußdauer, die man einmal als die günstigste herausgefunden hat, soll dann nichts mehr geändert werden, so daß man immer unter gleichbleibenden Betriebsverhältnissen arbeitet.

Die günstigste Stromschlußdauer findet man in der Weise, daß man bei einer beliebigen Röhre und einer beliebigen primären Belastung (z. B. 5 Ampère) die Stromschlußdauer zunächst möglichst kurz einstellt, dann (mittels der Stellschraube beim Rotax, mittels des Hebels beim Gas-Unterbrecher) langsam verlängert; dann wird die Milliampèrezahl steigen, ohne daß am Rheostaten für den primären Strom etwas geändert wird, aber oft nur bis zu einer ganz bestimmten Stromschlußdauer. Verlängert man diese dann noch mehr, so steigt die Milliampèrezahl oft nicht weiter, sondern sinkt bisweilen sogar.

Bei zu kurzer Stromschlußdauer kann auch Schließungsstrom auftreten.

Hat man die günstigste Stromschlußdauer — d. h. diejenige, bei welcher die Milliampèrezahl am höchsten ist, und bei welcher kein Schließungsstrom auftritt — gefunden, so erfolgt die Regulierung der Stromstärke immer bei derselben Tourenzahl und derselben Stromschlußdauer lediglich dadurch, daß man die Kurbel auf einen niedrigeren oder höheren Kontaktknopf des Widerstandes für den primären Strom einstellt.

Therapeutischer Teil.

Die Entwicklung der Röntgentherapie.

Die Behandlung mit Röntgenstrahlen ist eine rein empirische Methode. Sehr bald nämlich machte man bei Durchleuchtungen zu diagnostischen Zwecken die Beobachtung, daß gelegentlich auf den bestrahlten Partieen Haarausfall oder Rötung, mitunter auch Ulzeration der Haut auftrat. Schon im Juni 1896 wurde Freund durch eine Zeitungsnotiz, nach welcher bei einem Herrn, der viel mit X-Strahlen zu arbeiten hatte, eine Dermatitis mit gleichzeitigem Haarausfall auf dem Kopfe aufgetreten war und durch eine bald darauf erschienene Publikation von W. Marcuse in Berlin, der bei einem jungen Manne nach 14tägiger Bestrahlung dasselbe Resultat erzielte, zu dem Versuche angeregt, die Behaarung eines großen Naevus pigmentosus pilosus bei einem Mädchen durch Röntgenbestrahlung zu beseitigen. Es lag natürlich nahe, ein Agens, das eine so ausgesprochene Einwirkung auf die Haut ausübte, bei verschiedenen Dermatosen als therapeutischen Faktor zu verwerten. In einer — ich möchte beinahe sagen — etwas planlosen Weise wurde fast jede Hauterkrankung der Behandlung mit Röntgenstrahlen unterzogen. Bereits Ostern 1897 berichtete Kümmell auf dem Kongreß der deutschen chirurgischen Gesellschaft über günstige Erfolge beim Lupus vulgaris. Zur selben Zeit und unabhängig von Kümmell berichtete auch Schiff über die Heilung des Lupus vulgaris durch Röntgenstrahlen. Bald folgten Mitteilungen über günstige Erfolge bei anderen Hautleiden. So behandelte Hahn zuerst Ekzeme, Schiff Lupus erythematodes, Freund Favus und Sykosis, Ehrmann Dermatitis papillaris, Pokitonoff Acne vulgaris, Kienböck und Holzknecht Alopecia areata, Scholtz Lepra und Mycosis fungoides, Sjögren und Stenbeck Epitheliome und Warzen mit Röntgenstrahlen. Im Laufe der Zeit machte man die Beobachtung, daß die Röntgenstrahlen auf bestimmte Zellelemente eine elektive Wirkung ausüben, daß z. B. die Zellen des Haarbalges und die Zellen des Epithelioms unter dem Einflusse der

Röntgenstrahlen zugrunde gehen, ohne daß entzündliche Veränderungen der Haut aufzutreten brauchen. Scholtz hat auch histologisch nach schwacher Bestrahlung degenerative Veränderungen (mangelhafte Färbbarkeit der Kerne, Vakuolisierung der Kerne und des Protoplasmas) an den Stachelzellen, an den Zellen der Haarbälge und Wurzelscheiden, in geringerem Maße auch an den Zellen der Schweißdrüsen und der Media und Intima der Gefäße nachgewiesen. Nach intensiverer Bestrahlung waren die degenerativen Veränderungen der zelligen Elemente noch stärker und außerdem zeigten sich entzündliche Erscheinungen: Erweiterung der Gefäße, Randstellung der Leukozyten, seröse Durchtränkung des Gewebes, Einwanderung der Leukozyten in die degenerierten Zellmassen. Zunächst werden also, wie es scheint, die zelligen Elemente der Haut geschädigt. Erst nach stärkerer Einwirkung des Röntgenlichtes lassen sich degenerative Veränderungen an den Gefäßwänden und schließlich auch Schädigungen des bindegewebigen Teiles der Haut konstatieren. Gaßmann konnte an den Gefäßen der Kutis und Subkutis eines etwa 2 Monate bestehenden Röntgenulkus Wucherung und vakuolisierende Degeneration der Intima, Auffaserung der Elastika, Vakuolisierung und Schwund der Muskularis und außerdem eine Zerfaserung des Bindegewebes nachweisen. Auch Scholtz konnte in Röntgenulzerationen eine Zerfaserung und Vakuolisierung des Bindegewebes konstatieren.

Während man im Anfang der röntgentherapeutischen Ära eine besondere Empfindlichkeit der normalen und pathologischen Epithelzellen annahm, zeigten die klinischen Erfahrungen und experimentellen Untersuchungen späterer Jahre, daß diese Annahme nicht richtig war. War es doch schon auffallend, daß innerhalb des Hautorganes nicht alle Zellen in gleicher Weise beeinflußt wurden, daß nur die Zellen des Rete Malpighi, der Haarwurzelscheiden, der Schweiß- und der Talgdrüsen nach schwachen Bestrahlungen degenerative Veränderungen erkennen ließen. Diese Schädigung bestimmter Zellen innerhalb des Hautorgans ließ sich auch makroskopisch durch Herabsetzung oder völligen Stillstand ihrer spezifischen Funktion erkennen, z. B. an dem elektiven Haarausfall. Buschke und Verfasser konnten experimentell durch Bestrahlung der an Schweißdrüsen besonders reichen Katzenpfote den Nachweis der besonderen Empfindlichkeit dieser Zellen erbringen, indem nach Pilokarpininjektionen in solcher Dosis, daß der Exitus des betreffenden Tieres eintrat, an der bestrahlten, im übrigen völlig normal aussehenden Pfote nicht die geringste Schweißsekretion eintrat, während an den anderen nicht bestrahlten Pfoten der Schweiß in großen Tropfen hervorperlte. Albers-Schönberg erbrachte 1903 zuerst den Nachweis, daß es Organe gibt, deren Zellen noch empfindlicher sind als beispielsweise die schon besonders radiosensiblen Zellen der Haarpapillen. Es gelang ihm durch Röntgenbestrahlung der Bauchgegend bei Kaninchen und Meerschweinchen Sterilität zu erzielen, ohne daß dabei die Libido sexualis oder die Kohabitationsfähigkeit litt. Die Sterilität beruht auf Nekrospermie oder Azoospermie. Die histologische Untersuchung der bestrahlten Hoden (Frieben, Seldin) ergab degenerative Veränderungen nur an den Hodenepithelien.

Buschke und Verfasser erbrachten 1905 zuerst den Nachweis, daß nicht alle Hodenepithelien in gleicher Weise geschädigt werden, sondern in erster Linie die Spermatoblasten, also das eigentliche spermabildende Zellgewebe, während die sog. Stützzellen (Sertolische Zellen), welche mit der Spermaproduktion nichts zu tun haben, nach schwachen Bestrahlungen gar keine Veränderungen erkennen lassen, ebenso wie die Zellen der schon zum System der Ausführungsgänge gehörenden geraden Hodenkanälchen und des Nebenhodens; auch die Blutgefäße des Hodens und Nebenhodens sind nach derartigen schwachen Bestrahlungen intakt. Die zwischen den Samenkanälchen gelegenen sog. Zwischenzellen reagieren auf die gleiche Strahlenmenge, welche die Spermatoblasten zur Atrophie bringt, mit einer Wucherung; wahrscheinlich ist an diese Zellen die Fähigkeit der Potenz gebunden, die ja bestehen bleibt, auch wenn die Spermatoblasten zugrunde gegangen sind. Eine Regeneration der Spermatoblasten ist, wie das aus den Erfahrungen beim Menschen und auch aus den histologischen Untersuchungen von Simmonds hervorgeht, möglich.

Diese schweren atrophischen Veränderungen werden also von Röntgenstrahlen hervorgerufen, die bereits die Haut passiert haben, ohne daß dort entzündliche Erscheinungen aufzutreten brauchen. Auch beim Menschen ist die Sterilisation durch Röntgenbestrahlung möglich, wie z. B. die Versuche Philipps beweisen, der bei Tuberkulösen das Skrotum bestrahlte und 6 Monate später eine Atrophie der Hoden und vollständige Azoospermie nachweisen konnte, ohne daß die Potentia coeundi gelitten hatte. Beobachtungen von Albers-Schönberg, Tilden Brown und Osgood sind beweisend dafür, daß auch bei Technikern und Ärzten, die sich häufig, wenn auch nur ganz schwachen Röntgenbestrahlungen aussetzten, Azoospermie eintreten kann, ohne daß auch in solchen

Fällen eine Abnahme der Potenz zu konstatieren ist. Die Sterilität kann — je nach der Intensität resp. der Anzahl der Bestrahlungen — eine vorübergehende oder dauernde sein. Bei einem Röntgentherapeuten, welcher in der ersten Zeit ohne jeden Schutz vor den Röntgenstrahlen gearbeitet hatte, entwickelte sich sehr bald eine vollkommene Azoospermie, die auch bestehen blieb, als eine Bleischutzwand angeschafft wurde. Der Zustand hielt sich 8 Jahre lang unverändert, wie durch häufigere mikroskopische Untersuchungen festgestellt wurde. Erst nachdem außer der Schutzwand noch ein Schutzkasten benutzt wurde, stellten sich zuerst unbewegliche, später auch wieder bewegliche Spermatozoen ein (Verfasser).

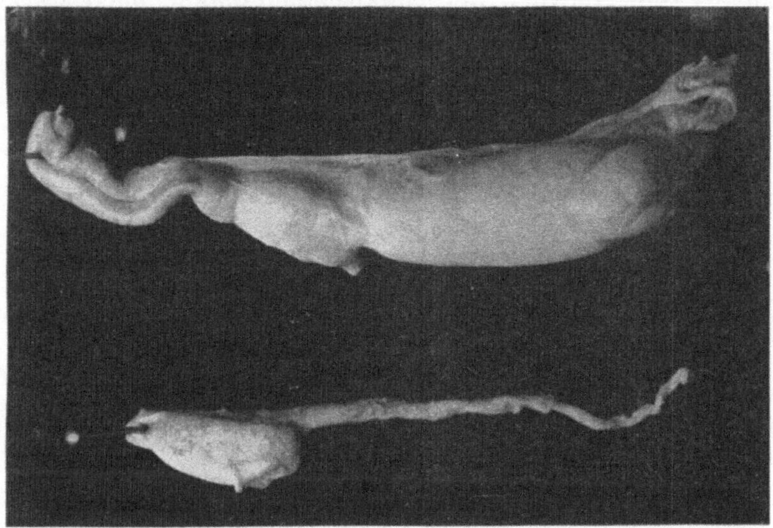

Abb. 36. Hodenatrophie nach einmaliger Röntgenbestrahlung. Beide Hoden vom selben Kaninchen. Der rechte, normale, war während der Bestrahlung durch eine $1/_2$ mm dicke Bleiplatte abgedeckt. Der bestrahlte Nebenhoden (am oberen Ende des Präparates) annähernd ebensogroß wie der nicht bestrahlte (Buschke und H. E. Schmidt).

Regaud und Dubreuil haben beim Kaninchen nach Röntgenbestrahlung außer dem Erlöschen der Befruchtungsfähigkeit eine ganz bedeutende Steigerung der Libido und der Potenz beobachtet. Da nun die Azoospermie durch die besondere Empfindlichkeit der Spermatoblasten zu erklären ist, so dürfte die Steigerung der Libido und Potenz nach den histologischen Befunden von Simmonds auf die Wucherung der Zwischenzellen zurückzuführen sein. Regaud und Dubreuil haben auch zum ersten Male den Nachweis erbracht, daß Spermatozoen, die kurz nach der Bestrahlung ihre volle Beweglichkeit besitzen und in ihrer Lebensfähigkeit gar nicht gestört erscheinen, trotzdem nicht mehr befruchtungsfähig sind. Ob dasselbe auch für den Menschen gilt, ist nicht sicher bewiesen. Doch sprechen einige Erfahrungen leider dafür.

Auch die Ovarien werden durch Röntgenbestrahlung zur Atrophie gebracht (Halberstädter). Bei weiblichen Kaninchen kommt es zum Schwund der Graafschen Follikel, nach stärkeren

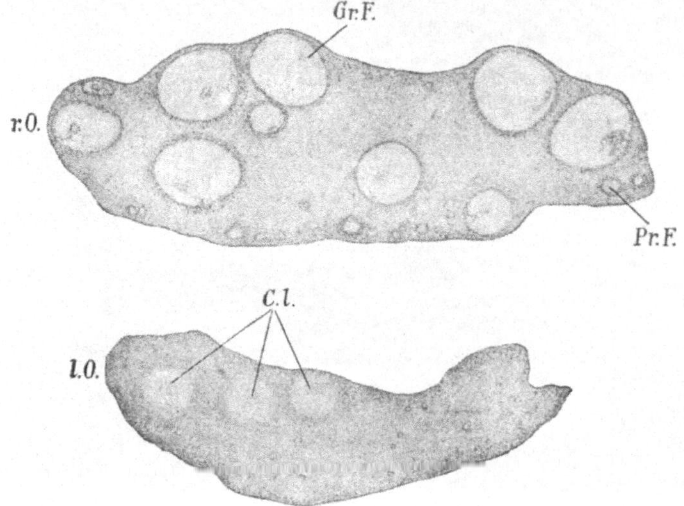

Abb. 37. Ovarien vom Meerschweinchen, halbiert. Schnittflächen bei Lupenvergrößerung. *r. O.* rechtes Ovarium nicht bestrahlt), *l. O.* linkes Ovarium (bestrahlt), *Gr. F.* Graafscher Follikel, *Pr. F.* Primordial-Follikel, *C. l.* Corpus luteum (Halberstädter).

Bestrahlungen gehen auch die Primordialfollikel und Ureier zugrunde (vgl. Abb. 28). Dieselben Veränderungen sind auch bei den menschlichen Ovarien nach Röntgenbestrahlung festgestellt (Fraenkel, Faber, Reifferscheid). Fast regelmäßig fanden sich auch Blutungen in das Ovarium (Reifferscheid). Eine Regeneration im röntgengeschädigten Ovarium findet nicht statt; sie kann vorgetäuscht werden, wenn nur die vor der Reife stehenden Follikel zerstört, die jüngeren aber ungeschädigt geblieben sind und von diesen nach einiger Zeit einer zur Reife gelangt (Reifferscheid). Ob bei Frauen, die längere Zeit im Röntgenlaboratorium tätig gewesen sind, trotz erhaltener Menstruation die Konzeptionsfähigkeit herabgesetzt oder gar aufgehoben ist, wissen wir nicht sicher. Doch sprechen einige Erfahrungen leider auch für diese Möglichkeit [1]).

Ganz besonders empfindlich für Röntgenstrahlen sind ferner die lymphatischen Organe. Schon wenige Stunden nach der Bestrahlung konnte Heineke (1903) bei Hunden degenerative Veränderungen in den Zellen der Milz, der Lymphdrüsen und der Darmfollikel nachweisen, ohne daß die Bestrahlung Schädigungen der Haut zur Folge gehabt hatte. Regaud, Nogier und Lacassagne fanden im Hundedarm nach Röntgenbestrahlung schwere Schädigungen der Dünndarmzotten und der Lieberkühnschen Drüsen. Die in einem Falle von Mammakarzinom nach Röntgenbestrahlung konstatierte Schädigung der Fundusdrüsen des Magens (Aschoff) dürfte gleichfalls auf die Wirkung der Röntgenstrahlen zurückzuführen sein. Daß auch beim Menschen schwere Schädigungen der Darmschleimhaut möglich sind, die zum Exitus infolge ulzeröser Enteritis führen können, beweisen die in den letzten Jahren von Franz und Haendly publizierten Fälle; in diesen Fällen handelt es sich immer um Frauen mit Uteruskarzinom, die mit sehr großen Dosen sehr harter Strahlen behandelt worden waren [2]).

Auch die blutbildenden Zellen des Knochenmarks werden in elektiver Weise durch schwache Röntgenbestrahlung geschädigt (Milchner und Mosse). Die Schädigung dieser Organe kann — je nach der Intensität bzw. Dauer der Strahlenwirkung — eine vorübergehende oder dauernde sein.

Nach Schmid und Géronne sind von den Formbestandteilen des Blutes am röntgenempfindlichsten die polynukleären Leukozyten, demnächst die Lymphozyten, während die roten Blutkörperchen auch durch sehr kräftige Bestrahlung anscheinend gar nicht beeinflußt werden [3]).

---

[1]) Mit den jetzt vorhandenen Schutzvorrichtungen läßt sich jede Schädigung der Zeugungsorgane vermeiden, sofern die Schutzvorrichtungen von vornherein stetig angewendet werden.

[2]) Solche Vorkommnisse beweisen nur, daß exzessive Dosen an unrichtiger Stelle appliziert worden sind, vielleicht verrät sich auch eine verfehlte Indikationsstellung für die exzessive perkutane Tiefenbestrahlung noch operabler Uterustumoren darin. Jedenfalls konnte Hessmann weder bei regelmäßig über einen Zeitraum von 2 Jahren und darüber hinaus durchgeführter postoperativer Tiefenbestrahlung nach Amputatio mammae noch bei der Tiefenbestrahlung inoperabler Magen- und Darmtumoren irgendwelche Dauerschädigungen seitens des Magendarmtraktus beobachten.

[3]) Nach den Erfahrungen Haendlys zeigen dagegen quantitativ die lymphozitären Elemente eine stärkere Verminderung als die neutrophilen Blutbestandteile, während die Erythrozyten keine wesentliche Radiosensibilität zeigen. Qualitativ weisen die Erythrozyten auch nach perkutanen Massendosen eine normale Form, Größe und Färbbarkeit auf. Ebenso waren unter

Wöhler hat nach kurzdauernden Bestrahlungen (von 1 bis 3 Minuten Dauer) zu diagnostischen Zwecken schon in der nächsten halben Stunde eine Zunahme der Leukozyten nachweisen können, deren Zahl in den folgenden 5 bis 8 Stunden noch weiter anstieg, um dann wieder allmählich auf die Norm zurückzukehren oder auch etwas unter die Norm zu sinken.

Auch nach mehrfachen therapeutischen Bestrahlungen bei Patienten (mit Ausnahme Blutkranker!) konnte Wöhler niemals einen so gewaltigen Absturz der Leukozytenzahl beobachten, wie wir ihn häufig bei Leukämikerm sehen. Auch hier trat zunächst eine Leukozytose, dann allerdings eine mäßige Verringerung der Leukozytenzahl ein. Dagegen hat man in den letzten Jahren bei der Behandlung des Uteruskarzinoms mit sehr großen Dosen sehr harter Strahlen oft eine recht bedenkliche Leukopenie beobachtet. Bei fortgesetzter Einwirkung der Röntgenstrahlen kann auch das Blut Gesunder mehr oder weniger schwere Veränderungen erleiden. So ist bei Röntgenologen fast immer eine deutliche Verminderung der weißen Blutkörperchen, speziell der neutrophilen polynukleären Leukozyten zu konstatieren (v. Jagié, Schwarz, v. Siebenrock, Aubertin).

Auch bei den Röntgenschwestern, die den therapeutischen Betrieb in den Frauenkliniken überwachen, konnte trotz der Schutzvorrichtungen gelegentlich eine Leukopenie festgestellt werden. Die Zerstörung der Leukozyten erfolgt zum Zeil in der Blutbahn (Helber und Linser), zum Teil in den blutbildenden Organen selbst (Aubertin und Beaujard). Eine wirkliche Leukopenie kann offenbar nur durch eine Schädigung der Leukozytenbildungsstätte selbst zustande kommen. Die anfänglich auftretende Leukozytose ist wohl so zu erklären, daß als Ersatz für die im kreisenden Blute zerstörten Leukozyten eine massenhafte Auswanderung von Leukozyten aus den Blutbildungsstätten in die Blutbahn stattfindet, wo sie dann gleichfalls zugrunde gehen.

Was die Röntgenempfindlichkeit anderer Organe anbetrifft, so wissen wir teils aus tierexperimentellen Ergebnissen, teils aus klinischen Erfahrungen darüber einiges von den großen Drüsen.

Die Nieren sind sehr wenig radiosensibel [Buschke und H. E. Schmidt und Hessmann [1])]; dagegen sind die Neben-

den Leukozyten pathologische Formen niemals anzutreffen. Auch das Blut eines $2^1/_2$jährigen Kindes, das monatelang wegen eines Sarkoms am Os sacrum intensiv bestrahlt wurde, ließ andere Veränderungen des Blutes nicht erkennen. Die Regeneration der neutrophilen Elemente erfolgt relativ schnell, während die Lymphozyten längere Zeit zur Erholung brauchen (6—8 Wochen).

[1]) In einem schweren Fall von myeloider Leukämie, der mit Amyloid der Nieren kompliziert war, sank z. B. der Eiweißgehalt des Urins unter der Bestrahlung der Milz- und Lebergegend von 15‰ auf 1‰.

nieren anscheinend sehr radiosensibel (Zimmern und Cottenot, Holfelder und Peiper); die Leber ist in normalem Zustande wenig radiosensibel (Hudellet), dagegen scheint sie bei Diabetikern eine größere Radiosensibilität zu besitzen (Ménétrier, Touraine und Mallet). Lebermetastasen maligner Tumoren, z. B. bei Melanosarkom reagieren nach Holfelder ebenfalls gut. Sehr radiosensibel ist die Thymus, wenigstens bei Tieren und kleinen Kindern, besonders in hyperplastischem Zustande (Heineke, Rudberg, Regaud, Crémieu und Holfelder); dasselbe gilt von der Thyreoidea (Williams, Zimmern, Battez und Dubus). Eine mäßige Radiosensibilität zeigt die Prostata (Freund und Sachs), eine große die Hypophysis (Béclère). Bei manchen Menschen sind auch die Speicheldrüsen, besonders die Parotis sehr empfindlich für Röntgenstrahlen (Bergonié und Spéder, H. E. Schmidt).

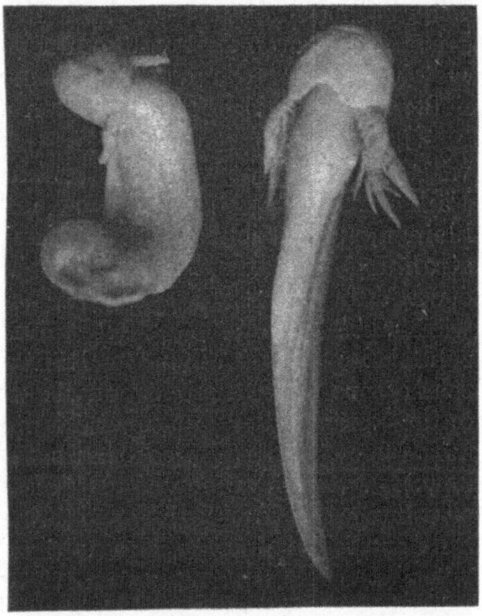

Abb. 38. Links: bestrahlte, in der Entwicklung zurückgebliebene, verkrüppelte Larve mit Blasenbildung am Schwanzende. Rechts: nicht bestrahlte, weiter differenzierte normale Larve desselben Alters (H. E. Schmidt).

Aus dem Gesagten geht schon hervor, daß die Schädigung durch Röntgenstrahlen in elektiver Weise die Zellen betrifft, die sich in ständiger Regeneration bzw. Proliferation befinden oder deren Stoffwechsel, infolge ihrer sekretorischen Tätigkeit besonders lebhaft vor sich geht (z. B. Haarpapille, Schweißdrüsen, Talgdrüsen, Hoden, Ovarien, Knochenmark, Milz, Sarkome, manche Karzinome).

Auch neuere Untersuchungen von A. v. Wassermann bestätigen eigentlich nur das, was wir aus den klinischen Erfahrungen schon längst wissen, daß nämlich die Strahlenempfindlichkeit proportional ist der Regenerations- und Vermehrungskraft der betreffenden Gewebe.

Die wachstumshemmende Wirkung der Röntgenstrahlen auf junge Zellen ist ja eine lange bekannte Tatsache. So konnte

Perthes an Eiern von Ascaris megalocephala nach Röntgenbestrahlung eine Verlangsamung der Furchung und unregelmäßige Entwicklung der Embryonen hervorrufen.

Recht charakteristische Entwicklungshemmung und Mißbildung erzielte H. E. Schmidt durch Röntgenbestrahlung von Axolotleiern des gleichen Entwicklungsstadiums (Medullarrinne eben geschlossen). Sämtliche bestrahlten Larven gingen außerdem schließlich zugrunde, während sämtliche nicht bestrahlte Kontrollarven am Leben blieben.

Auffallend war der histologische Befund, der lediglich schwere Schädigungen des Hirns und Rückenmarks erkennen ließ. Die Hirnzellen waren fast vollkommen zerstört und füllten als körnige Detritusmassen die Ventrikel aus. Degenerative Veränderungen ließen sich auch an den Zellen des Rückenmarks nachweisen.

Über Schädigungen des Zentralnervensystems beim Menschen wissen wir so gut wie nichts und ich selbst habe in zahlreichen Fällen von Favus, Makro- und Mikrosporie — auch bei kleinen, noch nicht 2 Jahre alten Kindern — nach Röntgenbestrahlung des Kopfes niemals Symptome beobachtet, welche etwa auf eine Schädigung des Hirns zurückzuführen gewesen wären. Trotzdem ist es nicht unmöglich, daß auch die Nervenzellen sehr empfindlich für Röntgenstrahlen sind, ohne auch bei relativ großen Dosen irgendwie dauernden Schaden zu nehmen; dafür spräche der meist eklatante Einfluß der Röntgenstrahlen auf Neuralgien (Trigeminus, Ischiadikus, Interkostales usw.), während die von Birch-Hirschfeld nach Röntgenbestrahlung des Auges festgestellten degenerativen Veränderungen an den Zellen der Retina und des Nervus opticus auf ungewöhnlich hohe Strahlendosen zurückzuführen sind, die beim Menschen am Auge nicht in Frage kommen. Erwähnt sei hier, daß nach Röntgenbestrahlung trächtiger Kaninchen die Jungen mit Katarakt geboren werden (Tribondeau und Belley, v. Hippel) und daß sich überhaupt nach Röntgenbestrahlung kleiner Tiere, z. B. Mäuse, ein- oder doppelseitig Katarakt entwickeln kann (Kienböck und v. Decastello). Besonders interessant sind aber ähnliche Beobachtungen beim Menschen, welche Gutmann und Treutler gemacht haben. Gutmann fand bei einem Ingenieur, der sich viel mit Herstellung von Röntgenröhren beschäftigte und über Sehstörungen klagte, Tropfenbildung an der hinteren Kortikalis beider Linsen, die trotz Aussetzen der Beschäftigung stationär blieb. In dem Falle von Treutler handelte es sich um den Angestellten eines Röntgenlaboratoriums, der beiderseits hinteren Polarkatarakt und eine Sehschärfe von $^6/_{60}$ zeigte, während er vor seiner Anstellung im Röntgenlaboratorium gut gesehen haben wollte.

Diese Veränderungen der Linse ließen sich durch die große Zahl der immer wieder einwirkenden, sich summierenden und kumulierenden kleinsten Röntgenstrahlen-Dosen durch Nichtgebrauch einer Schutzbrille erklären, entweder durch direkte Schädigung der Linsenfasern oder des Kapselepithels oder aber durch Schädigung der für die Ernährung der Linse sehr wichtigen Ziliarkörpergefäße [1]).

Außer den bisher geschilderten rein lokalen Wirkungen auf bestimmte Organe können die Röntgenstrahlen auch Störungen des Allgemeinbefindens hervorrufen. So kann nach Oberflächenbestrahlungen, die stärkere oder sehr ausgebreitete Hautreaktionen hervorgerufen haben, Fieber auftreten. Auch kleinpapulöse, oft skarlatiniforme Exantheme, offenbar bedingt durch Resorption von „Röntgen-Toxinen", kann man gelegentlich beobachten.

Nach Tiefenbestrahlungen des Thorax oder des Abdomens (Leukämie, Myome, Karzinome) ist ein anderer Symptomenkomplex nicht selten, den Gauß als „Röntgen-Kater" bezeichnet hat.

Es treten Kopfschmerzen, Übelkeit und Erbrechen mitunter auch Diarrhöen auf. In seltenen Fällen ist der Appetit indessen gesteigert (Haendly, Hessmann). Bisweilen kommt es auch zu einer Benommenheit und Müdigkeit, die in eine förmliche Schlafsucht ausarten kann.

Diese Erscheinungen dürften wohl auf eine direkte Schädigung des Magen-Darm-Traktus zurückzuführen sein, da sie ausschließlich nach Bestrahlungen der Magen- und Darmregion, und zwar nur nach Tiefen-, nie nach Oberflächen-Bestrahlungen beobachtet werden. Nach den bisher vorliegenden Erfahrungen sind sie harmloser Natur, da sie nach einigen Tagen wieder verschwinden. Der „Röntgen-Kater" ist anscheinend nicht nur von der Größe der Strahlendosis abhängig, da er nach Applikation gleicher Strahlenmengen keineswegs bei allen Menschen beobachtet wird. Vor der Applikation übermäßiger Dosen, besonders penetranter Strahlen, ist allerdings zu warnen, da dann, wie bereits erwähnt, sehr viel schwerere Schädigungen des Darmtraktus auftreten können.

Bei den psychischen Störungen, die von Krause nach Myom-Bestrahlungen in einigen Fällen beobachtet sind, handelt es sich sicher nicht um eine Schädigung durch Röntgenstrahlen. Ich kann nur v. Seuffert beistimmen, wenn er sagt: „Solche

[1]) So selten solche Veränderungen in der Praxis vorkommen, tut man doch gut, das Auge vor jeder Einwirkung des Röntgenlichtes zu schützen, sei es durch eine Schutzbrille seitens des Arztes, sei es durch entsprechend zugeschnittenen Schutzstoff seitens des Patienten.

Störungen werden ja manchmal bei ganz gesunden, sonst sehr vernünftigen Frauen in den Wechseljahren beobachtet, häufiger noch, auch ohne vorhergegangene Strahlenbehandlung, bei Myomkranken oder unter protrahiertem Klimakterium Leidenden."

Wo der Angriffspunkt der Röntgenstrahlen zu suchen ist, darüber herrscht auch heute noch keine Einigkeit. Vielleicht bildet tatsächlich das Lezithin, das nach Hoppe-Seyler in allen jungen, rasch wachsenden, entwicklungsfähigen oder in der Entwicklung begriffenen Zellen, als Eidotter, Spermatozoen, farblosen Blutkörperchen, pathologisch schnell wachsenden Geschwülsten, Pflanzensamen, Sporen, Knospen junger Triebe im Frühling, Pilzen, Hefezellen ebenso wie gerade im Nervengewebe in besonders großer Menge vorkommt, den Angriffspunkt für die Röntgenstrahlen, eine Theorie, die zuerst von Schwarz aufgestellt worden ist und in der Tat viel für sich hat, zumal sie in zwangloser Weise eine elektive Wirkung auf das Nervensystem und auf alle Zellen, deren Stoffwechsel besonders lebhaft vor sich geht, erklären würde.

Lezithin wird durch Röntgenbestrahlung zersetzt und die Zersetzungsprodukte führen zur Schädigung der Zellen: von den Zersetzungsprodukten des Lezithins kommt besonders das Cholin in Betracht. Werner und Lichtenberg, Hoffmann und Schulz konnten durch Cholininjektionen in verschiedenen Organen Veränderungen erzielen, welche denen nach Röntgenbestrahlung entsprechen. Von großem Interesse ist demnach die Tatsache, daß Benjamin, v. Reuß, Sluka und Schwarz nach Röntgenbestrahlung im Blute ihrer Versuchstiere Cholin fanden. Das allmähliche langsame Fortschreiten des Zersetzungsprozesses würde auch die Latenzzeit, die zwischen Röntgenbestrahlung und Röntgenwirkung liegt, ganz gut erklären.

Daß man beim Menschen bisher Schädigungen des Hirns oder Rückenmarks nicht beobachtet hat, erklärt sich ja — selbst wenn man eine hohe Röntgenempfindlichkeit dieser Organe annimmt — ohne weiteres daraus, daß sie in gut schützenden Knochenhüllen liegen, welche die Röntgenstrahlen stark absorbieren.

Da alle jungen, rasch wachsenden Zellen besonders empfindlich für Röntgenstrahlen sind, so ist es verständlich, daß junge Säugetiere, die einer meist starken Röntgenbestrahlung ausgesetzt werden, im Wachstum zurückbleiben, und zwar in toto, ob nun das ganze Tier oder auch nur der Kopf des Tieres bestrahlt wird.

Wird nur eine Seite des Tieres bestrahlt, so bleibt nur diese im Wachstum zurück, auch die betreffenden inneren Organe;

wird nur eine Extremität bestrahlt, so zeigt sich die Wachstumshemmung nur an dieser, wahrscheinlich infolge einer Schädigung des Primordial- und Epiphysenknorpels (vgl. Abb. 39). Alle diese Störungen können schon durch schwache Dosen, die auf der Haut keine Reaktion hervorrufen, zustande kommen (Försterling), sind aber bisher nur bei kleinen Tieren beobachtet worden. Bei stärkerer Bestrahlung kann sogar Exitus des Tieres eintreten. Diese Verhältnisse darf man aber nicht ohne weiteres auf den Menschen übertragen, und ein sicherer Fall von Wachstumshemmung ist bisher auch nicht nach Röntgenbestrahlung kleiner

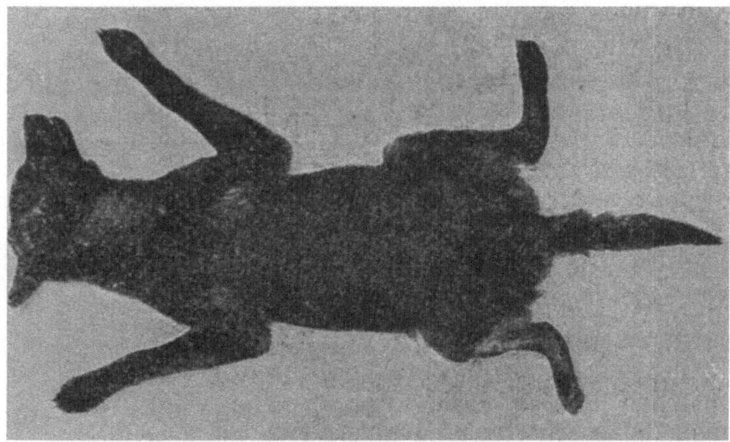

Abb. 39. Junger Hund, dem im Alter von 8 Tagen die linke Hinterpfote einmal 10 Minuten lang bestrahlt wurde. Resultat: Die bestrahlte Hinterpfote war nach $7^1/_2$ Monaten 8 cm kürzer als die nicht bestrahlte (30 : 38 cm) (Försterling).

und kleinster Kinder bekannt geworden, so daß die Röntgentherapie auch bei diesen erlaubt ist.

Es dürfte sich ja auch meist um Behandlung irgendeines Hautleidens (Ekzem, Psoriasis, Herpes tonsurans) handeln, bei welchem nicht besonders tief wirkende Strahlen angewandt werden, und eine Schädigung des Epiphysenknorpels wäre wohl nur bei großen Dosen harter Strahlung denkbar.

Durch Bestrahlung trächtiger Kaninchen von der Bauchseite aus kann man die Schwangerschaft unterbrechen. In frühen Stadien kommen die abgestorbenen Embryomen offenbar zur Resorption, in späteren Stadien werden entweder tote Jungen geworfen oder die lebend geborenen Jungen sterben wenige Stunden oder wenige Tage nach der Geburt (Fellner, Lengfellner, v. Hippel und Pagenstecher, H. E. Schmidt). Es ist nicht ausgeschlossen, daß auch bei der Frau durch Röntgenbestrahlung des Abdomens ein Abort herbeizuführen ist. Über einen derartigen Fall hat Fränkel berichtet. Es handelte sich um eine im dritten Monat gravide Tuberkulöse, bei welcher nach 25 maliger Bestrahlung der rechten und linken Ovarialgegend (und der Schilddrüse, die allerdings nur kürzere Zeit bestrahlt wurde) ein spontaner Abort unter wehenartigen Krämpfen und starker Blutung erfolgte. Fränkel glaubt, daß der Abort in seinem Falle sekundär durch Schädigung der Ovarien herbeigeführt wurde.

Im Gegensatz zu Fränkel konnte Pinard bei einer großen Anzahl von Frauen in allen Schwangerschaftsperioden und Wöchnerinnen durch Bestrahlungen von 30—40 Minuten Dauer keinen ungünstigen Einfluß auf Mutter oder Kind feststellen; auch auf den Verlauf späterer Graviditäten war kein Einfluß zu konstatieren.

Auch Friedrich und Försterling haben über 2 Fälle berichtet, in denen durch Röntgenbestrahlung kein Abort erzielt werden konnte.

Diese verschiedenartigen Resultate können natürlich lediglich durch verschiedenartige Technik bedingt sein. Es ist aber auch möglich, daß ein Abort durch Röntgenbestrahlung beim Menschen überhaupt nicht zu erzielen ist. Ich selbst konnte bei einer im dritten Monat graviden Tuberkulösen trotz kräftiger Bestrahlung innerhalb 4 Wochen keinen Abort erreichen. Zum mindesten steht so viel fest, daß sich die Unterbrechung der Schwangerschaft durch Röntgenstrahlen nach den bisherigen Erfahrungen nicht mit Sicherheit und nicht mit der nötigen Schnelligkeit herbeiführen läßt, so daß also die Röntgenstrahlen als Mittel zur Einleitung des Abortes nicht geeignet sind.

Es dürfte bei Kaninchen und Meerschweinchen eine direkte Abtötung der Embryonen im Mutterleibe durch die Röntgenstrahlen stattfinden; aber auch die Möglichkeit einer indirekten Schädigung der Embryonen durch irgendwelche Zerfallsprodukte (Röntgentoxine), die durch Bestrahlung des Muttertiers entstehen und durch den Kreislauf auf den Embryo übergehen, ist nicht mit Sicherheit von der Hand zu weisen. Trächtige Kaninchen, bei denen nur der Kopf unter Abdeckung des übrigen Körpers bestrahlt wurde, brachten zwar zum richtigen Termin ihre Jungen zur Welt, die sich auch in den ersten 14 Tagen in nichts von den

Jungen nicht bestrahlter Kontrolltiere unterschieden; aber dann setzte eine enorme Wachstumshemmung ein; die Zwergtiere hatten ein struppiges Fell, waren müde und matt und litten zum Teil an Augenerkrankungen (Blepharitis, Keratitis), einzelne Tiere starben auch (Max Cohn).

Bezüglich der Wirkung der Röntgenstrahlen auf Bakterien sei hier nur so viel gesagt, daß sie sehr wenig röntgenempfindlich sind und jedenfalls nur durch so große Röntgenstrahlendose abgetötet werden können, wie sie zu therapeutischen Zwecken gar nicht angewendet werden (Rieder, Holzknecht). Wenn trotzdem bakterielle Erkrankungen der Haut durch Röntgenbestrahlung geheilt werden, so müssen wir annehmen, daß die Krankheitserreger erst sekundär durch die infolge der Bestrahlung hervorgerufenen entzündlichen Veränderungen unschädlich gemacht werden.

Erwähnt sei hier noch die Wirkung auf Pflanzensamen, der in trockenem Zustande gar nicht, in gequollenem dagegen sehr empfindlich für Röntgenstrahlen ist (Schwarz). Hier kommt es natürlich auch sehr auf die applizierte Dosis an; wenn man gequollene Erbsen schwach bestrahlt, so entwickeln sich die Pflanzen schneller, die Blüten und Früchte sind größer als bei den unbestrahlten Kontrollpflanzen. Bestrahlt man dagegen kräftig, so bleiben die Pflanzen sehr erheblich im Wachstum zurück (H. E. Schmidt). Die stimulierende Wirkung kleiner Dosen kann man auch an der menschlichen Haut beweisen. Bestrahlt man die Hälfte einer (z. B. durch eine Verbrennung entstandenen) Wunde ganz schwach, so überhäutet sich die bestrahlte Partie schneller als die unbestrahlte (H. E. Schmidt).

Die Röntgenstrahlen-Dermatitis und ihre Folgeerscheinungen.

Während man anfangs darüber im Zweifel war, was eigentlich die Ursache der beobachteten Hautveränderungen ist, die von der Röntgenröhre ausgehenden elektrischen Entladungen oder die Röntgenstrahlen selbst, wissen wir durch die im Jahre 1900 erschienenen Arbeiten Kienböcks und Sträters, daß die Röntgenstrahlen selbst das wirksame Agens sind. Kienböck brachte eine Röntgenröhre so über der Haut an, daß die Ebene des Antikathodenspiegels, von welchem die Röntgenstrahlen ausgehen, senkrecht zu der bestrahlten Hautfläche stand (vgl. Abb. 40). Es trat eine Reaktion nur unter der vor dem Antikathodenspiegel gelegenen leuchtenden Kugelhälfte auf (in Abb. 40 durch die punktierte

Partie angedeutet), nicht aber da, wo keine Röntgenstrahlen aufgefallen waren (in der hinter der Ebene des Antikathodenspiegels gelegenen Hautpartie und in dem vor der Ebene gelegenen, durch eine Bleiplatte geschützten Hautbezirk). Scholtz bestrahlte eine runde Stelle auf dem Rücken eines Schweines $^3/_4$ Stunden lang. Diese Stelle war in 5 Segmente geteilt, von welchen 4 mit Blei, Glas, Aluminium und Papier bedeckt waren, während das fünfte unbedeckt blieb. Nach 30 Tagen trat zunächst in dem unbedeckten und in dem mit Papier bedeckt gewesenen Segment Haarausfall ein; später, als sich auch in dem mit Aluminium be-

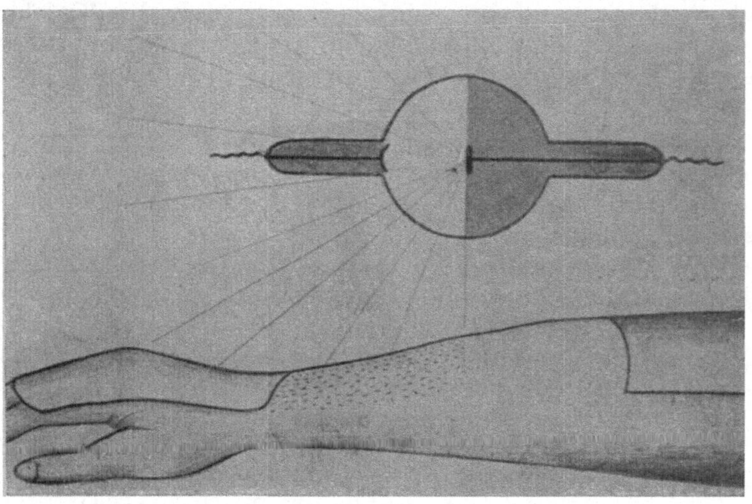

Abb. 40.

deckt gewesenen Segment Haarausfall zeigte, kam es in den beiden erstgenannten Segmenten zu einer oberflächlichen Nekrose, während unter dem Blei und dem Glas gar keine Veränderungen auftraten.

Sträter, Kienböck und Scholtz konstatierten ferner, daß weiche Röhren, welche viel und stark absorbierbare Röntgenstrahlen liefern, bei demselben Individuum eine stärkere Reaktion hervorrufen als sehr harte Röhren, welche nur wenig und stark penetrierende Röntgenstrahlen produzieren.

Die durch die Einwirkung der Röntgenstrahlen erzeugten Hautveränderungen können natürlich ebensogut nach einer einzigen „kräftigen" wie nach sehr zahlreichen „schwachen" Bestrahlungen auftreten. In letzterem Falle summieren sich eben die vielen kleinen Dosen, so daß das Endresultat vollkommen dem durch eine einzige große Dosis Röntgenstrahlen erzielten entsprechen kann.

Bei der Röntgendermatitis kann man wie bei jeder durch irgendeinen anderen „Reiz" hervorgerufenen Entzündung der Haut drei Grade unterscheiden: 1. Rötung, 2. Blasenbildung, 3. Geschwürsbildung. Eine Eigentümlichkeit der Röntgenstrahlen ist die, daß sie, in relativ schwacher Dosis appliziert, einen Haarausfall hervorzurufen vermögen, ohne daß es zu irgendwelchen makroskopisch wahrnehmbaren entzündlichen Erscheinungen kommt. Diesen Vorgang kann man besonders gut an der behaarten Kopfhaut beobachten; an anderen Stellen ist der Haarausfall mitunter kein vollständiger, auch nicht, wenn es zu einer oberflächlichen Entzündung der Haut kommt, wenigstens nicht bei Verwendung einer mittelweichen Strahlung. Appliziert man dagegen eine harte eventuell noch filtrierte Strahlung, so kann man an allen Körperstellen Haarausfall ohne entzündliche Reaktion hervorrufen. Das erklärt sich sehr einfach rein physikalisch. In der dünnen, straffgespannten Haut des behaarten Kopfes liegen die Papillen nicht so tief, daß sie nicht auch von einer mittelweichen Strahlung so geschädigt werden könnten, daß die Haare ausfallen.

An allen anderen Körperteilen ist die Haut lockerer, fettreicher, dicker; die Papillen liegen erheblich tiefer, so daß hier eine Dosis mittelweicher Strahlen, die auf dem behaarten Kopf einen Haarausfall zur Folge hat, für diesen Zweck nicht ausreicht, da diese mittelweichen Strahlen eben keine genügende Tiefenwirkung entfalten.

Die Tiefenwirkung muß naturgemäß bei gleicher Oberflächendosis größer, die Schädigung der Haarpapille also stärker sein, wenn man statt der mittelweichen eine harte Strahlung verwendet. Es ist also keineswegs erforderlich, anzunehmen, daß die Haarpapille für härtere Strahlen empfindlicher ist als für mittelweiche, sondern die bessere Wirkung der harten Strahlen auf die in den tieferen Schichten der Haut gelegenen Zellen läßt sich rein physikalisch in völlig ausreichender Weise erklären. Kurz erwähnt sei hier die Tatsache, daß bereits ergrautes Haar nach Röntgenbestrahlung eine dunkle Färbung annehmen und auch nach wiederholtem Schneiden immer wieder in dunkler Färbung nachwachsen kann (Ullmann, Imbert und Marquès). Auch blondes Haar nimmt nach Röntgenbestrahlung eine dunklere Färbung an (Wetterer, Hans Meyer).

Charakteristisch für die Röntgendermatitis ist die Latenzzeit, welche ihr vorangeht und welche um so länger dauert, je schwächer die Einwirkung der Röntgenstrahlen war. Am längsten also ist sie bei einer Dosis, welche lediglich einen unkomplizierten Haarausfall zur Folge hat, der in der Regel nach 3 Wochen eintritt; die Haut erscheint dann glatt und kahl, ohne sonstige Veränderungen. Nach mehreren (meist 4—6) Wochen beginnen die Haare wieder zu wachsen.

War die verabfolgte Röntgenstrahlenmenge größer, so tritt gewöhnlich nach 2 Wochen eine Rötung, die meist einen zyanotischen Ton zeigt, auf; dieser Hyperämie folgt meist nach einigen Tagen ein vollständiger Haarausfall, Braunfärbung und starke Schuppung der Haut. Nach der Abstoßung der obersten braungefärbten Epidermislagen zeigt die Haut wieder ihr normales rosa-weißes Kolorit, erscheint einige Wochen auffallend zart und schließlich wieder völlig normal. Nur ausnahmsweise tritt eine Hyperpigmentation oder eine Verschiebung des Hautpigmentes an den Rand der bestrahlten Partie oder gar eine Hautatrophie mit Teleangiektasiebildung ein.

Bei noch stärkerer Einwirkung der Röntgenstrahlen kommt es — meist nach 1 Woche — zu einer starken Rötung, der sehr bald eine Blasenbildung, häufiger eine Exfoliation der Epidermis folgt, so daß man eine dem bestrahlten Bezirk entsprechende, total erodierte Fläche vor sich hat. Die Heilung erfordert in der Regel 3—6 Wochen. Der Nachwuchs der Haare tritt nur unvollständig oder gar nicht ein. Die neugebildete Haut sieht zunächst ziemlich normal aus, bekommt aber später fast immer ein narbig-atrophisches Aussehen; fast immer treten — oft erst Wochen und Monate nach der Bestrahlung — fleckweise Teleangiektasien und bei brünetten Personen Pigmentanhäufungen in dem narbig-atrophischen Bezirk oder — seltener — am Rande desselben auf.

Die schwerste Veränderung der Haut durch die Röntgenstrahlen stellt das „Röntgenulkus“ dar. Wenige Tage nach einer oder mehreren wirksamen Bestrahlungen tritt starke Rötung und Schwellung und bald darauf im Zentrum Ulzeration ein, die einen eigenartigen mißfarbenen Belag zeigt und je nach dem Umfang und der Tiefe des gangränösen Substanzverlustes mehrere Wochen, Monate oder auch Jahre zur Vernarbung braucht. In der Narbe zeigen sich fast immer gleichfalls Teleangiektasien und — bei brünetten Personen — Pigmentflecke. In seltenen Fällen kann das vernarbte Ulkus später wieder aufbrechen. Ob es sich in den Fällen, in welchen 6—10—12 Monate nach Abschluß der Röntgenbehandlung — ausnahmsweise — Ulzerationen aufgetreten sind, wirklich um Spätreaktionen mit ungewöhnlich langer Latenzzeit handelt oder um mechanische Läsionen der durch die vorangegangene Röntgenbehandlung geschädigten (atrophischen) und dadurch besonders empfindlich gewordenen Haut, ist zum mindesten zweifelhaft. Auf jeden Fall muß eine mit der Haut-Erythemdose bestrahlte Hautstelle so viel wie irgend möglich vor mechanischen Insulten bewahrt werden. Ständige Hautpflege solcher bestrahlten Stellen ist daher notwendig.

Das Auftreten der Röntgendermatitis kündigt sich bisweilen durch subjektive und objektive Symptome an, durch Jucken oder Brennen oder durch eine eigentümliche diffuse gelbbraune Färbung der Haut. Seltener zeigen sich als Vorboten der kommenden Reaktion eine eigenartige Turgeszenz der Haut oder mehr oder weniger zahlreiche und mehr oder wenige dunkle Pigmentflecken. Mitunter treten schon unmittelbar oder wenige Stunden nach einer Bestrahlung Erytheme auf, „Frühreaktionen“; sie treten nach großen Dosen anscheinend immer, nach kleinen Dosen nur bei einer besonderen Empfindlichkeit des Gefäßsystems auf (H. E. Schmidt). Diese Frühreaktion wurde zuerst von Köhler beschrieben und von ihm als Wärmeerythem aufgefaßt.

Die durch Einwirkung der Röntgenstrahlen hervorgerufenen bleibenden Hautveränderungen treten gewöhnlich bei Leuten auf, die sich jahrelang, wenn auch nur kurze Zeit, der Wirkung der Röntgenstrahlen ausgesetzt haben, also bei Elektrotechnikern und Ärzten, oder auch nach sehr zahlreichen, aber schwachen Bestrahlungen, die längere Zeit zu therapeutischen Zwecken verabfolgt wurden, aber fast immer erst, nachdem häufiger Dermatitiden, die nicht besonders intensiv gewesen zu sein brauchen, vorausgegangen sind. Natürlich können die gleichen bleibenden Veränderungen auch nach einer einzigen kräftigen Bestrahlung zustande kommen. Sie können als eine eigentümliche Dystrophie der Haut (Kienböck) bezeichnet werden. Man kann drei verschiedene Formen unterscheiden: 1. eine Verdickung der Oberhaut, die spröde, rissig und braunrot verfärbt ist, mit stärkerer Ausprägung der normalen Falten. Degeneration der Haare, Riffung und Brüchigkeit der Nägel, Bildung von verhornten Epidermismassen, die sich vorn unter dem Rand des Nagels, hinten und seitlich über den Nagel vorschieben, und eigenartigen zirkumskripten warzenartigen Wucherungen der Haut; dieses „chronische Röntgenerythem“ findet man besonders an der Hand, die in den ersten Jahren der Röntgenära leider häufig als Testobjekt benutzt wurde; dementsprechend ist der von den Röntgenstrahlen wenig oder gar nicht getroffene Daumen von den beschriebenen Veränderungen meist frei. Aus dieser Form kann sich die zweite Form entwickeln, die in einer Atrophie der Haut besteht, die verdünnt, glatt, auffallend weiß und von Teleangiektasien durchsetzt ist. Häufig sind auch warzige Wucherungen und — bei brünetten Personen — Pigmentflecken, so daß ein dem Xeroderma pigmentosum ähnliches Bild zustande kommt. Recht charakteristisch sind auch kleinste venöse Ektasien von tintenschwarzer Färbung. Seltener ist eine andere Form der Atrophie, welche dem Bilde der Atrophia cutis idiopathica entspricht. In diesen Fällen ist die Haut nicht weiß und glatt, sondern livide und gefältet „wie zerknittertes Zigarettenpapier" (H. E. Schmidt). Die dritte Form ist eine alabasterähnliche, sklerodermieartige Verdickung der Haut (Barthélemy, Hallopeau, Oudin u. a.), welche sich bretthart anfühlt und mit leicht abhebbaren Schuppen bedeckt ist. Wenn die Gesichtshaut derartig verändert ist, so sind die normalen Falten verstrichen, das Gesicht erhält ein maskenähnliches Aussehen. Das Mienenspiel kann fehlen, durch Verdickung der Lidhaut Ektropium und Entropium zustande kommen. An den Händen können klauenförmige Stellungen der Finger, deren Beweglichkeit erschwert oder unmöglich ist, eintreten.

Die häufigste Spätfolge ist die Atrophie mit Teleangiektasiebildung. Ich kenne bisher aus persönlicher Erfahrung nur einen Fall, in welchem eine sehr starke Teleangiektasiebildung und eine geringe Atrophie der Haut aufgetreten ist, ohne daß eine sichtbare Reaktion vorangegangen war. Es handelte sich um ein blondes Individuum mit auffallend zarter weißer Haut; auch sonst habe ich gerade bei solchen Individuen — allerdings nur nach vorausgegangenem Erythem — eine besonders starke Entwicklung von Teleangiektasien gesehen, mitunter auch ohne deutliche Hautatrophie. Es scheint, daß für die Entwicklung der Teleangiektasien nach kleinen Röntgenstrahlendosen ebenso eine besondere Empfindlichkeit des Gefäßsystems in Betracht kommt wie für das Auftreten der Frühreaktion; denn ich kenne andererseits Aknefälle, die 4—5 mal Röntgenerytheme überstanden haben und deren Haut trotzdem nach 3—4 Jahren völlig normal war.

Jedenfalls scheint mir bei blonden Individuen mit besonders zarter weißer Haut Vorsicht geboten, und ein Hinweis auf eventuelle spätere Entwicklung von Teleangiektasien ist hier wohl erforderlich [1]).

Am besten wird man die Röntgenbehandlung in solchen Fällen ablehnen, falls noch irgendeine andere, wenn auch unbequemere Therapie die Chance eines Erfolges bietet.

---

[1]) Auch in den Fällen, wo es sich um Frauen mit dunklem Haar handelt, und wo die Epilation eines nur angedeuteten oder wenig ausgeprägten Bartes verlangt wird.

Bei der sklerodermieartigen Veränderung der Haut kommt es besonders häufig zur Bildung sehr schmerzhafter Rhagaden und torpider Ulzerationen. Auch die Entwicklung von Karzinomen ist wiederholt beobachtet worden (Unna, Kümmell, Frieben, Allen). Ich selbst kenne einen Röntgendiagnostiker, bei welchem sich auf der Basis einer sklerodermieartigen Hautverdickung auf dem rechten Handrücken ein etwa pflaumengroßer, sehr harter, oberflächlich ulzerierter Tumor gebildet hatte, der exstirpiert und histologisch als Karzinom festgestellt wurde.

Interessant sind die histologischen Befunde, welche von Unna bei der chronischen Röntgendermatitis der Radiologen erhoben wurden.

Um das Wichtigste aus den histologischen Befunden anzuführen, sei hier in erster Linie betont, daß gerade die Blutgefäße, deren Schädigung für die schwere Heilbarkeit der akuten Röntgenulzera mit Vorliebe verantwortlich gemacht wird, histologisch nicht in deutlicher Weise verändert sind. Das, was nicht nur klinisch, sondern auch pathologisch-anatomisch nachgewiesen werden kann, ist lediglich eine Alteration der Blutverteilung, eine der Schröpfwirkung vergleichbare Blutüberfüllung der Arterien und Venen. Gleichzeitig findet sich eine schwere Veränderung aller zelligen Gebilde der Haut. „Die Oberhaut ist stärker verhornt, zum Teil hypertrophisch und zum Krebs prädisponiert, zum Teil atrophisch, stets zu hornigen Auflagerungen in Gestalt von Schwielen und warzigen Bildungen neigend“. Zuerst atrophieren die Haare und Talgdrüsen, dann die Nägel und Knäueldrüsen; in der Kutis findet sich ein chronisches interstitielles Ödem, das zu einer Atrophie der elastischen Fasern führt. Die Hautmuskeln sind dagegen auffallenderweise verdickt.

Eine besondere Stellung schreiben manche Autoren den harten filtrierten Strahlen zu. So sagt Wetterer: „Harte und weiche Strahlung sind zwei ganz verschiedene Medikamente und wirken biologisch verschieden“.

Einige gehen so weit, zu behaupten, daß harte Strahlen, die durch 1 mm Aluminium filtriert sind, anders wirken als solche, die durch 2 mm Aluminium filtriert sind, diese wieder anders als solche, die durch 3 mm Aluminium filtriert sind — und so fort ad infinitum (Regaud und Nogier)!

Ich stehe auf dem Standpunkt, daß diese Autoren zu weit gehen und etwas behaupten, was sie nicht beweisen können.

Hätten sie Recht, so müßten wir wiederum ganz andere Wirkungen bekommen, wenn wir statt durch Aluminium durch Messing oder durch Blei filtrieren.

Das, was bisher sicher bewiesen ist, ist die Zunahme der Penetrationskraft mit der Dicke des Aluminiumfilters.

Die Härtung der Strahlung wird noch größer, wenn wir statt des „Leichtfilters“ ein „Schwerfilter“, z. B. Bleiplatten von 0,25 mm Dicke oder ein Zinkfilter von 0,5 mm Dicke verwenden.

Sicher bewiesen ist ferner, daß wir der Haut um so mehr Strahlen applizieren können, je härter sie sind, weil von diesen härteren Strahlen natürlich sehr viel weniger absorbiert wird.

Falsch aber ist es, zu behaupten, daß die harten filtrierten Strahlen ungefährlich für die Haut sind. Wenn man nur die geeignete Menge appliziert, kann man genau dieselben Reaktionen erhalten, wie wir sie nach Applikation einer unfiltrierten mittelweichen Strahlung kennen, nämlich Dermatitiden I., II. und III. Grades. Dabei ist zu bedenken, daß dann bei gleicher Oberflächendosis die Tiefenwirkung immer erheblich stärker ist.

Ich erwähne hier nur einen Fall von Mammakarzinom aus der Freiburger Klinik, in welchem durch harte filtrierte Strahlen eine genau dem Bestrahlungsbezirk entsprechende Nekrose hervorgerufen wurde, welche die ganze Thoraxwand durchsetzte; auch die Interkostalmuskulatur und die oberflächlichste Lungenschicht waren nekrotisch (Aschoff) [1])!

So tiefgehende Nekrosen können nach Applikation einer unfiltrierten mittelweichen Strahlung gar nicht vorkommen, weil ihre Tiefenwirkung eben zu gering ist.

Aus den Versuchen, die Meyer und Ritter an Pflanzenkeimlingen, Gauß und Lembcke an Pflanzen und Kaulquappen, Miller an Mäusen angestellt haben, folgern diese Autoren, daß die stark gefilterte Strahlung biologisch wirksamer ist als eine schwach gefilterte oder ungefilterte Strahlung. Die bessere Wirkung läßt sich aber meines Erachtens auch rein physikalisch so erklären, daß alle diese Objekte, die doch nur eine gewisse Schichtdicke besitzen, von einer härteren Strahlung darum besser beeinflußt werden müssen, weil die Tiefenverteilung der Strahlen eine bessere ist.

Es ist selbstverständlich, daß einer Kaulquappe oder einer Maus die Durchsetzung ihres ganzen Korpus mit einer stark penetrierenden Strahlung schlechter bekommen wird als die Applikation einer weichen Strahlung, die ihr nur das Fell kitzelt.

Es ist selbstverständlich, daß bei gleicher Oberflächendosis die in den tieferen Hautschichten gelegenen Haarpapillen stärker

[1]) Ein Beweis sinnloser Überdosierung, wie sie bei dem Gebrauch eines S.-N.-Dosimeters von keinem Röntgenologen gewagt werden würde.

geschädigt werden müssen, wenn man eine harte als wenn man eine weiche Strahlung appliziert.

Es ist selbstverständlich, daß ein Tumor auf eine stark penetrierende Strahlung, die auch noch die tieferen Schichten schädigt, besser reagiert als auf eine weiche Strahlung, deren Wirkung sich schon an der Oberfläche erschöpft.

Daß aber eine harte Strahlung auf die Haarpapille und das Karzinom „biologisch“ stärker wirkt als eine weiche, ist eine Hypothese, gegen deren Richtigkeit so ziemlich alle Erfahrungen sprechen. Man kann einen Hautkrebs gerade so gut durch eine mittelweiche wie durch eine harte Strahlung heilen.

Rost hat die Wirkung verschiedener Strahlenqualitäten auf der Haut mikroskopisch untersucht und gefunden, daß die histologischen Veränderungen immer die gleichen sind, so daß man auch auf Grund dieser experimentellen Studien eine verschiedene biologische Wirkung weicher und harter Röntgenstrahlen ablehnen muß.

Auch die Behauptung, daß die Hautreaktionen „anders“ verlaufen, wenn man eine „hochgefilterte“ Strahlung appliziert, kann ich nicht bestätigen. Die von Regaud und Nogier als besondere Reaktionsform beschriebene „Radioepidermitis“ ist anscheinend nichts anderes als eine gewöhnliche Röntgendermatitis II. Grades! Zwar behaupten Regaud und Nogier, daß auf die Radioepidermitis keine Hautatrophie folgt wie auf die Röntgenreaktion II. Grades nach Applikation einer unfiltrierten Strahlung. Aber das zu behaupten, ist sehr leichtsinnig, da die Beobachtungszeit in den mitgeteilten Fällen viel zu kurz ist. Auch nach Abheilung einer gewöhnlichen Röntgenreaktion zweiten Grades sieht ja die Haut zunächst normal aus und erst nach 6 bis 8 bis 10 Monaten oder noch später entwickelt sich die Atrophie. Auch „besondere“ Spätschädigungen sind nach Applikation harter filtrierter Strahlen beschrieben worden. Iselin hat — allerdings in einem ganz geringen Prozentsatz — Atrophien und Ulzerationen beobachtet, die mehrere Monate bis $1^1/_2$ Jahre nach Applikation einer durch 1 mm Aluminium filtrierten Strahlung auftraten, ohne daß jemals ein Erythem vorangegangen war.

Ob diese Atrophien und Ulzerationen aber wirklich als eine den filtrierten Strahlen eigentümliche Spätschädigung aufgefaßt werden können, erscheint doch fraglich. Denn auch nach Applikation von unfiltrierten Strahlen kennt man Atrophien und Ulzerationen, die auf den früher bestrahlten, besonders auf atrophischen Stellen infolge eines Traumas oder eines anderen äußeren Reizes (Scheuern des Kragens am Halse, des Korsetts auf dem Bauche) viele Monate nach Abschluß der Röntgenbestrahlung entstehen können!

Ähnliche Schädigungen nach Anwendung filtrierter Strahlen haben Spéder und d'Halluin mitgeteilt; bisweilen entwickeln sich in den atrophischen Hautpartien eigenartige Indurationen, auf denen dann wieder durch äußere Reize Ulzerationen entstehen können. Auch hier erscheint es fraglich, ob es sich um eine nur den filtrierten Strahlen eigentümliche Spätschädigung handelt; denn sklerodermieartige Indurationen der Haut sind auch nach Applikation von unfiltrierten Strahlen beschrieben worden.

Im allgemeinen kann man sagen, daß die Spätschädigungen (Atrophien, Ulzerationen) zu den Ausnahmen gehören, wenn die Erythemgrenze nicht überschritten wird; dabei ist es für die Genese dieser Schädigungen offenbar gleichgültig, ob unfiltrierte oder filtrierte Strahlen angewandt werden.

Allerdings wird die Gefahr der Spätschädigungen mit dem zunehmenden Härtegrad, d. h. also auch mit der größeren Filterdicke geringer, weil man erstens die sog. Maximaldosis erheblich überschreiten kann, ohne ein Erythem befürchten zu müssen, und weil zweitens die Schädigung der tiefen Hautgefäße durch harte Strahlen offenbar geringer ist. Und diese Schädigung halte ich für die Ursache der Spätfolgen. Zunächst erscheint es natürlich plausibler, daß die Gefahr der Schädigung gerade der tiefen Hautgefäße mit der Penetrationskraft der Strahlen wächst. Tatsächlich ist das nicht der Fall, offenbar weil das Absorptionsvermögen der Gefäßwand ziemlich gering ist, wie das auch aus den Untersuchungen über das spezifische Gewicht der verschiedenen menschlichen Organe hervorgeht (Frank Schultz). Die Gefäße werden viel leichter durch eine weiche Strahlung geschädigt, weil sie von dieser eben mehr absorbieren. Das beweist die gute Wirkung der sehr weichen Strahlung auf die Angiome (Frank Schultz), während die Wirkung einer sehr harten Strahlung gleich Null ist. Ich konnte in einem Fall von Naevus vasculosus nach Applikation von 10 Volldosen nach S.-N. bei einer Strahlung von 10 We., die teils durch 1, teils durch 3 mm Aluminium filtriert wurde, nicht die geringste Veränderung erzielen [1]), während die einmalige Applikation von $^{4}/_{5}$ S.-N. einer unfiltrierten Strahlung von 6 We. eine deutliche Abblassung des Naevus zur Folge hatte.

[1]) Das stimmt sicher nicht für alle Fälle; denn bei einem fünf Monate alten Knaben konnte Hessmann durch zweimalige Applikation einer sehr viel kleineren Dose — je etwa $^{3}/_{4}$ S.-N. mit hartem Licht unter 2 mm Aluminiumfilter — ein fast fünfpfennigstückgroßes Angiom der Kopfhaut zum Verschwinden bringen. Irgendwelche Wachstumsstörungen sind natürlich — nach der angegebenen Dosis — bei dem im Jahre 1913 behandelten Falle nicht eingetreten.

Zu berücksichtigen bei der Applikation der Röntgenstrahlen zu therapeutischen Zwecken ist die Tatsache, daß 1. verschiedene Personen verschieden empfindlich sind (individuelle Disposition), und daß 2. die Haut verschiedener Körpergegenden verschieden reagiert (regionäre Disposition), daß aber diese verschiedene Empfindlichkeit sowohl der einzelnen Individuen als auch der einzelnen Körperregionen in sehr engen Grenzen schwankt. So sind Schleimhäute, Gesicht und Handrücken etwas empfindlicher als Rumpf und Extremitäten. Da, wo die Haut einem Knochen straff gespannt aufliegt, ist sie anscheinend empfindlicher für Röntgenstrahlen als da, wo sie fettreicher und lockerer ist; ferner ist die Haut heruntergekommener, in schlechtem Ernährungszustand befindlicher Individuen radiosensibler als die gesunder, kräftiger Personen; ebenso reagiert eine krankhaft (z. B. favös oder sykotisch) veränderte Haut leichter auf die Bestrahlung als normale Haut, desgleichen eine Haut, welche schon einmal eine stärkere Röntgendermatitis überstanden oder eine chronische Veränderung erlitten hat (Holzknecht). Daß es eine eigentliche Idiosynkrasie in dem Sinne gibt, daß eine Bestrahlung, welche bei einem Individuum z. B. einen unkomplizierten Haarausfall hervorruft, bei einem anderen eine Nekrose der Haut erzeugt, ist nach allen bisher vorliegenden Erfahrungen unwahrscheinlich. Von vornherein erscheint die Annahme einer derartigen Idiosynkrasie, wie sie ja z. B. auch gegen die Ultraviolettstrahlen (Gletscherbrand) und gegen alle möglichen Medikamente (Jod, Quecksilber usw.) besteht, durchaus gerechtfertigt. Es braucht wohl nicht besonders betont zu werden, daß wir gegen eine etwa bestehende Idiosynkrasie in dem angegebenen Sinne vollkommen machtlos wären, gerade so wie wir es nicht verhüten können, daß ein Patient nach einer einzigen Sublimatinjektion an einer schweren Enteritis erkrankt, während hundert andere 20—30 derartige Injektionen anstandslos vertragen.

Was die Behandlung der akuten Röntgendermatitis anlangt, so muß sie so indifferent als möglich sein. Ungünstig wirken in manchen Fällen kalte Umschläge; dagegen leisten warme Borwasserumschläge und Umschläge mit Kamillentee gute Dienste [1]). Die Heilung der Röntgenulzerationen scheint durch

---

[1]) Oder der Gebrauch folgender Salbe:

Rp. Bismut. subnitr. purissim., Naphtalan ana 7,5, Vaselin. alb. purissim. ad 50,0, M. F. Ungt. S. Morgens und abends in dünner Schicht aufzutragen.

Außerdem ist möglichste Ruhe anzuordnen, zum mindesten darauf zu achten, daß jede Reibung der entzündeten Hautstellen durch Kleidungsstücke vermieden wird.

strahlende Wärme beschleunigt zu werden. Freund verwendet zu diesem Zwecke kräftige (100kerzige) Glühlampen. Hahn empfiehlt Eosinpinselung und nachfolgende Besonnung. Am besten hat sich mir die Bestrahlung mit der Quarzlampe (künstliche Höhensonne) bewährt. Wenn sie auch nicht in allen Fällen zur Heilung führt, so ist doch ein Versuch in jedem Falle indiziert. Hartnäckige Ulzera müssen im Gesunden exzidiert, die Defekte plastisch gedeckt werden. Eine Behandlung der atrophischen und sklerodermieartigen Hautveränderungen nach Röntgenbestrahlung ist nicht sehr dankbar. Bei starker Sprödigkeit und Rissigkeit der Haut ist in erster Linie Einfettung mit folgender Salbe zu empfehlen: Emplastri Lithargyri, Vaselini flavi ana 25,0. Bei den sklerodermieartigen Veränderungen wirkt bisweilen Quarzlampenbestrahlung (künstliche Höhensonne) recht günstig.

Was die Pigmentationen nach abgelaufener Röntgendermatitis anbelangt, die, wie es scheint, nur bei brünetten Personen auftreten, so verschwinden die diffusen Pigmentierungen spontan, wenn auch oft erst nach Monaten. Man kann diesen Prozeß durch Applikation von Sublimatsalben (1—2 $^0/_0$) beschleunigen. Das gleiche gilt — wenigstens in den meisten Fällen — von den bisweilen, aber keineswegs immer auftretenden fleck- oder strichförmigen Pigmentanhäufungen, die sich mitunter auch einstellen, ohne daß eine Entzündung der Haut vorangegangen ist. Die Pigmentflecken lassen sich im übrigen durch Betupfen mit einem watteumwickelten Holzstäbchen, das in reine Karbolsäure getaucht ist, entfernen. Zur Beseitigung der Teleangiektasien ist wie bei den Röntgenulzera in erster Linie die Behandlung mit der Quarzlampe (künstliche Höhensonne) zu empfehlen, die allerdings ziemlich langwierig ist, aber schließlich zur Obliteration der kleinen Gefäßerweiterungen führen kann. Auch warzige Wucherungen können vollkommen verschwinden. Freilich ist mit dieser zuerst von Becker empfohlenen Behandlung nicht in allen Fällen ein Erfolg zu erreichen [1]). Auch die gedämpften Hochfrequenzströme in Form der Effluvien hat Becker mit Erfolg bei den Spätschädigungen nach Röntgenbestrahlung, insbesondere beim Röntgenulkus zur Anwendung gebracht. Die warzigen Wucherungen lassen sich auch durch Ätzungen

[1]) Auch Röntgenbestrahlung kann zur Verödung der Teleangiektasien herangezogen werden, sofern diese sich über einen kleineren Bezirk erstrecken. Größere Bezirke dürfen nur streifenweise behandelt werden. Voraussetzung dabei ist stets die Verwendung stärkerer Filterschichten, 5 mm, oder noch besser 8 mm Aluminiumfilter und eine Dosis von höchstens 3 S.-N. Sind Teleangiektasien mit stärkerer Hautinduration vergesellschaftet, ist Röntgenbestrahlung wegen der Gefahr einer Hautnekrose kontraindiziert.

mit Mercks H_2O_2 (Unna) oder durch Elektrolyse beseitigen. Holzknecht empfiehlt speziell für diese Wucherungen, die er als präkanzeröse Bildungen anspricht, die Behandlung mit härteren gefilterten Röntgenstrahlen. Alle diese Prozeduren müssen auf den atrophischen Partien besonders vorsichtig ausgeführt werden.

Das Röntgenkarzinom.

Wie gesagt, kann sich gelegentlich auf der Basis einer Röntgenatrophie oder eines Röntgenulkus ein Karzinom entwickeln. Hesse hat 1911 alle bis dahin bekannten Fälle zusammengestellt. Von diesen 94 sind nur 54 sichere Fälle; der größte Prozentsatz entfällt auf Amerika. In 26 Fällen waren die Karzinomträger Ärzte, in 24 Techniker und nur in 4 Fällen Patienten.

Den Hauptausgangspunkt bilden die ulzerierenden Stellen auf den mit einer chronischen Röntgendermatitis behafteten Händen, dann die Keratosen und erst an letzter Stelle rangiert die einfache Atrophie. Nur ein Fall ist bekannt, in welchem das Karzinom anscheinend in einer intakten Röntgennarbe entstand (Rowntree). Häufig kündigt sich die maligne Entartung eines bis dahin benignen Ulkus durch heftigen Schmerz an.

Wenig bekannt dürfte es sein, daß gelegentlich auch eigenartige Veränderungen an den Fingerknochen (Fehlen der Struktur, Dellenbildung) beobachtet wurde. Die Prädilektionsstelle für die Entwickelung karzinomatöser Ulzera oder Tumoren bildet die Haut an der Streckseite der Finger und am Handrücken einfach aus dem Grunde, weil hier am häufigsten bei Röntgenologen und Röntgentechnikern eine chronische Röntgendermatitis auftritt.

Das Karzinom selbst entwickelt sich unabhängig von der Strahlenwirkung, oft jahrelang nach Aussetzen der Beschäftigung mit Röntgenstrahlen. Ein eigentliches Röntgenkarzinom gibt es also — streng genommen — nicht, denn die Röntgenstrahlen schaffen wohl den Boden für die Entwicklung eines Karzinoms, rufen aber nicht das Karzinom selbst hervor, das im Gegenteil durch Röntgenbestrahlung wieder zur Rückbildung gebracht werden kann (Fall Radiguet).

Kräftige Röntgenbestrahlung kann auch bei den präkanzerösen und auch bei den schon in maligner Degeneration befindlichen Hyperkeratosen zur Heilung führen (Wetterer, Holzknecht). Im übrigen gilt natürlich der Grundsatz, jedes sicher karzinomatöse oder auch nur suspekte Ulkus so radikal als möglich zu behandeln, d. h. es kommt nur die Exzision resp. Amputation in Frage eventuell mit Ausräumung der regionären Drüsen, wenngleich das Röntgenkarzinom wenig Neigung zur Metastasierung zeigt. Die Hauptsache ist und bleibt aber die Prophylaxe. Röntgenärzte und Röntgentechniker müssen sich vor den Strahlen wenigstens so weit schützen, daß keine chronische Röntgendermatitis entsteht, und das ist am Ende nicht so schwer, da anscheinend schon der Rockärmel und die Hemdmanschette einen weitgehenden Schutz gewähren; denn die krankhaften Veränderungen finden sich immer nur auf der unbedeckten Haut der Hände, so daß sie wahrscheinlich schon durch das Tragen einfacher Glacéhandschuhe vermieden werden können. Natürlich müssen wir auch bei unseren Patienten stärkere Reaktionen auf jeden Fall vermeiden, damit später keine Atrophie der Haut entsteht. Ist es aber einmal zur Atrophie gekommen, so muß die atrophische Haut vor allen mechanischen Läsionen nach Möglichkeit geschützt werden, da durch diese leicht Ulzerationen entstehen können, bei denen dann auch die Gefahr der karzinomatösen Degeneration vorhanden ist.

Dosierung der Röntgenstrahlen.

Unbedingt gefordert werden muß heute eine Angabe des Härtegrades und der Dosis. Für den ersten Zweck ist die Wehnelt-Skala oder, weil einfacher und praktischer, die Walter-Skala bzw. das Bauersche Qualimeter zu benutzen. Doch kann man auch irgendeine andere Skala verwenden. Die entsprechenden Werte der am meisten gebrauchten Skalen sind aus der Tabelle auf S. 40 ersichtlich.

Von den verschiedenen Dosimetern ist das von Sabouraud-Noiré angegebene, in der Praxis noch immer besonders zu empfehlen, vor allem für die Oberflächentherapie, aber auch für den Tiefentherapeuten ist es außerordentlich wertvoll. Gibt es diesem doch immer sofort die zulässige Haut-Erythemdose an bei Einfelderbestrahlung. Indessen bietet das S.-N.-Dosimeter auch bei Verwendung gekreuzter Felder (Kreuzfeuer) Gewähr vor Überdosierung der einzelnen Haut-Oberflächenfelder, sofern man je nach der Zahl der Feldüberkreuzungen entsprechend weniger Oberflächenenergie verabfolgt, was natürlich Sache der Erfahrung ist. Für Teildosen kommt die von Holzknecht angegebene Skala zum Sabouraud (s. S. 50) in Frage. Die Verwendung anderer Dosimeter ist weniger zweckmäßig oder sie kommen den Bedingungen der Praxis so wenig entgegen, daß sie kaum allgemeinen Eingang in die tägliche Praxis finden werden trotz ihrer Güte, wie z. B. die Ionto-Quantimeter, die noch viel zu teuer sind in Anbetracht der jetzigen schwierigen wirtschaftlichen Verhältnisse. Auch das Kienböcksche Verfahren ist für die Zwecke der Tiefentherapie nicht ganz zuverlässig, wenigstens nicht als einziges angewendetes Dosimeter. Zugegeben werden muß aber, daß es relativ billig ist und dem Geübten, der seine Dosen noch von anderweitigen Kontrollen her kennt, besonders in Verbindung mit einem Wasserphantom, nützliche Dienste leisten kann. In diesem Sinne wird es auch neuerdings wieder von der Erlanger Schule empfohlen.

Manche Ärzte haben sich gegen die Anwendung eines direkten Dosimeters gesträubt, weil keines der zur direkten Messung der absorbierten Strahlenmenge dienenden Instrumente theoretisch, vom Standpunkt des Physikers aus, allen Anforderungen, die man an ein wissenschaftlich exaktes Dosimeter stellen kann, genügen soll. Praktisch brauchbar und genügend zuverlässig ist jedenfalls das Radiometer von Sabouraud und Noiré, das ich wohl zuerst außerhalb Frankreichs angewandt und empfohlen habe (Erfahrungen mit einem neuen Radiometer von Sabouraud und Noiré, Fortschr. a. d. Geb. d. Röntgenstr., Bd. VIII). Bedingung für die Brauchbarkeit der Reagenztabletten, welche mit Barium-Platin-Zyanür imprägniert sind, ist 1. ihre gleichmäßige Herstellung, 2. ihre Aufbewahrung bei möglichst gleichmäßiger Zimmertemperatur, 3. der Ausschluß stärkerer Wärmewirkung während der Aufbewahrung und der Bestrahlung. Ich habe das Radiometer in vielen tausend Fällen ausprobiert und als zuverlässig befunden. Ich halte es außerdem für einen Vorteil, daß das Radiometer nur eine Testfarbe und keine mehrstufige Skala hat.

Die Mehrzahl der Röntgentherapeuten benutzt bei jeder einzelnen Sitzung ein direktes Dosimeter, während meine Methode der Dosierung darin besteht, daß ich nur einmal mittels eines direkten Dosimeters eine Röhre ausdosiere und dann immer unter genau gleichen Betriebsverhältnissen halte, welche ich durch ein Milliampèremeter und eine parallel geschaltete Funkenstrecke oder besser durch ein Qualimeter kontrolliere (kombinierte Dosierungsmethode). Bei den Hochspannungsgleichrichtern [1]) genügt übrigens zur Kontrolle der Röhrenkonstanz das Milliampèremeter allein, weil hier verkehrte Stromrichtung ausgeschlossen ist und ein Sinken der Milliampèrezahl daher immer ein Härterwerden, ein Steigen ein Weicherwerden der Röhre anzeigt, wenn an der Belastung nichts geändert wird.

Eine wirklich exakte Dosierung mit einem direkten Dosimeter bei jeder einzelnen therapeutischen Sitzung ist schon darum nicht möglich, weil man die Sabouraud-Noirésche Reagenztablette nicht in das therapeutische Strahlenbündel legen kann, sondern

[1]) und anderen sicher schließungslichtfrei arbeitenden Apparatetypen.

einem Strahlenbündel aussetzen muß, welches die Röhrenwand an einer anderen Stelle verläßt. Das ist darum nötig, weil sonst die Tablette einen Teil der für den Behandlungsbezirk bestimmten Strahlung absorbieren würde. Es ist nun aber keineswegs gesagt, daß an dieser Stelle die Glaswand die gleiche Dicke besitzt wie dort, wo das therapeutische Strahlenbündel austritt.

Am besten ist es noch, wenn man überhaupt in der zuletzt angedeuteten Weise vorgeht, die Tablette möglichst nahe dem Rande der Austrittsstelle für das therapeutische Strahlenbündel anzubringen; nicht besonders empfehlenswert ist die Teilung der Röhrenkugel in ein „Meßfeld" und ein „Arbeitsfeld", so daß z. B. die eine Röhrenflanke dem Durchtritt des therapeutischen Strahlenbündels dient, während sich an der anderen Röhrenflanke die Reagenztablette befindet, ein Modus, den Schwarz und Holzknecht vorgeschlagen haben. Denn je weiter die Stellen, an welchen das therapeutische Strahlenbündel austritt und an welcher sich die Tablette befindet, voneinander entfernt sind, desto mehr wächst die Gefahr einer erheblichen Differenz in der Dicke der Röhrenglaswand an diesen Stellen.

Ich verwende daher zur „Aichung" der Röhre das therapeutische Strahlenbündel selbst und vermeide dadurch mit Sicherheit Fehlerquellen, welche durch die wechselnde Dicke der Röhrenglaswand bedingt sein können. Daß es in der Tat möglich ist, Röhren immer wieder unter die gleichen Bedingungen zu bringen, unter denen sie einmal ausdosiert sind, sie gleichsam zu zwingen, bei gleichbleibender Stromzufuhr auch immer den gleichen Härtegrad zu behalten, so daß sich an der Qualität und Quantität der Strahlung und mithin auch an ihrer Wirksamkeit nichts ändert, ist selbstverständlich und von vielen Therapeuten bestätigt worden. Man kann sich auch leicht davon überzeugen, daß eine unter bestimmten Betriebsverhältnissen ausdosierte Röhre immer wieder in der gleichen Zeit die Teinte B ergibt, und wenn Holzknecht noch 1910 die Behauptung aufstellte, daß die Aichung einer so „schwankenden Maschine" wie der Röntgenröhre nicht möglich sei, sondern auf „Selbsttäuschung" beruhe, so bekennt er damit nur, daß er damals nicht imstande war, eine Röntgenröhre so zu belasten, wie es für die Konstanz der Röhre erforderlich ist. Denn nur unter dieser Voraussetzung ist er allerdings auch nicht imstande, eine Röhre zu aichen.

Eine sehr einfache Überlegung zeigt uns, daß theoretisch eine Konstanz sehr wohl möglich ist. Und die Praxis bestätigt die Theorie.

Es ist allgemein bekannt, daß eine Röntgenröhre weicher wird, wenn man sie zu stark belastet, daß sie andererseits härter wird, wenn man sie zu schwach belastet. Dazwischen muß es also eine Belastung geben, bei welcher die Röhre weder weicher noch härter wird, also konstant bleibt, und das ist die für die betreffende Röhre gerade passende „optimale" Belastung, wie sie von Hessmann schon 1908 beschrieben worden ist.

Während des Betriebes spielen sich in den gashaltigen Röhren offenbar zwei Vorgänge ab: einmal wird beim Stromdurchgang ein bestimmtes Quantum von dem Gasgehalt im Innern der Röhre verbraucht, dann wird aber auch durch die Erwärmung des Antikathodenmetalls infolge der aufprallenden Kathodenstrahlen aus dem Metall ein bestimmtes Gasquantum frei. Wird nun genau so viel frei, wie beim Stromdurchgang verbraucht wird, so muß das Vakuum, i. e. der Härtegrad konstant bleiben.

Wird die Röhre aber so stark belastet, daß durch zu starke Erwärmung des Antikathodenmetalls mehr Gas frei wird, als beim Stromdurchgang verbraucht wird, so muß die Röhre weicher werden. Wird sie so schwach belastet, daß für das beim Stromdurchgang verbrauchte Gasquantum infolge ungenügender Erwärmung des Antikathodenmetalls keine entsprechenden Gasmengen aus dem Metall frei werden, so muß die Röhre härter werden.

Das folgt einfach aus der täglichen Erfahrung, die zeigt, daß man jede Röhre durch Überbelastung weicher, durch Unterbelastung härter machen kann. Es wird also sehr wichtig für die Röhrenkonstanz sein, daß das Antikathodenmetall bei der Herstellung der Röhren gut entgast ist; etwas Gas muß es bei der Erwärmung abgeben können, weil das als Ersatz für das beim Stromdurchgang verbrauchte Gasquantum nötig ist, aber es soll auch bei mittelstarker Belastung nicht zuviel Gas abgeben und dadurch die Röhre weicher machen. Das ist nun leider bei den meisten neuen Röhren für Oberflächentherapie die Regel.

Zunächst empfiehlt es sich, bei Bestellung einer neuen Röhre den Härtegrad anzugeben, mit welchem man zu arbeiten wünscht, also bei Oberflächentherapie im allgemeinen 5—7, bei Tiefentherapie ca. 10—12 Wehnelt. Die hauptsächlich in Betracht kommenden Fabriken [1]) liefern in der Regel die Röhren entsprechend evakuiert.

Auf die Angaben des Lieferanten darf man sich aber nicht ohne weiteres verlassen, sondern muß ihre Richtigkeit bezüglich des Härtegrades mit der Wehnelt-Skala oder einem anderen Härtemesser nachprüfen. Im günstigsten Falle zeigt die Röhre dann den angegebenen Härtegrad, wird aber bei längerer Einschaltung schnell weicher, so daß sie zunächst für einen Dauerbetrieb unbrauchbar ist.

[1]) wie Müller, Gundelach, Veifa-Werke, Fürstenau, Burger.

Die Belastungsmöglichkeit ist, wie gesagt, von der mehr oder weniger kräftigen Ausbildung der Antikathode, besonders auch von einer guten Kühlung der Antikathode und von dem Härtegrad der Röhre abhängig.

Hat man eine Röhre mit schwacher Antikathode, wie z. B. die Kleine Therapie-Röhre von Burger, so kann man sie in mittelweichem Zustande kaum stärker als mit 0,6—1 Milliampère belasten, weil sie sonst nach einiger Zeit weicher wird. Eine stärkere Belastung von etwa $1-1^1/_2$ Milliampère vertragen die Röhren mit starker Metallhinterlegung der Antikathode (Gundelach, Radiologie) für längere Zeit, ohne ihren Härtegrad zu ändern.

Eine noch kräftigere Belastung kann man den Röhren mit Wasserkühlung der Antikathode zumuten. Speziell das Siede-Rohr von Müller hält sich auch bei einem Härtegrad von 10 bis 12 Wehnelt bei einer Belastung von 2 bis 2,5 Milliampère längere Zeit konstant.

Wie gesagt, werden neue Röhren in der Regel bei einigermaßen kräftiger, brauchbarer Belastung weicher. Dann bleibt nichts übrig, als sie so lange eingeschaltet zu lassen, bis sie sich kräftig erwärmen, bei Röhren mit schwacher Antikathode so lange, bis der Platinspiegel rotglühend ist, dann auszuschalten und abkühlen zu lassen und diese Prozedur mehrmals zu wiederholen. Dadurch erreicht man, daß überschüssige Gasmengen, die bei einigermaßen kräftiger Belastung frei werden und die Röhre weicher machen, aus dem Antikathodenmetall ausgetrieben werden, so daß die Röhre dann, wenn diese Prozedur mehrmals wiederholt ist, gar nicht so viel Gas abgeben kann, sich also besser konstant halten muß.

Erscheint die Röhre dann zunächst infolge der in das Röhreninnere aus dem Metall ausgetriebenen Gasmengen weicher als vorher, so läßt man sie nun bei schwächerer Belastung laufen, um so die überschüssigen Gasmengen im Röhreninnern so weit zu verbrauchen, bis man den gewünschten Härtegrad erreicht hat. Dann erst belastet man sie etwas kräftiger, so wie man das beim ersten Einschalten getan hat und wird nun meist die Freude haben, daß sich die Röhre konstant hält. Tut sie das auch jetzt noch nicht, so muß man sie noch ein paarmal bis zu kräftiger Erwärmung überbelasten und wieder abkühlen lassen und wird dann sicher eine brauchbare Konstanz erzielen. Theoretisch muß es eine optimale Belastung geben, bei welcher der passierende Strom genau so viel von dem Gasgehalt der Röhre verbraucht, wie durch Erwärmung des Antikathodenmetalls wieder frei wird, bei welcher also die Konstanz des Vakuums,

d. h. des Härtegrades, eine absolute ist. Praktisch ist das nicht immer der Fall; kleine Schwankungen sind oft unvermeidlich; so wird die Röhre auch bei der passendsten Belastung meist zuerst die Neigung zum Härterwerden zeigen, weil zunächst nur ein Gasverbrauch und erst nach einiger Zeit eine Erwärmung des Antikathodenmetalls und damit auch wieder ein Freiwerden von Gas und die Neigung zum Weicherwerden auftritt. Schwankungen von 0,2 Milliampère sind praktisch ohne Bedeutung. Kann man keine absolute Konstanz erzielen, ist es jedenfalls empfehlenswert, die Belastung so zu wählen, daß die Röhre eher die Neigung hat, etwas härter zu werden, weil man durch die Regeneriervorrichtung dann jederzeit wieder etwas Gas (oder Luft) zuführen kann. Wenn eine Röhre längere Zeit gelagert hat und dann wieder eingeschaltet wird, erscheint sie zunächst härter, weil beim Erkalten der Röhre wieder Gasteile gebunden worden sind. Man muß dann die Röhre zunächst regenerieren oder auch etwas überbelasten, bis wieder der alte Härtegrad hergestellt ist.

Hat man beispielsweise festgestellt, daß eine kleine Therapie-Röhre von Burger bei 0,6 Milliampère und 6 cm paralleler Funkenstrecke sich 5—10 Minuten konstant hält und daß der Härtegrad beispielsweise 6 Wehnelt beträgt, so aicht man sie, indem man die Reagenztablette auf ein Stück Bleiblech legt und dann die Röhre darüber so aufstellt, daß sich die Tablette genau unter dem Antikathodenspiegel mindestens 1 cm von der Glaswand entfernt befindet, Dann wird 5 Minuten lang bestrahlt und nachgesehen, wie weit die Färbung vorgeschritten ist, dann wird wieder, diesmal aber nur 2—3 Minuten bestrahlt usf., bis die der Teinte B entsprechende Färbung erreicht ist. Je näher man der Teinte B kommt, desto kürzere Zeit darf die Röhre eingeschaltet werden, damit die Teinte B nicht plötzlich überschritten ist. Braucht man beispielsweise unter den oben angegebenen Betriebsverhältnissen 10 Minuten, um die Teinte B zu erreichen, so weiß man, daß die Haut in der doppelten Fokus-Tabletten-Entfernung 10 Minuten bestrahlt werden muß, wenn man eine Erythemdosis (1 E.-D.) applizieren will, 5 Minuten, wenn man $1/2$ E.-D., und 2,5 Minuten, wenn man $1/4$ E.-D. geben will. Man kann also jede beliebige Teildose nach der Expositionszeit bestimmen. Im Interesse der Röhrenschonung wird man in den relativ seltenen Fällen, in welchen 1 E.-D. erforderlich ist, diese Dosis nicht in einer Sitzung geben, sondern auf 2 oder 3 Sitzungen verteilen [1]).

[1]) Für Röhren mit stärkerer Metallhinterlegung der Antikathode bzw. für Röhren mit Wasserkühlung oder gar für Siedekühlröhren trifft das natürlich nicht zu, ebensowenig für Glühkathodenröhren.

Auch für die Tiefenbestrahlung aicht man die Röhren in derselben Weise, nur muß man sich darüber klar sein, daß man dann immer etwas länger bestrahlen kann, da das Radiometer von Sabouraud und Noiré nur für eine Strahlung von etwa 5—7 Wehnelt verläßlich ist, und man bei härterer Strahlung unterdosiert. Filtriert man die Strahlen, wie das in der Tiefentherapie heute allgemein üblich ist, so muß die Tablette bei der Ausdosierung mit dem entsprechenden Filtermaterial bedeckt sein. Befindet sich das Aluminiumfilter vor der Blendenöffnung des Schutzkastens, so kann man die Tablette einfach auf das Filter, natürlich auf die der Glaswand abgewandten Seite des Filters durch einen Leukoplaststreifen festkleben.

Das Müllersche Siederohr muß, wenn es bei 10 Wehnelt nicht mindestens eine Belastung von 1,5 bis 2 Milliampère verträgt, ohne weicher zu werden, erst einmal bei dieser oder auch etwas stärkerer Belastung laufen, bis Schließungslicht auftritt. Dann schaltet man die Röhre für einige Minuten aus. Belastet man jetzt die Röhre wieder so wie beim ersten Einschalten, so wird sie zunächst etwas weicher erscheinen, als sie im Anfang war, weil durch die starke Erwärmung des Antikathodenmetalls infolge der Überbelastung Gasmengen in das Innere der Röntgenröhre entwichen sind. Diese Gasmengen werden aber beim Stromdurchgang rasch wieder verbraucht, ohne daß die entgaste Antikathode wieder neues Gas abgibt, die Röhre stellt sich in einigen Sekunden wieder auf ihren alten Härtegrad ein und hält sich nun auch bisweilen schon für längere Zeit konstant. Tut sie das jetzt nicht, so muß man eben die Prozedur des Überbelastens noch zwei- oder dreimal wiederholen und wird dann schließlich eine Konstanz für längere Zeit erzielen[1]). Dieses „Training" der Röhren führt also dazu, daß die Antikathode auch bei kräftiger Belastung nicht so leicht Gas abgeben kann, da ja die überschüssigen Gasmengen durch die Überbelastung aus dem Antikathodenmetall herausgetrieben sind, es verhindert also die Hauptgefahr des zu raschen Weicherwerdens der Röhre. Natürlich wird man auch eine derartig trainierte Röhre nicht beliebig lange einschalten können. Nach einer bestimmten Zeit wird doch wieder etwas Gas abgegeben werden. Dann genügt ein Ausschalten der Röhre für einige Minuten oder — wenn man noch schneller zum Ziele kommen will — eine energische Abkühlung der Glaswand mit

[1]) Harte Siedekühlröhren, z. B. die von der Firma Müller gelieferten, laufen in der Regel von vornherein 20—30 Minuten konstant, so daß sich ein zeitraubendes Training erübrigt. Auf jeden Fall muß man sich beim ersten Einschalten der Röhre davon überzeugen, ob man eine solche ideale Tiefentherapieröhre vor sich hat.

der elektrischen Luftdusche (Föhn-Apparat), um den alten Härtegrad wieder herzustellen, da beim Abkühlen der Röhre die bei der Erwärmung frei gewordenen Gasmengen wieder gebunden werden. Jede Röhre gewöhnt sich an einen bestimmten Härtegrad und an eine bestimmte Belastung; man soll daher an beiden für möglichst lange Zeit nichts ändern, also nicht etwa Tiefen-Therapie-Röhren für Oberflächenbestrahlung benutzen, indem man sie mittels der Regeneriervorrichtung weicher macht und dann in entsprechender Weise anders belastet. Je älter eine Röhre wird, desto besser hält sie sich konstant, desto geringer wird die Gefahr des Weicherwerdens und desto kräftiger kann man sie belasten.

Bei jeder Änderung der Belastung ist natürlich von neuem eine Ausdosierung der Röhre erforderlich. In der Regel kann man aber eine gut trainierte Röhre wochen-, mitunter auch monatelang konstant halten, ohne an der Belastung etwas ändern zu müssen. Eine Verstärkung der Belastung ist erst dann erforderlich, wenn die Röhre bei der bis dahin angewandten Belastung — auch bei längerem Betrieb — ständig die Neigung zeigt, härter zu werden. Das ist dann eben ein Zeichen dafür, daß für eine so alte Röhre die bis dahin passende Belastung für die Zwecke der Oberflächentherapie zu schwach, jedenfalls nicht mehr die „optimale" ist.

Die hier skizzierte Methode der Röhrenaichung erscheint vielleicht beim Lesen etwas schwieriger und umständlicher, als sie in der Praxis tatsächlich ist. Sie bietet jedenfalls den Vorteil, daß man seine Röhren für Monate unter den gleichen Betriebsverhältnissen konstant halten kann, jederzeit über ihre Wirksamkeit orientiert ist und sich die kostspielige und umständliche Anwendung eines direkten Dosimeters bei jeder einzelnen therapeutischen Sitzung erspart. Sie bietet ferner die einzige Möglichkeit, Dosierungsfehler, welche durch die wechselnde Dicke der Glaswand bedingt sein können, mit Sicherheit zu vermeiden, da man ja bei der Aichung die Tablette an der Stelle der Glaswand anbringt, an welcher das therapeutische Strahlenbündel austritt. Noch einfacher ist in der Regel die Behandlung der gasfreien Röhren, die sich bei jedem gewünschten Härtegrad konstant halten lassen und aus diesem Grunde die gashaltigen Röhren in absehbarer Zeit vielleicht ganz verdrängen werden, sofern sich in der Tat herausstellen sollte, daß sie therapeutisch mehr leisten wie die billigeren Siedekühlröhren.

Um dosieren zu können, müssen wir wissen, wo bei den verschiedenen Strahlenqualitäten die Erythem-Grenze liegt, da wir diese keinesfalls überschreiten dürfen, wenn es sich um Bestrahlungen handelt, bei denen auch normale Haut in den Bereich des Strahlenkegels kommt, wie das ja fast immer — sowohl bei der Oberflächen- wie bei der Tiefenbestrahlung — der Fall ist.

Ein Überschreiten der „Erythem-Dosis" ist nur gestattet bei malignen Tumoren, wofern der Strahlenkegel nur das Tumorgewebe trifft. Liegt über dem Tumor noch intakte Haut wie bei der Tiefenbestrahlung gewöhnlich, so muß durch eine möglichst starke Schicht eines Lichtfilters — 10 mm Aluminium — oder durch eine relativ dünne Schicht eines Schwerfilters $^1/_2$ mm, Zn bzw. Cu, die Erythemgrenze hinausgeschoben werden. Zum weiteren Schutze der Haut kann dann noch das von Köhler empfohlene engmaschige Metallgitter angewendet werden.

Die Erythem-Grenze bei den verschiedenen Strahlenqualitäten.

Bei der in der Oberflächentherapie gebräuchlichen mittelweichen Strahlung (5—7 Wehnelt) entspricht nun 1 S.-N. der Erythem-Dosis (E.-D.). Es handelt sich bei allen Dosimetern immer nur um die Bestimmung der Oberflächendosis, die ihren sichtbaren Ausdruck in einer Rötung mit folgender Bräunung der Haut findet. Da nun — wie gesagt — die Reagenztablette von jeder Strahlenqualität mehr absorbiert als die durchlässigere Haut, so wird sie bei einer härteren, penetrationsfähigeren Strahlung schon 1 S.-N. anzeigen, wenn die durchlässigere Haut noch lange nicht den gleichen Bruchteil wie von einer weniger penetrierenden, mittelweichen Strahlung absorbiert hat. Mit anderen Worten: will man bei einer harten Strahlung die gleiche Oberflächendosis wie bei einer mittelweichen zur Absorption bringen, so muß man entsprechend höhere Dosen applizieren.

Nach meinen klinischen Erfahrungen liegt die Erythemgrenze:

Für eine Strahlung von	5—7 Wehnelt	bei	$^3/_4$	S.-N.
„ „ „ „	10—12 „	„	$1^1/_2$	„
„ „ „ „	10—12 „ + 1 mm Aluminium-Filter	„	2	„
„ „ „ „	10—12 Wehnelt + 3 mm Aluminium-Filter	„	3	„ [1]

[1]) Für eine Strahlung von 8 Waltereinheiten
+ 5 mm Aluminiumfilter bei ca. 4 S.-N.
+ 8 „ „ „ „ 6 „
+ 10 „ „ „ „ 8 „

Dabei ist eine Verabfolgung in refracta dosi vorausgesetzt, und zwar in einer Sitzung $1^1/_2$ S.-N., höchstens 2 S.-N.

Das heißt: wenn man die bei den verschiedenen Härtegraden und den verschiedenen Filtern angegebenen S.-N.-Dosen appliziert, wird man immer dicht unter der „Erythem-Dosis" geblieben sein bzw. gerade an diese herangekommen sein.

Nun hat zwar Iselin nach Filtration durch 1 mm Aluminium und häufiger Applikation von 1 S.-N. in Pausen von einigen Wochen ganz ausnahmsweise mal mehrere Monate später ein Ulkus (sog. Spät-Ulkus) beobachtet, ohne daß jemals ein Erythem vorangegangen war. Aber diese Fälle sind eben Ausnahmen, die nach meiner Überzeugung durch eine besondere Empfindlichkeit des Gefäßsystems zu erklären sind. Die Dinge liegen hier wohl ähnlich wie bei der allerdings harmlosen „Frühreaktion".

In der Praxis werden wir jedenfalls die Erythem-Grenze auch bei der harten filtrierten Strahlung, und zwar noch mehr als bei der unfiltrierten Strahlung zu respektieren haben und ihre Überschreitung wenn irgend möglich vermeiden. Denn wir müssen uns immer vergegenwärtigen, daß bei gleicher Oberflächendosis die Tiefenwirkung um so stärker ist, je mehr die Strahlen penetrieren. Wenn wir aber die Erythem-Grenze nicht überschreiten, so können wir es auch für die harte filtrierte Strahlung als Regel betrachten, daß dann Spätschädigungen ausbleiben.

Natürlich kann auch durch Häufung harter filtrierter Strahlendosen, die unter der Erythem-Grenze liegen, eine Spätschädigung der Haut zustande kommen. Wir müssen also zwischen den einzelnen Serien hinreichend lange Pausen einschieben, nach Applikation der oben angegebenen Maximaldosen 6—8 Wochen abwarten, an besonders empfindlichen Stellen, wie im Gesicht, an der Bauchhaut sogar bis zu 12 Wochen und darüber.

Statt der „Leicht-Filter" (z. B. Aluminium) werden auch, insbesondere für die Behandlung der tiefgelegenen Karzinome „Schwer-Filter" (aus Eisen, Messing, Kupfer, Zink oder Blei) empfohlen. Die Strahlung wird dadurch noch härter (vgl. auch den Abschnitt: Methodik der Tiefenbestrahlung) und die Erythem-Grenze rückt natürlich noch höher, was die Bestrahlungszeit anbetrifft. Bei dem von Wintz propagierten $^{1}/_{2}$ mm Zinkfilter liegt die mittlere Erythemdose bei $2^{1}/_{2}$ S.-N. und die maximale, wie bereits erwähnt, bei 3 S.-N. Nicht anders verhält es sich bei dem von Warnekros gebrauchten $^{1}/_{2}$ mm Cu + 3 mm Al.

Bei Verabfolgung der vollen Erythemdose in einer Sitzung beträgt die mittlere Erythemdose 3 S.-N. und die maximale Dose im allgemeinen 4 S.-N., wenigstens bei Gebrauch des 10 mm Aluminiumfilters. Dagegen pflegt ein deutliches Erythem unter einem Schwerfilter ($^{1}/_{2}$ mm Zn. bzw. Cu.) schon bei 3 S.-N. aufzutreten.

Der Nachteil der sog. Schwerfilter ist natürlich eine für die Verhältnisse der Praxis sehr erhebliche Steigerung der Bestrahlungszeit. Nur bei den leistungsfähigsten Tiefentherapieapparaten, die höchstgespannte Ströme (bis 200 000 Volt und darüber) liefern, läßt sich die Belichtungszeit unter solchen Verhältnissen auf ein noch erträgliches Maß herabmindern. Bei Gebrauch des Intensiv - Reform - Apparates der Veifa - Werke nimmt jetzt Warnekros 0,8 mm Kupfer + 2 mm Aluminium, muß dann aber 90 Minuten das Oberflächenfeld bestrahlen, um die höchst zulässige Hautmaximaldose zu erreichen bei einer Sekundärspannung von 220 Kilovolt und 30 cm Fokus-Hautdistanz.

Desensibilisierung und Sensibilisierung für Röntgenstrahlen.

Aus klinischen Beobachtungen und experimentellen Untersuchungen geht hervor, daß die Röntgenempfindlichkeit eines Gewebes von seiner Stoffwechselgröße abhängig ist; je größer der Stoffwechsel, desto größer die Radiosensibilität.

Diese Tatsache veranlaßte Schwarz, die Röntgenempfindlichkeit der Haut dadurch zu vermindern, daß er ihren Stoffwechsel herabsetzte. Das erreichte er durch anämisierende Kompression der Haut mittels Holzplättchen.

Wenn er auf dem behaarten Kopfe zwei kleine, nebeneinander gelegene Stellen, die eine mit, die andere ohne Kompression bestrahlte, so trat nur auf der nicht komprimierten — während der Bestrahlung natürlich mit einem gleichen Holzstäbchen lose bedeckten — Stelle Haarausfall ein (Münch. med. Wochenschr. 1909, Nr. 24).

Diese Experimente veranlaßten mich nun, Versuche darüber anzustellen, wie hoch man die Röntgenstrahlendosis bei Kompression der Haut wählen kann, ohne die Haut in irgendeiner Weise zu schädigen, und darüber, ob man durch Erhöhung des Stoffwechsels die Haut für Röntgenstrahlen sensibilisieren kann.

I.

29. 6. 1909. Röntgenbestrahlung, wie in Abb. 41 skizziert ist. Es wurde dieser Versuch an dem Mittelfinger der linken Hand eines Bekannten — natürlich mit dessen Einwilligung — vorgenommen. Das erste Fingerglied befand sich unter normalen Verhältnissen, das zweite war stark komprimiert, das dritte gestaut, so daß es blaurot aussah und sich kalt anfühlte. Die übrigen Finger, die Innenfläche der Hand und der Arm waren durch Bleiblechplatten abgedeckt.

Zur Bestrahlung wurde eine Burgersche Therapie-Zentralröhre verwendet, welche bei 0,8—0,6 Milliampère und 6—8 cm paralleler Funkenstrecke in mittelweichem Zustande (5—7 der Wehneltschen Härteksala) und einer Fokushautdistanz von 16 cm die Erythemdosis in 10 Minuten gab.

Es wurde die ganze Beugefläche des linken Mittelfingers 20 Minuten bestrahlt, also die doppelte Erythemdosis (2 E.-D.) appliziert.

12. 7. 1909. Erythem an der Beugefläche des 1. und 3. Fingergliedes. Das Mittelglied zeigt eine ovale Partie normaler Haut an der komprimiert gewesenen Stelle.

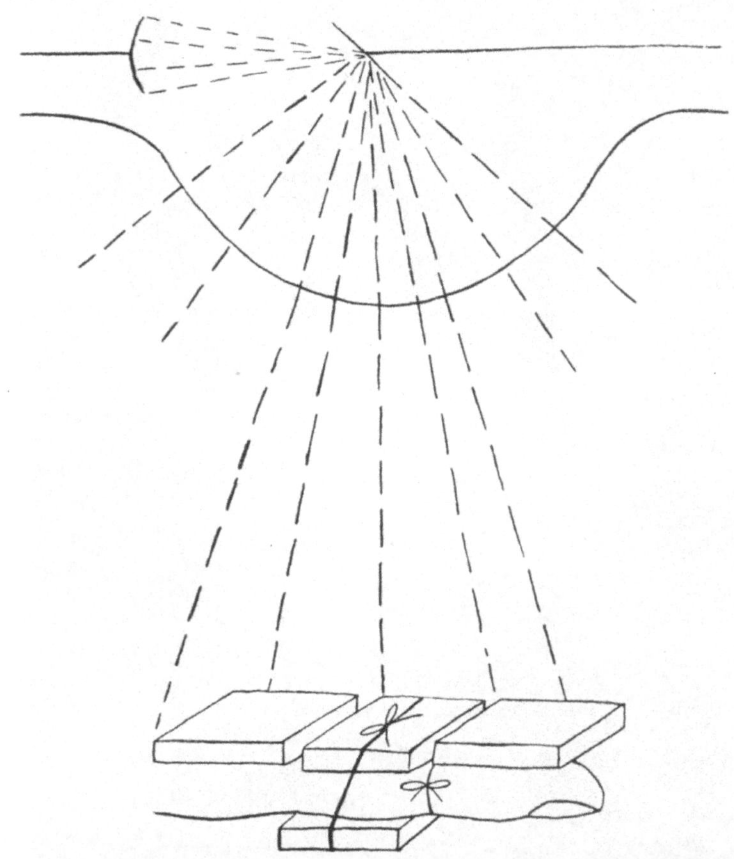

Abb. 41. Röntgenbestrahlung der Beugefläche des linken Mittelfingers; Mittelglied zwischen zwei Holzplättchen stark komprimiert; Endglied durch einen in der Furche zwischen Mittel- und Endglied festgeschnürten Faden gestaut; Anfangsglied unter normalen Verhältnissen, mit einem gleichen Holzplättchen ebenso wie das Endglied lose bedeckt.

14. 7. 1909. Blaurote Verfärbung und Blasenbildung an der Beugeseite des 1. Fingergliedes, nur noch schwaches Erythem an der Beugeseite des 3. Fingergliedes. Komprimierte Partie des Mittelgliedes normal, nur die nicht komprimierte Umgebung gerötet und geschwollen.

18. 7. 1909. Blasige Abhebung der Oberhaut im ganzen Bereiche der nicht gestauten und nicht komprimierten Haut. Komprimierte Partie des Mittelgliedes völlig normal, gestaute Haut des 3. Fingergliedes kaum noch gerötet (Abb. 42).

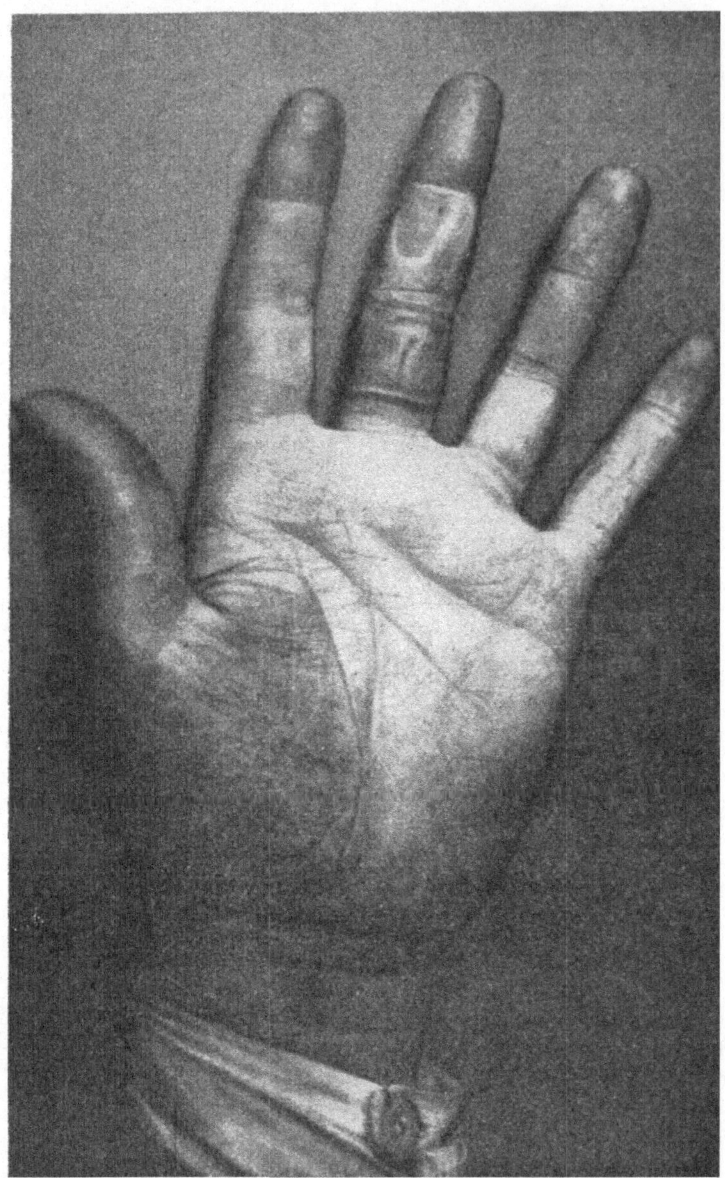

Abb. 42. Mittelfinger ca. 3 Wochen nach der Röntgenbestrahlung. Blasige Abhebung der Oberhaut im ganzen Bereich der während der Bestrahlung nicht komprimierten und nicht gestauten Haut. Am Mittelglied eine annähernd ovale, der komprimierten Stelle entsprechende Partie völlig normaler Haut. Die Haut des gestauten Endgliedes jetzt ebenfalls kaum noch gerötet. Die Blasenbildung schneidet oben, entsprechend der Umschnürungsstelle und unten, entsprechend dem Rande der Bleiplatte mit scharfer, gerader Linie ab.

23. 7. 1909. Schwellung und Rötung fast ganz verschwunden; Eröffnung der Blase. Leichte Schuppung an der Beugefläche des gestauten 3. Fingergliedes.

7. 8. 1909. Glatte Heilung, Haut normal.

1. 7. 1910. Haut in der Furche zwischen 1. und 2. Glied des Mittelfingers etwas verdickt und schuppend, im Bereiche der früheren Reaktion zweiten Grades leichte Atrophie und Teleangiektasien.

15. 2. 1919. Keine deutliche Atrophie; Teleangiektasien vollständig verschwunden, in der Furche zwischen 1. und 2. Fingerglied geringe Hyperkeratose.

II.

19. 7. 1909. Bestrahlung der Haut an der Beugeseite meines linken kleinen Fingers mit der Mininschen Lampe (hochkerzige Glühbirne mit Reflektor) so lange, bis die Hitze schmerzhaft empfunden wurde, unter Schutz des Anfangs- und Mittelgliedes des kleinen Fingers und der übrigen Teile der Hand durch feuchte Tücher.

Starke Hyperämie der Haut des Endgliedes. Röntgenbestrahlung des Mittel- und Endgliedes (Beugefläche) unter Abdeckung der Umgebung durch Bleiblechplatten mit der Burgerschen Therapie-Zentralröhre unter den in Versuch I geschilderten Betriebsverhältnissen; Härtegrad 5—7 der Wehneltschen Härteskala; Dosis: $^3/_4$ E.-D.

26. 7. 1909. Haut an der Beugeseite des Endgliedes stärker gerötet, schmerzhaft.

7. 8. 1909. Rötung der Haut an der Beugeseite des Endgliedes noch intensiver, geringe Schwellung, Schmerzhaftigkeit.

Mittelglied normal.

Die Haut in den Furchen zwischen Anfangs- und Mittel-, und Mittel- und Endglied gleichfalls gerötet.

9. 8. 1909. Erythem im Abblassen. Mittelglied ohne Reaktion.

20. 8. 1909. Haut auch an der Beugeseite des Endgliedes wieder normal.

1. 7. 1910. Normale Verhältnisse.

III.

28. 7. 1909. Bestrahlung einer viereckigen Hautstelle an der Beugeseite meines rechten Vorderarmes mit der Mininschen Lampe. Gleich darauf Erythem.

29. 7. 1909. Erythem, der bestrahlten Partie genau entsprechend, noch vorhanden.

Röntgenbestrahlung eines Teils der erythematösen Partie und eines Teils der angrenzenden normalen Haut, wie in dem vorigen Versuch. Dosis: $^3/_4$ E.-D.

30. 7. 1909. Kräftiges Erythem auf der mit Glühlicht vorbehandelten Stelle, kaum sichtbare, schwache Rötung auf der angrenzenden normalen Partie.

7. 8. 1909. Status idem.

9. 8. 1909. Auf der nur mit Glühlicht bestrahlten Partie Bräunung und Abschuppung.

Auf der mit Glühlicht und Röntgenstrahlen behandelten Partie noch Erythem.

Auf der angrenzenden, nur mit Röntgenstrahlen behandelten Haut ebenfalls Bräunung und ganz geringe Schuppung.

22. 8. 1909. Erythem auf der mit Glühlicht und Röntgenstrahlen behandelten Partie noch vorhanden.

Die beiden anderen, nur mit Glühlicht und nur mit Röntgenstrahlen behandelten Partien völlig normal.

31. 8. 1909. Bräunung und Schuppung auf der doppelt bestrahlten Partie.

1. 7. 1910. Normale Verhältnisse.

IV.

28. 7. 1909. 1 Uhr mittags: Bestrahlung einer sternförmigen Stelle an der Radialseite meines linken Vorderarmes mit Quecksilberlicht.

6 Uhr nachmittags: Erythem an der sternförmigen Stelle. Röntgenbestrahlung einer kreisförmigen Stelle in der Weise, daß sie das sternförmige Lichterythem einschließt, wie in dem vorigen Versuch. Dosis: $^3/_4$ E.-D. (s. Abb. 43).

29. 7. 1909. Leichtes Erythem auf der kreisförmigen Stelle, zentraler Stern blasser.

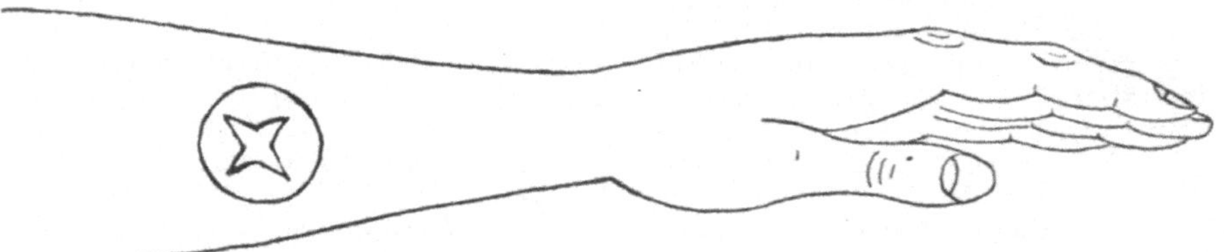

Abb. 43. Die sternförmige Stelle wurde zuerst mit Quecksilber-Licht bestrahlt, dann die kreisförmige, das Lichterythem einschließende Stelle mit Röntgenstrahlen.

30. 7. 1909. Zentraler Stern stärker rot als die Umgebung.

7. 8. 1909. Rötung der zentralen sternförmigen Partie hat weiter zugenommen, während die umgebende Rötung abgeblaßt ist.

22. 8. 1909. Die sternförmige Partie immer noch hochrot, die umgebende Rötung vollständig verschwunden.

31. 8. 1909. Auf der sternförmigen Partie Braunfärbung und Abschuppung, Umgebung normal.

1. 7. 1910. Normale Verhältnisse.

Aus Versuch I folgt also, daß man die Empfindlichkeit der Haut durch gut ausgeführte Kompression so weit herabsetzen kann, daß Röntgenstrahlendosen, welche auf der nicht komprimierten Haut eine Reaktion 2. Grades (Rötung, Schwellung, Blasenbildung) erzeugen, völlig wirkungslos bleiben.

Möglich, daß man die Dosis sogar noch größer wählen kann.

Diese Tatsache ist von Bedeutung für die Bestrahlung tiefgelegener Tumoren und anderer Krankheitsprozesse, da man nunmehr durch Kompression der Haut imstande ist, sehr viel mehr Röntgenstrahlen in die Tiefe zu bringen. Praktisch durchführbar ist die Kompression mittels eines Tubus, dessen untere Öffnung durch eine Holz- oder Aluminiumplatte abgeschlossen ist oder auch nach dem Vorschlage von Schwarz durch eine Gummibinde, welche besonders für die Extremitäten geeignet ist.

Ähnlich wie die Kompression, wenn auch nicht ganz so stark „desensibilisierend", wirkt die Stauung.

Von vornherein erwartete ich eigentlich die entgegengesetzte Wirkung, nämlich eine Erhöhung der Röntgenempfindlichkeit durch die Stauung.

Ich sagte mir, daß es durch Erhöhung des Stoffwechsels der Haut, z. B. infolge stärkerer Durchblutung, durch eine passive Hyperämie gelingen müßte, die Haut für Röntgenstrahlen zu „sensibilisieren", gerade so gut, wie wir sie durch Herabsetzung ihres Stoffwechsels „desensibilisieren" können.

Nun wirkt aber die Stauung durch Behinderung der Zirkulation offenbar auch in dem Sinne, daß sie den Stoffwechsel herabsetzt, also die Röntgenempfindlichkeit der Haut verringert, wie das ebenfalls aus Versuch I folgt.

Auch diese Tatsache könnte eine praktische Bedeutung haben bei der Bestrahlung gichtischer, rheumatischer oder tuberkulöser Gelenkerkrankungen oder der Osteosarkome, da man durch die Stauung hier die Radiosensibilität der Haut herabsetzen kann.

Dagegen gelingt es, durch aktive Hyperämie die Radiosensibilität der Haut zu erhöhen; schon eine vorübergehende Wärmehyperämie wirkt in dem Sinne, daß eine unter der Erythemdosis liegende Strahlenmenge nur auf der hyperämisierten Hautpartie, nicht aber auf der normalen Haut, ein typisches Röntgenerythem hervorruft, wie das Versuch II zeigt.

In gleicher Weise „sensibilisierend" wirkt nun ein Erythem, das durch Wärmestrahlung (Glühlicht) oder Ultraviolett-Strahlung (Quecksilberlicht) hervorgerufen ist, wie das aus Versuch III und IV hervorgeht.

Daß die stärkere Reaktion auf der mit Glühlicht oder Quecksilberlicht vorbehandelten Hautpartie nicht etwa durch Summation von zwei Reizen (Wärme- bzw. Licht- + Röntgenreaktion) zu erklären ist, dürfte wiederum aus Versuch II zu folgern sein, welcher zeigt, daß gar kein Erythem, sondern nur eine vorübergehende, kräftigere Durchblutung der Haut erforderlich ist, um die Röntgenempfindlichkeit an dieser Stelle erheblich zu steigern.

Bei allen Hautaffektionen, welche sich gegen Röntgenstrahlen allein refraktär erweisen, dürfte demnach ein Versuch mit Sensibilisierung durch vorangehende Hyperämisierung mittels Licht, Hochfrequenzentladungen oder chemischer Irritantien am Platze sein. Ebenso ist Hyperämisierung zu empfehlen bei allen Affektionen, welche erfahrungsgemäß nur auf große Strahlendosen reagieren.

Die Kombination von Hochfrequenzströmen und Röntgenstrahlen ist übrigens schon 1902 von Eijkmann und dann wieder 1910 speziell bei hartnäckigen Psoriasisformen von Frank Schultz empfohlen worden, ohne daß diese Autoren aber eine Erklärung für die bessere Wirkung dieser Kombination geben konnten.

Schwieriger wird das Problem der Sensibilisierung bei tiefer gelegenen Krankheitsprozessen, insbesondere bei den malignen Tumoren. Zu diesem Zwecke habe ich als erster die Thermopenetration in Vorschlag gebracht, aber nicht zur Zerstörung der Tumoren, wie das auch schon empfohlen worden ist, sondern nur zur Hyperämisierung der Tumormassen, welche eine Steigerung der Radiosensibilität zur Folge haben soll.

Zwar hat die Methode etwas Mißliches; hat man beispielsweise einen Tumor „durchwärmt", indem man an zwei gegenüberliegenden Stellen längere Zeit die Elektroden angelegt hat, so sind diese Hautstellen für Röntgenstrahlen sensibilisiert. Man beraubt sich also dadurch des Vorteils der Bestrahlung von mehreren Seiten, wenn man diese Partien nicht gerade wieder anämisieren und dadurch desensibilisieren kann. Außerdem dürfte die Methode doch vorzugsweise nur für die wirklich unmittelbar unter der Haut gelegenen Tumoren (Mammakarzinom, Lymphosarkom) in Frage kommen. Bei den tiefer im Abdomen oder im Thorax gelegenen Geschwülsten ist es doch fraglich, ob dies Verfahren ohne Gefahr für die benachbarten Organe (Leber, Pankreas, Darm, Nieren, Lunge, Herz) ist; erstens könnte durch die Thermopenetration selbst eine Schädigung stattfinden, und zweitens werden natürlich auch die genannten Organe für Röntgenstrahlen sensibilisiert.

Experimentell ist Steigerung der Radiosensibilität durch vorangehende Thermopenetration für die Kaninchenhoden von Bering und Meyer festgestellt worden (Münch. med. Wochenschrift 1911, Nr. 19).

Ob es übrigens bei refraktären malignen Tumoren immer gelingt, durch Thermopenetration die Radiosensibilität zu steigern, dürfte noch fraglich sein. Denn die Ursache für das refraktäre Verhalten könnte doch auch in der Zelle selbst und nicht in einer mangelhaften Durchblutung des Tumors liegen.

Zuerst in systematischer Weise praktisch angewandt wurde die Kombination von Thermopenetration und Röntgenbestrahlung von Christoph Müller (München).

Während also die Sensibilisierung der malignen Tumoren sich bisher noch im Versuchsstadium befindet, hat die Desensibilisierung der Haut durch Kompression schon eine größere praktische Bedeutung gewonnen.

Eine weitere Möglichkeit der Desensibilisierung ist die Anämisierung durch Injektion einer Adrenalinlösung, die von Reicher und Lenz angegeben worden ist (Röntgenkongreß, April 1911), da ja die gleichmäßige Kompression der Haut an manchen Stellen auf Schwierigkeiten stößt, z. B. über dem Larynx, an den seitlichen Halspartien, in der Supraklavikular- und Axillargegend.

Die spezielle Technik ist folgende: Eine 2 ccm fassende Rekordspritze wird ausgekocht, und zwar ohne Sodazusatz, da Soda leicht eine Zersetzung des Adrenalins zur Folge hat, die sich durch eine Violettfärbung der hellgelben Lösung zu erkennen gibt. Dann zieht man durch die Kanüle 0,2 bis 0,3 ccm der Adrenalinlösung 1 : 1000 (Parke, Davis & Co.) in die Spritze. Da diese Zweizehntelteilung besitzt, muß sie also bis zum zweiten Teilstrich mit der Adrenalinlösung gefüllt sein; dann zieht man 8—10 weitere Teilstriche von folgender Lösung nach:

Novokain 0,5, Physiol. Kochsalzlösung 0,8% 100,0.

Die Adrenalinlösung 1 : 1000 wird also noch durch das 8- bis 10fache Quantum einer Novokain-NaCl-Lösung verdünnt und diese Mischung in die mit Äther oder Benzin gereinigte Haut injiziert.

Nach meinen Erfahrungen an etwa 50 Fällen ist es zweckmäßig, möglichst oberflächlich zu injizieren, weil sich die Anämie dann leichter erzielen läßt, als wenn man in tiefere Hautschichten injiziert. Es lassen sich leicht etwa handtellergroße Flächen anämisch machen. Am besten geht man so vor, daß man zunächst eine Quaddel setzt, dann aber nicht — wie bei der Lokalanästhesie — in den Rand der Quaddel injiziert, sondern die nächste Injektion etwa 2 cm von der ersten Einstichstelle entfernt macht, weil sich die Anämie von der Quaddel aus noch weiter verbreitet. Ich habe bisher noch nicht nötig gehabt, über 0,6 der Adrenalinlösung hinauszugehen, doch dürfte auch 1,0 dieser schwachen Lösung unbedenklich sein, wenn nicht gerade ein ausgesprochener Herzfehler vorliegt.

Die gut anämisierte Haut verträgt die doppelte Erythemdosis, ohne daß eine Spätreaktion auftritt. Dagegen habe ich regelmäßig nach diesen großen Dosen Frühreaktionen gesehen, auch bei Patienten, die früher nach kleinen Dosen keine Frühreaktion bekamen, eine sehr merkwürdige Erscheinung, welche dafür spricht, daß die Frühreaktion durch genügend hohe Dosen bei jedem Menschen zu erzeugen ist, wie das auch schon auf anderem Wege Brauer (Über das Röntgen-Primärerythem, Deutsche medizinische Wochenschrift 1911, Nr. 12) und Albers-Schönberg (Die Lindemannröhre, Fortschritte auf dem Gebiete der Röntgenstrahlen, 14. 9. 1911) gezeigt haben.

Demnach muß ich meine frühere, auch von Holzknecht geteilte Ansicht, daß die Frühreaktion ausschließlich bei Leuten mit sehr labilem Gefäßsystem auftritt, dahin berichtigen, daß das nur für kleine Strahlendosen ($^1/_3$ E.-D. und weniger) zutrifft, welche gewöhnlich weder eine Früh-, noch eine Spätreaktion zur Folge haben, daß aber nach entsprechend großen Dosen anscheinend immer eine Früh- und natürlich auch eine Spätreaktion auftritt.

Daß beide prinzipiell voneinander zu trennen sind, geht schon daraus hervor, daß die Adrenalinanämie wohl das Auftreten der Spätreaktion, nicht aber das Auftreten der Frühreaktion verhindert.

Im übrigen bin ich von der Anämisierung durch Adrenalininjektionen wieder vollständig abgekommen. Erstens entsprachen die Erfolge nicht den gehegten Erwartungen. Zweitens hat Iselin darauf hingewiesen, daß wir zu der gefäßschädigenden Wirkung der Röntgenstrahlen noch die gleiche Wirkung des Adrenalins hinzufügen, so daß — trotz Ausbleibens der Erytheme — Atrophien und Teleangiektasien noch mehr zu befürchten sind. Aus diesem Grunde hat sich das Verfahren auch nie in der Praxis einbürgern können.

Die Kompression zum Zwecke der Anämisierung der Haut kommt fast ausschließlich bei Bestrahlungen des Abdomens in Betracht. Hier ist die Kompression auch noch aus dem Grunde ganz besonders zweckmäßig, weil wir dadurch die Strahlenquelle den zu beeinflussenden Geweben in der Tiefe näher bringen, vorliegende Darmschlingen beiseite drängen und außerdem das Verhältnis der Oberflächendosis zur Tiefendosis verbessern, da ja durch die Kompression auch die Entfernung der zu beeinflussenden tiefgelegenen Organe von der Haut ganz erheblich verringert wird. Im übrigen hat die Desensibilisierung der Haut heute nur noch ein theoretisches Interesse, da wir mit den modernen Röhren und geeigneter Filtration so harte Strahlen erzeugen können, daß auch ohne Kompression eine Schädigung der Haut nicht zu befürchten und eine durchaus zureichende Tiefenwirkung zu erzielen ist.

Allgemeine Bestrahlungstechnik.

Man kann in der Röntgentherapie drei verschiedene Behandlungsmethoden unterscheiden: 1. die primitive Dosierungsmethode (Freund und Schiff), 2. die expeditive Dosierungsmethode (Kienböck und Holzknecht), 3. die kombinierte Dosierungsmethode (H. E. Schmidt).

Die „primitive“ Methode bestand darin, daß man täglich oder alle 2 Tage kurze Bestrahlungen mit schwach belasteter harter Röhre applizierte, bis sich Zeichen der Reaktion (Haarlockerung, Rötung) einstellten. Die Methode ist unpraktisch, schleppend und irrationell wegen der falschen Belastung der Röhren und hat ihre Daseinsberechtigung mit der Erfindung brauchbarer Dosimeter verloren.

Die expeditive Methode besteht in der Applikation einer Voll- oder Teildosis in einer Sitzung unter Kontrolle eines direkten Dosimeters.

Die kombinierte Methode besteht in der Applikation einer Voll- oder Teildosis, die eventuell auf mehrere Sitzungen verteilt wird, ohne direktes Dosimeter, aber mit einer Röhre, die einmal mittels eines direkten Dosimeters ausdosiert und dann immer unter den gleichen Betriebsverhältnissen gehalten wird, welche man mittels des Milliampèremeters und der parallelen Funkenstrecke resp. des Qualimeters kontrolliert. Bezüglich der Einzelheiten dieser Methode und ihrer Vorteile vor der expeditiven Methode muß auf die Abschnitte „Vorrichtungen zur Kontrolle der Röhrenkonstanz“, „Strahlungsregionen der Röntgenröhre“, „Behandlung der Röntgenröhren" und „Dosierung der Röntgenstrahlen" verwiesen werden.

Was die Stellung der Röhre zur Haut anbelangt, so sind günstige Stellungen in Abb. 44 unter I und II angegeben. Stellt *a b* das bestrahlte Objekt dar, *c d* die von dem Mittelpunkt des Antikathodenspiegels auf die Mitte der bestrahlten Fläche gefällte Senkrechte und *e f* die durch den Antikathodenspiegel

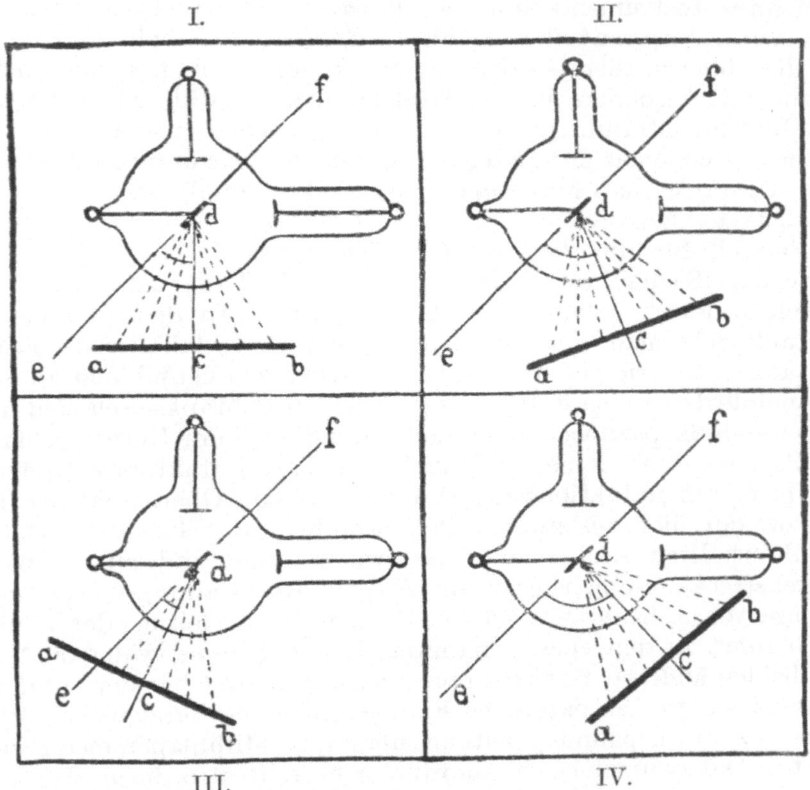

Abb. 44. Stellung der Röhre zur Haut.

gelegte Ebene, so ist die Stellung am zweckmäßigsten, wenn ∢ *e d c* 45° bis 65° beträgt, unzweckmäßig, wenn ∢ *e d c* kleiner (Abb. 44, III) ist, weil dann ein Teil der exponierten Fläche (*a e*) gar nicht von Röntgenstrahlen getroffen wird, oder wenn ∢ *e d c* größer ist (Abb. 44, IV), weil das Glas der Röhre an der Übergangsstelle zum Kathodenhals immer besonders dick ist, also mehr Röntgenstrahlen absorbiert, so daß bei der in Abb. 34, IV skizzierten Stellung b c schwächer bestrahlt wird als a c. Natürlich muß der Antikathodenspiegel sich gegenüber der Mitte der bestrahlten Fläche befinden. Stellung I dürfte die am meisten empfehlenswerte sein.

Was die Wahl des Instrumentariums anbelangt, so kann man sagen, daß sowohl mit den Induktor-Unterbrecher-Apparaten als auch mit den Gleichrichterinstrumentarien gute Resultate zu erzielen sind. Allerdings ist zu betonen, daß für die Oberflächentherapie ein Induktor-Unterbrecher-Apparat vollkommen genügt. Ein gutes Instrumentarium für die Oberflächentherapie ist z. B. der Apex-Apparat der Reiniger, Gebbert & Schall A.-G., der für die üblichen therapeutischen Zwecke ausreicht, falls man nicht gerade mit besonders harten Strahlen arbeiten will. Abb. 45 zeigt das Instrumentarium in seiner äußeren Form. In dem Schrank befindet sich oben der Induktor, unten der Gasunterbrecher, auf dem Schrank das Milliampèremeter, das Qualimeter und die parallele Funkenstrecke.

Speziell für die Zwecke der Tiefentherapie mit der selbsthärtenden Siederöhre ist das Symmetrie-Instrumentarium derselben Firma gebaut, das Abb. 46 zeigt. In dem geöffneten Schrank sieht man unten den Gasunterbrecher, dahinter die Kondensatorenbatterie zur Vermeidung starker Funkenbildung an der Stromunterbrechungsstelle. An den beiden Schrankseiten sind die Nebenschlußkapazitäten angebracht, um die bei der Unterbrechung des Primärstromes in beiden Primärspulen des Induktors auftretenden primären Induktionsströme aufzunehmen. Oben steht der Induktor, der hier aus zwei Teilen besteht. Zwischen den beiden Induktorhälften sind zwei Wasserwiderstände und eine Ventilfunkenstrecke einmontiert, um Kapazitätsentladungen von der Röntgenröhre abzuhalten. Je eine Hochspannungsleitung der Induktoren führt zu den eben genannten Hochspannungswiderständen. Die beiden anderen Hochspannungsleitungen sind mit der auf dem Schrank montierten parallelen Funkenstrecke verbunden; von dort führt die Hochspannungsleitung über das Millimapèremeter zur Röhre. Die symmetrische Anordnung besteht also darin, daß auf der einen Seite der Induktoren die Röntgenröhre liegt, auf der anderen Seite die Ventilfunkenstrecke und die beiden Wasserwiderstände.

Außer den Schalt- und Regulierapparaten besitzt der Reguliertisch noch einen Spannungshärtemesser, ferner ein Voltmeter für die Netzspannung und bei Anschluß an Gleichstrom ein Instrument, welches die Umlaufgeschwindigkeit des Unterbrechermotors anzeigt.

Das Symmetrieinstrumentarium, ursprünglich nur für den Betrieb von Gasröhren (Ionenröhren) eingerichtet mit dem bekannten Regenerierautomaten von Wintz, wird jetzt auch für den Betrieb mit Glühkathodenröhren geliefert.

Abb. 45. Apex-Apparat.

Da für die Glühkathode ein Heizstrom von größtmöglicher Konstanz erforderlich ist, wurde früher eine Akkumulatorenbatterie hierfür verwendet.

Für den Praktiker ist indessen die Arbeit des Ladens und der Wartung der Akkumulatorenzellen recht umständlich; daher wird

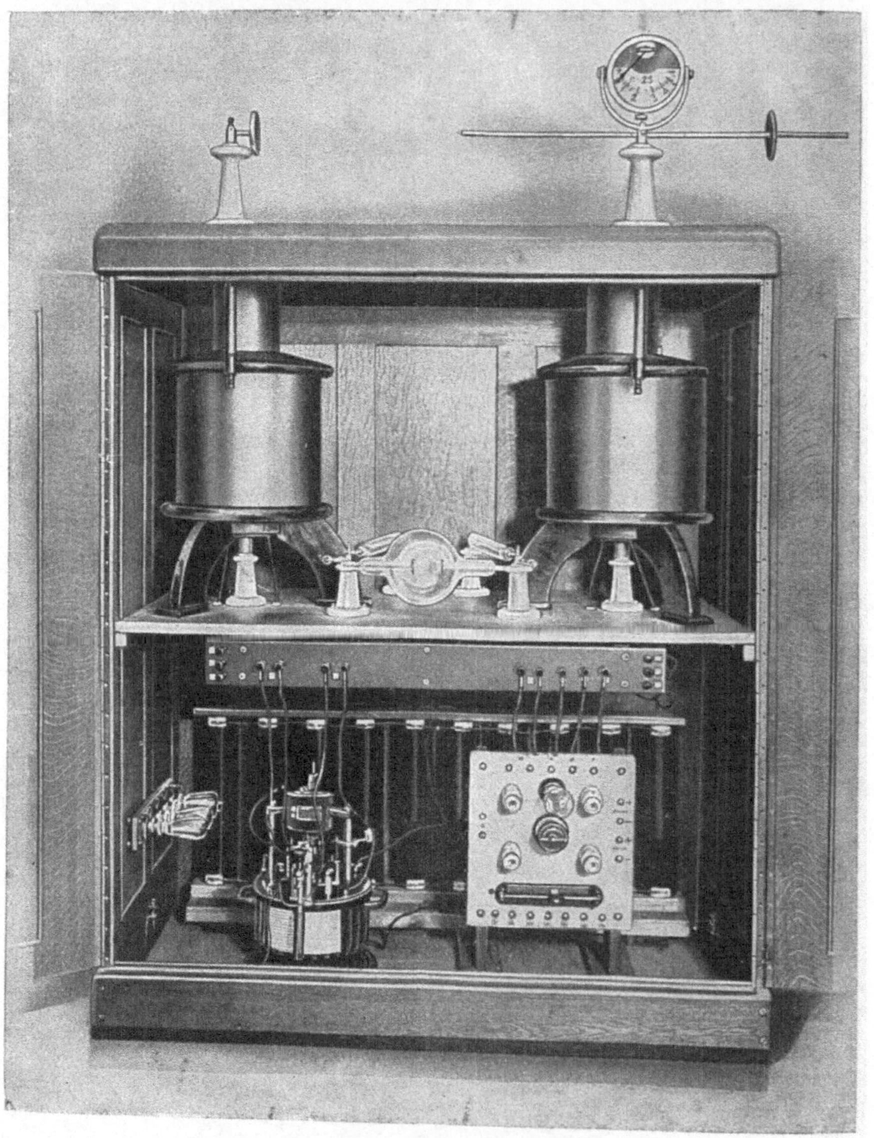

Abb. 46. Symmetrie-Instrumentarium.

der Heizstrom jetzt von einem Gleichstromdynamo geliefert, der von einem Motor angetrieben wird und von diesem hochspannungssicher isoliert ist. Der damit erzeugte Heizstrom ist so konstant und regulierbar, daß sowohl Coolidgeröhren mit 3,5—4,5 Ampère

Abb. 47. Coolidge-Instrumentarium von Siemens & Halske.

als auch Müller-Elektronenröhren mit 5,5—6,5 Ampère betrieben werden können. Die Regelung des Heizstromes erfolgt bei Gleichstromanschluß durch Veränderung der Tourenzahl des Antriebmotors mittels besonderer Schaltung, außerdem wird das Relais des Wintz-Automaten benutzt, die Umdrehungen des Antriebmotors so zu beeinflussen, daß die von der Dynamomaschine gelieferte

Heizstromstärke konstant bleibt. Hierdurch werden Schwankungen im Netz, welche den Heizstrom ändern würden, automatisch ausgeglichen.

Bei Wechselstromanschluß findet ein von Spannungsschwankungen unabhängiger Antriebsmotor, ein Synchronmotor, Verwendung.

Außer dem Aufbau des ganzen Instrumentariums in Schrankform (Abb. 46) wird der Symmetrieapparat auch in offener Aus-

Abb. 48. Der Siemens-Therapie-Apparat mit Ölinduktor zum Betriebe von Glühkathoden- gashaltigen Röhren.

führung geliefert, der überall dort zu empfehlen ist, wo ein besonderer Apparateraum zur Verfügung steht.

Abb. 47 zeigt ein Instrumentarium der Siemens & Halske A.-G., das ausschließlich für den Betrieb von Coolidge-Röhren gebaut ist. In dem geöffneten Schrank sieht man oben den Induktor, unten rechts den Gasunterbrecher mit der rotierenden Ventilfunkenstrecke, auf dem Schranke links den Heiztransformator.

Aus diesem Coolidge-Instrumentarium von Siemens & Halske hat sich der Therapieapparat mit Ölinduktor zum Betriebe von Glühkathoden und gashaltigen Röhren entwickelt (s. Abb. 48).

Er ist ein Spezialapparat für Tiefentherapie in Schrankform und besonders für die Privatpraxis und kleinere Krankenhäuser geeignet. Die Betriebssicherheit des Hochspannungsinduktors wird dadurch erzielt, daß die Sekundärspule in Öl liegt. Die mit einem solchen Induktor ohne weiteres erreichbare Sekundärspannung entspricht einer parallelen Funkenstrecke von 39—40 cm, die übliche Belastung der Röhre beträgt hierbei 2,5 Milliampère. Eine für praktische Zwecke ausreichende Homogenität der Strahlung tritt unter diesen Verhältnissen ein unter $^1/_2$ mm Zinkfilter bzw. 0,5 mm Cu-Filter + 2 mm Aluminium oder als Äquivalent unter 10 bzw. 11 mm Aluminiumfilter.

Als Induktorapparat mit offenem Eisenkern wird er mit einem Quecksilber-Gasunterbrecher betrieben. Dieser trägt oben — entsprechend isoliert — eine durch den Motor des Gasunterbrechers angetriebene rotierende Ventilfunkenstrecke, die durch Kontakt mit zwei einander diametral gegenüberliegenden kurzen Metallsegmenten nur den sekundären Öffnungsinduktionsstoß passieren läßt, während die Schließungsinduktionsphase kein Segment zur Passage findet. Durch die rotierende Ventilfunkenstrecke wird also ein völlig schließungslichtfreier Betrieb erzielt, was für die Verabfolgung einer bestimmten Röntgendose von fundamentaler Bedeutung ist.

Bei Gebrauch von Glühkathodenröhren ist ein Heiztransformator mit offenem Eisenkern eingebaut, dessen Sekundärspule den Heizstrom liefert und dessen Primärspule von der Sekundärspule eines Zusatztransformators in Ringform gespeist wird. Die Primärspule des Ringtransformators wird vom Netzstrom erregt, und zwar direkt bei Anschluß an Wechselstrom, bei Gleichstromanschluß dagegen durch Anschluß an die Wechselstromseite eines kleinen Gleichstrom-Wechselstrom-Einankerumformers.

Auf dem fahrbaren Schalttisch findet sich neben den notwendigen Schalt-Regulier- und Meßapparaten noch ein Umschalter zum Einstellen des Betriebes auf Gas- oder Glühkathodenröhren. Für die Tiefentherapie ist übrigens der Betrieb mit Glühkathodenröhren entschieden vorzuziehen.

Als Spezial-Tiefentherapieapparat für große Krankenhäuser und große Privat-Röntgeninstitute ist von der Firma Siemens die sog. Multivolteinrichtung herausgebracht worden, und zwar für Ein- und Zweiröhrenbetrieb (vgl. Abb. 49).

Für die Apparatur ist in erster Linie der Betrieb von Elektronenröhren vorgesehen, doch ist der Betrieb von gashaltigen Röhren ebenfalls möglich.

Der Multivoltapparat ist gekennzeichnet durch die Erzeugung einer Röhrenspannung von effektiv 180 000 Volt, einer Spannung, deren Spitzenwert etwa 250 000 Volt erreicht. Die Grenzwellenlänge der hierbei erzeugten Röntgenstrahlen soll $\frac{12,3}{230}$ = etwa $\frac{1}{18}$ Angströmeinheiten betragen, wobei eine Angströmeinheit einer Größe von 10^{-8} cm entspricht.

Durch eine besondere Schutzeinrichtung wird sowohl der Röntgenarzt wie der Patient und das Bedienungspersonal gegen

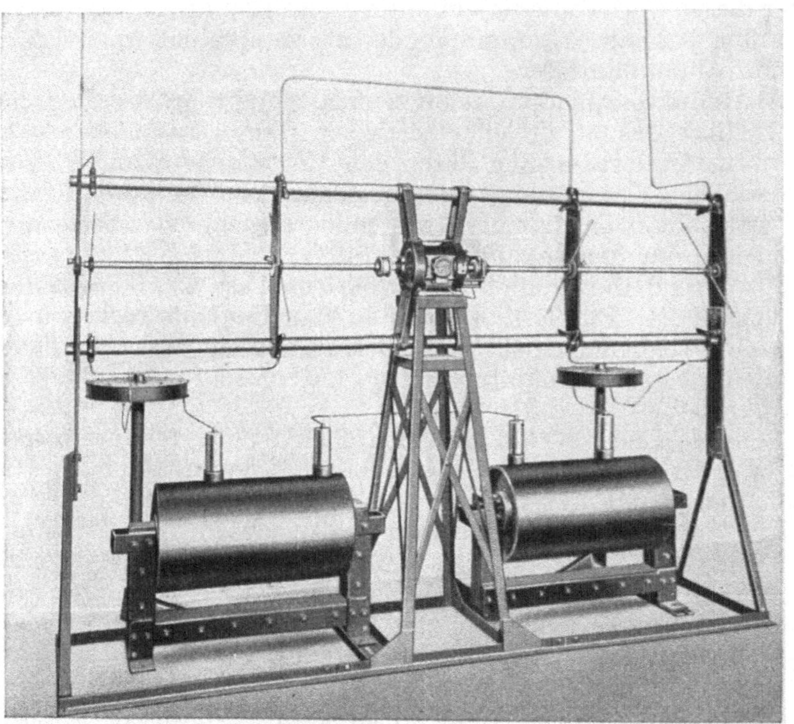

Abb. 49. Transformatoren und Gleichrichter für den Multivolt-Apparat.

die Gefahren der Hochspannung und der starken Primär- und Sekundärstrahlung geschützt. Die Schutzeinrichtung besteht aus einem großen Bleischutzgehäuse, welches in das Röntgenzimmer hineinragt (vgl. Abb. 50). In dem Bleischutzgehäuse sind die Hochspannungsleitungen und die Röntgenröhre untergebracht, so daß sich besondere Bleischutzwände für das Personal erübrigen. Mit diesem Schutzgehäuse verbunden ist eine Haltevorrichtung für die Röntgenröhre. Sie besteht aus einem 8 mm starken halbkugelförmig gekrümmten Bleiblech mit Austrittsöffnung für die Röntgenstrahlen. Der Bleikörper kann mitsamt der Röntgenröhre derart gedreht werden, daß der Zentralstrahl der Röhre bis zu 60° aus der vertikalen Richtung gebracht werden kann.

Zwei mit besonders ausgebildeter Ölisolation versehene durchschlagsichere Hochspannungstransformatoren (mit geschlossenem Eisenkern) stehen mit dem rotierenden Gleichrichter meist in einem besonderen Raum und liefern durch Serienschaltung der Sekundär-

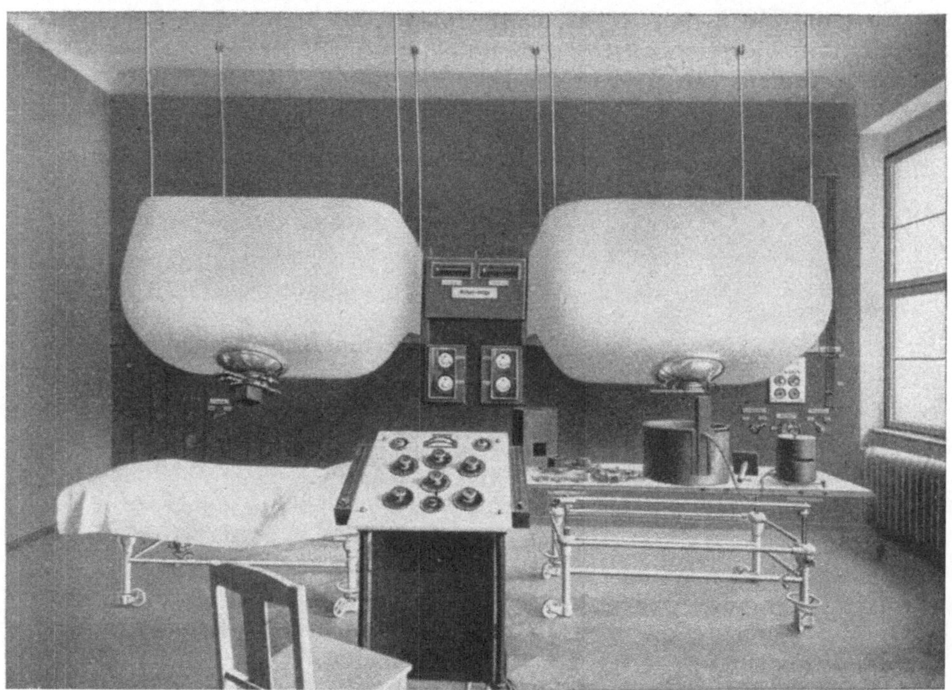

Abb. 50. Schutzeinrichtung des Multivoltapparates mit Bestrahlungskästen zum Schutz gegen Primär- und Sekundärstrahlung sowie gegen Hochspannungsgefahr.

wicklungen die erwähnten hohen Spannungen. Das sich hierbei bildende Ozon und die schädlichen nitrosen Gase werden durch die beschriebene Schutzeinrichtung völlig vom Bestrahlungsraum ferngehalten.

Um den Patienten von diesem Schutzgehäuse aus in jeder beliebigen Stellung bestrahlen zu können, ist ein besonderer Lagerungstisch konstruiert worden. Einmal kann er auf Rollen leicht horizontal verstellt werden und dann ist die Tischplatte in der Höhe bis zu 75 cm verstellbar (vgl. Abb. 51).

Die Glühkathodenröhre für die Multivolteinrichtung weicht von der üblichen Form ab, und zwar ist der Anoden- und Kathodenhals um 90° gegeneinander geneigt (vgl. Abb. 52).

Für Krankenhäuser und private Röntgeninstitute, die nicht besondere Apparate für Diagnostik und Therapie anschaffen wollen, ist nunmehr auch ein Universal-Röntgenapparat mit rotierendem Hochspannungsgleichrichter von der Firma Siemens gebaut worden (vgl. Abb. 53). Zum Unterschied vom Multivoltapparat hat er nur einen Hochspannungstransformator. Er liefert eine Sekundärspannung, deren Scheitelwert 180 000 Volt beträgt entsprechend einer Funkenstrecke von etwa 38 cm Länge. Die Sekundärspule ist auch hier in Öl verlegt, um die früher beim Tiefentherapie-

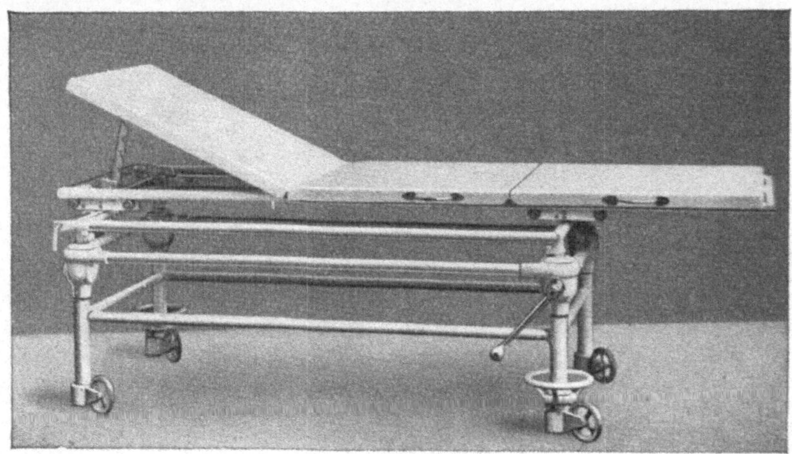

Abb. 51. Lagerungstisch für Tiefentherapie bei der Multivolt-Einrichtung.

betrieb so häufig eintretenden Durchschläge zu verhüten. Der zur Speisung des Transformators und der Heizeinrichtung für die Glühkathode benötigte Wechselstrom wird dem Netz, bei Anschluß an Gleichstrom einem Einankerumformer entnommen. Zur Erhitzung der Glühkathode der Coolidgeröhre dient ein Heiztransformator, dem ein anderer Transformator vorgeschaltet ist. Hierdurch wird der Einfluß der Netzspannungsschwankungen auf die Röhrenstromstärke wesentlich verringert. Beide Transformatoren sind hier ringförmig ausgebildet.

Der Universalröntgenapparat wird in einem großen Schrank eingebaut geliefert (Abb. 53) oder in offener Form. Die hierzu gelieferten Siemens-Glühkathodenröhren sollen eine Belastung von 8 Milliampère bei 180 000 Volt Sekundärspannung 8—10 Stunden lang aushalten.

Abb. 54 zeigt ebenfalls ein Instrumentarium für den Betrieb der Coolidgeröhre bzw. A.E.G.-Elektronenröhre, und zwar einen Hochspannungsgleichrichter der Veifawerke, der als Intensiv-

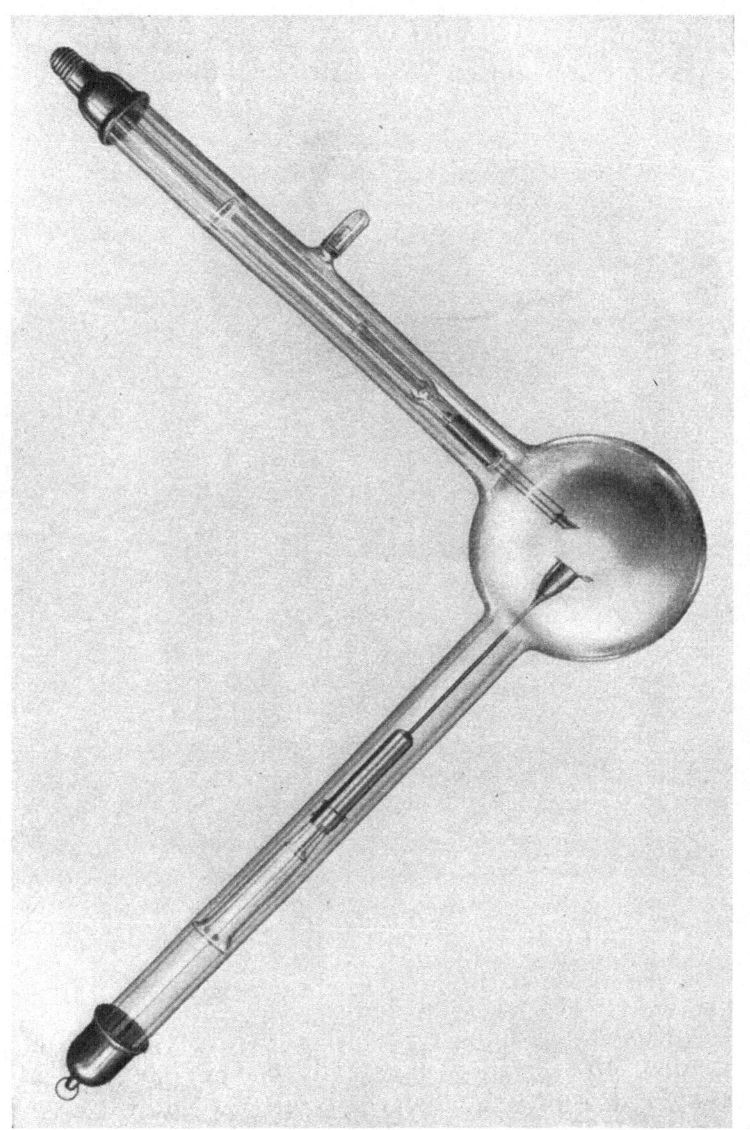

Abb. 52. Glühkathodenröhre für den Multivoltapparat.

Reformapparat zur Zeit wohl den besten Typ in bezug auf Durchschlagsicherheit der Transformatoren darstellt. Erreicht wird das von Dessauer durch Vorschalten von sog. Hochspannungs-

Beanspruchungstransformatoren mit Ölisolierung vor die beiden Hochspannungstransformatoren, deren Primärwickelung von der Sekundärwickelung der beiden Beanspruchungstransformatoren gespeist wird. Der den Hochspannungstransformatoren entnommene Wechselstrom wird durch zwei rotierende und wechselnd Kontakt findende Hochspannungsnadelschalter so gerichtet, daß von jeder Periode des hochgespannten Wechselstroms, die eine Phase durch

Abb. 53. Universal-Röntgenapparat für Diagnostik und Tiefentherapie.

die Röhre geschickt, während der entgegengesetzte Impuls ausgeschaltet wird. Der Intensiv-Reformapparat ist besonders für Zweiröhrenbetrieb geeignet und stellt bisher den erprobtesten Typ für die Röntgenabteilungen großer Krankenhäuser dar, und zwar in der offenen, in Abb. 54 wiedergegebenen Form, wobei der Maschinenraum vom Behandlungsraum völlig getrennt ist. Für die Privatpraxis, in der meist so viele Räume für den Therapiebetrieb nicht zur Verfügung stehen, ist der Schrankumbau des Apparates mehr zu empfehlen. Bei Einröhrenbetrieb kann der eine Hochspannungskreis abgeschaltet werden.

Dem Apparat können sekundäre Spannungen bis zu 230 000 Volt entnommen werden, was jedoch für die zur Zeit vorhandenen Elektronenröhrentypen noch nicht in der Praxis zu empfehlen ist, wenigstens nicht bei Dauerbetrieb. Die Norm stellt vielmehr eine Belastung der Röhre mit 180 000 Volt dar, eine Spannung, die einer parallelen Funkenstrecke von 39—40 cm entspricht. Herausgeber arbeitet seit Jahren im Krankenhause am Urban und privatim mit dieser Spannung und muß leider aussprechen, daß diese Be-

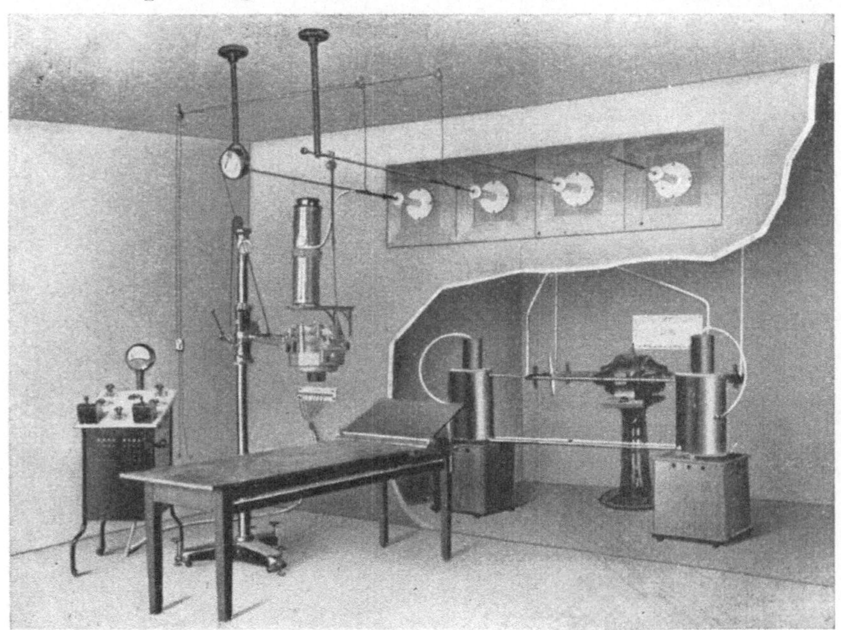

Abb. 54. Intensiv-Reformapparat der Veifa-Werke.

lastung dasjenige darstellt, was die zur Zeit im Handel erhältlichen Elektronenröhren im Durchschnitt längere Zeit auszuhalten imstande sind, wobei unter dem Ausdruck längere Zeit 3—4 Monate zu verstehen sind. Röhren, die anstandslos 6 Monate und länger laufen, sind leider selten. Wichtig für den konstanten Gang der Maschine ist die Wartung des Kollektors am Gleichstrom-Wechselstromumformer, die bei jeder irgendwie größeren Funkenbildung am Kollektor mit feinstem Schmirgelpapier zu besorgen ist. Eine in zwei- bis dreitägigen Intervallen erfolgende Kontrolle dieser Stelle ist daher nach Einschalten des Motors notwendig, besonders wenn ein besonderer Maschinenraum vorhanden ist.

Täglich müssen außerdem, wie bei jeder anderen Apparatur, sämtliche Teile von Staub befreit und möglichst jede Schaltklemme nachgesehen werden.

Neuerdings hat Dessauer für noch höhere Spannungen als 230 000 Volt den Neo-Intensiv-Reformapparat durch weiteren Ausbau seines Hochspannungsschaltungsprinzips konstruiert. Dieser

Abb. 55. Motor-Generator der Radio-Silex-Röntgeneinrichtung von Koch und Sterzel.

stellt gewissermaßen den Zukunftstyp dar, sobald wir Röhren haben werden, die derartig hohe Spannungen bis 300 000 Volt und darüber auszuhalten vermögen.

Abb. 55—59 gibt die Radio-Silex-Röntgeneinrichtung von Koch und Sterzel wieder zur Erzeugung extrem harter Strahlen ohne Anwendung besonders hoher Spannungen. Sie besteht aus dem Motor-Generator (Abb. 55), den Transformatoren (Abb. 56) und den nötigen Schaltvorrichtungen (Abb. 57). Sämtliche Teile sollen möglichst in besonderen Räumen untergebracht sein, wobei der Generatorraum auch in größerer Entfernung von den übrigen

Räumen (z. B. im Kellergeschoß) liegen kann. Für die Radio-Silex-Röntgeneinrichtung ist als Röhre vorgesehen die Lilienfeld-Röntgenröhre mit einer Belastungsmöglichkeit von maximal 8 Milliampère. Das Neuartige der Konstruktion liegt darin, daß vom

Abb. 56. Hochspannungs-Transformatoren derselben.

Motor-Generator Wechselstrom von 500 Perioden in der Sekunde geliefert wird gegenüber der alten Betriebsweise von 50 Perioden in der Zeiteinheit. Da eine Periode in $^1/_{500}$ Sekunde verläuft, werden der Lilienfeldröntgenröhre 10 Stromimpulse während $^1/_{50}$ Sekunde zugeführt, mithin 500 Impulse in der Sekunde (Abb. 58). Dabei hat jeder Stromimpuls nur die Dauer von $^1/_{1000}$ Sekunde, da die negative Phase der Periode zu berücksichtigen ist (vgl. Abb. 58). Daher die extreme Härtung der mit so hoher Frequenz erzeugten Röntgenstrahlen. Die sekundäre Spannung beträgt dabei unter normalen Betriebsverhältnissen nur 100 Kilovolt, was gegenüber den 200 Kilovolt anderer Apparate die unangenehme Ozonbildung im Bestrahlungsraum herabsetzt. Um eine gewisse Vorstellung von der komplizierten Schaltung eines modernen Tiefen-

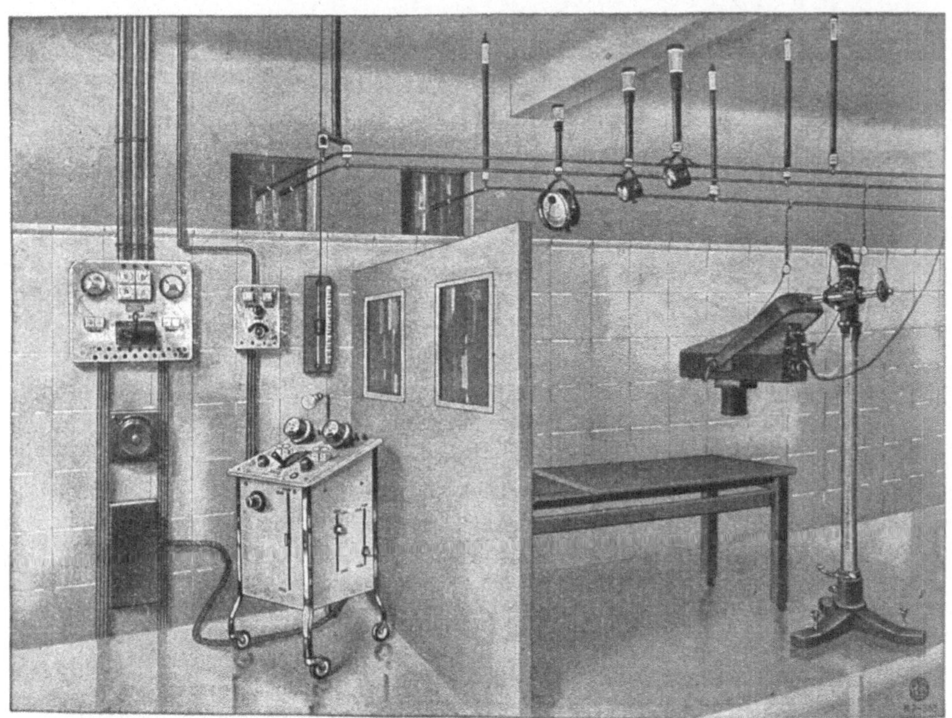

Abb. 57. Radio-Silexeinrichtung von Koch und Sterzel mit Schaltvorrichtungen.

therapieinstrumentariums zu gewinnen, sei das Schaltschema der Radio-Silex-Röntgeneinrichtung hier wiedergegeben (vgl. Abb. 59).

Von der Sanitas-Gesellschaft wird für die gleichen Zwecke der sog. Hartstrahlapparat gebaut, doch hat dieser bisher keinen größeren Eingang in die Praxis gefunden.

Welchen der hier angeführten Apparate sich der Röntgentiefentherapeut anschaffen soll, ist Sache des Geschmackes und des Geldbeutels. Für die Röntgenzentralen großer Krankenhäuser eignen sich am besten der Intensiv- bzw. Neo-Intensiv-Reformapparat der Veifawerke oder die Multivolteinrichtung von Siemens, da mit diesen beiden Apparaten gleichzeitig zwei Patienten behandelt werden können.

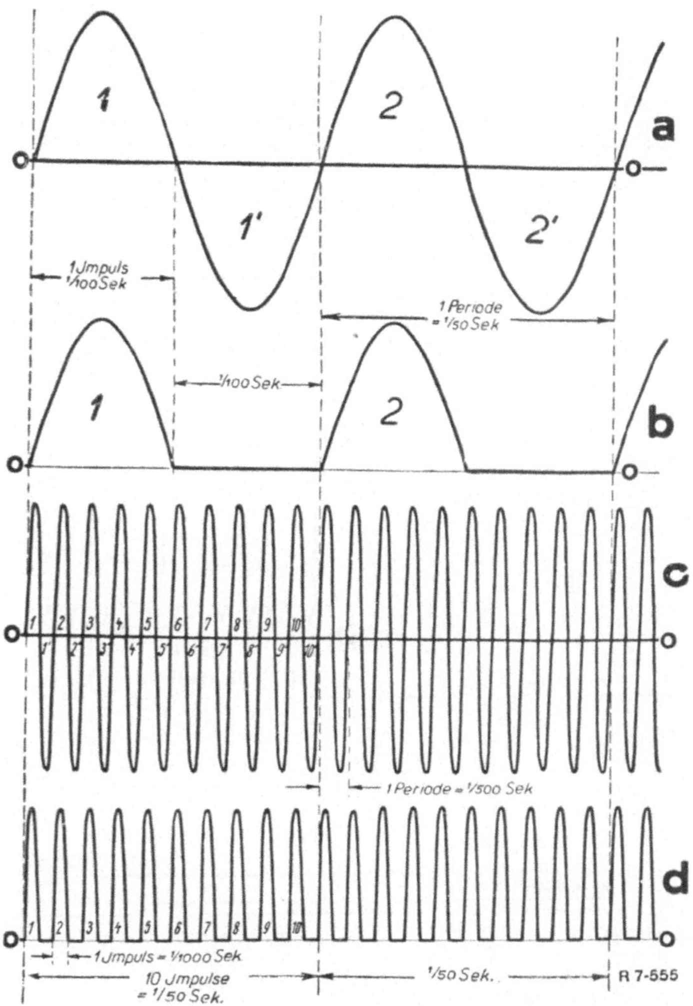

Abb. 58. I. Normale Stromimpulszahl bei Wechselstrom. II. Stromimpulszahl beim Radio-Silexapparat.

Was die Wahl der Röhren anbelangt, so kann man sowohl mit den „gashaltigen wie mit den gasfreien“ Typen gute therapeutische Erfolge erzielen. Der Fortschritt, den die gasfreien Röhren gebracht haben, ist mehr technischer Natur im Sinne einer Vereinfachung des Röhrenbetriebs.

Von den gashaltigen Röhren verwende ich für Oberflächentherapie kleinere Typen, insbesondere die kleine Therapieröhre von Burger, für Tiefentherapie die Müllersche Siederöhre[1]).

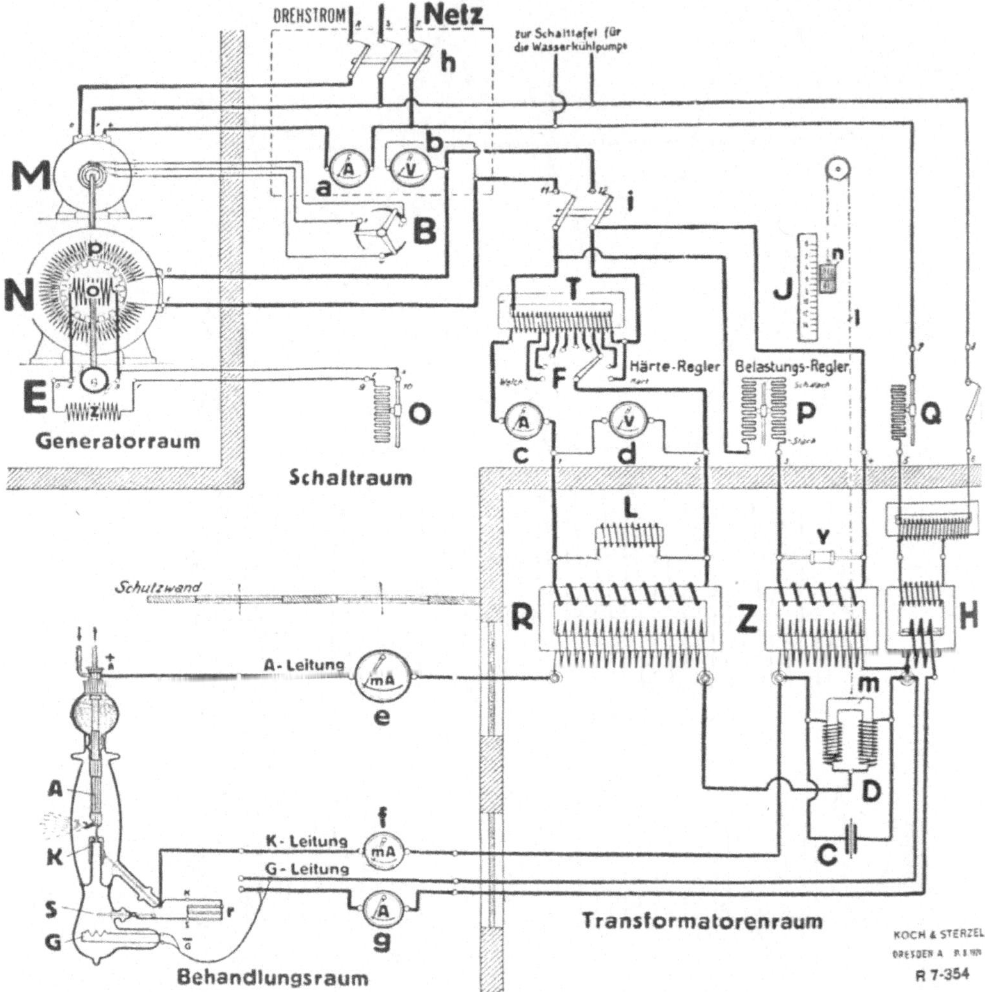

Abb. 59. Schalt-Schema der Radio-Silex-Röntgeneinrichtung.

Die gasfreien Röhren sind bisher vorzugsweise für Tiefenbestrahlungen benutzt worden. Doch können sie natürlich auch für Oberflächenbestrahlungen, besonders in der jetzt vorhandenen

[1]) Empfehlenswert sind auch die Siederöhren von Gundelach und Fürstenau.

kleinen Ausführung Verwendung finden, da sie sich leicht auf jeden beliebigen Härtegrad einstellen lassen.

Von gasfreien Röhren für Tiefentherapie gibt es, wie bereits auf S. 27 und ff. angegeben ist, drei Typen. Am einfachsten zu

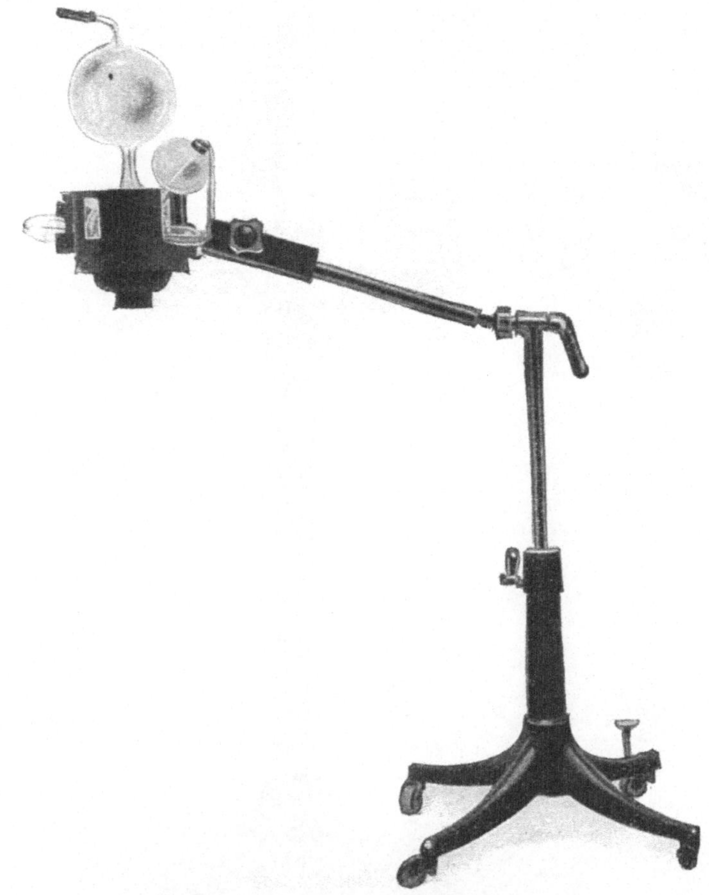

Abb. 60. Müllersches Stativ.

handhaben sind die A.-E.-G.-Glühkathodenröhre und die Müller-Elektronen-Trockenröhren, die ohne jede Kühlung und in jeder Lage verwendbar sind.

Anders die in der Form ähnlichen anderen beiden Typen: die Lilienfeldröhre mit Wasserkühlpumpe und die Müller-Elektronenröhre mit Siedekühlung.

Bei dieser darf der Antikathodenspiegel während der Bestrahlung nie horizontal stehen, da dann die Kühlung mittels siedenden Wassers sofort hinfällig wird und eine Schädigung durch Überhitzung der Antikathode eintritt. Die Röhre ist dann nicht wieder in Gang zu bringen. Daher wird die Elektronenröhre

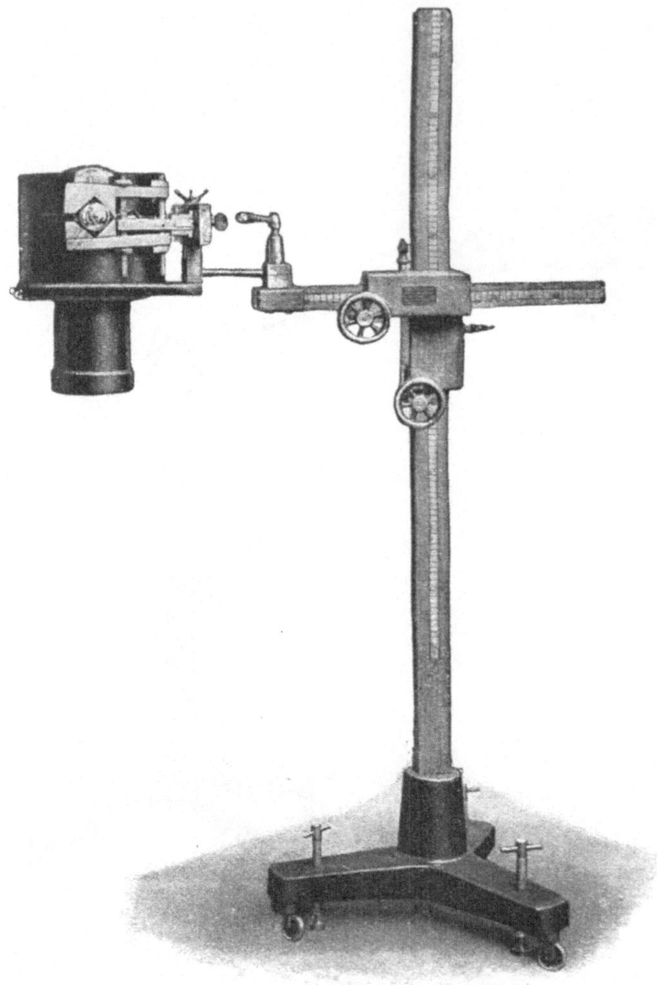

Abb. 61. Lambertz-Stativ.

jetzt von Müller als Trockenröhre geliefert, was sehr zu begrüßen ist. In dieser Form konkurriert sie erfolgreich mit der A.E.G.-Röhre. Nur hat sie noch den einen Nachteil, daß sie einen stärkeren Heizstrom für die Glühspirale der Kathode benötigt.

Wichtig ist ein gutes Stativ, das besonders die Fixierung der Röhre in jeder gewünschten Stellung gestatten muß. Dieser Forderung genügt z. B. das Müllersche Stativ (Abb. 60), nicht

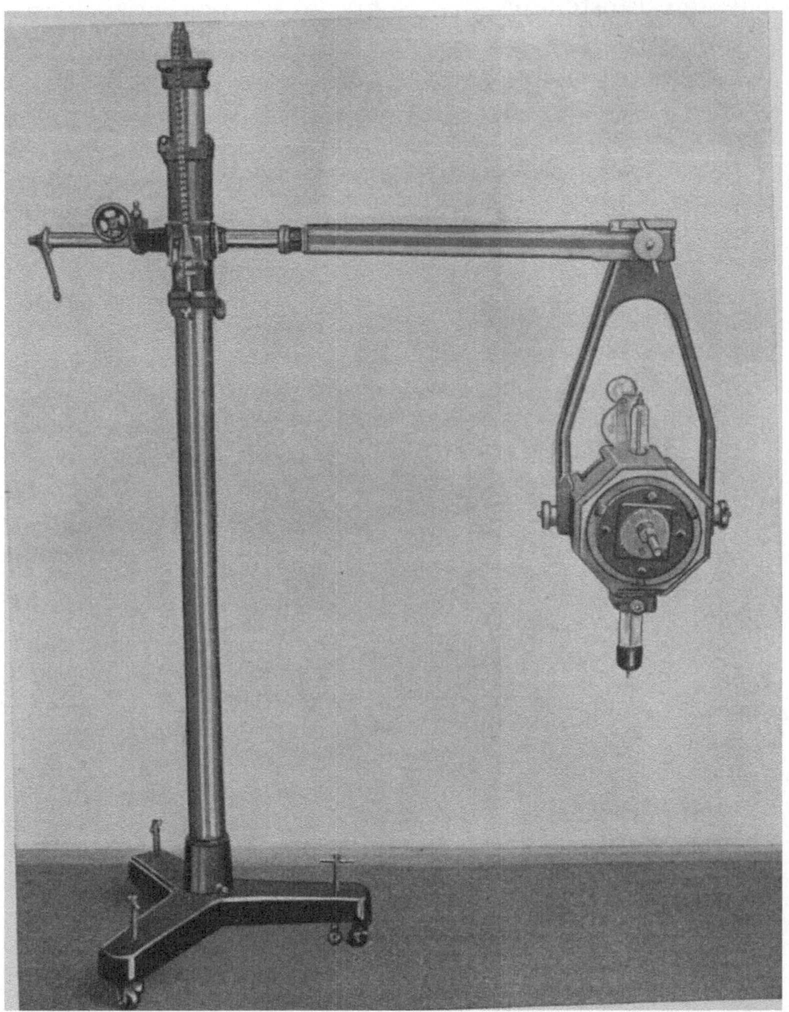

Abb. 62. Tiefentherapie-Stativ für Vaginalbestrahlungen der Veifa-Werke.

aber das sonst sehr stabile und viel verwendete Lambertz-Stativ (Abb. 61), das erst brauchbar wird, wenn man sich das sehr primitive Gelenk, welches zur Verstellung des Schutzkastens dient, durch ein gutes doppeltes Kugelgelenk ersetzen läßt. Für die kleinen Hauttherapieröhren verwende ich auch einen entsprechend kleineren Schutzkasten. Besondere Stative für Vaginalbestrahlungen sind im allgemeinen nicht unbedingt notwendig, obwohl natürlich die für Vaginalbestrahlungen modifizierten Modelle die Einstellung der Röhre wesentlich erleichtern (vgl.

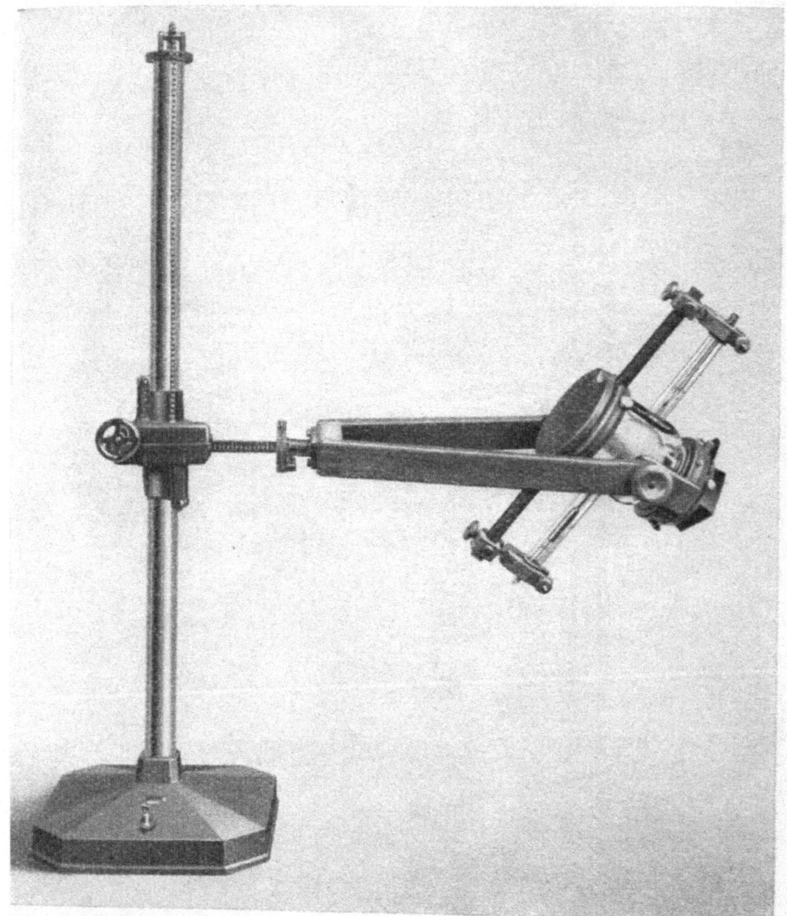

Abb. 63. Säulenstativ für Tiefentherapie von Siemens.

Abb. 62). Eigenartig und bei großer Beweglichkeit die Fixierung der Röhre in jeder gewünschten Stellung gestattend ist das Holzknechtsche Schwebekästchen, das von Bucky modifiziert worden ist. Für den Tiefentherapiebetrieb sind besonders stabile und vor allem gegen den hochgespannten Röhrenstrom gut isolierte Stative notwendig. Beide Forderungen erfüllen in einfachster und bester Weise die Säulenstative der Veifa-Werke (vgl. Abb. 35) und der Firma Siemens (vgl. Abb. 63 u. 35).

Die Inbetriebsetzung des Röntgen-Instrumentariums erfolgt von einem Tableau oder Schalttisch aus, auf welchem sämtliche Vorrichtungen zur Einschaltung, Regulierung und Messung des primären Stromes und zur Einschaltung des Unterbrechers angebracht sind.

Die Kabel, welche von den Polen des Induktors oder von einer Hochspannungsleitung, d. h. von zwei etwa 1 m voneinander entfernten Drähten, die hinreichend isoliert von einer Zimmerwand zur anderen gespannt und mit den Polklemmen des Induktors verbunden sind zur Röhre führen, müssen straffgespannt gehalten werden. Das wird am besten durch kleine Metallhülsen erreicht, in welche die Kabelbänder — ähnlich wie die bekannten Meßbänder — durch Vermittelung einer Feder zurückschnellen, so wie sie von der Röhre abgenommen werden oder durch Kabelführungsstangen, die innen hohl sind zur Aufnahme des automatisch aufrollbaren Kabels (Modell Siemens). Auch die Zuführungskabel für die Glühkathode bei Elektronenröhren sind jetzt automatisch aufrollbar gestaltet und werden in dieser Form von den Veifawerken geliefert.

Praktisch ist eine Uhr mit Läutewerk, welche — in den primären Stromkreis eingeschaltet — so eingestellt werden kann, daß sie je nach der gewünschten Minutenzahl schlägt, dadurch das Zeichen für den Schluß der Sitzung gibt und gleichzeitig den Strom ausschaltet (Gochtsche Weckeruhr). Gute Dienste leistet auch eine gewöhnliche Signaluhr mit automatischem Läutewerk.

Am zweckmäßigsten ist es, wenn die Patienten während der Bestrahlung liegen, und zwar auf einem möglichst bequemen Ruhebett. Nur bei Bestrahlung der Hände und Arme kann der Patient auch sitzen. Auch bei Bestrahlung des behaarten Kopfes ist sitzende Stellung des Patienten zweckmäßig. Natürlich muß die Haut in der Umgebung der belichteten Partie vor der Wirkung der Röntgenstrahlen geschützt werden, wenn Erythemdosen verabfolgt werden. Das geschieht z. B. durch Bleiblechplatten, welche bei mittelweicher Strahlung nicht dicker als $^1/_2$ mm zu sein brauchen, um einen genügenden Schutz zu gewähren. Bei sehr harter filtrierter Strahlung empfiehlt sich zur Abdeckung Bleiblech von 1 mm Dicke. Bei horizontaler Lagerung der Patienten ist eine besondere Befestigung der Bleifolien durch Bänder im allgemeinen entbehrlich. Vaginale Bestrahlungen macht man auf einem gewöhnlichen Untersuchungsstuhl mit Beinstützen oder auf dem Gausschen Bestrahlungstisch.

Exakte Abdeckung ist nur bei kräftigen Bestrahlungen (1 E.-D.,) z. B. bei Ulcus rodens und zirkumskripten Lupusherden, also Affektionen, die auf jeden Fall mit Narbenbildung abheilen, und die darum zweckmäßigerweise von vornherein stark bestrahlt werden, erforderlich.

Bei anderen Erkrankungen, wie Acne vulgaris, Psoriasis, Ekzem, Seborrhöe, die ja erfahrungsgemäß auf relativ kleine Strahlendosen reagieren, wird man gerade im Gesicht, möglichst wenig abdecken, am besten nur den behaarten Kopf und die Augen, letztere mittels ovaler Bleiblechplättchen, die man mit Leukoplast an der Haut fixiert. Denn auch bei halben Erythemdosen kann es manchmal zu lange anhaltenden Bräunungen der Haut kommen, die sehr störend wirken, wenn sie — infolge scharfer Abdeckung — scharf begrenzt sind, dagegen gar nicht auffallen, wenn sie ganz allmählich in das normale Hautkolorit übergehen.

Außer zwei Bleiplatten (ca. 30 × 30 cm) mit Ausschnitt für den Hals, die zweckmäßig auch zur Abdeckung des behaarten Kopfes bei Bestrahlung des Gesichtes Verwendung finden können, braucht man noch für kleinere Herde eine Anzahl Platten mit kleineren Ausschnitten, etwa von Pfennig-, Mark- und Talergröße.

Das Bleiblech ist in der angegebenen Dicke leicht schneidbar und besitzt vor allem Elastizität, so daß es sich den Formen des Körpers anschmiegen läßt. Bleiintoxikationen habe ich niemals beobachtet. Das Bleiblech hat in dünneren Schichten den einen Nachteil, daß es nach häufigem Gebrauche an den am meisten gebogenen Stellen brüchig werden kann. Holzknecht hat aus diesem Grunde Bleiblech von verschiedener Dicke ($^1/_4$—2 mm) auf beiden Seiten mit Kautschuküberzug versehen lassen. Dieses Bleiblech mit Kautschuküberzug ist aber sehr teuer wegen der Schwierigkeit der Herstellung; außerdem bricht es in dünneren Schichten gerade so leicht wie gewöhnliches Bleiblech. Ich benutze daher nach wie vor das einfache, billige Bleiblech, dessen Haltbarkeit ich dadurch verlängere, daß ich es von Zeit zu Zeit zwischen zwei Holzwalzen (vgl. Abb. 64), wie sie jeder Tischler herstellt, glätte. Zu diesem Zwecke genügt auch ein runder Holzstab oder eine „Nudelwalze", wie sie in der Küche benutzt wird. Unter die Bleifolien legt man während der Bestrahlung eine mehrfache Lage Verbandmull bzw. zur Zeit Papierservietten, so daß die Bleiplatten mit der Haut selbst gar nicht in Berührung kommen, und eine besondere Desinfektion derselben für die meisten Fälle nicht erforderlich ist.

Es wird im allgemeinen empfohlen, die Bleiplättchen nicht direkt auf die Haut zu legen aus Furcht vor der Sekundärstrahlung des Bleies. Ich habe Schädigungen nie gesehen, auch wenn ich keinen Verbandmull zwischen Haut und Bleiplatte gelegt habe, auch nicht nach Applikation großer Dosen (3—4 S.-N.) harter, durch 3 mm Aluminium filtrierter Strahlen. Noch geeigneter zur Abdeckung ist das Zinn, da es viel leichter ist. Nach Walter ist die Schutzwirkung von 1,22 mm Zinn gleich der von 1 mm Blei (bei einer Strahlung von 8 We. geprüft). Nur ist das Zinn etwa zehnmal so teuer als das Blei. Jedenfalls genügt das Bleiblech für die Praxis vollkommen. Wer die weiche Sekundärstrahlung des Bleies, deren Quantität offenbar sehr gering ist,

Abb. 64. Holzwalzen zum Glätten des Bleiblechs.

fürchtet, kann zwischen Haut und Blei 3—5 mm dickes Leder legen. Trotz dieser Vorzüge des Bleiblechs hat sich der bleihaltige Gummischutzstoff von Müller immer größeren Eingang in die Praxis verschafft, einmal weil er etwas leichter ist und dann, weil er stets gebrauchsfertig bleibt und nicht bricht. Voraussetzung dabei ist natürlich eine gute Behandlung und Aufbewahrung der Schutzstoffstücke, die in Rechteck- und Quadratformat verschiedener Größe vorrätig zu halten sind, z. B. $^{8}/_{30}$, $^{16}/_{30}$, $^{25}/_{30}$, $^{30}/_{50}$ und $^{40}/_{60}$.

Für die Bestrahlung kleiner Herde hat Gundelach Bleiglaskappen hergestellt, die durch einen kleinen kreisförmigen Ausschnitt Röntgenlicht passieren lassen. Diese Bleiglaskappen sind halbkugelförmig und werden auf die Röntgenröhre so aufgeschnallt, daß die kreisförmige Öffnung sich gegenüber dem Antikathodenspiegel, parallel zur Achse der Röhre befindet.

An der Austrittsöffnung für die Strahlen können Bleiglasspekula befestigt werden, welche zur Bestrahlung der Mundhöhle und der Vagina [1]) dienen und auch zur Bestrahlung kleinerer umschriebener Krankheitsherde der Haut benutzt werden können. In solchen Fällen umzeichnet man sich den Krankheitsherd mit einem Dermatographen und setzt das Spekulum direkt auf die Haut auf.

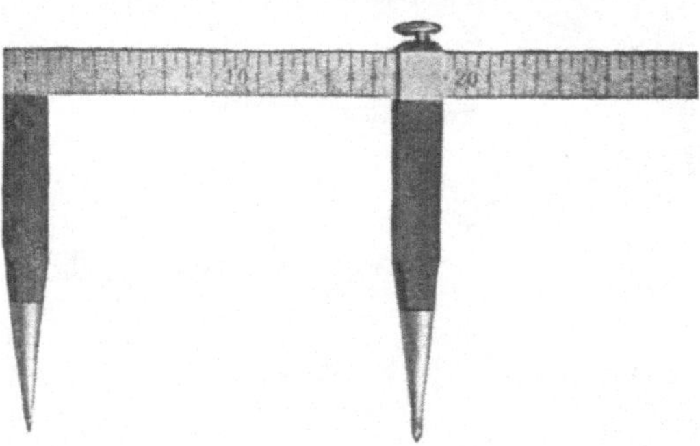

Abb. 65. Entfernungsmesser.

Auch Gummikappen, welche mit Barytsalzen imprägniert sind, über die Röhrenkugel gezogen werden und gegenüber der Antikathode mit einem entsprechenden Ausschnitt versehen sind, absorbieren den größten Teil der Röntgenstrahlen und können für die Bestrahlung kleinerer Herde benutzt werden.

Beliebter und praktischer sind Schutzkästen aus Bleiglas oder Schutzkästen aus Holz und Papiermaché, die innen mit Bleigummi ausgeschlagen sind; sie werden mittels eines guten Gelenkes am Stativarm befestigt. In diesen Schutzkästen werden dann die Röhren durch Gummibänder befestigt. Die Schutzkästen aus Bleiglas und Bleigummi vergrößern allerdings die Last der Röhre, machen daher besonders schwere Stative erforderlich und hindern somit die leichte Beweglichkeit der Röhre, abgesehen davon, daß sie uns den Anblick der in Betrieb befindlichen Röhre ganz oder fast ganz entziehen. Trotzdem ist ihre Anwendung durchaus erforderlich, einmal um eine unnötige Überflutung des Raumes mit Röntgenstrahlen zu vermeiden,

[1]) Hier auch in der von Warnekros modifizierten Form.

und dann auch, um die Abdeckung des Patienten mit Bleiblech bzw. Bleischutzstoff auf ein Mindestmaß einzuschränken.

Die Entfernung der Röhre von der Haut kann man mit einem Instrument messen, dessen Konstruktion aus Abb. 65 ohne weiteres ersichtlich und das bequemer zu handhaben und leichter zu desinfizieren ist als ein gewöhnliches Bandmaß. Noch einfacher im Gebrauch sind Holzstäbe von bekannter Länge (4, 6, 8, 10, 12 bis 65 cm Länge), sog. Distanzstäbe, zu denen die bekannte Fokus-Filterdistanz addiert werden muß, um die Fokus-Hautdistanz zu erhalten.

Methodik der Oberflächenbestrahlung.

Für die meisten Hautaffektionen ist eine mittelweiche Strahlung von 5—7 We. zu empfehlen, erstens aus dem Grunde, weil bei dieser Strahlenqualität die Maximal-Dosis nach Sabouraud-Noiré der Erythem-Dosis entspricht (1 S.-N. = 1 E.-D.), und zweitens darum, weil es bei den meisten Dermatosen gar nicht auf eine besondere Tiefenwirkung ankommt.

Eine harte Strahlung ist nur ausnahmsweise da erforderlich, wo es sich um eine Beeinflussung tieferer Gewebsschichten handelt, z. B. bei der Hypertrichosis, bei tiefgreifenden Epitheliomen, bei Keloiden und Warzen von größerer Schichtdicke, eventuell auch beim Lichen ruber verrucosus und Lupus sowie bei Ekzem- und Psoriasis-Herden mit besonders tiefer Infiltration oder besonders starker Hyperkeratose.

Gerade bei der Psoriasis und beim Ekzem ist nun von einigen Autoren (Frank, Schultz, Meyer und Ritter) von vornherein eine härtere Strahlung empfohlen worden. Nach meinen Erfahrungen wirkt diese bei oberflächlichen Psoriasis- und Ekzemherden keineswegs besser; man muß nur länger bestrahlen, um die gleiche Oberflächendosis zu applizieren, und läuft außerdem Gefahr, bei ausgebreiteten Eruptionen eine ungewollte Wirkung auf die tiefliegenden Organe (Milz, Magen, Darm, Knochenmark) zu erzielen.

Ich muß gerade bezüglich der Psoriasis und des Ekzems im allgemeinen Wetterer beipflichten, wenn er sagt: „Bei diesen Affektionen bringt die harte Strahlung nicht nur keinen Vorteil, sondern sie steht unbedingt hinter der mittelweichen zurück“ [1]).

Das gleiche gilt für die meisten anderen Dermatosen (Akne rosacea, Lichen simplex chronicus, Lichen ruber planus, Furunkulosis usw.).

---

[1]) Das trifft aber nur für die ausgedehnten Prozesse dieser Art zu, für kleine sicher nicht.

Auch die Naevi vasculosi, sowohl die flachen wie die tumorartigen Formen, reagieren meist besser auf eine weiche Strahlung, offenbar darum, weil ihr Absorptionsvermögen für Röntgenstrahlen sehr gering ist (Frank Schultz) und man braucht keineswegs anzunehmen, daß die verschiedenen „Strahlenqualitäten" biologisch verschieden wirken.

Eine gewisse „elektive" Wirkung auf bestimmte Zellen (der Haarpapille, Schweißdrüse, Talgdrüsen, Ovarien, Testikel) kommt allen Strahlenqualitäten in gleicher Weise zu.

Die Überlegenheit der harten Strahlung beruht nur auf physikalischen Gründen, nämlich auf der besseren Tiefenverteilung der Strahlung, die überall da erwünscht ist, wo es sich um die Beeinflussung dickerer Gewebsschichten handelt. Auf der dünnen Haut des behaarten Kopfes erzielt man z. B. mit einer mittelweichen Strahlung leicht einen unkomplizierten Haarausfall, weil die Papillen hier nicht so tief liegen wie in der dickeren, fettreicheren Haut der Wangen und Oberlippe, wo man nur mit einer härteren Strahlung den gleichen Effekt erreicht.

Wie hart soll nun die Strahlung da, wo sie für die Oberflächentherapie in Frage kommt, sein? Soll sie unfiltriert oder filtriert appliziert werden? Wie dick soll das Filter sein?

Man kann auch hier antworten: Es führen viele Wege zum Ziel!

Man kann z. B. mit einer Primärstrahlung von 10 We. die Haarpapillen so schädigen, daß die Haare ausfallen, ohne daß eine sichtbare Oberflächenreaktion (Erythem) auftritt, man kann dasselbe erreichen, wenn man diese Strahlung durch 0,5 (Kuznitzky), durch 1, 2, 3 oder 4 mm Aluminium filtriert!

Wenn ich für alle Hautaffektionen, bei denen eine harte Strahlung angebracht ist, denselben Härtegrad und dasselbe Filter empfehle, nämlich ca. 10 We. und 3 mm Aluminium, so geschieht das einmal deshalb, damit man sich das Leben mit den verschiedenen Filterdicken nicht unnötig schwer macht, und dann auch aus dem Grunde, weil natürlich bei dünneren Filtern das Verhältnis der Oberflächen- zur Tiefendosis weniger günstig ist.

Bezüglich der speziellen Technik findet man genauere Angaben bei den einzelnen Erkrankungen. Die Dosen sind dort nach Sabouraud-Noiré angegeben. 1 S.-N. entspricht der Strahlenmenge, die eine in halber Fokushautdistanz bestrahlte Reagenztablette bis zur Teinte B verfärbt. Bei 5—7 We. ist 1 S.-N. = 1 E.-D. Bei 5 We. wird das Erythem etwas stärker, bei 7 We. etwas schwächer ausfallen, wenn man so lange bestrahlt, bis die Teinte B erreicht ist.

Bei 10 We. und 3 mm Aluminium sind erst 3 S.-N.-D. = 1 E.-D. (vgl. auch den Abschnitt: „Die Erythemgrenze bei den verschiedenen Strahlenqualitäten!“).

Im allgemeinen gilt als Regel, auf die normale Haut nicht mehr Röntgenstrahlen zu applizieren, als zur Erzielung des gewünschten Effektes unbedingt erforderlich sind. Man bleibe möglichst unter der Erythem-Dosis. Die stärkste zulässige Reaktion ist ein leichtes Erythem. Auf pathologisches Gewebe, dessen Rückbildung an sich von Narbenbildung gefolgt ist (Lupus, Karzinom, Sarkom) müssen häufiger auch stärkere Dosen verabfolgt werden.

Methodik der Tiefenbestrahlung.

(Vergleiche das spätere Kapitel: Behandlung maligner Tumoren.)

Christen hat eine Absorptionstabelle für verschiedene Strahlenqualitäten aufgestellt, nach welcher für tief gelegene Krankheitsherde die Strahlenqualität die günstigste sein soll, deren Halbwertschicht gleich der Dicke der über dem Krankheitsherd gelegenen Weichteilschicht ist.

Absorptionstabelle nach Christen.

Halbwertschicht	Absorbierte Strahlenmengen oberste Schicht	tiefe Schicht	Dosenquotient
$a = 1/4 \cdot w$	24,2%	1,5%	16,1
$a = 1/3 \cdot w$	18,7%	2,3%	8,1
$a = 1/2 \cdot w$	12,9%	3,2%	4,0
$a = 7/10 \cdot w$	9,4%	3,5%	2,7
$a = w$	6,7%	3,3%	2,0
$a = 10/7 \cdot w$	4,7%	2,9%	1,6
$a = 2 \cdot w$	3,4%	$2{,}6^1/_2$%	1,36
$a = 3 \cdot w$	2,3%	1,8%	1,28
$a = 4 \cdot w$	1,7%	1,55%	1,1

a Halbwertschicht, w Weichteilschicht

Dicke der obersten und tiefen Schicht $= \frac{1}{10}$ w.

Diese Tabelle kann aber nur Gültigkeit haben unter der Voraussetzung, daß bei gleicher Belastung gleich lange bestrahlt wird. Aber auch dann wird, wie ein Blick auf die Tabelle zeigt, das Verhältnis zwischen Oberflächen- und Tiefendosis um so günstiger, je härter die Strahlung wird; nur werden allerdings beide Dosen kleiner. Man braucht aber nur entsprechend länger (bzw. mit stärkerer Belastung) zu bestrahlen, um die bei härterer Strahlung natürlich ungünstigeren Absorptionsverhältnisse zu verbessern. Nach der Tabelle beträgt z. B. bei a = w die absorbierte Strahlenmenge in der obersten Schicht 6,7%, in der tiefen Schicht 3,3%, bei a = 4 w in der obersten Schicht 1,7%, in der tiefen Schicht 1,55%. Verdoppeln wir die Dosis, d. h. multiplizieren wir beide Werte bei a = 4 w mit 2, so haben wir in der obersten Schicht 3,4%, in der tiefen Schicht 3,1%. Wir haben also dann bei a = 4 w in der Tiefe fast die gleiche Dosis zur Absorption gebracht wie bei a = w, während an der Oberfläche zur Erzielung dieser Tiefenwirkung nur etwa die halbe Strahlendosis erforderlich ist (6,7% bei a = w und nur 3,4% bei a = 4 w!).

Aus physikalischen Gründen muß man also für tiefentherapeutische Zwecke die Strahlung so hart als irgendmöglich wählen, weil dadurch zweifellos das Verhältnis der Oberflächen- zur Tiefendosis sehr viel günstiger wird.

Praktisch sind wir vor der Konstruktion der selbsthärtenden Siedekühlröhre und der gasfreien Röhren nicht in der Lage gewesen, eine Strahlung zu produzieren, die härter war als 10—12 We. Eine weitere Härtung war nur durch Vorschaltung von geeigneten Filtern möglich, welche die in dem Strahlengemisch immer noch vorhandenen weicheren Strahlen zurückhalten. Ich habe experimentell nachgewiesen, daß der Härtegrad der filtrierten Strahlung nicht nur von dem Filtermaterial und der Filterdicke, sondern auch von dem Härtegrad der Primärstrahlung abhängt; je höher dieser ist, desto härter ist auch die filtrierte Strahlung. Als Filter hat man alle möglichen Stoffe, Leder, Glas, Aluminium, neuerdings auch Eisen, Zink, Kupfer, Messing und Blei benutzt.

Von allen diesen Stoffen ist auch heute noch das Aluminium das am meisten benutzte Filtermaterial. Wie dick soll das Aluminium nun genommen werden? Filtrieren wir eine Strahlung von 10 We. durch 1 mm Aluminium, so steigt die Halbwertschicht von ca. 1,5 cm auf 2 cm, nach Filtration durch 2 mm auf 2,25 cm. Eine weitere Härtung, d. h. ein weiteres Ansteigen der Halbwertschicht habe ich mit dem Christenschen Härtemesser auch nach Filtration durch 6 mm Aluminium nicht sicher konstatieren können, während allerdings Hans Meyer das Optimum bei 4 mm mit 2,5 cm Halbwertschicht erreicht zu haben glaubt. Auf Grund von Aufnahmen mit dem für photographische Messungen modifizierten Halbwertschicht-Härtemesser nach Christen konnte dagegen Hessmann eine weitere Härtung der Röntgenstrahlen unter 10 mm Aluminiumfilter nachweisen, und zwar bei einem Härtegrad der Röntgenstrahlen von 6—7 Waltereinheiten, einer Belastung von etwa 3 Milliampère und einer Exposition der Röntgenplatte von

5 und 15 Sekunden, wobei eine selbsthärtende Siedekühlröhre verwendet wurde. Die Härtung ist allerdings durch das erste 1 mm dicke Aluminiumblech am größten und steigt dann nicht mehr sehr erheblich, aber immerhin nachweisbar unter 5, 8 und 10 mm Aluminium weiter an. Jedenfalls hat eine jetzt sechsjährige Erfahrung in der Praxis dem Herausgeber gezeigt, daß sowohl bei Bestrahlungen von Tumoren in der Tiefe (Karzinom, Sarkom und Myom) als auch bei der postoperativen Röntgenbehandlung die 10 mm Aluminiumfilterung weiterbringt, wenigstens bei Gebrauch der Siedekühlröhre bzw. der Elektronenröhren. Als Äquivalent des 10 bzw. 11 mm-Aluminiumfilters ist das $^1/_2$ mm-Zinkfilter anzusehen, das von Wintz in die Praxis eingeführt wurde oder auch das von Warnekros empfohlene $^1/_2$ mm-Kupferfilter. Will man eine noch mehr penetrierende Strahlung haben, so muß man statt des „Leichtfilters“ ein „Schwerfilter“ benutzen, z. B. dünne Bleiplatten, wie das Loewenthal vorgeschlagen hat, oder 3 mm starke Zinkplatten, die Rapp und Werner in einigen besonders schwierigen Fällen mit Erfolg benutzt haben.

Wenn man z. B. eine Strahlung von 10 We. durch ein 0,25 mm dickes Bleifilter schickt, so ist der Härtegrad der Strahlung hinter dem Filter noch erheblich höher wie hinter einem 3 mm dicken Aluminiumfilter.

Der Härtegrad ist so hoch, daß das Handbild auf dem Leuchtschirm fast ganz homogen erscheint, und kann weder mit der Wehneltskala noch auch gehörig differenziert mit dem Christenschen Härtemesser bestimmt werden. Zur Zeit wird hier und da noch mit Aluminiumfilter von 3 oder 4 mm Dicke gearbeitet, das gewöhnlich vor der Blendenöffnung am Boden des Schutzkastens befestigt wird. Abgesehen von der vaginalen Röntgentherapie leistet aber zweifellos das 10 mm Aluminiumfilter bzw. das $^1/_2$ mm-Zink- oder Cu-Filter bei der perkutanen Bestrahlung tiefer gelegener Tumoren weit bessere Dienste.

Nach Filtration durch 3 mm Aluminium bei einer Primärstrahlung von 10—12 We. können wir 3 S.-N. geben, ohne die Erythemgrenze zu überschreiten, und diese Dosis etwa alle 6 bis 8 Wochen zweimal wiederholen. Es tritt dann nur eine Bräunung der Haut auf. Erst nach Applikation von über 3 S.-N. kommt es zu stärkeren Erythemen.

Um größere Dosen in der Tiefe zur Absorption zu bringen, stehen uns außer der Verwendung einer besonders harten Primärstrahlung, eines in geeigneter Weise zu vergrößernden Oberflächenfeldes, einer möglichst großen Fokushautdistanz und der Filtration noch die Anämisierung der Haut und die Bestrahlung von mehreren Eintrittspforten aus („Kreuzfeuer“) zur Verfügung.

Die Anämisierung läßt sich durch Kompression der Haut erreichen.

Überall da, wo ein Tumor etwas tiefer unter der Haut gelegen ist, also z. B. bei den gynäkologischen Röntgenbestrahlungen, kann man daher die Kompression anwenden. Durch diese wird nämlich zweierlei erreicht. Erstens verträgt die gut komprimierte Haut die $1^1/_2$—2fache Haut-Erythemdosis, z. B. bei 10 We. unter 3 mm Aluminium $4^1/_2$—6 S.-N. (statt 3 S.-N. ohne Kompression).

Zweitens wird aber auch das Verhältnis der Oberflächen- zur Tiefendosis erheblich günstiger, weil durch Kompression der Haut diese dem zu beeinflussenden Gewebe in der Tiefe wesentlich genähert, der Unterschied in der Entfernung beider vom Fokus der Röhre ganz bedeutend verringert werden kann.

Die Kompression ist — besonders am Abdomen — in energischer Weise nur durch einen Tubus möglich. Wintz hat solche Tuben angegeben für verschiedene Fokushautdistanzen, für 23 cm, 30 und 40 cm, und zwar in verschiedener Form (teils rechteckig, teils rund). Innen sind die Wandflächen des Tubus mit Bleigummi ausgekleidet, dessen untere Öffnung durch eine als Kompressorium dienende, eventuell mit Lederüberzug versehene Holzplatte verschlossen wird, die bei der Kompression die Därme verdrängt und so dem in der Tiefe gelegenen Krankheitsherd sehr viel näher gebracht werden kann. Dem gleichen Zweck dienen besonders bei Bestrahlungen des Abdomen mittels eines Übersichtsfeldes etwa 1—2 mm starke und 20 cm Durchmesser aufweisende Zelluloidplatten, die mit Hilfe der bereits erwähnten Distanzstäbe aus Holz das Oberflächenfeld planieren und auch mehr und weniger komprimieren.

Das „Kreuzfeuer", die Bestrahlung von mehreren Eintrittspforten aus, bezweckt erstens eine Schonung der Haut und zweitens eine Summierung der Wirkung in der Tiefe durch Überkreuzung der verschiedenen Strahlenbündel an der Stelle des zu bestrahlenden Gewebes. Nur wird man die Eintrittspforten nicht zu klein wählen dürfen, weil dann immer die Gefahr besteht, daß die Strahlenbündel nicht genügend in der Tiefe konvergieren, sich also in der Tiefe gar nicht überkreuzen, oder daß man gar an kleineren Gebilden (z. B. Ovarien!) überhaupt vorbeischießt, wie das bei der so gerühmten Vielfeldermethode gar nicht selten vorkommt. Statt der Bestrahlung von verschiedenen Einfallspforten ist speziell für gynäkologische Tiefenbestrahlungen (Myome, Uteruskarzinome) von Hans Meyer die „schwingende Röhre" angegeben worden. Durch einen Motor wird die Röhre über dem Abdomen dauernd von einer Seite zur anderen hin und her bewegt in einer Bahn, die einen Teil einer Ellipse darstellt. Der Mittelpunkt derselben soll dann das zu bestrahlende Objekt in der Tiefe sein. Die Hautfelder, die als Einfallspforten dienen, werden also fortwährend gewechselt, die Haut wird immer nur einmal, das in der Tiefe zu bestrahlende Organ jedoch fortwährend getroffen. Eingang in die Praxis hat diese etwas kostspielige Methode bisher nicht gefunden.

Bei Verwendung extrem harter Strahlen, wie sie von den gashaltigen selbsthärtenden Siedekühlröhren und den neuen gasfreien Elektronenröhren unter Anlegen einer hohen Sekundärspannung geliefert werden (entsprechend einer parallelen Funkenstrecke von 39 cm und darüber), kann man unter einem 0,5 mm dicken Zinkfilter bei der gleichen Hautbeanspruchung wie unter einem 3 mm dicken Aluminiumfilter in der Tiefe von 10 cm die doppelte Dosis verabreichen. Allerdings muß man auch — ceteris paribus — unter dem Zinkfilter sehr viel länger bestrahlen, um die gleiche Oberflächendosis zu applizieren. Nach Wintz und Baumeister erhält man noch kein Erythem, wenn man unter Zinkfilterung $3^1/_2$ mal so lange bestrahlt, wie das unter Aluminiumfilterung erforderlich ist, um die Erythemdosis zu applizieren. Das gilt indessen nur für Aluminiumfilterung geringer Schichtdicke (3 bzw. 5 mm Dicke). Für ein 10 oder 11 mm-Aluminiumfilter ist der Unterschied in den Haut-Erythemdosiszeiten dagegen nur gering.

Dank der Fortschritte der Technik auf dem Gebiete der Röntgenapparatur und der Röhren sind wir also jetzt in der Lage, jeden Tumor, auch wenn er in der Tiefe liegt, mit einer besonders harten Strahlung anzugehen. Eingedenk der von Franz und Haendly 1917 und 1918 publizierten Mißerfolge bezüglich einer Schädigung der Darm- und Blasenschleimhaut darf aber eine extrem harte Strahlung nur von einem besonders vorgebildeten Röntgentherapeuten angewendet werden, der durch jahrelange Beschäftigung mit der Intensiv-Röntgentherapie sämtliche Bestrahlungskunstgriffe meistert und der an die Bestrahlung maligner Tumoren vom Abdomen und Os sacrum aus nur unter Einhalten aller Kautelen herangehen wird. Keinesfalls darf bei den extrem harten Strahlen die Karzinomdose so groß bemessen werden, daß ein starkes Hauterythem auftritt; denn nach den bisherigen Erfahrungen sind dann Spätschädigungen schwer zu vermeiden, besonders wenn noch eine intermediäre Röntgenbehandlung bei malignen Tumoren durchgeführt wird.

Die Maximaldose für das Karzinom darf daher auf der Haut nur ein geringes Erythem zur Folge haben. Wenn Warnekros unter einem Kupfer-Aluminiumfilter die Karzinomdose jetzt schon in der Praxis größer bemißt, so müssen weitere Erfahrungen damit abgewartet werden, besonders bezüglich eventueller Spätschädigungen. Der von Warnekros publizierte Erfolg bei einem Korpuskarzinom klingt sicher recht ermutigend.

Ob man allerdings bei der Behandlung mit extrem harten Strahlen und sehr hohen Dosen die Indikation einer Bluttransfusion, wie sie Warnekros fordert, unbedingt gelten lassen soll, erscheint doch fraglich, aus dem einfachen Grunde, weil die extrem hohe Karzinomdose, abgesehen von der starken Allgemeinschädigung des Blutes, vorläufig noch die eben erwähnten Bedenken bzgl. der Spätschädigungen der Haut erregt. Außerdem ist die Bluttransfusion, auch wenn sie von geübter Hand ausgeführt wird, nicht immer so ungefährlich, wie sie häufig geschildert wird.

Außer der direkten Röntgenwirkung können wir wohl eine, wenn auch viel schwächere, indirekte (Röntgentoxin) mit großer Wahrscheinlichkeit annehmen. Auch eine induzierte Röntgenwirkung dürfte möglich sein; dafür sprechen wenigstens die Erfolge von Emil G. Beck, der in tief gelegene Krankheitsherde (Wirbelsäule, Becken, Hüftgelenk) Wismutpaste eingespritzt und dann durch die Weichteile hindurch mit harten Röhren bestrahlt hat. Er selbst hat von einer Radioaktivierung der Wismutpaste gesprochen, welche die harten Strahlen absorbieren und in weiche Sekundärstrahlen transformieren soll. Letztere könnten dann natürlich von dem umgebenden kranken Gewebe besser absorbiert werden als die primären harten Strahlen.

Die forensische Bedeutung der Schädigungen durch Röntgenstrahlen.

Die Schädigungen, welche durch Röntgenstrahlen hervorgerufen werden können, betreffen vorwiegend Ärzte und Techniker, welche sich oft, täglich, mehrere Monate oder Jahre hindurch — wenn auch nur für kurze Zeit — der Wirkung der Strahlen ausgesetzt haben. Geschädigt werden immer die Hautbezirke, welche der Strahlenquelle am nächsten gewesen sind, also meist die Haut am Handrücken und an der Streckseite der Finger, seltener die Gesichtshaut und am seltensten die Brust- und Bauchhaut.

Von inneren Organen sind in einzelnen Fällen die Hoden geschädigt worden, so daß — entweder vorübergehend oder dauernd, je nach der Intensität der Strahlenwirkung — Sterilität eintrat.

Fast alle diese Schädigungen stammen aus den ersten Jahren der Röntgenära und haben natürlich keine forensische Bedeutung.

Sehr viel seltener sind Schädigungen von Patienten infolge einer Röntgenaufnahme oder einer Röntgenbehandlung.

In den bekannt gewordenen Fällen handelt es sich im wesentlichen um Schädigungen der Haut, wenngleich auch Schädigungen der inneren Organe zweifellos möglich, mitunter auch wohl vorgekommen, aber von den Patienten nicht bemerkt worden sind. In erster Linie kommen hier wieder die Geschlechtsdrüsen, dann die Milz und das Knochenmark, die Nebennieren und der Magendarmkanal in Frage.

Die an sich schon relativ seltenen Schädigungen durch Röntgenbestrahlung zu diagnostischen oder therapeutischen Zwecken sind in den letzten Jahren dank der immer mehr vervollkommneten Dosimetrie noch seltener geworden und lassen sich heute mit fast absoluter Sicherheit ganz vermeiden.

Es dürfte heute wohl kaum noch Ärzte geben, welche die Notwendigkeit einer speziellen Ausbildung in der Röntgentherapie nicht anerkennen.

Wer sich freilich heute noch einen Röntgenapparat anschafft und damit alle Vorbedingungen zur Ausübung der Röntgentherapie erfüllt zu haben glaubt, der befindet sich in demselben Irrtum wie jemand, der sich ein Skalpell kauft und damit ein fertiger Chirurg zu sein meint. Wer in dieser Weise vorgeht, darf sich natürlich nicht wundern, wenn er seine Patienten schädigt und dafür auch zur Verantwortung gezogen wird.

Es sind in solchen Fällen Anklagen wegen fahrlässiger Körperverletzung erhoben und Schadenersatzansprüche gemacht worden.

Derartige Vorkommnisse mahnen immer wieder zur größten Vorsicht bei Ausführung der Röntgenbehandlung, und der Arzt muß daher die Einstellung, Abdeckung und Kontrolle der Röhre selbst vornehmen. Zum allermindesten ist eine ärztliche Überwachung der mit dem Röntgenbetrieb betrauten Gehilfen oder Gehilfinnen unbedingt erforderlich.

Zu bemerken ist noch, daß der Begriff der Schädigung durch Röntgenstrahlen nur ein relativer ist. So kann ein Ausfall des Haupt- oder Barthaares unter Umständen eine schwerere — wenn auch nur vorübergehende — Schädigung in gesellschaftlicher oder beruflicher Hinsicht bedeuten als eine unter Narbenbildung abheilende Reaktion 2. bis 3. Grades an einer von der Kleidung bedeckten Körperstelle. Auch für die Spätatrophien und Teleangiektasien kann heute der Arzt unter Umständen verantwortlich gemacht werden, wenn er die Röntgenbehandlung lediglich aus kosmetischen Gründen (Hypertrichosis, Hyperhidrosis, Seborrhoea oleosa) angewandt und die Erythemgrenze bei den einzelnen Bestrahlungen überschritten hat.

Auch bei den tuberkulösen Halsdrüsen der Kinder, besonders der Mädchen, wird man Erytheme unter allen Umständen vermeiden. Bei größeren derben Drüsenpaketen wird das aber entsprechend den meist größer zu bemessenden Dosen nicht immer zu vermeiden sein; das gleiche gilt für die Bestrahlungen größerer Myome und starker präklimakterischer Blutungen. Fast ebenso liegen die Dinge z. B. bei der Akne, bei der man zunächst natürlich versuchen wird, ohne Erythem zum Ziel zu kommen, in hartnäckigen Fällen aber auch nicht vor einem Erythem zurückschrecken wird, da eine einzige Erythemdosis in der Regel keine Atrophie zur Folge hat.

Tritt nach einmaliger Applikation einer Erythemdosis oder gar nach Dosen, welche keine sichtbare Hautreaktion zur Folge gehabt haben, später Teleangiektasiebildung ein, so ist das eben eine Ausnahme, die der Arzt nicht voraussehen kann, und die vermutlich auf eine besondere, unberechenbare Empfindlichkeit des Gefäßsystems zurückzuführen ist. Für derartige Spätfolgen kann der Arzt ebensowenig verantwortlich gemacht werden wie für die Entwicklung eines Spätulkus oder eines Karzinoms auf einer früher bestrahlten Hautpartie.

Es gibt Röntgentherapeuten, die sich von den Patienten vor Beginn der Röntgenbehandlung einen Revers ausstellen lassen. Das ist aus zweierlei Gründen nicht empfehlenswert, erstens darum nicht, weil durch eine derartige Maßnahme das Vertrauen des Patienten zu dem Können des Arztes erheblich erschüttert werden muß, und zweitens darum nicht, weil ein derartiger Revers keineswegs vor den zivil- oder strafrechtlichen Folgen einer Röntgenschädigung schützt; denn der Patient kann später immer den Einwand machen, daß er sich nach dem Wortlaut des Reverses die Schädigung doch nicht so schlimm vorgestellt, daß der Arzt ihm nur in unvollkommener Weise über diese Dinge Aufschluß gegeben habe. Dagegen ist jedem Arzte die Haftpflichtversicherung anzuraten; sie bietet den besten Schutz gegen die gerichtlichen Folgen, welche eine Röntgenschädigung unter Umständen nach sich ziehen kann. Außerdem ist jeder Patient vor Beginn einer R.-Behandlung über etwaige Folgen aufzuklären (wie z. B. Haarausfall, Rötung der Haut, Störung des Allgemeinbefindens, Erbrechen, Temperatursteigerungen, eventuelle Bildung von Teleangiektasien und evtl. Eintritt der Sterilität.

Für die Beurteilung von Röntgenschäden gelten, sofern sie forensisch werden, folgende Richtlinien:

1. Die Anwendung der Röntgenstrahlen zu diagnostischen und therapeutischen Bestrahlungen darf nur unter ärztlicher Leitung und Verantwortung geschehen.

2. Bei therapeutischen Bestrahlungen müssen über die applizierte Strahlenmenge Notizen gemacht werden, welche gestatten, die verabfolgten Oberflächen bzw. Tiefendosen zu reproduzieren.

3. Es ist erforderlich, die Patienten vor der Röntgenuntersuchung oder -behandlung zu fragen, ob sie schon vorher einer Röntgenbestrahlung ausgesetzt gewesen sind, und wie lange Zeit seitdem verflossen ist.

4. Der Arzt ist nicht verpflichtet, während der ganzen Dauer einer therapeutischen Bestrahlung im Röntgenzimmer zu bleiben, da es bei einem zweckmäßigen Instrumentarium und der nötigen Übung möglich ist, die Röhren für lange Zeit konstant zu halten und sich über die Wirksamkeit einer derartigen konstanten Röhre durch direkte Dosimetrie vorher zu orientieren. Aus dem Verlassen des Zimmers während der Bestrahlung kann dem Arzte unter diesen Umständen kein Vorwurf gemacht werden, zumal dann nicht, wenn geübtes Personal die Wartung der Röhre übernimmt.

5. Der Arzt ist berechtigt, die Röntgenbehandlung auch bei Erkrankungen anzuwenden, bei denen andere Behandlungsmethoden gleichfalls zum Ziele führen, wenn er die Röntgenbehandlung für die am meisten geeignete hält.

6. Vor jeder thermischen, chemischen oder mechanischen Reizung und infektiösen Schädigung der bestrahlten Hautstellen ist nach Beendigung der Röntgentherapie dringend zu warnen. Prophylaktisch ist die Verordnung einer reizlosen Salbe bzw. eines guten Hautkosmetikum anzuraten, um die bestrahlte Hautpartie geschmeidig zu erhalten.

7. Zur Entscheidung der Frage, ob eine Röntgenschädigung vorliegt oder nicht, und ob eine solche Schädigung auf einen Kunstfehler des Arztes zurückzuführen ist, dürfen als Sachverständige nur anerkannte Röntgentherapeuten herangezogen werden.

Die Hygiene im Röntgenzimmer.

Das Röntgenzimmer soll nicht zu klein, hell tapeziert oder gestrichen und nicht verdunkelt sein. Es ist unsinnig, therapeutische Bestrahlungen in verdunkeltem Raume vorzunehmen. Das Zimmer soll häufig, besonders nach längeren Bestrahlungen mit harter Röhre, tüchtig gelüftet werden. Die Fensterflächen eines jeden Röntgenzimmers sind daher so groß wie nur irgend möglich zu bemessen. Wer aus eigener Erfahrung weiß, in wie unangenehmer Weise die Zimmerluft durch eine einzige halbstündige Bestrahlung mit harter Röhre verändert wird, dem braucht das Lüften des Zimmers nicht erst besonders ans Herz gelegt zu werden. Die Verschlechterung der Luft ist bedingt durch die überreichliche Entwicklung von Ozon und durch die Bildung von salpetriger Säure, die allerdings nur gering ist und nach Wintz in einem von morgens bis abends für tiefentherapeutische Bestrahlungen benutzten Raume nur 0,08 mg pro Kubikmeter beträgt. Diese chemische Zersetzung der Luft tritt in störender Weise nur bei der Verwendung harter Röhren auf und ist vor allen Dingen durch die elektrischen Entladungen an den Hochspannungsleitungen, in geringerem Maße auch durch die Vorschaltfunkenstrecken bei den Induktor-Unterbrecherapparaten und durch die überspringenden Funken in den Hochspannungsgleichrichtern bedingt.

Man hat daher die Hochspannungsleitung entweder durch polierte Kabel (Messingstangen) ersetzt, um die Entladungen auf ein Minimum zu beschränken, oder in einen abgeschlossenen Raum unter der Decke verlegt und die Schränke, in denen die Röntgenmaschinen untergebracht sind, in einem besonderen Raume aufgestellt, wobei besondere Schränke auch wegfallen können.

Derartige Maßnahmen sind aber nur bei Tiefenbestrahlungen mit exzessiv hartem Röhrenlicht und stundenlangem, unausgesetztem Röhrenbetrieb zu empfehlen.

Für kleinere Betriebe, in welchen nicht nur Tiefen-, sondern auch Oberflächenbestrahlungen vorgenommen werden, dürfte die Anbringung eines kräftigen Ventilators, der zum mindesten während der Bestrahlungen mit harten Röhren läuft, genügen. Besondere komplizierte Entlüftungsanlagen, wie sie in manchen Kliniken in Gebrauch sind, dürften für kleinere Betriebe ebenfalls entbehrlich sein. Lorey empfiehlt zur Bindung der sich bildenden salpetrigen Säure flache Schalen mit Wasser, dem einige Tropfen Natronlauge zugesetzt sind, aufzustellen und die Wände mit Kalk anzustreichen.

Die Wirkung der „Röntgengase" äußert sich in Kopfschmerzen und Mattigkeit. Das beste Gegenmittel ist frische Luft.

Dagegen tritt der sog. Röntgenkater erst nach Verabreichen größerer Dosen harter Strahlen auf. Meist sind es mehr oder weniger sensible Patienten, die unter ihm zu leiden haben, während robuste Menschen selbst die größten Dosen ohne merkbare Beeinträchtigung ihres Befindens vertragen. Der Röntgenkater tritt vor allem nach Bestrahlungen des Abdomens und des Thorax, besonders bei großen Oberflächenfeldern, zuweilen auch des Schädels auf. Offenbar ist er schon das Symptom einer leichteren vorübergehenden Darm- bzw. Magenschädigung. Als weitere Nebenwirkung tritt eine zuweilen recht bedenkliche Leukopenie auf, schließlich eine lästige und oft recht schmerzhafte Schwellung der Speicheldrüsen mit nachfolgender, mitunter wochenlang anhaltender Trockenheit, die nach Tiefenbestrahlungen der Gesichts- oder Halsgegend als Ausdruck einer Schädigung der Speicheldrüsen beobachtet werden kann. Auch das Zahnfleisch kann gelegentlich bei unzweckmäßig durchgeführter Tiefenbestrahlung in dieser Gegend mehr oder weniger atrophisch werden. Gegen solche unangenehmen Erscheinungen hilft nur peinliche Abdeckung der gesunden Umgebung des Krankheitsherdes und genaueste Einstellung der Überkreuzungsfelder. Bei sachgemäß ausgeführter Bestrahlung sind übrigens alle diese Komplikationen nur vorübergehender Natur und führen nur bei übermäßiger Steigerung der Tiefendose zu dauernden Schädigungen.

Der Arzt halte sich während der Sitzung selbst außerhalb des Röntgenzimmers auf, wenn er die Einstellung vorgenommen hat und sich auf die Konstanz der Röhre verlassen kann; im übrigen lasse er durch geschultes Personal von strahlengeschützter Stelle aus mit Hilfe des Milliampèremeters, des Kilo-Voltmeters und eventuell des Qualimeters die Röhre dauernd kontrollieren und überzeuge sich von Zeit zu Zeit selbst durch einen Blick auf die Meßapparate, die Röhre und den Patienten, ob alles in Ordnung ist. Nach der halben Bestrahlungszeit eines Oberflächenfeldes muß die Sitzung unbedingt unterbrochen werden, um die Einstellung der Röhre und die Abdeckung des Einfallfeldes zu revidieren. Ist kein Personal vorhanden, muß der Röntgenarzt selbst die Röhre dauernd überwachen, da diese bei den zur Zeit häufiger auftretenden Netzschwankungen auf keinen Fall ohne Aufsicht gelassen werden darf. Wird keine „ausdosierte" Röhre benutzt, muß das Dosimeter natürlich öfter kontrolliert werden.

Der Schutz des Arztes und des Personals vor den Röntgenstrahlen sei so vollständig wie möglich. Ein absoluter Schutz dürfte kaum zu erreichen sein, da sehr harte Strahlen auch die Schutzkästen und Schutzwände durchdringen, wenn auch nur zu einem geringfügigen, kaum schädlichen Prozentsatz. Die Röhre selbst soll in einem mit Bleigummi ausgeschlagenen oder aus Bleiglas bestehenden Schutzkasten untergebracht sein; außerdem soll eine Schutzwand, die mit Bleiblech beschlagen ist und durch ein Bleiglasfenster die Beobachtung des Patienten und der Röhre gestattet, den Arzt während des Betriebes von dem Patienten trennen. Denn die gebräuchlichen Schutzkästen lassen von einer harten Strahlung einen Bruchteil hindurch, der dem Patienten nichts schadet, aber für den Arzt, der täglich mehrere Stunden sich diesen kleinen Mengen sehr harter filtrierter

Strahlen aussetzen würde, doch schädlich werden könnte. Dieser Bruchteil, ebenso wie die unvermeidliche Sekundärstrahlung, die außerhalb der Röhre überall da entsteht, wo Röntgenstrahlen auftreffen, soll dann noch durch die Schutzwand abgefangen werden. Bei Verwendung harter Röhren müssen die Schutzkästen mindestens mit 5 mm dickem Bleigummi beklebt oder aus 8 bis 15 mm dickem Bleiglas hergestellt sein. Wer noch ein übriges tun will, kann außerdem noch eine Bleigummischürze tragen. Die völlige Trennung des Bestrahlungsraumes von dem Regulierraum durch eine strahlensichere Wand, z. B. nach Lorey, welche die Beobachtung des Patienten durch ein Bleiglasfenster gestattet, bietet zwar für den Arzt den besten Schutz, wird sich aber aus pekuniären Gründen nicht immer durchführen lassen.

Das Bleiblech, mit welchem die Schutzwand benagelt ist, soll mindestens 2 mm dick sein. Bei fahrbaren Schutzwänden kann man das Blei wegen der Schwere kaum dicker nehmen. Bei feststehenden Schutzwänden und Schutzhäusern wird auch 5 mm dickes Blei verwendet. Ob es im übrigen viel Zweck hat, das Blei dicker als 2 mm zu wählen, ist fraglich, da nach Untersuchungen von Walter schon das erste Millimeter den größten Teil der Strahlung absorbiert, während die Absorption durch das zweite Millimeter weit geringer ist und bei Vergrößerung der Schichtdicke noch weiter abnimmt. Man prüfe im übrigen jeden Schutzkasten und die Schutzwand auf etwa vorhandene oder im Laufe der Zeit durch Beschädigung entstehende Defekte durch Ableuchten mit dem Fluoreszenzschirm sowohl vor der ersten Benutzung als auch späterhin nach längerem Gebrauche von Zeit zu Zeit.

Bleiblech oder Bleiglas, z. B. Spekula oder Tubus, die mit infektiösen Krankheitsherden in Berührung gekommen sind, sollen mindestens 1 Stunde lang in 3%iger Karbollösung liegen. Schutzstücke aus Bleigummi sollen ebenso wie die Druckfläche des Kompressionstubus nie mit der Haut des Patienten in Berührung kommen, was durch Unterlegen einer Papierserviette leicht zu erreichen ist. Es ist dann nur nötig, sie täglich vom Staub trocken zu reinigen. Unter den Kopf lege man stets eine Papierserviette, die nach der Benutzung fortgeworfen wird.

Indikationen.

a) Dermatologie.

Psoriasis.

Die Röntgenbehandlung der Psoriasis ist der medikamentösen Behandlung bei weitem überlegen; sie ist bequemer, besonders für den Patienten, und reinlicher, da sie die lästige Salbenschmiererei vollkommen entbehrlich macht, sie führt meist schneller zum Ziel und läßt sich ohne Berufsstörung durchführen, sie hat meist auch in den Fällen Erfolg, die gegen jede andere Behandlung refraktär sind.

Rezidive kommen vor, weichen aber prompt einer neuen Bestrahlung, die Intervalle zwischen den einzelnen, übrigens immer unbedeutender werdenden Rezidiven werden immer größer und schließlich ist die Heilung in manchen Fällen eine definitive; auch ausgedehnte Eruptionen, die über den ganzen Körper verbreitet sind, können bestrahlt werden, ohne daß etwa eine Schädigung innerer Organe zu befürchten ist, denn die psoriatischen Infiltrationen sind im allgemeinen hochempfindlich für Röntgenstrahlen und verschwinden am Rumpf schon nach $^1/_2$, an den Händen und am Kopfe mitunter schon nach $^1/_3$ S.-N. bei 5—7 We.

Auch Schädigungen der normalen Haut sind in der Regel nicht zu befürchten, selbst wenn häufigere Bestrahlungen infolge von Rezidiven nötig sein sollten, da erstens nur geringe Dosen verabfolgt werden, und zweitens die Behandlungspausen so groß gewählt werden können, daß eine Summation der Wirkungen dieser an sich sehr schwachen Einzelbestrahlungen ausgeschlossen ist.

Erytheme sind allerdings zu vermeiden, da sie häufig eine Verschlimmerung, eine Psoriasiseruption im ganzen Bereich der erythematösen Partie zur Folge haben können.

Vorsicht ist auch bei Diabetikern geboten, da deren Haut etwas empfindlicher für Röntgenstrahlen ist.

Die Anamnese wird auch in solchen Fällen unliebsame Überraschungen mit Sicherheit vermeiden lassen. Auch bei hellblonden und rothaarigen Individuen mit zarter weißer Haut ist Vorsicht am Platze (vgl. S. **83** u. folg.).

Die Röntgenbehandlung ist meines Erachtens in allen Fällen von Psoriasis von vornherein indiziert, mit Ausnahme der Psoriasis des behaarten Kopfes, wenngleich ich auch in solchen Fällen wiederholt Heilung erzielen konnte, ohne daß Haarausfall eintrat, da eben die erforderliche Strahlendosis unter der Epilationsdosis liegt.

Eine Garantie dafür, daß kein Effluvium eintritt, kann man freilich nicht übernehmen.

Selbstverständlich bildet die Psoriasis am Skrotum im allgemeinen eine Kontraindikation für die Röntgenbehandlung. Ausnahmsweise habe ich auch die Psoriasis am Skrotum bestrahlt, und zwar in Fällen, die gegen alle anderen Methoden refraktär gewesen waren. Besonders war es der Juckreiz, der den Patienten das Leben unerträglich machte. In diesen Fällen handelte es sich um ältere, verheiratete Herren, welche Kinder hatten und natürlich vor Beginn der Behandlung auf die wahrscheinlich zu erwartende vorübergehende Azoospermie aufmerksam gemacht worden waren. Wiederholt habe ich die Psoriasis der Vorhaut und der Glans des Penis nach $^1/_3$ S.-N. in 8 Tagen abheilen sehen.

Der Heilungsverlauf gestaltet sich etwas verschieden, je nachdem es sich um frische oder ältere Herde handelt. Bei frischen Herden hört gewöhnlich nach wenigen Tagen die Schuppung vollkommen auf, die Infiltration schwindet und nach 8—14 Tagen ist an Stelle des Psoriasisherdes eine pigmentierte, sonst normale Hautpartie vorhanden. Die Pigmentation ist bei brünetten Individuen besonders stark, sie verschwindet in der Regel — wenn auch bisweilen sehr langsam — vollkommen.

Bei älteren, meist stärker infiltrierten Herden tritt fast immer zunächst eine etwas stärkere Hyperkeratose auf; die Schuppen selbst nehmen eine deutlich gelbe Färbung an, es folgt dann eine trockene Abhebung der obersten Hautschicht im Bereiche der Plaques, die sich nach dieser „Häutung" als zartrosafarbene Hautstellen mit pigmentierter Umgebung darstellen.

Ich lege besonderen Wert auf die stärkere Röntgenkeratose bei älteren Psoriasisherden, die von Unkundigen leicht als ein Zeichen mangelnder Röntgenwirkung bzw. einer Verschlimmerung der Psoriasis gedeutet werden und Veranlassung geben könnte, eine stärkere Röntgenbestrahlung zu applizieren, die dann im Verein mit der ersten, nachwirkenden Bestrahlung unter Umständen heftige Dermatitis mit nachfolgender Hautatrophie zur Folge haben könnte.

Die Röntgenkeratose habe ich fast nur bei sehr alten Plaques an Ellenbogen und Knien beobachtet, in diesen Fällen allerdings fast regelmäßig, und es ist eigentlich auffallend, daß diese Erscheinung von anderen Beobachtern noch nicht beschrieben worden ist.

Eine gewisse Vorsicht ist auch bei Herden an den Unterschenkeln nötig, die ja immer — auch gegen medikamentöse Behandlung — etwas hartnäckig sind, wohl wegen der ungünstigeren Zirkulations- und Ernährungsverhältnisse der Haut, ganz besonders, wenn mehr oder weniger starke Varizenbildung diese an sich schon ungünstigen Verhältnisse noch weiterhin verschlechtert.

An solchen Stellen kommt es mitunter nach häufigeren schwachen Dosen, auch ohne daß ein Erythem aufgetreten ist, zu Hautatrophie mit Teleangiektasiebildung, und zwar kann man hier hellrote (arterielle) von blauschwarzen (venösen) Gefäßerweiterungen unterscheiden; letztere treten auch in Form kleinster, wenig über stecknadelkopfgroßer, tintenfarbiger Angiome auf. Auch die Psoriasis der Nägel pflegt nach $^1/_3$—$^1/_2$ S.-N. in 1—2wöchentlichen Pausen abzuheilen, und zwar ohne daß es zum Ausfall der Nägel kommt.

Was die Technik der Bestrahlung anbelangt, so werden die Bestrahlungen am besten im Liegen vorgenommen, nur die Hände und Arme bestrahlt man natürlich in der Weise, daß der Patient auf einem Stuhl sitzt und die Hände auf einen davor-

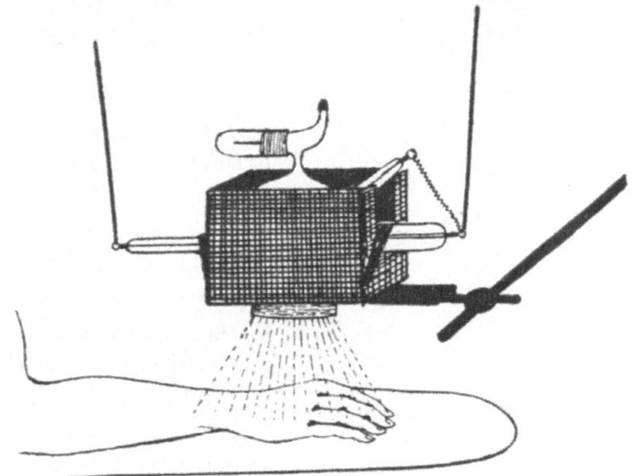

Abb. 66. Bestrahlung des Handrückens.

stehenden Tisch legt. Die Fokushautdistanz wählt man nicht zu groß, am besten etwa 20—30 cm und behält im allgemeinen zweckmäßig immer die gleiche Entfernung bei.

Abb. 66 zeigt die Bestrahlung des Handrückens. Eine Abdeckung ist bei den kleinen Dosen, welche für die Psoriasisbehandlung in Betracht kommen, nicht erforderlich, ja nicht einmal ratsam. Denn auch nach ganz schwachen Bestrahlungen kann gelegentlich bei brünetten Personen eine Pigmentierung der Haut auftreten, die bei scharfer Abdeckung eine entsprechend scharfe Begrenzung zeigt und dadurch besonders auffällig ist, während sie sonst ganz allmählich in die normale Hautfärbung übergeht und gar nicht auffällt. Diese Pigmentierungen verschwinden zwar meist wieder, aber bisweilen doch erst nach mehreren Wochen oder Monaten.

Empfehlenswert ist — besonders bei Männern, — der Schutz der Genitalgegend durch eine auf den Tisch gelegte Bleiblechplatte oder eine Schürze aus Bleigummi, welche die auffallenden Röntgenstrahlen absorbieren.

Hat man $^1/_3$ S.-N. appliziert, so wartet man 8 Tage ab und gibt dann eventuell noch einmal die gleiche Dosis, eventuell nach weiteren 14 Tagen noch einmal.

In der Regel gebe ich von vornherein $^1/_2$ S.-N. und warte dann 14 Tage ab, um dann eventuell noch einmal $^1/_2$ S.-N. zu applizieren. Abb. 67 zeigt beispielsweise die Lagerung des Armes bei Bestrahlung des Ellenbogens. Dabei sitzt der Patient möglichst vornübergebeugt und stützt den anderen Ellenbogen auf den Oberschenkel.

Abb. 67. Lagerung des Armes bei Bestrahlung des Ellenbogens.

Schwierigkeiten können entstehen bei Bestrahlung großer Flächen. Um eine möglichst gleichmäßige Wirkung auf große Flächen zu erhalten, teilt man sie in kleinere Bezirke ein und verschiebt die Röhre während der Sitzung (mehrstellige Totalbestrahlung). Handelt es sich z. B. um ausgebreitete Eruptionen, welche den Rücken und das Gesäß befallen haben, so stellt man die Röhre erst über der rechten, dann über der linken Schulter, dann über der Mitte des Rückens und über den beiden Nates auf und gibt jedesmal $^1/_3$ S.-N., ohne den einen Bezirk während der Bestrahlung des anderen abzudecken (vgl. Abb. 68). Man arbeitet also mit Überkreuzung der Bestrahlungsfelder. In der Regel erzielt man auf diese Weise eine sehr gleichmäßige Wirkung auf die ganze Rückfläche des Rumpfes. Sollten einzelne Herde, die zwischen den einzelnen Röhrenstellungen gelegen waren, nicht genügend beeinflußt worden sein, so werden diese nach 8 Tagen noch einmal besonders bestrahlt. Ähnlich verfährt man bei ausgebreitetem Exanthem auf Brust- und Bauchhaut: Röhre über der rechten und linken Schulter, über dem Sternum, über der rechten und linken Bauchseite. Dosis pro loco: $^1/_3$ S.-N.

Etwas schwierig sind auch Herde zwischen den Fingern oder zwischen den Zehen zu behandeln. Handelt es sich um die Finger, so lasse ich diese möglichst spreizen und gebe dorsal und palmar je $^1/_3$ S.-N.

Handelt es sich um die Zehen, so verfahre ich genau so, nur daß die Spreizung der Zehen mechanisch durch zwischengelegte Holzstückchen oder kleine Wattebäusche herbeigeführt wird. Noch besser ist die Bestrahlung durch ein zwischen die Zehen geschobenes kleines Bleiglasspekulum.

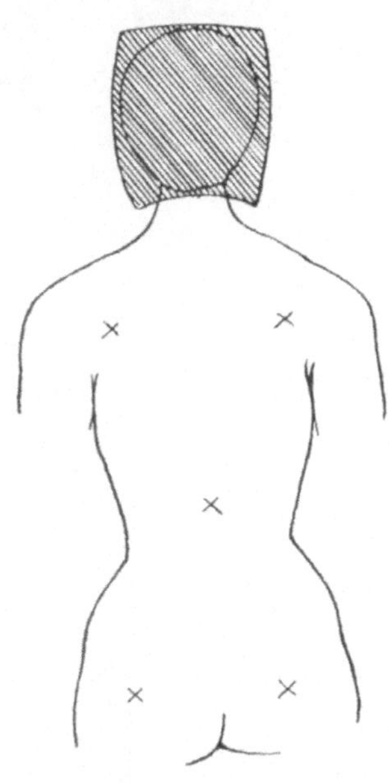

Abb. 68. Röhrenstellung und Abdeckung bei Totalbestrahlung des Rückens. (Die Kreuze bezeichnen den Fußpunkt d. vom Fokus auf die Haut gefällten Lotes.)

In den seltenen Fällen, in welchen die Psoriasis auf die üblichen Dosen bei mittelweicher Strahlung nicht reagiert, könnte das an der ungenügenden Tiefenwirkung bei älteren, stärker infiltrierten Plaques liegen, und in solchen Fällen ist natürlich ein Versuch mit härterer Strahlung berechtigt. Am besten wird dann eine Strahlung von 10—12 We. angewandt, die durch 3 mm Aluminium filtriert ist. Dosis: $1^1/_2$—2 S.-N. = ca. $^1/_2$—$^3/_4$ E.-D.

Neuerdings empfiehlt Brock (Kiel) zur Behandlung der Psoriasis die Thymusdrüse zu bestrahlen. Der Erfolg, der hiermit zweifellos in vielen Fällen zu erzielen ist, bestätigt die Annahme, daß die innere Sekretion der Thymus hierdurch angeregt und die Schuppenflecken auf diesem Wege beseitigt werden können. Dosis: 1—$1^1/_2$ S.-N. (gleich etwa 20% der H.-E.-D) unter 10 mm Aluminiumfilter bei einer Fokushautdistanz von 35 cm. Meist ist eine Wiederholung dieser Dose notwendig, und zwar nach 6—8 Wochen. In refraktären Fällen müssen dann die Plaques lokal in der bereits erwähnten Weise bestrahlt werden.

Ekzem.

Von den Ekzemen kommen für die Röntgenbehandlung nur die subakuten und chronischen Formen in Betracht, und zwar werden alle Arten, schuppende, nässende und rhagadiforme sowie Ekzeme mit Schwielenbildung gleich günstig beeinflußt und mitunter schon durch einmalige Applikation von $^1/_3$—$^1/_2$ S.-N. bei 5 bis 7 We. bzw. noch besser bei 10—12 We. unter 3 mm Filter zur Heilung gebracht.

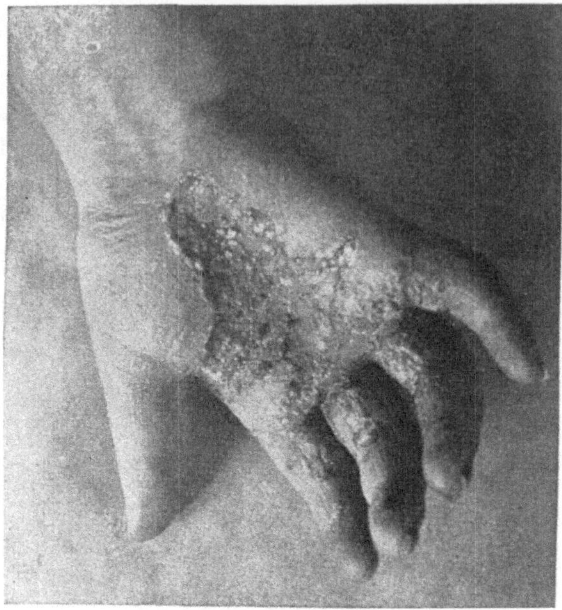

Abb. 69.

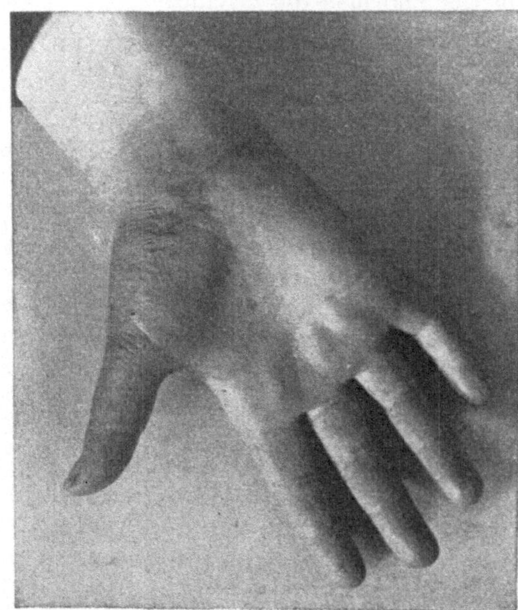

Abb. 70.
Nässendes Handekzem durch Röntgenbestrahlung geheilt, vorher 2 Monate lang auf der Klinik für Hautkrankheiten der Charité ohne Erfolg mit Salbenverbänden behandelt (H. E. Schmidt).

Auch hier sollte man meines Erachtens gleich von vornherein die Röntgenbestrahlung anwenden, die gegenüber der oft nutzlosen Salbenapplikation die gleichen Vorteile bietet wie bei der Psoriasis, wenigstens bei den stark juckenden Ekzemen der Hände, der Anal- und Genitalregion, bei welchen der quälende Juckreiz in prompter Weise beseitigt wird. Ich kenne kein Mittel, welches das Jucken in so eklatanter Weise beeinflußt wie die Röntgenstrahlen, die hierin auch den Hochfrequenzströmen bei weitem überlegen sind, was merkwürdigerweise immer noch nicht genügend bekannt ist.

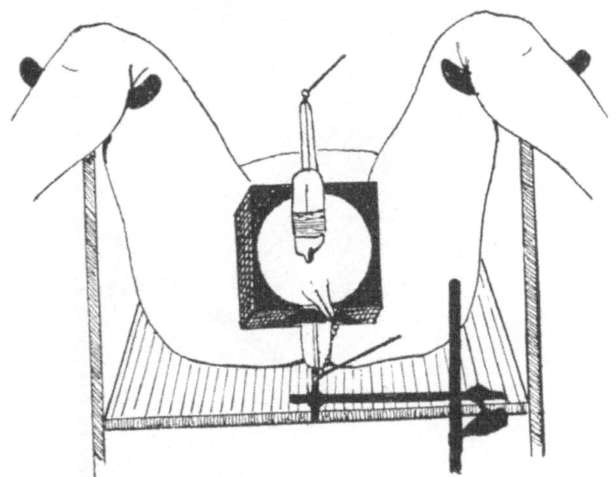

Abb. 71. Bestrahlung der Genitalgegend.

Nässende Flächen überhäuten sich, Rhagaden heilen, die Infiltration und Hyperkeratose schwindet — meist spätestens 8–14 Tage nach der Bestrahlung. Auch die intertriginösen Ekzeme in den Inguinalfurchen, Achselhöhlen, unterhalb der Mammae und hinter den Ohren bilden ein dankbares Feld für die Röntgenbehandlung, ebenso das Ekzem der Nägel. Auch die Dyshidrosis der Hände, selbst im akuten Bläschenstadium, reagiert prompt auf schwache Röntgenbestrahlungen. Man tut gut, die Patienten bei vorhandenem Jucken darauf aufmerksam zu machen, daß der Juckreiz nach der Bestrahlung zunächst bisweilen noch etwas stärker werden kann, dann aber in ca. 8 Tagen vollständig aufhört. Auch große Ausdehnung des Ekzems bildet keine Kontraindikation für die Röntgenbehandlung.

Rezidive kommen vor, weichen aber meist prompt einer neuen Bestrahlung.

Bezüglich der Dosierung und Abdeckung gilt dasselbe wie für die Psoriasis, nur tut man gut, die Dosis bei subakutem Ekzem etwa um die Hälfte geringer zu bemessen.

Ekzeme der Vulva werden in der aus Abb. 71 ersichtlichen Lagerung der Patientin bestrahlt, Ekzeme der Analgegend am besten in Knie-Ellenbogen-Lage (vgl. Abb. 72), mit Unterstützung der Bauchgegend durch feste Kissen.

Auch bei den Kinderekzemen kann man die Röntgenbehandlung anwenden, ohne etwa eine Wachstumsstörung befürchten zu müssen, worauf Überängstliche immer wieder hingewiesen werden müssen. Vorsicht ist bei Diabetikern am Platze, ebenso bei hellblonden und rothaarigen Individuen mit besonders zarter, weißer Haut.

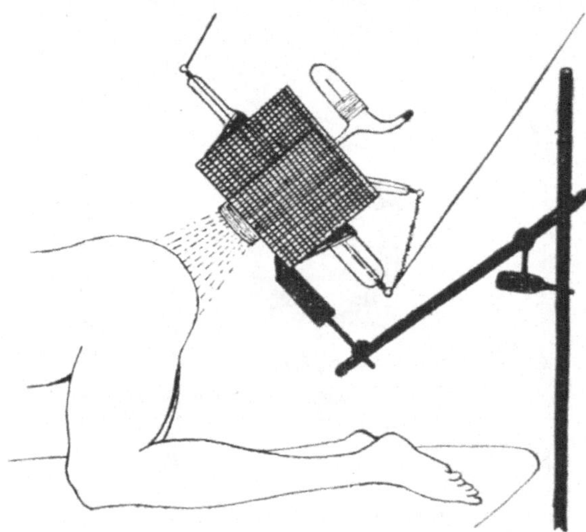

Abb. 72. Bestrahlung der Analgegend.

Beim chronischen, häufig rezidivierenden Ekzem ist wie übrigens bei allen chronischen Ernährungsstörungen der Haut daran zu denken, diese Störung durch Anregung der inneren Sekretion zu beseitigen (Thymusbestrahlung mittels Reizdosis, 1—$1^1/_2$ S.-N. unter 10 mm Aluminiumfilter je nach dem Alter des Kranken).

Pityriasis rosea.

Die an sich harmlose und höchstens durch den Juckreiz lästige Pityriasis rosea reagiert recht prompt auf Röntgenbehandlung. Diese Methode ist bei der meist sehr ausgebreiteten Dermatose indiziert, wenn man möglichst bequem und möglichst schnell zum Ziele kommen will. Man appliziert pro loco $1/_3$—$1/_2$ S.-N. bei 5—7 We. bzw. mit harter Strahlung und 3 mm Filterung $1/_2$ S.-N. und wiederholt die Bestrahlung im Bedarfsfalle in gleicher Weise nach 1—2 Wochen. Meist wird mehrstellige Totalbestrahlung in der bei der Psoriasis des Rumpfes angegebenen Weise (vgl. Abb. 68) erforderlich sein.

Lichen simplex chronicus (Vidal).

Bei der von den Franzosen als „Neurodermite" bezeichneten, durch Lichenifikation der Haut und heftigen Juckreiz charakterisierten Erkrankung, welche in Form von umschriebenen Plaques mit Vorliebe in der Nackengegend lokalisiert ist, aber auch an anderen Körperstellen, mitunter in strichförmiger Anordnung (Neurodermite en bandes) auftreten kann, ist die Röntgenbehandlung die Therapie der Wahl. $1/_2$ S.-N. bei 5 bis 7 We. (bzw. mit der bereits angegebenen härteren Strahlung und 3 mm Filterung $3/_4$ S.-N.) (in chronischen Fällen auch 1 S.-N.) genügt in den meisten Fällen, um den Juckreiz, der so heftig sein kann, daß er den Patienten die Nachtruhe raubt, zu beseitigen und die Infiltration zur Resorption zu bringen.

Sollte die Infiltration und Lichenifikation der Haut 14 Tage nach der Bestrahlung nicht verschwunden sein, so müßte eine zweite Bestrahlung in derselben Weise vorgenommen werden. Ich habe eine große Anzahl derartiger Fälle behandelt und geheilt und kenne keine andere Methode, die in so sicherer, rascher und bequemer Weise zum Ziele führt.

Rezidive sind nicht seltener und nicht häufiger als nach Salbenbehandlung und machen eine Wiederholung der Bestrahlung erforderlich.

Lichen ruber planus.

Die Knötchen des Lichen ruber planus reagieren ebenso wie der lästige Juckreiz meist prompt auf die Röntgenbestrahlung. Da es sich immer um ausgebreitete Eruptionen handelt, ist mehrstellige Totalbestrahlung in der bei der Psoriasis angegebenen Weise erforderlich. Dosis pro loco $1/_3$ S.-N., Wiederholung nach 10—14 Tagen, in hartnäckigen Fällen $1/_2$ S.-N., dabei durch Überkreuzung der Bestrahlungsfelder meist leichtes Erythem.

Die Knötchen kommen zur Resorption unter Hinterlassung einer ganz typischen graubraunen Pigmentierung, die langsam verschwindet.

Bei sehr ausgebreiteten Eruptionen kann man gleichzeitig Arsen geben. Im allgemeinen aber dürfte die Röntgentherapie der Arsenmedikation vorzuziehen sein. Sie wirkt schneller und

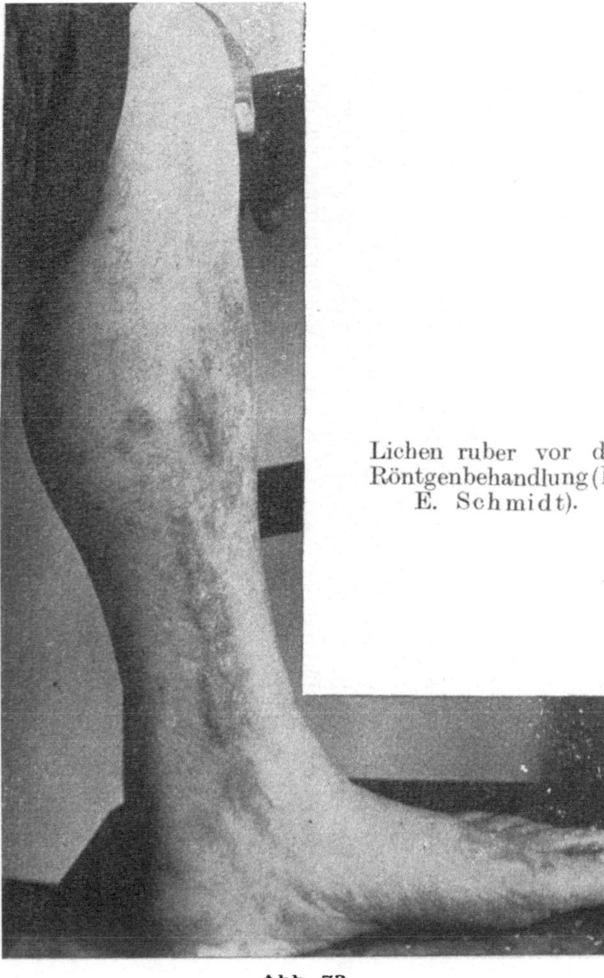

Lichen ruber vor der Röntgenbehandlung (H. E. Schmidt).

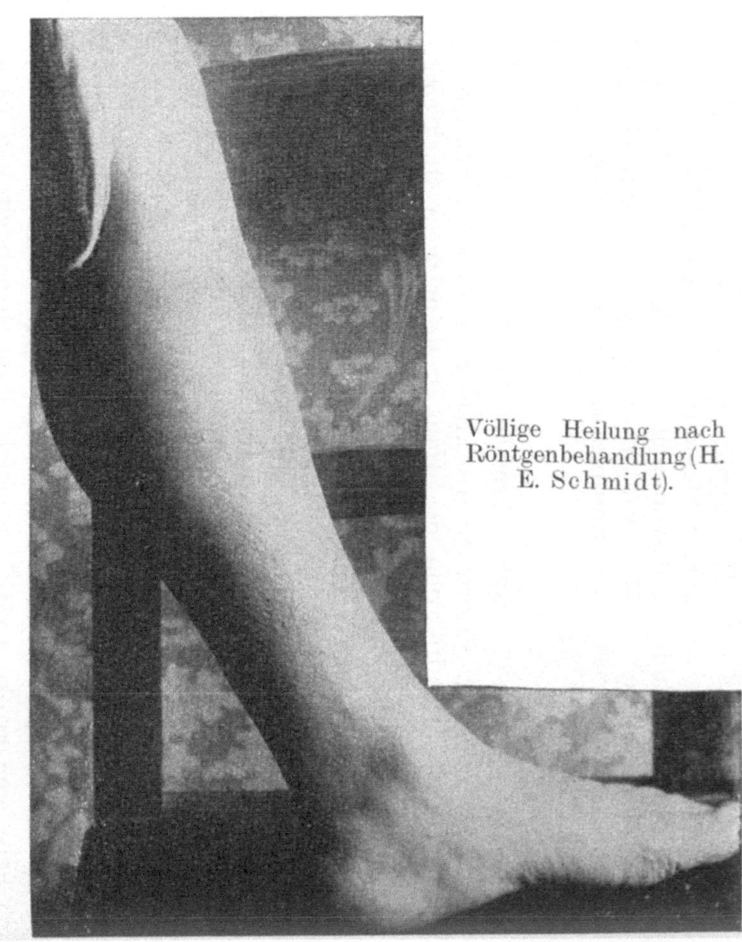

Völlige Heilung nach Röntgenbehandlung (H. E. Schmidt).

Abb. 73.

es sind keine Schädigungen zu befürchten, während gerade beim Lichen ruber planus das Arsen meist in so hohen Dosen und so lange Zeit gegeben werden muß, daß die Gefahr einer Arsenintoxikation ziemlich nahe liegt.

Auch beim Lichen ruber acuminatus dürfte ein Versuch mit der Röntgenstrahlenbehandlung durchaus angebracht sein, eventuell in Kombination mit der Arsenmedikation.

Erfahrungen über die Wirkung der Röntgenstrahlen bei dieser seltenen Dermatose liegen meines Wissens bisher noch nicht vor.

Lichen ruber verrucosus.

Die derben, prominenten, umschriebenen Infiltrate des Lichen ruber verrucosus, die mit Vorliebe an den Unterschenkeln lokalisiert sind und den Patienten besonders durch den heftigen Juckreiz belästigen, auf Arsen nicht reagieren und auch sonst dermatologisch kaum zu heilen sind, werden durch Röntgenstrahlen zur Resorption gebracht. Der Juckreiz hört schon nach Applikation von $^1/_2$ S.-N. bei 5—7 We. auf, während zur völligen Resorption des Infiltrates $^3/_4$—$^4/_5$ S.-N., mitunter öfter in den nötigen Pausen appliziert, erforderlich ist. Abdeckung der Umgebung.

Die Heilung kann ohne Narbenbildung erfolgen, häufiger ist das Gegenteil der Fall. Bei sehr derben, verrukösen Formen ist die Anwendung einer harten Strahlung von 10—12 We., durch 3 mm Aluminium filtriert, mehr zu empfehlen. Dosis: 3 S.-N. (= ca. 1 E.-D.), Wiederholung nach 4—6 Wochen, Abdeckung der Umgebung.

Prurigo.

Die Röntgenbehandlung der Prurigo wird besonders von Wetterer warm empfohlen. Der Juckreiz schwindet rasch, die Knötchen werden resorbiert. Technisch schwierig ist die Behandlung bei kleinen Kindern, die nicht ruhig liegen, auch darf hier nur $^1/_4$ S.-N. verabreicht werden. Bezüglich der Dosen und der Strahlenqualität gilt dasselbe wie bei der Psoriasis und beim Ekzem. Rezidive sind auch durch die Röntgenbehandlung nicht zu verhüten.

Aknekeloid.

Die auch unter dem Namen Dermatitis papillaris capillitii (Kaposi) bekannte Erkrankung, welche fast ausschließlich in der Nackengegend an der Haargrenze auftritt und zur Bildung harter, keloidartiger, meist follikulärer Infiltrate führt, bildet eine strikte Indikation für die Röntgenbehandlung.

Ich habe viele Fälle behandelt und geheilt; die Heilung scheint eine definitive zu sein, wenigstens konnte ich einige Fälle längere Zeit beobachten, ohne daß ein Rezidiv auftrat. In der Regel kommt man mit $^3/_4$ S.-N. bei 5—7 We. in Pausen von 3—4 Wochen zum Ziel. Doch ist eine harte Strahlung von 10—12 We., durch 3 mm Aluminium filtriert, noch mehr zu empfehlen. Dosis: 3 S.-N. (= ca. 1 E.-D.), Wiederholung eventuell nach 4—6 Wochen.

Acne vulgaris.

Die Akne bildet keine strikte Indikation für die Röntgenbehandlung. Die Bestrahlung soll nur in hartnäckigen Fällen angewandt werden, die gegen andere Behandlungsmethoden refraktär sind.

In solchen Fällen ist dann allerdings die Wirkung der Röntgenstrahlen geradezu verblüffend.

Die Infiltrate schrumpfen allmählich, auch Komedonen können verschwinden. Pusteln trocknen ein. Auch sehr tiefliegende alte Infiltrationen kommen zur Resorption. Eine gleichzeitig bestehende Rosacea wird ebenfalls immer erheblich gebessert. Mitunter beobachtet man allerdings auch zunächst noch die Eruption neuer follikulärer Knötchen und Pusteln als Reaktion auf die Bestrahlung.

Was die Technik anbelangt, so müssen die Bestrahlungen so dosiert sein, daß höchstens ein leichtes Erythem auftritt. Für die Akne des Gesichtes hat sich mir folgender Modus als ausreichend bewährt: drei Röhrenstellungen, 1. Fokus über der Nasenwurzel, 2. Fokus über der rechten Wange, 3. Fokus über der linken Wange, jedesmal $^1/_3$ S.-N. bei 5—7 We. Wiederholung in der gleichen Weise nach 8 Tagen, eventuell noch einmal nach weiteren 14 Tagen. Abgedeckt wird Hals, Brust, Schulter, behaarter Kopf und die Augen, letztere am besten mit entsprechenden ovalen Bleiplättchen, die mit Leukoplast fixiert werden (vgl. Abb. 75). Die Abdeckung geschieht nicht, um die Kornea oder die Netzhaut zu schützen, welche durch derartige kleine Strahlenmengen nicht geschädigt werden können, sondern um einen Ausfall der Wimpern und Augenbrauen zu verhüten. Noch schneller kommt man zum Ziel, wenn man statt $^1/_3$ S.-N. von vornherein $^1/_2$ S.-N. pro loco appliziert. Durch Überkreuzung der Bestrahlungsfelder kommt eine recht gleichmäßige Wirkung zustande, nach etwa 14 Tagen tritt schwaches, wenig auffallendes Erythem auf, das in weiteren 8 Tagen abgeheilt ist, die Haut wird dann völlig normal. Nach Abheilung der Reaktion lasse ich der Röntgenbestrahlung in der Regel eine Lichtbestrahlung (Quarzlampe) folgen, die zu einem ganz leichten Erythem führt. Erst nach Abheilung der Lichtreaktion folgt dann im Bedarfsfalle wieder eine Röntgenbestrahlung. Für die Akne des Rückens ist bei großer Ausbreitung mehrstellige Totalbestrahlung in der bei der Psoriasis angegebenen Weise erforderlich.

Abb. 75. Röhrenstellung und Abdeckung bei Totalbestrahlung des Gesichts. (Die Kreuze bezeichnen den Fokus bzw. den Fußpunkt des vom Fokus auf die Haut gefällten Lotes.)

Auch die Rezidive scheinen mir nach Röntgenbestrahlung seltener zu sein als nach anderen Behandlungsmethoden.

Vor allzu häufiger Anwendung kräftiger Bestrahlungen, welche *starke* Erytheme zur Folge haben, ist natürlich im Gesicht dringend zu warnen, weil sonst Hautatrophie und Teleangiektasiebildung zu erwarten ist. Im übrigen habe ich gerade bei der *Akne faciei* auch nach mehrfachen Röntgenerythemen niemals eine Hautatrophie oder Teleangiektasien gesehen, auch nicht in Fällen, die ich 5—6 Jahre nach der Behandlung beobachten konnte.

Bei brünetten Individuen tritt außer dem Erythem auch Braunfärbung der Haut, mitunter auch *ohne* Erythem, auf, die natürlich wieder verschwindet. Es ist zweckmäßig, die Patientinnen auf die zu erwartende Reaktion vorher aufmerksam zu machen. Auch bei der als *Akne necrotica* (*Boeck*) s. *Akne varioliformis* (*Hebra*) bezeichneten Form habe ich glänzende Resultate mit Röntgenbehandlung erzielt.

Rhinophyma.

Auch beim Rhinophyma ist die Röntgenbehandlung mit Erfolg angewandt worden (*Strebel*, *Wetterer*). Die Erfolge dürften heute bei Verwendung einer harten Strahlung (10 bis 12 We.) und Filtration durch 3 mm Aluminium noch besser sein. Bestrahlung entweder von vorn: Dosis: 3 S.-N., oder von rechts und links: Dosis pro loco: $1^1/_2$—2 S.-N. Eigene Erfahrungen fehlen.

Furunkulosis.

Die *Furunkulose* ist zuerst von *Freund* mit Röntgenstrahlen behandelt worden. Bei der zirkumskripten Furunkulose,

z. B. der Nackengegend, appliziert man am besten $^1/_2$ E.-D. und wartet dann 14 Tage ab. Ist der Erfolg nicht zufriedenstellend, wird die gleiche Dosis noch einmal, eventuell auch noch öfter, verabfolgt. Bei ausgebreiteter Furunkulose, z. B. des Rückens, ist mehrstellige Totalbestrahlung in der bei der Psoriasis angegebenen Weise erforderlich. Dosis pro loco zunächst $^1/_3$ S.-N., nur in hartnäckigen Fällen $^1/_2$ S.-N.

Auch sehr umfangreiche Infiltrate kommen meist rasch — gewöhnlich schon nach einmaliger Applikation von $^1/_2$ S.-N. bei 5—7 We. oder 1 S.-N. bei harter mit 3 mm Aluminium gefilterter Strahlung bzw. $^1/_2$—$^3/_4$ S.-N. bei mehrstelliger Bestrahlung — zur Resorption. Abszesse müssen natürlich inzidiert werden. Sind die Furunkel schon zentral erweicht, wird das Fortschreiten der Erweichung durch die Bestrahlung in der Regel rapide beschleunigt, so daß dann natürlich durch eine kleine Inzision für den Abfluß des Eiters gesorgt werden muß. Überhaupt wirken die Röntgenstrahlen bei abgegrenzten Eiterungen günstig. So hat Evler Heilung von Karbunkeln und einer ausgebreiteten Sehnenscheidenphlegmone der Hand durch Röntgenbestrahlung erzielt.

Speziell bei der Furunkulose halte ich die Röntgenbehandlung jeder anderen Methode für überlegen. Sie bietet außerdem den Vorteil, daß auf dem einmal bestrahlten Gebiete in der Regel niemals wieder neue Furunkel entstehen.

Pemphigus vegetans.

Bei dieser seltenen Form des Pemphigus ist ein Versuch mit Röntgenstrahlen durchaus angebracht (Wetterer 1908), zumal jede andere Therapie aussichtslos ist; die Vegetationen heilen ab; Rezidive sind nicht zu vermeiden. Man appliziert pro loco $^1/_3$—$^1/_2$ S.-N. bei 5—7 We. und wartet zunächst 8—14 Tage ab, um dann eventuell die gleiche Dosis noch einmal zu geben.

Lupus erythematodes.

Der Lupus erythematodes des Gesichtes reagiert mitunter prompt auf schwache Röntgenbestrahlungen, gerade so wie auf Licht- oder Salbentherapie, mitunter ist er refraktär.

Ein Versuch ist wohl wegen der bequemen und für den Patienten angenehmen Applikation in jedem Falle gestattet. Man gibt auf die rechte und linke Wange je $^1/_3$ resp. $^1/_2$ S.-N. bei 5—7 We. und wiederholt die Bestrahlung in gleicher Weise nach 1 resp. 2 Wochen, um dann wieder etwa 2 Wochen abzuwarten. Stärkere

Reaktionen sind zu vermeiden, allenfalls sind ganz leichte Erytheme zulässig. Abdeckung wie bei der Akne vulgaris.

Auch in einem Falle von Lupus erythematodes des behaarten Kopfes, der allen anderen bis dahin angewandten Methoden getrotzt und zu narbig-atrophischen Stellen — auf dem Hinterkopf von fast Handtellergröße — geführt hatte, konnte ich die an allen Stellen noch vorhandene entzündliche Randinfiltration dadurch beseitigen, daß ich in Pausen von 2—3—4 Wochen auf Schädeldach, Hinterkopf und seitliche Schädelpartien je $^1/_3$ S.-N. bei 5—7 We. applizierte.

Sklerodermie.

Bei der umschriebenen Form der Sklerodermie kommt entweder die Elektrolyse nach Brocq oder die Röntgenbehandlung in Frage (Belot 1903, Hübner 1906); die letztere sollte wegen der Schmerzlosigkeit des Verfahrens zuerst versucht werden. Man appliziert am besten 3 S.-N. mit einer Strahlung von ca. 10—12 We., filtriert durch 3 mm Aluminium und wartet dann zunächst 3—4 Wochen ab.

Elephantiasis.

Elephantiastische Verdickungen der Haut, wie sie z. B. nach häufigeren Erysipelen entstehen, lassen sich durch Röntgenbehandlung oft beseitigen. Ein Versuch ist bei der Aussichtslosigkeit anderer Behandlungsmethoden jedenfalls immer empfehlenswert. Den auffallendsten Erfolg sah ich in einem Falle von Elephantiasis faciei, die infolge häufigerer Erysipele entstanden war. Die ganze Gesichtshaut war stark verdickt, so daß die Augen nur als schmale Spalten sichtbar waren; die Patientin hatte dadurch ein geradezu stupides Aussehen bekommen. Es handelte sich wohl gemerkt nicht etwa um ein chronisches Ödem, sondern um wirkliche Bindegewebshyperplasie.

Durch Röntgenbehandlung wurde die Physiognomie der Patientin völlig verändert, besonders dadurch, daß infolge der Schrumpfung des hyperplastischen Bindegewebes die Augenlider, welche durch ihre Verdickung die starke Verengerung der Augenlidspalten bedingt hatten, wieder ihre normale Beschaffenheit annahmen, wodurch erstens die Augen fast doppelt so groß erschienen als vorher und zweitens die normalerweise vorhandenen Falten am oberen Augenlid zwischen Wimpern und Augenbrauen, die vorher vollkommen verstrichen waren, wieder zutage traten und so die ganze Umrahmung des Auges, von der bekanntlich der „Ausdruck“ des Auges bestimmt wird, eine andere wurde.

Die Röntgenstrahlen hatten dem völlig „verschwollenen“, stupiden Gesicht wieder ein ausdrucksvolles, intelligenteres Aussehen verschafft. Bei der Elephantiasis sind kleinere Dosen erforderlich. Wenn auch in dem geschilderten Fall der Erfolg mit einer mittelweichen, unfiltrierten Strahlung erzielt wurde, so dürfte sich doch mehr die Anwendung einer harten Strahlung von ca. 10—12 We., filtriert durch 3 mm Aluminium, empfehlen. Von dieser Strahlung werden $1^1/_2$—2 S.-N. auf die erkrankte Partie appliziert. Danach Pause von 3 Wochen, dann eventuell Wiederholung der Bestrahlung in der gleichen Weise.

Granulosis rubra nasi.

Über günstige Beeinflussung der sonst schwer zugänglichen Dermatose hat Brändle (1911) berichtet. In 4 Fällen konnte Rückbildung der Knötchen erzielt werden, während die abnorme Schweißsekretion noch sehr lange anhielt. Sollte eine mittelweiche Strahlung von 5—7 We. nicht zum Ziele führen, so dürfte sich eine harte von ca. 10 We., filtriert durch 3 mm Aluminium, empfehlen. Man wird am besten $^3/_4$ S.-N. bei 5—7 We. oder 2—$2^3/_4$ S.-N. bei 10—12 We., filtriert durch 3 mm Aluminium, von vorn auf die Nase applizieren, eventuell auch $^1/_2$ S.-N. bei 5—7 We. oder $1^3/_4$ S.-N. bei 10—12 We., filtriert durch 3 mm Aluminium, auf den rechten und linken Nasenflügel und dann etwa 4 Wochen abwarten.

Seborrhoea oleosa.

Die fettige Beschaffenheit der Gesichtshaut läßt sich durch Röntgenbestrahlung beseitigen. Da gewöhnlich nur die Stirn, die Nase und die angrenzenden Partien der Wangen befallen sind, genügt eine Bestrahlung von vorn (Fokus etwa über der Nasenwurzel). Die Augen und die Augenbrauen werden durch ovale Bleiplättchen geschützt. Bei 5—7 We. appliziert man etwa $^1/_2$ S.-N. und wiederholt die Bestrahlung eventuell auch ein- oder zweimal in Pausen von 2 Wochen. Noch mehr zu empfehlen ist eine Strahlung von 10—12 We., durch 3 mm Aluminium filtriert, von der dann 1—2 S.-N. in Pausen appliziert werden von 3—4 Wochen.

Hyperhidrosis.

Die lokalisierte Hyperhidrosis, besonders der Handfläche, Fußsohlen und Achselhöhlen, wird durch Röntgenbehandlung auf die Norm reduziert (Pusy, Buschke und Verfasser, Müller,

Kromayer, Hessmann). Wenn man auch mit mittelweichen unfiltrierten Strahlen gute Erfolge erzielen kann, so ist doch eine harte Strahlung von 10—12 We., durch 3 mm Aluminium filtriert, noch empfehlenswerter, von der dann auf jede Palma 2 S.-N. appliziert werden. Dann Pause von 4 Wochen. Im ganzen darf höchstens zweimal die Bestrahlung wiederholt werden. In manchen Fällen ist eine besondere Bestrahlung der Fingerkuppen, die dann „spargelbeetartig" durch eine Bleiblechplatte mit entsprechendem Ausschnitt hindurchgesteckt werden, erforderlich, in manchen Fällen auch eine besondere Bestrahlung der Kleinfingerseite der Handfläche, wo eine starke Hyperhidrosis beim Schreiben besonders störend sein kann.

Hidrocystadenom.

In einem Fall von Hidrocystadenom konnten Joseph und Siebert einen eklatanten Erfolg durch Röntgenbestrahlung erzielen. Die Technik dürfte am zweckmäßigsten der bei der Hyperhidrosis geschilderten entsprechen, die Dosis nur etwas stärker zu wählen sein (2—3 S.-N.). Ein Versuch erscheint in jedem Falle angebracht. Eigene Erfahrungen fehlen.

Ichthyosis.

Gute Erfolge werden von Duncan und Skinner mitgeteilt. Ein Eall von Sommer verhielt sich refraktär. Ich selbst sah in einem Falle von Ichthyosis hystrix, in welchem experimenti causa nur eine umschriebene Stelle bestrahlt wurde, an dieser Stelle die mehrere Millimeter hohen schwärzlichen Hornwucherungen völlig verschwinden. Nach mehreren Wochen trat allerdings ein Rezidiv ein.

Jedenfalls ist ein Versuch mit Röntgentherapie in allen exzessiven Fällen von Ichthyosis bei der Aussichtslosigkeit anderer Maßnahmen gestattet, vor allem auch in der Form von Reizbestrahlungen auf die Thymusgegend. Führt diese Behandlung nicht zum Ziel, so wird man am besten lokal $^1/_2$ S.-N. bei 5—7 We. in den nötigen Pausen applizieren und in refraktären Fällen 3 S.-N. bei 10—12 We. unter 3 mm Aluminium geben.

Keratoma hereditarium palmare et plantare.

Da alle mit starker Hyperkeratose einhergehenden Hauterkrankungen in günstigster Weise durch Röntgenbestrahlung beeinflußt werden, dürfte auch beim Keratoma hereditarium palmare et plantare ein Versuch am Platze sein. Technik etwa wie beim Lichen ruber verrucosus (3 S.-N. bei 3 mm Aluminium-Filter und harter Strahlung). Eigene Erfahrungen fehlen.

Dariersche Dermatose.

In einem Fall von Darierscher Dermatose konnte Ritter durch Röntgenbestrahlung Heilung erzielen, die noch nach $1^1/_2$ Jahren bestand. Bei der unsicheren Wirkung aller anderen Mittel dürfte Röntgenbehandlung in jedem Falle indiziert sein. Man wird zunächst versuchen, mit $^1/_2$ S.-N. bei 5—7 We. pro loco zum Ziel zu kommen, eventuell auch größere Dosen oder härtere Strahlung mit Filtration anwenden. Eigene Erfahrungen fehlen.

Hypertrichosis.

Die Meinungen über die Röntgenbehandlung der Hypertrichosis der Frauen, die fast ausschließlich hier in Frage kommt, sind auch heute noch geteilt. Einige Autoren treten auch heute noch für sie ein, die Mehrzahl verwirft sie, und auch ich möchte jedenfalls vor der Röntgenbehandlung des Frauenbartes mit den üblichen mittelweichen Strahlen warnen.

Es gelingt nicht so leicht wie auf dem Schädeldach, einen unkomplizierten Haarausfall zu erzielen, sondern meist ist das nicht ohne Erythem möglich. Die Haare wachsen nach 4 bis 6 Wochen wieder nach, allerdings dann mitunter schon etwas spärlicher, und es muß von neuem bestrahlt werden. Durch öftere Wiederholung gelingt es dann schließlich, im Verlaufe von 1—2 Jahren eine definitive Haarlosigkeit zu erzielen, höchstens wachsen noch ganz vereinzelte, eigenartig gekrümmte, farblose Haare nach, aber die häufigen Erytheme haben doch meist eine Hautatrophie mit Teleangiektasiebildung zur Folge. Besser sind die Resultate, wenn man nach dem Vorgange von Albert Weil (Paris) eine härtere Strahlung benutzt. Wenn man auch mit einer unfiltrierten Strahlung von 10—12 We. gerade so gute Epilation ohne Erythem erzielen kann, wie mit einem 1, 2, 3 oder 4 mm dicken Aluminiumfilter, so verwende ich doch jetzt fast ausschließlich eine durch 3 mm Aluminium filtrierte Strahlung.

In Frage kommt die Röntgentherapie eigentlich nur in den Fällen, in welchen es sich um einen wirklichen Vollbart, um besonders dicht stehende, dünne, dunkle Haare, die der Elektrolyse kaum zugängig sind, handelt, und auch hier wird man sich zweckmäßig mit einer Besserung, einer relativen Haarlosigkeit begnügen.

Bei einer unbedeutenden Hypertrichosis der Oberlippe oder bei einzelnen stärkeren Haaren am Kinn ratet auch H. von der Röntgenbehandlung, besonders bei jüngeren Frauen, ab. Es sind dann die nur vorübergehend wirkenden Depilatorien (Rusma Türcorum usw.) oder die Elektrolyse anzuwenden.

Handelt es sich um einen förmlichen Vollbart, der meist gerade bei jüngeren Frauen die Veranlassung zur Einleitung einer Therapie bietet, so sind vier Röhrenstellungen erforderlich: Fokus über beiden Wangen, über dem Mund und über dem Unterkinn bei hängendem Kopf. Es werden jedesmal $1-1^1/_4$ S.-N. bei 10—12 We. und 3 mm Aluminium appliziert, abgedeckt nur der behaarte Kopf, die Augen, Nase, die Brust und die Schultern (vgl. Abb. 75); durch Überkreuzung der Bestrahlungsfelder werden tatsächlich pro loco etwa 2 S.-N. appliziert. Doch ist das belanglos, da die Erythemdosis erst bei etwa 3 S.-N. liegt. Handelt es sich, wie das meist bei älteren Frauen der Fall ist, nur um eine stärkere Behaarung der Oberlippe und der Kinnpartie, so genügt eine Röhrenstellung (Fokus über dem Mund). Man appliziert dann $1^1/_2-2$ S.-N. Auf die Möglichkeit einer Schwellung der Speichel- und Lymphdrüsen in der Kiefergegend und einer leichten Schleimhautreizung mit Hitze- und Durstgefühl, sowie auf die später zuweilen nachfolgende und wochenlang anhaltende Trockenheit im Munde sind die Patienten hinzuweisen. Nach 2—3 Wochen pflegt Haarausfall einzutreten. Zu warnen ist vor scharfer Abdeckung bis an den Rand der behaarten Partie in Rücksicht auf Pigmentierungen, die dann durch die scharfe Begrenzung sehr auffallend sind. Vermieden werden sie am ehesten durch mehrmaliges Verschieben der Bleigummistücke während der Bestrahlung im exzentrischen Sinne.

Erytheme treten fast niemals auf, dagegen prompter Haarausfall. Es empfiehlt sich, schon vor dem Wiederwachsen der Haare — aber frühestens 4 Wochen nach der ersten Bestrahlung — die gleiche Dosis noch einmal zu applizieren.

Nach weiteren 6 Wochen wird dann eventuell noch einmal in der gleichen Weise bestrahlt. Bisweilen ist dann die Alopezie eine dauernde. Ist sie das nicht, so sind doch meist nur noch vereinzelte, wenig auffallende Haare vorhanden, die einer weiteren Behandlung nicht bedürfen. Jedenfalls ist eine häufigere Wiederholung der Radioepilation nicht ungefährlich, da dann auch — trotz harter Strahlen und Filtration — später Hautatrophie und Teleangiektasien auftreten können.

Ich habe auch bei Männern starke Behaarung der Hände und der Brust, in einem Falle auch einen besonders weit in die Stirn und Schläfen vordringenden Haarwuchs mit gutem Erfolge behandelt, wenngleich derartige Fälle natürlich nur ganz ausnahmsweise in Frage kommen werden. Zu Beginn des Krieges hat Herausgeber z. B. auch einem Offizier, der sich das Rasieren ersparen wollte, den gesamten sehr starken Bart in einer Sitzung epiliert.

Leukoplakia linguae.

Günstige Erfolge mit Röntgenstrahlen bei Leukoplakie haben Bissérié und Hallopeau erzielt. In Betracht kommen wohl ausschließlich Plaques an der Zunge und an den Lippen, die durch stärkere Infiltration oder Rhagadenbildung Beschwerden machen und durch zwei oder drei Bestrahlungen beseitigt werden können. Allerdings habe ich auch Fälle gesehen, die sich refraktär erwiesen. Auch mit Rezidiven muß man natürlich rechnen. Leduc berichtet über einen Fall, in welchem die Leukoplakie durch eine einzige Röntgenbestrahlung völlig geheilt wurde. Bei der Aussichtslosigkeit anderer therapeutischer Maßnahmen ist jedenfalls ein Versuch mit Röntgenstrahlen bei der Leukoplakie berechtigt. Man gibt $^1/_3$—$^1/_2$ S.-N. bei 5—7 We. oder die entsprechende Dose bei harter Strahlung und 3 mm Filterung und wiederholt die Bestrahlung im Bedarfsfalle nach einer resp. nach zwei Wochen, bei harter Strahlung dagegen erst nach 4 Wochen.

Perniones.

Bei Frostbeulen wirken schwache Röntgenbestrahlungen sehr günstig; der Juckreiz und die Schmerzen werden besonders rasch gelindert, auch die Rötung und Schwellung kann sehr bald völlig verschwinden. Es sind kleine Dosen ($^1/_3$—$^1/_2$ S.-N. bei 5—7 We.) zu applizieren oder $^1/_2$—1 S.-N. bei harter Strahlung.

Favus.

Für den Favus, eine so schwer zu heilende Krankheit, ist die Behandlung mit Röntgenstrahlen zur Zeit die beste Therapie. Freund empfiehlt auch bei kleinen Favusherden die Epilation des gesamten Kopfhaares, um etwa in den Follikeln versteckte, nicht sichtbare Herde mit zu beseitigen und so eine Reinfektion von diesen verborgenen Herden aus zu verhüten.

Man bestrahlt in sitzender oder liegender Stellung den Patienten, welcher im ersteren Fall vornübergebeugt die Stirn resp. das Kinn auf einen Tisch stützt, sukzessive den Vorderkopf, den Hinterkopf und dann die seitlichen Partien des Schädels in 5—7 Stellungen: Hinterkopf; Schädelmitte; Vorderkopf; rechte Schädelseite (eventuell vorderer und hinterer Abschnitt); linke Schädelseite (eventuell vorderer und hinterer Abschnitt), immer ohne Abdeckung der benachbarten Schädelpartien, um trotz der Konvexität des Schädels doch eine möglichst gleichmäßige Wirkung auf die gesamte Schädeloberfläche zu erzielen (vgl. Abb. 76) und verabfolgt pro loco eine Dosis, welche einen Haarausfall möglichst ohne entzündliche Erscheinungen zur Folge hat, also $1/2$ S.-N. bei 5—7 We. Man kann auch eine Strahlung von 10—12 We. durch 3 mm Aluminium filtriert benutzen und gibt dann pro loco $1^1/_4$ S.-N. Doch genügt gerade für die dünne Haut des behaarten Kopfes in der Regel eine Dosis 1 S.-N. Stärkere Reaktionen sind auf jeden Fall zu vermeiden, weil sonst der Haarwuchs nur unvollkommen oder gar nicht wieder eintritt. Bei lange bestehendem Favus ist ja der Haarwuchs nach der Behandlung an und für sich unvollkommen, weil die durch den Krankheitsprozeß hervorgerufene narbige Veränderung der Haut zu einer mehr oder weniger ausgedehnten Zerstörung der Follikel geführt hat.

Ein Abweichen der bisweilen 1—2 cm hohen Skutula durch Salbenverbände ist nicht unbedingt erforderlich, sie werden nach 8—14 Tagen spontan abgestoßen und an ihrer Stelle sind dann meist flache Exkoriationen vorhanden, die der Anfänger leicht als Folge der Röntgenbestrahlung ansehen könnte, während sie tatsächlich durch den favösen Krankheitsprozeß bedingt sind. Bemerkenswert, aber leicht verständlich ist die Tatsache, daß die erkrankten Haare viel schneller ausfallen als die gesunden.

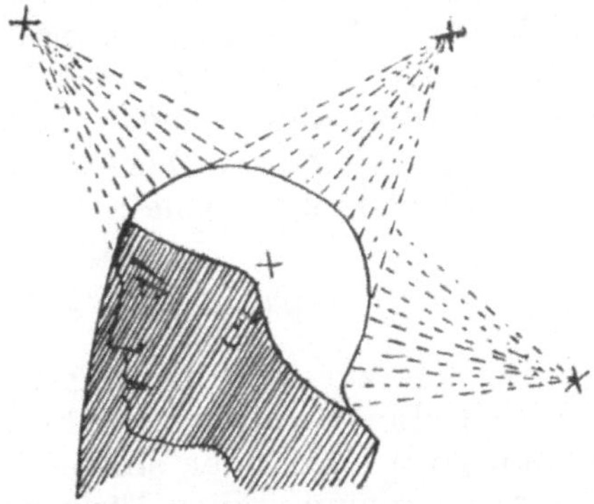

Abb. 76. Röhrenstellung und Abdeckung bei Totalbestrahlung des behaarten Kopfes (Seitenansicht). (Die Kreuze bezeichnen den Fokus bzw. den Fußpunkt des vom Fokus auf die Haut gefällten Lotes.)

Auch eine gleichzeitige Behandlung mit einer 5%igen Karbolsalbe, wie sie Freund empfiehlt, ist nicht unbedingt erforderlich.

Es ist vielleicht sogar zweckmäßiger, jedenfalls nach dem Haarausfall, der 2—3 Wochen nach der Bestrahlung eintritt, keine Salben anzuwenden. Sind nämlich nicht alle kranken Haare epiliert, so bilden sich sehr rasch wieder neue kleinste Skutula, die durch Salbenverbände abgeweicht werden und so der Beobachtung entgehen können.

In der Regel gelingt es, in ein oder zwei Sitzungen den ganzen Schädel gleichmäßig zu epilieren, und zwar mit 5 Röhrenstellungen (vgl. Abb. 76). Sollten ungenügend getroffene Krankheitsherde zurückbleiben, so müssen sie eben — unter Abdeckung der Umgebung! — nachbestrahlt werden. Bei zirkumskripten Herden habe ich in der Regel nur diese —

unter Abdeckung weit im Gesunden — bestrahlt, also nicht den ganzen Kopf epiliert und trotzdem fast immer Heilung erzielt; nur in einem Falle, in welchem offenbar nicht weit genug im Gesunden abgedeckt war, bildeten sich beim Nachwachsen der neuen Haare neue Skutula, so daß dieselbe Stelle von neuem epiliert werden mußte. Trotzdem trat wieder reichlicher Nachwuchs von Haaren ein; bei öfterer Epilation dürfte das allerdings nicht der Fall sein, und darum ist es vielleicht auch bei zirkumskripten Herden sicherer, den ganzen Kopf zu epilieren, Gesicht, Hals und Schultern müssen natürlich bei der Bestrahlung abgedeckt werden. Auch der Favus der Nägel bildet ebenso wie andere Onychomykosen eine strikte Indikation für die Röntgenbestrahlung. Man appliziert pro loco $1/_2$ S.-N. bei 5—7 We. oder 1 S.-N. bei 10—12 We. und 3 mm Aluminiumfilter und wiederholt die Bestrahlung nach etwa 2 Wochen, eventuell noch öfter in den nötigen Pausen, bis Heilung erreicht ist, bei harter Strahlung natürlich erst nach Ablauf von 3—4 Wochen.

Trichophytie (Sykosis parasitaria).

Der oft zur Bildung tiefer Infiltrate führende Herpes tonsurans des Bartes ist sehr geeignet für die Röntgentherapie. Schon nach einer oder einigen wenigen schwachen Bestrahlungen, die zur Erzielung eines Effluviums der Haare genügen, tritt sehr bald eine Rückbildung der Infiltrate und nach dem Haarausfall radikale Heilung ein. Rezidive habe ich bisher nie beobachtet. Über gleich günstige Erfolge haben Grouven, Zechmeister, Lion und Freund berichtet. Auch die Trichophytien des behaarten Kopfes werden nach dem Vorgange Sabourauds am besten von vornherein mit Röntgenstrahlen behandelt. Es empfiehlt sich hier, die Haare kurz schneiden zu lassen, wenigstens in den Fällen, in welchen zahlreiche kleine Herde vorhanden sind, und daher eine Epilation des ganzen behaarten Kopfes erforderlich ist.

Bei einzelnen Herden genügt es, wenn man nur diese bestrahlt, indem man einen Teil der anscheinend gesunden nächsten Umgebung in den Bestrahlungsbereich mit einbezieht und die weitere Umgebung abdeckt. Von Sabouraud wird gleichzeitige tägliche Pinselung des ganzen behaarten Kopfes mit folgender Lösung empfohlen:

Tinct. Jodi recenter parat. 2,0,
Alcoh. absolut. . . . . 18,0.

Dadurch soll eine Infektion der gesamten Umgebung verhütet werden. Ich habe mich von dem Nutzen dieser Pinselungen ebensowenig überzeugen können wie von dem Nutzen einer gleichzeitigen Karbolsalbenbehandlung beim Favus.

In der mit Jodtinktur gepinselten Umgebung treten nämlich gelegentlich doch neue Herde auf. Sowie die Haarlockerung beginnt, also 2—3 Wochen nach der Bestrahlung, sollen die gelockerten Haare möglichst vollständig epiliert werden. Sabouraud wendet außerdem dann noch mehrere Tage außer der Pinselung mit Jodtinktur Waschungen mit grüner Seife an. Sowohl die Makrosporie als auch die in Paris sehr häufige, in Deutschland und Österreich sehr seltene Mikrosporie heilen prompt nach Röntgenbestrahlung. Die ganze Therapie besteht in der Regel in einer Bestrahlung der erkrankten Partien in einer einzigen Sitzung. Gelegentlich der Mikrosporon-Epidemie in Schöneberg (1908) habe ich im Auftrage des Magistrats 26 Fälle mit Röntgenstrahlen nach meiner früher angegebenen kombinierten Dosierungsmethode behandelt.

In allen Fällen genügte eine einzige Bestrahlung der erkrankten Schädelpartien, um den gewünschten Haarausfall und damit Heilung zu erzielen.

Nur in 3 Fällen traten in der Umgebung der bestrahlten Herde noch vor dem Haarausfall — trotz der Jodtinkturpinselung — neue Herde auf, welche eine Nachbestrahlung erforderlich machten.

Die Technik ist die gleiche wie beim Favus, wenn es sich um eine Epilation handelt, wobei ängstlichen Gemütern mit allem Nachdruck gesagt sein soll, daß auch kleine Kinder die insgesamt nötigen Strahlenmengen von 5 bis 7 Epilationsdosen auf den Schädel ohne jeden nachweisbaren Schaden vertragen. Gelegentlich kann man als unangenehme Nebenerscheinungen Kopfschmerzen, Appetitlosigkeit und Übelkeit beobachten, die indessen einige Tage nach der Bestrahlung wieder vollkommen verschwinden.

Beim Herpes tonsurans des Bartes ist auf jeden Fall eine harte Strahlung anzuwenden, wie bei der Hypertrichosis des Gesichts. Sind die Infiltrate nur auf den Wangen und den seitlichen Halspartien vorhanden, so genügt eine Bestrahlung der rechten und linken Gesichtsseite (Fokus etwa über dem Kieferwinkel). Bei 10—12 We. und 3 mm Aluminium sind $1-1^1/_2$ S.-N. pro loco zu applzieren. Die Ohrspeicheldrüse ist dabei so weit wie irgend möglich genau abzudecken, da sie andernfalls meist erheblich anzuschwellen pflegt.

Finden sich auch Infiltrate auf der Oberlippe, am Vorderkinn und in der Unterkinngegend, so sind noch zwei weitere Röhrenstellungen (Fokus über dem Mund und über dem Unterkinn bei möglichst rückwärts gebeugtem Kopf) erforderlich. Bei 10 bis 12 We. und 3 mm Aluminium sind dann $1-1^1/_2$ S.-N. pro loco zu applizieren.

Sykosis simplex.

Bei der Behandlung der Sykosis simplex muß man einen Unterschied machen zwischen der mehr ekzematösen und der infiltrierenden, akneartigen Form. Bei ersterer kommt man bisweilen mit relativ schwachen Bestrahlungen, die nicht einmal zum Haarausfall zu führen brauchen ($^1/_3$—$^1/_2$ S.-N.), bei 5—7 We. bzw. $^1/_2$—$^3/_4$ S.-N. bei harter Strahlung und 2—3 mm Filterung zum Ziel. Sollte dann nach einigen Wochen ein Rezidiv eintreten, so muß die Behandlung wiederholt werden. Bei der zweiten Form kommt man ohne eine radikale Epilation durch die Röntgenstrahlen nicht aus. In solchen Fällen ist von vornherein eine harte Strahlung indiziert (10—12 We. durch 3 mm Aluminium filtriert). Abdeckung wie Akne und Hypertrichosis. Mitunter genügt eine einmalige Epilation zur definitiven Heilung, mitunter stellt sich beim Nachwachsen der Haare ein — meist partielles — Rezidiv ein, welches eine Wiederholung der Bestrahlung erforderlich macht. Mitunter reagiert die sykotisch affizierte Haut besonders heftig, und zwar nicht mit einer gewöhnlichen Röntgendermatitis, sondern mit Pustel- und bisweilen auch mit Abszeßbildung. Dann muß die Behandlung sistiert, Abszesse punktiert oder inzidiert und die Applikation feuchter Umschläge angewandt werden, bis die Reizerscheinungen geschwunden sind.

Man muß die Patienten anweisen, das Epilieren und Rasieren während der Behandlung zu unterlassen, um das Symptom der Haarlockerung konstatieren zu können. Es ist immer — auch bei zirkumskripten Herden — Epilation der ganzen Bartgegend zweckmäßig. Ist die Oberlippe nicht erkrankt, so kann man den Schnurrbart durch ein entsprechendes Bleiplättchen, das mit Pflaster befestigt wird, schützen. Man wählt vier Röhrenstellungen: 1. Fokus über der linken Wange, 2. Fokus über der rechten Wange, 3. Fokus über dem Mund, 4. Fokus über dem Unterkinn. Dosis pro loco 1—1$^1/_4$ S.-N. Abgedeckt wird nur der behaarte Kopf, Nase und Augen, Brust und Schultern.

Auf die Möglichkeit einer Schwellung der Lymphdrüsen in der Kiefergegend und einer leichten Schleimhautreizung mit Hitze- und Durstgefühl, sowie auf die später oft nachfolgende und wochenlang anhaltende Trockenheit im Munde sind die Patienten hinzuweisen.

Eine häufig gleichzeitig bestehende Erkrankung der Augenbrauen- und Wimperngegend wird mitunter durch schwache Bestrahlungen zur Heilung gebracht (also $^1/_3$ bis $^1/_2$ S.-N.), ohne daß es zum Ausfall der Augenbrauen und Wimpern kommt. Eine Schädigung des während der Bestrahlung geschlossenen Auges ist nicht zu befürchten, im Gegenteil bessert sich ein gleichzeitig vorhandener Konjunktivalkatarrh rasch nach Heilung der Blepharitis (Freund).

Was die Frage der Rezidive anbelangt, so verhalten sich — wie gesagt — die einzelnen Fälle verschieden. Bisweilen ist die Krankheit nach einer einmaligen gründlichen Epilation dauernd geheilt. Mitunter stellt sich aber mit dem Wiederwachsen der Haare auch ein Rezidiv ein, so daß die Behandlung wiederholt werden muß. In sehr hartnäckigen Fällen, in denen immer wieder ein Rezidiv auftritt, ist eine definitive Heilung nur dann zu erzielen, wenn die Bestrahlungen so oft wiederholt werden, bis überhaupt keine Haare mehr nachwachsen.

Holzknecht empfiehlt, die 4 bis 6 Wochen nach dem Haarausfall nachwachsenden neuen, gesunden Haare mehrere Monate lang zu rasieren. Auch ist es zweckmäßig, die Haut nach dem Rasieren mit $50^0/_0$igem Alkohol zu behandeln und durch einen guten Hautcreme wieder geschmeidig zu machen.

Lupus vulgaris.

Für die Röntgenbehandlung kommen zwei Formen des Lupus vulgaris in Betracht, der Lupus tumidus (Abb. 77 und 78) — am häufigsten an der Nase und der Ohrmuschel lokalisiert — und der Lupus exulcerans. Bei beiden Formen ist die Röntgentherapie in den meisten Fällen eine Vorbehandlung. Die geschwulstartigen Lupusinfiltrate flachen sich bis zum Hautniveau ab, die Ulzerationen vernarben; gewöhnlich sind dann noch vereinzelte Knötchen übrig, die auf Röntgenstrahlen nur selten reagieren und am besten mit Finsenlicht weiterbestrahlt werden. In manchen Fällen ist freilich auch durch die X-Strahlen allein eine völlige Heilung möglich.

Die bei weitem häufigste Form, der flache, aus einzelnen im Hautniveau und tiefer gelegenen Knötchen sich zusammensetzende Lupus wird in der Regel nur wenig beeinflußt; hier feiert die Finsen-Therapie ihre schönsten Triumphe. Es steht dem aber auch nichts im Wege, einen solchen Lupus planus z. B. durch Behandlung mit Pyrogallussäure in einen Lupus exulcerans zu verwandeln. Man wird dann sehen, wie gut dann dieser selbe Lupus durch Röntgenstrahlen beeinflußt wird (Kuznitzky). Dagegen ist die Röntgenbehandlung von vornherein bei dem sog. Lupus follicularis indiziert. Hier genügt bisweilen eine zu leichter Hautrötung führende Röntgenbestrahlung, um dauernde Heilung zu erzielen.

Ein sehr dankbares Objekt für die Röntgenbehandlung bildet auch der Schleimhautlupus, soweit er den Strahlen zugängig gemacht werden kann, also in den vorderen Teilen der Nasenhöhle, am Zahnfleisch und am harten Gaumen; hier ist oft völlige Heilung zu erzielen.

Was die Technik der Bestrahlung anbelangt, so wird eine lupöse Nase exakt 1—2 cm im Gesunden abgedeckt und dann von rechts, links und unten — bei letzterer Stellung auch das Naseninnere — bestrahlt und pro loco $^1/_3$—$^1/_2$ S.-N. bei 5 bis 7 We. oder $^3/_4$—1 S.-N. mit harter Strahlung und 3 mm Filterung appliziert. Selbst wenn durch Überkreuzung der Bestrahlungsfelder eine etwas stärkere Reaktion auftritt, so ist das belanglos, da die stärkere Reaktion ja nicht im gesunden, sondern im hypertrophischen Lupusgewebe auftritt. Derartige Sitzungen werden in den nötigen Pausen von etwa 4—6 Wochen bis zur Abflachung der lupösen Wucherungen bzw. bis zur Vernarbung der lupösen Ulzerationen wiederholt, natürlich immer erst nach Abheilung der durch die vorhergehende Bestrahlung erzeugten Reaktion.

Beim Lupus der Ohrmuschel appliziert man auf die Vorder- und Rückseite unter exakter Abdeckung der Umgebung $^1/_2$ S.-N. und wiederholt die Bestrahlung in Pausen von 3—4 Wochen, bis der gewünschte Erfolg eingetreten ist. Bei Totalbestrahlung des Gesichtes ist die Technik die gleiche wie bei der A k n e, nur wird man auch hier etwas größere Dosen, also von vornherein $^1/_2$ S.-N. bzw. $^3/_4$ S.-N. bei harter Strahlung pro loco geben.

Der Lupus des harten Gaumens wird mittels eines Bleiglasspekulums bestrahlt. Ich verwende dazu das Gundelachsche Spekulum von 2—3 cm Durchmesser und 8 cm Länge, das an dem Schutzkasten befestigt wird (vgl. Abb. 79). Die richtige Einstellung des Lupusherdes in die Öffnung des Spekulums, das nicht direkt auf den Herd aufgesetzt, sondern $^1/_2$—1 cm davon entfernt sein soll, kontrolliert man vor und während der Bestrahlung durch Inspektion. Auch das Naseninnere kann in ähnlicher Weise durch ein Bleiglasspekulum von entsprechend geringerem Querschnitt bestrahlt werden. Natürlich muß man darauf achten, daß die Röhre gut zentriert ist, daß also die Röntgenstrahlen auch wirklich den Lupusherd treffen. Absichtlich stärkere Reaktionen (2. oder 3. Grades) durch die Röntgenbestrahlung hervorzurufen, ist auch beim Lupus überflüssig und unzulässig. Neben der direkten Strahlenwirkung auf die pathologischen Zellen kommt beim Lupus wohl auch die sekundäre Hyperämie als Heilfaktor in Betracht. Eine härtere Strahlung ist beim Lupus exulcerans und tumidus nicht notwendig. Bei wirklich geschwulstartigen Formen wirkt sie aber besser, und zwar verabreicht man eine Strahlung von etwa 10—12 We. durch 3 mm Aluminium filtriert. Von dieser wird dann — abgesehen von Herden an

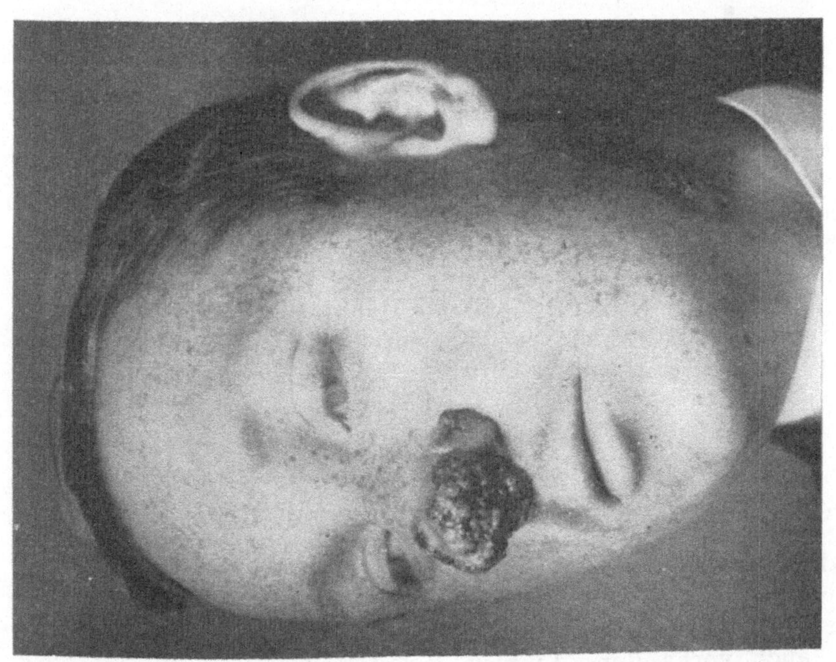

Abb. 77. Lupus tumidus nasi vor der Röntgenbehandlung.

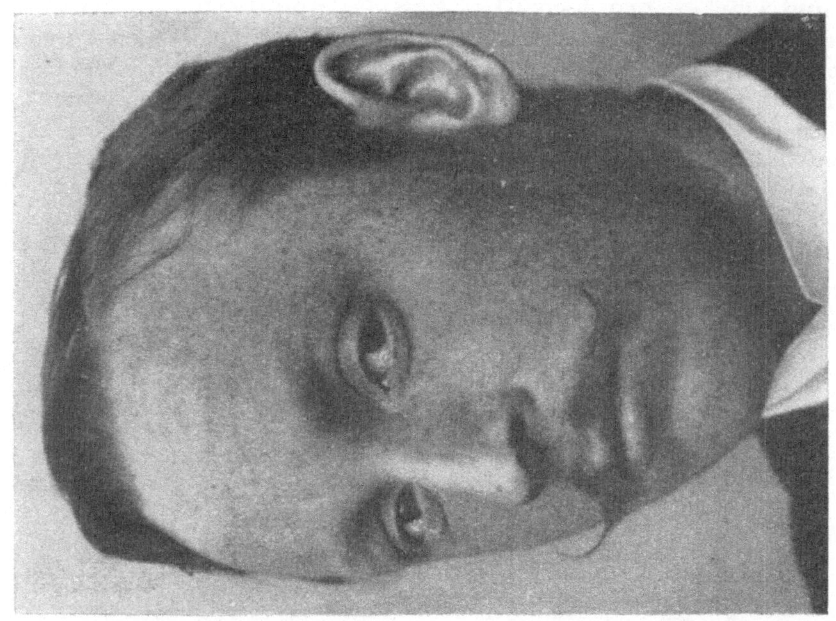

Abb. 78. Der gleiche Fall nach der Röntgenbehandlung. Bis auf einzelne kleine, auf der Abbildung nicht sichtbare Knötchen geheilt, die nachträglich durch Finsenbehandlung beseitigt wurden (H. E. Schmidt).

Nase und Ohr — pro loco $1^1/_2$—2 S.-N. appliziert. Dringend anzuraten ist die gleichzeitige Allgemeinbestrahlung des Körpers mit der „künstlichen Höhensonne", die schon allein eine deutliche Besserung lupöser Herde herbeiführen kann, auch wenn die Herde selbst nicht mitbestrahlt werden. Durch diese Kombination mit Lichtbädern erzielt man entschieden bessere und schnellere Resultate als durch die rein lokale Röntgen- oder

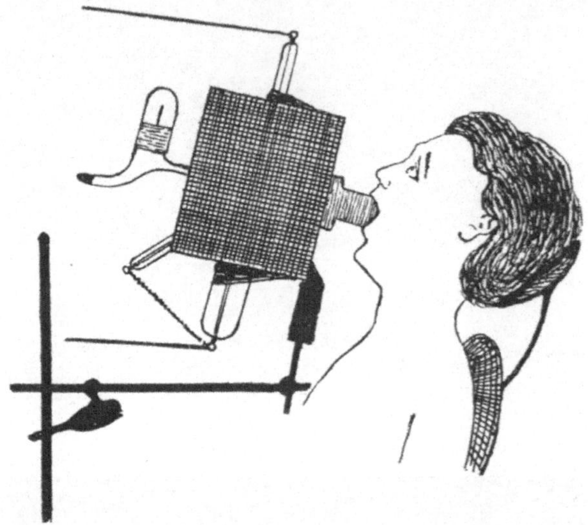

Abb. 79. Bestrahlung der Mundhöhle.

Finsenbestrahlung, wenn auch die Behandlung immer mehrere Monate fortgesetzt werden muß. Die Bestrahlungen mit der künstlichen Höhensonne müssen immer nach den Röntgenbestrahlungen in den dazwischen liegenden mehrwöchentlichen Pausen erfolgen, niemals kurz vor einer Röntgenbestrahlung, da dann durch ein etwa vorhandenes Lichterythem die lupösen Herde für Röntgenstrahlen „sensibilisiert" sein und infolgedessen zu starke Röntgenreaktionen auftreten könnten.

Lupus pernio.

Der vorzugsweise an Nase, Ohren und Händen lokalisierte Prozeß, welcher eine gewisse Ähnlichkeit mit Pernionen darbietet, sich von diesen aber histologisch und in manchen Fällen auch klinisch durch das Auftreten von Lupusknötchen in den hyperämischen Zonen unterscheidet, wird durch Röntgenbestrahlung in der Regel gut beeinflußt. Die Haut wird wieder völlig normal, auch vorhandene Lupusknötchen habe ich vollkommen verschwinden sehen. Man appliziert $^1/_2$ S.-N. bei 5—7 We. oder entsprechend mehr bei harter, gefilterter Strahlung pro loco und wartet dann 2—4 Wochen ab, je nach dem Härtegrad der verabfolgten Strahlen.

Skrophuloderma.

Die tiefliegenden großen Infiltrate des Skrophuloderma reagieren viel leichter auf Röntgenstrahlen als die Infiltrate des Lupus. Nicht ulzerierte Knoten kommen zur Resorption, Ulzerationen und Fisteln heilen rasch. Die ersten Fälle wurden von Aronstam (1901), Grouven und Zeisler mitgeteilt.

Es genügen meist kleine Dosen, etwa $^1/_2$ S.-N. bei 5—7 We., die nach Bedarf öfter in Pausen von mindestens 14 Tagen wiederholt werden müssen, oder 1—2 S.-N. mit härterer Strahlung von 10—12 We. durch 3 mm Aluminium filtriert in entsprechend längeren Pausen.

Auch bei tuberkulösen Geschwüren und Fisteln am After dürfte in erster Linie ein Versuch mit harten, gefilterten Röntgenstrahlen indiziert sein.

Tuberculosis cutis verrucosa.

Die verrukösen Formen der Hauttuberkulose bilden ein dankbares Feld für die Röntgenbehandlung, die in manchen Fällen zweckmäßig mit der Pyrogallus-Salbenbehandlung kombiniert werden kann.

Ich selbst habe völlige Heilungen gesehen; auch Leichentuberkel konnte ich wiederholt bei Kollegen definitiv beseitigen. Es sind relativ große Dosen erforderlich, am besten $^3/_4$—$^4/_5$ S.-N. bei 5—7 We. in den nötigen Pausen öfter appliziert.

Gerade die verrukösen Tuberkuloseformen sind gegen die Finsenbehandlung meist refraktär, so daß hier in erster Linie die Röntgentherapie in Frage kommt.

Bei harter, durch 3 mm Aluminium filtrierter Strahlung von 10—12 We. sind 2—3 S.-N. zu applizieren.

Erythema induratum.

Das Erythème induré (Bazin) lokalisiert sich in der Kutis und Subkutis der Extremitäten, besonders der Unterschenkel, im Gesicht, seltener an anderen Stellen. Die Effloreszenzen sind flache oder prominente, linsen- bis handtellergroße umschriebene oder allmählich in die Umgebung übergehende Infiltrationen von roter oder livider Färbung. Die Knoten können jahrelang unverändert bestehen, resorbiert werden oder auch ulzerieren und dann unter Narbenbildung abheilen. Die Affektion gehört zu den sog. Tuberkuliden, deren Entstehung auf die Toxine der Tuberkelbazillen zurückgeführt wird.

Ich kann Ehrmann nur beistimmen, wenn er bei dieser Affektion die Röntgenbehandlung als Therapie der Wahl bezeichnet. Man appliziert $^1/_2$ S.-N. pro loco bei 5—7 We. und wartet dann 14 Tage ab, oder die entsprechende Dose mit härterer Strahlung.

Folliklis und Aknitis.

Die Folliklis und Aknitis sind wahrscheinlich identische Prozesse, welche, ebenso wie das Erythème induré, in die Gruppe der Tuberkulide gehören und sich in erster Linie durch ihre verschiedene Lokalisation unterscheiden. Die Folliklis befällt vorzugsweise die Streckseiten der Extremitäten, seltener Handteller, Fußsohlen, den behaarten Kopf und die Genitalien.

Die Aknitis befällt vorzugsweise das Gesicht, die Ohren und die seitlichen Halspartien. Die Einzeleruption ist immer ein Knötchen, das meist zentral erweicht und unter Narbenbildung abheilt.

Wenn die Affektion auch schließlich spontan heilt, so kann doch gelegentlich zur Beschleunigung der Abheilung die Röntgenbehandlung in Frage kommen. Man wird pro loco $^1/_2$ S.-N. bei 5—7 We. applizieren und dann 14 Tage abwarten. Mitunter ist öftere Applikation der gleichen Dosis, natürlich immer in den nötigen Pausen von mindestens 14 Tagen, erforderlich.

Rhinosklerom.

Beim Rhinosklerom, einer sonst durch externe und interne Therapie kaum zu beeinflussenden Erkrankung, sind günstige Erfolge durch Röntgenbehandlung erzielt worden. Die knorpelharten Infiltrate bilden sich zurück, völlige Heilung ist möglich. Trotz der Seltenheit der Erkrankung sind die Erfahrungen schon ziemlich zahlreich (Gottstein 1902, Mikulicz und Fittig, Ranzi, Pollitzer, Lasource, Steuermark, Wunderlich [16 Fälle], Sabat). Ist nur die Nase befallen, so wird diese von außen und innen (durch Spekulum) bestrahlt. Ist der Gaumen und Rachen bzw. der Kehlkopf beteiligt, so werden auch diese Regionen besonders bestrahlt, der Gaumen und Rachen durch ein Spekulum, der Larynx von außen (rechte und linke Seite). Es dürfte sich ausschließlich eine härtere Strahlung von etwa 10 We. durch 3 mm Aluminium filtriert empfehlen. Pro loco werden dann $1^1/_2$—2 S.-N. appliziert in Pausen von etwa 4—5 Wochen.

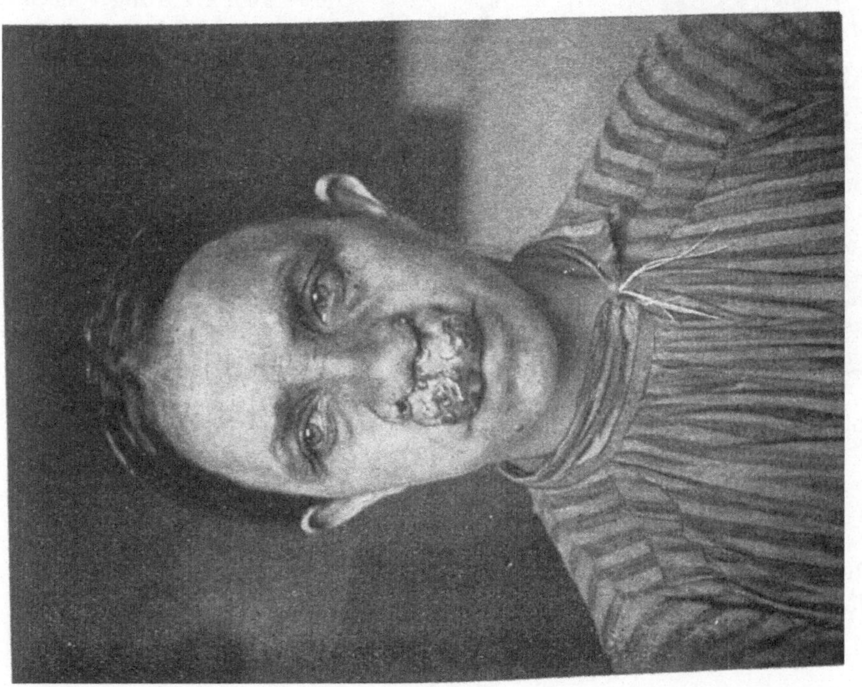

Abb. 80. Rhinosklerom vor der Röntgenbehandlung (Sabat).

Abb. 81. Der gleiche Fall nach der Röntgenbehandlung (Sabat).

Verruca.

Warzen aller Art, weiche, harte, juvenile, senile, schwinden meist prompt nach Röntgenbestrahlung. Das eine Mal reagieren die flachen, weichen, juvenilen Formen besser, das andere Mal die harten, hyperkeratotischen.

Zu beachten ist, daß die Rückbildung oft ganz allmählich und sehr langsam, mehrere Wochen nach einer wirksamen Bestrahlung, erfolgen kann, zuweilen erst nach 3 Monaten (Kienböck).

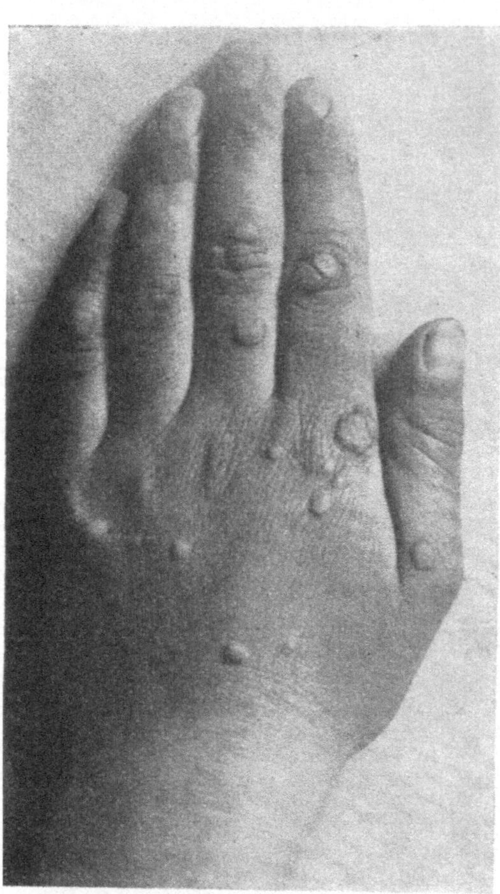

Abb. 82. Warzen auf dem Handrücken vor der Röntgenbehandlung (H. E. Schmidt).

Das Verfahren empfiehlt sich 1. bei sehr zahlreichen, dicht gedrängt stehenden kleineren Warzen, z. B. auf dem Handrücken, und 2. bei isolierten größeren, stark zerklüfteten Warzen.

Bei multiplen kleineren Warzen appliziert man am besten $^1/_2$—$^3/_4$ S.-N. bei 5—7 We. und wartet dann 2—4 Wochen ab. Ist dann die Rückbildung noch nicht vollkommen, wird die gleiche Dosis noch einmal gegeben. Der Schutz der zwischen den Warzen gelegenen normalen Haut ist nicht unbedingt erforderlich, läßt sich jedoch durch Quecksilberpflastermull, Leukoplast oder Aufstreichen einer Wismutpaste nach Dr. Wurm (Schaefers Apotheke, Berlin) bewerkstelligen.

Hautatrophie ist nach ein- oder zweimal aufgetretenem Erythem nicht zu befürchten. Ich selbst habe einen Fall, in welchem die Warzen nach öfter aufgetretenen Erythemen narbenlos verschwunden waren, 4 Jahre beobachtet, ohne daß ein Rezidiv oder Hautatrophie gefolgt wäre (Abb. 82 u. 83).

Bei einzelnen großen Warzen wird scharf abgedeckt, $^3/_4$ S.-N. appliziert und dann mindestens 4 Wochen abgewartet. Nach Wetterer empfiehlt es sich, von vornherein, jedenfalls aber in refraktären Fällen, eine härtere Strahlung von etwa 10 We., durch 3 mm Aluminium filtriert, zu benutzen. Von dieser wird $1^1/_2 - 2$ S.-N. gegeben; dann folgt eine Pause von mindestens 4 Wochen.

Keloid.

Für die spontanen Keloide, die z. B. bei jungen Mädchen auf Brust und Rücken im Anschluß an Akneeruptionen auftreten, ist die Röntgenbehandlung die einzig mögliche Therapie, da nach Exzision oder Elektrolyse in der Regel noch stärkere Keloidbildung eintritt. Es sind kräftige Dosen erforderlich, die öfter wiederholt werden müssen, am besten 2—3 S.-N. bei etwa 10 We. und 3 mm Aluminium, in den nötigen Pausen unter ganz exakter Abdeckung. Die livide Färbung der Keloide schwindet sehr bald, langsamer erfolgt die Abflachung; das Endresultat ist eine flache, weiße, mitunter sogar leicht vertiefte Narbe. Teleangiektasien dürften bei Anwendung einer harten filtrierten Strahlung nicht zu befürchten sein. Auch die Exzision des Keloids und nachfolgende Bestrahlung der Nahtnarbe führt zum Ziel und ist vielleicht wegen der Abkürzung der Behandlung bei nicht messerscheuen Patienten vorzuziehen. Als Dose genügen dann $1^1/_2$ bis 2 S.-N.

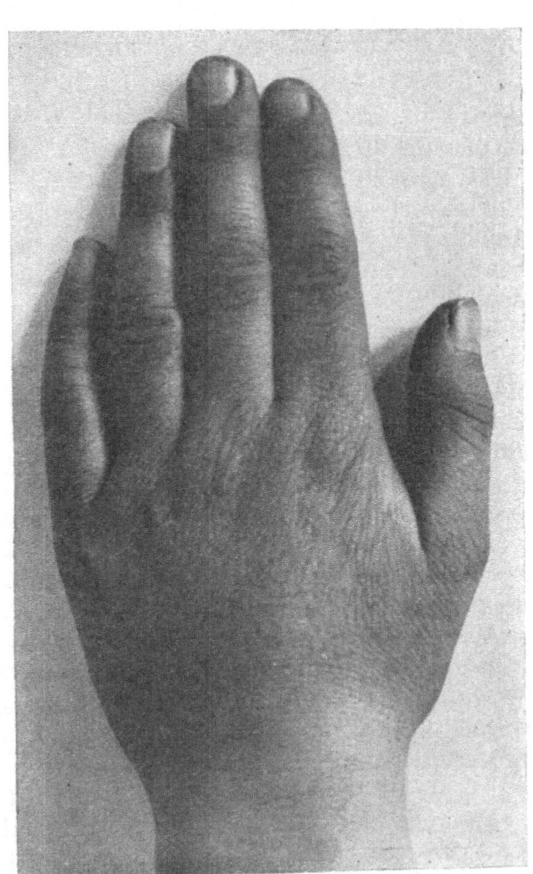

Abb. 83. Der gleiche Fall durch drei Röntgenbestrahlungen geheilt (H. E. Schmidt).

Auch hypertrophische Narben nach operativen Eingriffen flachen sich nach Röntgenbestrahlung ab, überhaupt wird jedes Narbengewebe unter der Einwirkung der Röntgenbestrahlung weicher, wie man das z. B. immer bei prophylaktischen Bestrahlungen nach Mamma-Amputation beobachten kann.

Angiom.

Bei Angiomen sollte man die Röntgentherapie häufiger anwenden, als das bisher geschehen ist. Gerade die zu starker Wucherung, zur Tumorbildung neigenden Gefäßneubildungen dürften dem atrophierenden Einfluß der Röntgenstrahlen viel leichter erliegen als die flachen Gefäßmäler, die zuerst Jutassy (1898) erfolgreich mit Röntgenstrahlen behandelt hat. Allerdings trat in dem Falle Jutassys später Hautatrophie und Teleangiektasiebildung ein, welche das erzielte Resultat einigermaßen beeinträchtigten.

Wickham und Degrais haben die Beobachtung gemacht, daß die Radiumbehandlung der Gefäßmäler um so bessere Resultate gibt, je elevierter, je tumorartiger der Naevus ist. Dasselbe gilt nach meinen Erfahrungen auch zweifellos für die Röntgenstrahlen.

Barjon hat zwei Fälle von Angiom im Gesicht durch Röntgenbestrahlung zur Heilung gebracht, und zwar, soweit das nach den publizierten Abbildungen (Lyon médical 1907, 9. Juli) zu beurteilen ist, mit vorzüglichem kosmetischen Resultat. Auch bei flachem Gefäßnaevus hat er gute Erfolge erzielt.

Wegen der Gefahr der Teleangiektasenbildung nach größeren Röntgendosen behandle ich die Angiome jetzt in der Weise, daß ich die Röntgentherapie nur als Vorbehandlung anwende, um eine Abflachung bis zum Hautniveau bei tumorartigen Naevis bzw. eine Aufhellung bei tiefer greifenden flachen Naevis zu erzielen. Dann werden die Reste mit Kohlensäureschnee weiterbehandelt.

Handelt es sich um kleinere, oberflächliche Naevi, so empfiehlt sich von vornherein die Behandlung mit Kohlensäureschnee, die erheblich mehr leistet als die Lichtbehandlung.

Nur bei den „spinnenförmigen“ Naevis kommt auch die Elektrolyse oder die Diathermie in Frage. Es genügt die Zerstörung des zentralen Gefäßes, um auch die von diesem Hauptgefäß radienförmig in die Umgebung ausstrahlenden Gefäßreiserchen zur Verödung zu bringen, ohne daß eine sichtbare Narbe resultiert.

Bei allen größeren tiefer greifenden oder tumorartigen Naevis ist aber die Röntgenvorbehandlung zwecks Abflachung und Aufhellung durchaus am Platze.

Man kann mittelweiche Strahlen von 5—7 We. anwenden und $^3/_4$ S.-N. geben in Pausen von 4 Wochen oder besser $1—1^1/_2$ S.-N.

unter 3 mm Aluminiumfilter bei härterer Strahlung (10—12 We.) in 5—6 wöchentlichen Pausen.

Bei größeren prominenten Tumoren ist Kreuzfeuerbestrahlung von mehreren Seiten empfehlenswert.

Erwähnt sei hier daß Frank Schultz speziell für die Naevi vasculosi eine „überweiche" Strahlung (bis 1 We.!) empfohlen hat. Die Dosierung ist aber schwierig; man darf höchstens $^1/_2$ S.-N. applizieren. Weitere Versuche mit „überweichen" Strahlen scheinen gerade bei den Gefäß-Naevis sehr aussichtsvoll.

Lipom.

Über günstige Beeinflussung der Lipome durch Röntgenbestrahlung hat Barjon berichtet. Man nimmt an, daß primär die Gefäße der Fettgeschwülste, die Fettzellen erst sekundär infolge der Ernährungsstörung durch die Gefäßschädigung leiden! Die Exstirpation dürfte bei umfangreicheren, störenden Tumoren vorzuziehen sein. Soll ein Versuch mit Röntgenstrahlen gemacht werden, so ist Kreuzfeuerbestrahlung bei harter Strahlung und Filterung durch 10 mm Aluminium erforderlich. Pro loco werden $2^1/_2$—3 S.-N. appliziert. Dann folgt eine Pause von mindestens 4 Wochen.

Fibrom.

Pusey hat ein öfter rezidiviertes, histologisch nachgewiesenes Fibrom hinter der Ohrmuschel durch Röntgenbehandlung geheilt. Im allgemeinen dürfte bei den Fibromen ebenso wie bei den Lipomen die chirurgische Entfernung der Röntgenbehandlung vorzuziehen sein. Dosis die gleiche wie beim Lipom.

Carcinoma cutis.

Beim Hautkrebs ohne regionäre Drüsenschwellung ist in erster Linie die Röntgentherapie indiziert, da sie in der weitaus größten Zahl der Fälle zu einer definitiven Heilung führt, und zwar in schmerzloser Weise und mit einem idealen kosmetischen Resultat.

Sollte die Röntgenbehandlung versagen, so ist damit nichts verloren, es ist dann immer noch Zeit zur Operation.

In der Tat gibt es Hautkrebse, die gegen X-Strahlen refraktär sind; meist, aber keineswegs immer sind das solche, die Neigung zu starker Destruktion, zur Bildung tiefer Ulzerationen zeigen. Nach Darier sind die spinozellulären Formen ungeeignet, die basozellulären dagegen geeignet für Röntgenbehandlung. Da es aber auch Übergangsformen gibt dürfte eine derartige strenge Scheidung nach der histologischen Struktur in praxi nur geringen Wert haben.

Bei schwachen Bestrahlungen werden zunächst die ulzerierten freiliegenden Teile der Neubildung beeinflußt, es tritt zuerst eine Überhäutung der ulzerierten Fläche ein, während der Epithelwall am Rande sich meist später abflacht und schließlich ganz verschwindet. Appliziert man eine kräftigere Dosis so daß die Haut in der Umgebung des Ulkus mit einer leichten Braunfärbung und Rötung reagiert dann tritt ein Zerfall des Randwalles gleichzeitig mit der beginnenden Überhäutung der geschwürigen Fläche ein: man sieht dann an Stelle des Epithelwalles einen Ring verschorften Gewebes und eine leichte Rötung der angrenzenden normalen Haut. Offenbar werden also die pathologischen Epithelien durch die gleiche Dosis Röntgenlicht viel stärker geschädigt als die normalen. Hat man nur geringe Röntgenlichtmengen appliziert, so kann es, wie gesagt, auch ohne reaktive Entzündung zur Überhäutung kommen. Bleiben die Patienten aber dann, mit diesem Resultate zufrieden, aus der Behandlung fort, bevor der Epithelwall am Rande völlig beseitigt ist, so kann die Heilung natürlich nur eine scheinbare sein.

Setzt man dagegen die Bestrahlungen so lange fort, bis auch die letzte Randinfiltration geschwunden ist, so ist die Heilung eine definitive. Die Narbe ist — auch nach der Verheilung tiefer Ulcera rodentia -- auffallend flach, zart und blaß und geht fast ohne Niveauunterschied in die normale Haut über.

Man soll beim Hautkrebs sofort mit harter Strahlung von 10—12 We. durch 5 mm Aluminium filtriert 3—4 S.-N. applizieren. Sieht man auch nach dieser Prozedur innerhalb von vier Wochen keinen deutlichen Erfolg, dann ist dieselbe Dosis zu wiederholen. Ist 4 Wochen nach der letzten Sitzung noch kein definitiver Erfolg zu verzeichnen, dann soll die Exzision vorgenommen werden.

Auch bei anscheinend vollständiger Heilung ist die prophylaktische Nachbestrahlung vorzunehmen und zwar in Pausen von 4—6 Wochen, im ganzen aber nur dreimal.

Daß sich die seltenen gegen Röntgenbehandlungen refraktären Fälle unter der Röntgenbehandlung verschlimmern können, ist ohne weiteres verständlich und durch die mangelnde Absorptionsfähigkeit oder Röntgenempfindlichkeit der Krebszellen zu erklären. In solchen Fällen ist Vorbehandlung mit Diathermie zu empfehlen oder Injektionen mit Tumorcidin auch während der Bestrahlung.

Von 57 Fällen, die ich in den Jahren 1903—1907 behandelt habe, blieben 17 vor Abschluß der Behandlung fort, von diesen 13 erheblich gebessert, bzw. bis auf kleine Reste geheilt. Diese Fälle scheiden also aus, wenngleich vermutlich in einem großen Prozentsatz völlige Heilung zu erzielen gewesen wäre.

Von den übrigen 40 Fällen konnten als geheilt — d. h. mit glatter Narbe ohne nachweisbare Reste von pathologischem Gewebe — entlassen werden 31.

Von diesen 31 sind 15 Fälle längere Zeit in Beobachtung gewesen und rezidivfrei befunden worden darunter 3 Fälle nach 3 Jahren 2 Fälle nach 4 bzw. 5 Jahren.

Von den übrigen 9 Fällen konnte in 7 trotz lange fortgesetzter Behandlung nur eine Besserung oder stellenweise Heilung erzielt werden, während nur in 2 Fällen Verschlimmerung eintrat.

Perthes konnte bei der Nachkontrolle seiner 1903 bis 1904 mit Röntgenstrahlen behandelten Fälle feststellen, daß von 20 Kankroiden der Gesichtshaut 17 rezidivfrei geblieben waren, davon 13 über 2 Jahre. Sequeira verfügte im Jahre 1908 (Chirurgen-Kongreß in Brüssel) bereits über mehr als 75 Fälle, von denen 72 über 3 Jahre rezidivfrei waren.

Schon 1904 hat von Bruns gesagt: Die Röntgenbehandlung dauert zwar länger als die Operation mit dem Messer, aber sie erspart jede Operation, was namentlich bei alten Leuten entscheidend sein kann, und hinterläßt ungleich schönere Narben."

Heute kann wohl niemand, der über eigene Erfahrung verfügt, darüber im Zweifel sein, daß die Röntgenbehandlung der chirurgischen Behandlung in den meisten Fällen bei weitem überlegen ist. Besonders günstig sind die Chancen bei den oberflächlich ulzerierenden und den tumorbildenden Formen, weniger günstig bei den in die Tiefe greifenden ulzerierenden Formen.

In den seltenen Fällen, in welchen die Röntgenbehandlung nicht zum Ziele führt, dürfte auch die chirurgische Behandlung oft versagen, wenigstens habe ich in einigen wenigen solchen Fällen auch nach der — von ersten Chirurgen ausgeführten — Exstirpation der relativ kleinen Neubildungen sehr bald lokale Rezidive gesehen. Da in den letzten Jahren nur selten refraktäre Fälle zu beobachten waren, so ist das offenbar auf die Verbesserung der Technik zurückzuführen. Bei der Anwendung harter Strahlen, stärkerer Aluminiumfilter und großer Dosen dürften refraktäre Fälle besonders nach Vorbehandlung mit Diathermie bzw. Tumor indin immer seltener werden.

Auch bei Hautkarzinomen mit regionärer Drüsenschwellung ist ein Versuch mit Röntgenbestrahlung erlaubt, ebenso bei Lippenkarzinomen; wenigstens hat Perthes in solchen Fällen durch Bestrahlung des primären Tumors und der Drüsen anscheinend Dauererfolge erzielt. Natürlich ist bei Bestrahlung der Drüsen — ebenso wie bei allen tiefgreifenden Epitheliomen auch ohne regionäre Drüsenschwellung — nur eine harte Strahlung durch 10 mm Aluminium filtriert am Platze (nach H.). Dosis: 3—4—6 S.-N., meist bei Kreuzfeuer, natürlich als Gesamtdose. Sicherer ist es allerdings, nur den primären Tumor durch Röntgenbestrahlung zu beseitigen und dann die regionäre Drüsenschwellung chirurgisch zu entfernen, falls sie nicht spontan verschwindet, was man bisweilen auch beobachten kann. Dann muß natürlich eine prophylaktische Röntgenbehandlung nachfolgen. Im übrigen kommen nur inoperable, meist metastatische Hautkarzinome für die Röntgentherapie in Frage, z. B. karzinöse Ulzerationen in den Narben nach Mammaamputationen, die meist vernarben, oder lentikuläre Hautmetastasen in Form harter Knoten, die gleichfalls vollkommen verschwinden können.

Auch bei den Karzinomen der äußeren Genitalien ist die Röntgenbehandlung zunächst einer immer mehr oder weniger verstümmelnden Operation vorzuziehen, am besten mit einem Bleiglastubus, der dem Tumor unmittelbar aufgesetzt wird.

Erwähnt sei hier ein Fall von Bumm. Es handelte sich um ein Plattenepithelkarzinom der Urethra, einen etwa eigroßen Tumor, der durch ein Spekulum bestrahlt wurde und in 12 Wochen 700 x erhielt. Der Tumor, der die Urethra umfaßte, schrumpfte vollständig, die Harnröhre wurde wieder weich und glatt und überall verschieblich, so daß der Fall wohl als geheilt angesehen werden kann. Dieser Fall demonstriert recht deutlich die elektive Wirkung auf die Tumorzellen und den Vorteil der Röntgenbestrahlung vor der Operation, die hier nur mit Opferung der Urethra möglich gewesen wäre.

Geht ein Hautkarzinom über 1 cm in die Tiefe, so bleibt dem Röntgentherapeuten, falls die übliche Technik versagt, als souveränes Mittel noch die Bestrahlung mittels Fernfeldes aus 80 bis 100 cm Distanz (bzgl. der speziellen Technik vgl. das spätere Kapitel über Behandlung maligner Tumoren in der Tiefe. Sind regionäre Drüsenschwellungen vorhanden, so ist es wohl sicherer, sie operativ zu entfernen und das Operationsgebiet prophylaktisch nachzubestrahlen. Dies gilt vor allem für größere Drüsen etwa von der Größe einer kleinen Wallnuß an. Kleinere Drüsen kann man dagegen ohne Bedenken mit einem Kompressionstubus

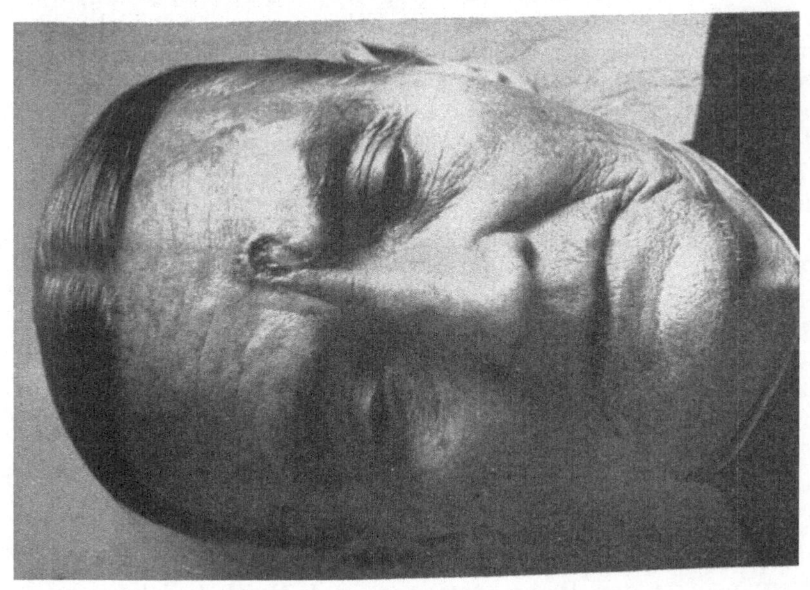

Abb. 84. Hautkrebs an der Stirn vor der Röntgenbestrahlung (H. E. Schmidt).

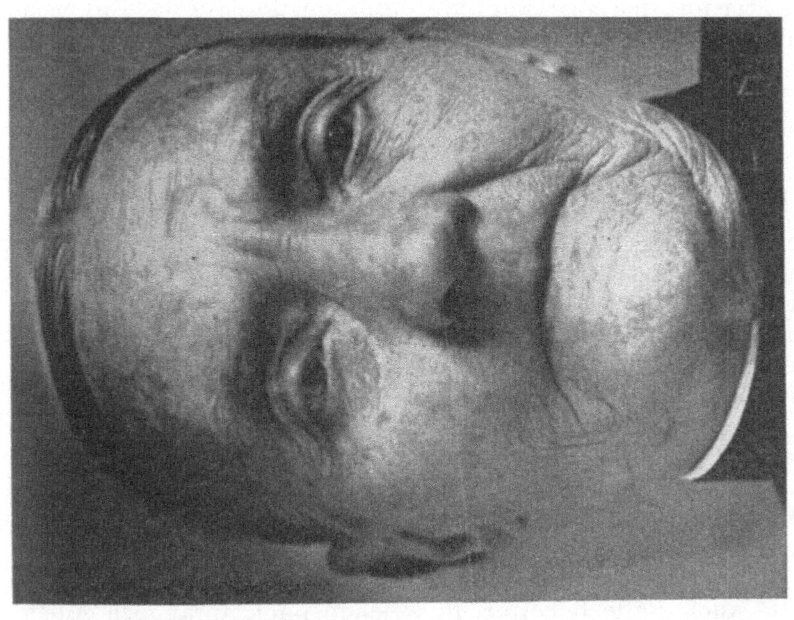

Abb. 85. Der gleiche Fall, durch 6 Röntgenbestrahlungen geheilt, über 5 Jahre rezidivfrei beobachtet.

(z. B. nach Wintz) aus 35 oder 40 cm Distanz unter 10 mm Aluminiumfilter mit der sogenannten Hemmungsdose für das Karzinom bestrahlen, die aber 6 Wochen später unbedingt zu wiederholen ist. (Cf. Kapitel Behandlung maligner Tumoren).

Pagets disease.

Bei dieser seltenen, meist von der Brustwarze ausgehenden Erkrankung, die bei oberflächlicher Betrachtung einem Ekzem sehr ähnlich sehen kann, sich von letzterem aber durch zentrale Narbenbildung und einen peripheren, harten — oft allerdings nicht sehr charakteristischen — Randwall unterscheidet und unter die zunächst oberflächlichen, später aber in die Tiefe greifenden Karzinome zu rechnen ist, kann man durch Röntgenbehandlung überraschende Erfolge erzielen.

Die ersten Fälle sind von Meek, Holzknecht, Bisserié und Bellot mitgeteilt worden. Ich selbst habe einen Fall behandelt, bei welchem sehr rasch Vernarbung der ulzerierten Partien und Schwund des peripheren Randwalles erzielt wurde. Die Brustwarze war bereits zerstört, an ihrer Stelle befand sich eine etwas tiefere Ulzeration, die gleichfalls mit glatter Narbe heilte. Allerdings sind auch Fälle bekannt, in welchen nach anfänglich gutem Erfolge die Affektion auf die Brustdrüse übergriff und die Kranken an inneren Metastasen zugrunde gingen (Sequeira, Lenglet). Völlige Heilungen dürften, wenn die Erkrankung noch nicht die tieferen Gewebsschichten ergriffen hat, zweifellos möglich sein. Jedenfalls ist in solchen Fällen ein Versuch mit Röntgenbehandlung immer in erster Linie indiziert, weil dadurch nichts versäumt wird. Im Falle des Versagens ist es immer noch Zeit zur Operation.

Man wird von vornherein eine harte Strahlung durch 10 mm Aluminium filtriert anwenden. Man appliziert dann 3—4 S.-N., oder 6 S.-N. bei Kreuzfeuer in 1—2 Sitzungen. Dann folgt eine Pause von 4—6 Wochen. Sieht man nach 2 derartigen Bestrahlungen keinen Erfolg oder gar eine Wucherung in die Tiefe, so soll mit der Ablatio mammae nicht gezögert werden, der dann eine prophylaktische Röntgenbehandlung nachzufolgen hat.

Xeroderma pigmentosum.

Bei zwei Geschwistern mit Xeroderma pigmentosum sah ich Pigmentflecken und karzinöse Wucherungen nach Röntgenbestrahlung verschwinden. Allerdings traten nach längerer Behandlungspause wieder Pigmentationen und Epithelwucherungen auf, die aber wieder auf Röntgenstrahlen reagierten. Die Kinder blieben aus der Behandlung fort, so daß ich über die Möglichkeit einer Heilung kein Urteil abgeben kann Ein Versuch mit Röntgenstrahlen dürfte wohl in jedem Falle berechtigt sein in Anbetracht der Nutzlosigkeit jeder anderen Therapie Die Technik entspricht der beim Hautkrebs angegebenen

Sarcoma cutis.

Das Sarkom ist zuerst von Ricketts (1900) mit Röntgenstrahlen behandelt worden Der Erfolg ist bisweilen zauberhaft, bisweilen bleibt er gänzlich aus; es gibt Sarkome, die hochempfindlich für Röntgenstrahlen sind, und solche, die sich völlig refraktär verhalten Weiche, zahlreiche, rasch wachsende Tumoren reagieren anscheinend besser als langsam wachsende, zellarme, mit viel bindegewebiger Zwischensubstanz.

Auch die besonders bösartigen Melanosarkome der Haut reagieren meist prompt auf Röntgenbehandlung (Ricketts, Beck). Allerdings sind auch Fälle beschrieben, welche prompt heilten, bei welchen jedoch im Anschluß an die Bestrahlung eine allgemeine, zum Exitus führende Metastasierung eintrat (von Czerny, Werner). Beweisend für die Möglichkeit einer Dauerheilung ist der Fall von inoperablem Sarkom der Kopfhaut, welchen Albers-Schönberg auf dem Berliner Röntgenkongreß 1905 als geheilt vorstellte (Abb. 86—89). Wie Hänisch im Röntgenkalender 1908 berichtet, erfreute sich der Patient auch zu dieser Zeit noch des besten Wohlseins. Zweimal aufgetretene, etwa kirschgroße Rezidive waren wieder prompt auf wenige Sitzungen hin geschwunden. Nach einer Mitteilung von Albers-Schönberg in der „Zeitschrift für ärztliche Fortbildung" (15. I. 1919) ist der Fall dauernd gesund geblieben.

Ferner hat Albers-Schönberg über einen Fall von multiplen Hautsarkomen auf dem Rücken berichtet, der gleichfalls durch Röntgenbestrahlung geheilt wurde. Ich selbst habe in einem derartigen Falle nicht den geringsten Effekt von der Röntgenbehandlung gesehen.

Hochempfindlich für Röntgenstrahlen sind meist die braunroten bis blauschwarzen, schrotkorn- bis haselnußgroßen Tumoren der Haut, die in der Regel zuerst an beiden Füßen und Händen auftreten und von Kaposi als Sarkoma idiopathicum haemorrhagicum multiplex beschrieben worden sind (Halle). In einem Fall, der wohl in diese Gruppe gehört und zahlreiche kleine braunrote bis blauschwarze Geschwülste — allerdings nur am linken Bein und vereinzelt am Kopfe — aufwies, die zum Teil schon exzidiert und rezidiviert waren, konnte ich weder mit harten filtrierten noch mit mittelweichen, unfiltrierten Strahlen trotz Applikation großer Dosen, die zu einem ziemlich starken Erythem führten, einen Erfolg erzielen.

Nach den bisher vorliegenden Erfahrungen wird man sich der Forderung Kienböcks nicht anschließen können, auch bei

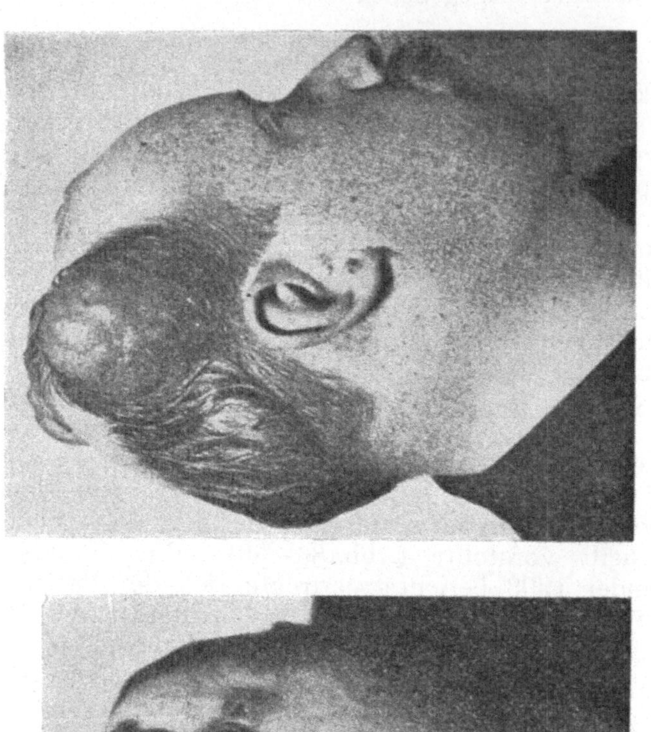

Abb. 86. Abb. 87.
Sarkome der Kopfhaut vor der Röntgenbehandlung (Albers-Schönberg).

den operablen Hautsarkomen zuerst Röntgenbehandlung anzuwenden und erst, wenn diese versagt, die chirurgische Entfernung vorzunehmen. Die Sache liegt hier doch anders als bei den Hautkarzinomen. Denn wir müssen immer damit rechnen, daß gerade bei manchen Hautsarkomen, die wenig radiosensibel sind, durch die Bestrahlung eine Reizung möglich, und auch bei scheinbarer lokaler Heilung eine allgemeine Metastasierung beobachtet ist. Das letztere kommt bei Hautkarzinomen, auch wenn sie wenig radio-

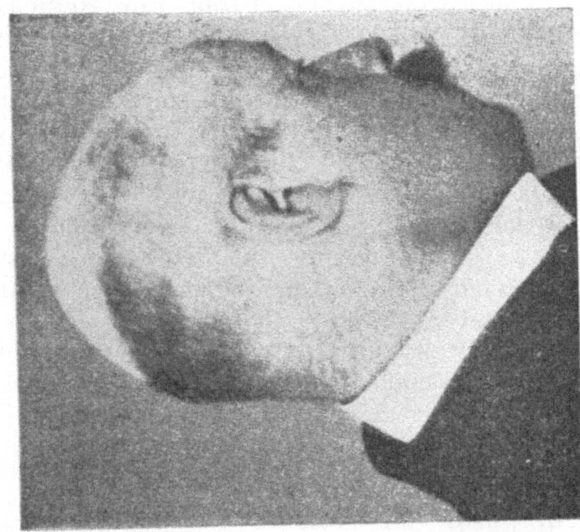

Abb. 89.

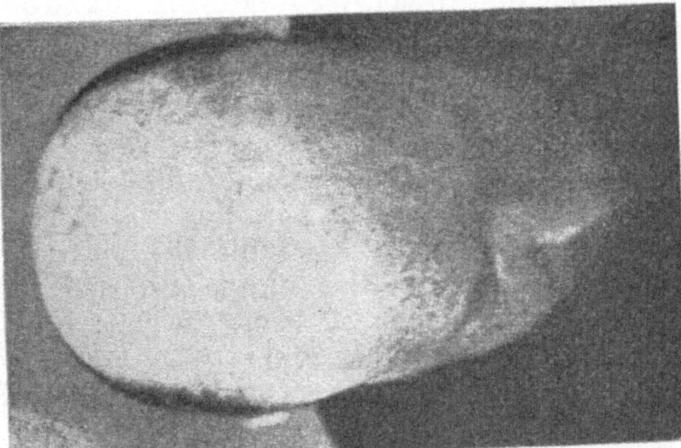

Abb. 88.

Der gleiche Fall, durch Röntgenbestrahlung geheilt (Albers-Schönberg).

sensibel sind, fast niemals vor. Was also operabel ist, soll operiert werden. Unbedingt erforderlich ist natürlich eine prophylaktische Nachbehandlung des Operationsgebietes mit Röntgenstrahlen, die bei nicht moderner Tiefentherapieapparatur höchstens 1 Jahr lang in Zwischenräumen von

5—6 Wochen fortzusetzen ist. Bei den jetzigen hochwertigen Tiefentherapie-Apparaten darf dagegen die postoperative Bestrahlung nur zweimal vorgenommen werden bei einem Zwischenraum von 8—10 Wochen. Bei dem jetzigen Stande der Röntgentechnik ist aber nichts verloren, wenn sofort eine energische Tiefenbestrahlungskur gewissermaßen als Probe auf Radiosensibilität vorgenommen wird, besonders bei messerscheuen Patienten. Tritt 4 Wochen nach der letzten Sitzung kein wesentlicher Rückgang der Tumormassen ein, so muß sofort operiert werden.

Bei den multiplen inoperablen Hautsarkomen bildet die Röntgenbehandlung die Therapie der Wahl. Harte Strahlung von 10—12 We., Filtration durch 5 bzw. 10 mm Aluminium, große Dosen (3—4 S.-N. pro loco bei größeren Tumoren unter Anwendung von Kreuzfeuer (je $2^1/_4$—3 S.-N.) sind empfehlenswert, wenngleich die meisten bisher vorliegenden Erfolge, z. B. auch in dem Fall von Albers-Schönberg mit unfiltrierten mittelweichen Strahlen erzielt worden sind. Die Arsentherapie ist sehr viel unzuverlässiger, kann aber gleichzeitig angewendet werden.

Mykosis fungoides.

Die Tumoren, welche im Verlaufe der Mykosis fungoides in der Haut auftreten, verschwinden prompt auf Röntgenbestrahlung (Scholtz 1902), und zwar auf kleine Dosen, $^1/_3$—$^1/_2$ S.-N. bei 5—7 We.; auch die prämykotischen ekzemartigen Herde heilen ab, der bisweilen recht starke Juckreiz hört sehr bald auf. Ich selbst verfüge über mehrere Fälle und kann die günstigen Resultate anderer Autoren (Schirmer, Taylor, Riehl-Holzknecht-Kienböck) nur bestätigen. Rezidive an Ort und Stelle des einmal resorbierten Tumors sind selten, dagegen treten häufiger neue Tumoren an bisher nicht befallenen Hautpartien auf, die in gleicher Weise bestrahlt werden müssen. Die an sich sehr chronisch verlaufende Erkrankung wird so in günstigster Weise beeinflußt, der schließliche tödliche Ausgang infolge einer allmählich sich entwickelnden Kachexie oder von Metastasen in inneren Organen dürfte sich allerdings auch durch diese Therapie nur selten verhindern, aber doch jedenfalls auf Jahre hinausschieben lassen. Die Möglichkeit einer Dauerheilung ist immerhin nicht gänzlich ausgeschlossen.

Wohl immer kommt man bei den Tumoren der Haut mit einer mittelweichen Strahlung zum Ziel. Besteht Verdacht auf tiefergelegene Metastasen, so ist natürlich eine harte Strahlung (10—12 We. und 10 mm Aluminium, Dosis pro Hautfeld 2—3 S.-N.) erforderlich, unter Anwendung von Kreuzfeuer bei tiefen Herden (cf. das spätere Kapitel über Behandlung maligner Tumoren in der Tiefe des Körpers).

Syphilis.

Die Mitteilungen über den Einfluß der Röntgenstrahlen auf syphilitische Krankheitsprodukte sind recht dürftig. In den meisten Fällen kommt man eben mit Quecksilber, Jod und Salvarsan zum Ziel und hat daher nur selten nötig, zu anderen Mitteln seine Zuflucht zu nehmen. Eine Röntgenbestrahlung des Primäraffektes und der regionären Drüsen aus prophylaktischen Gründen dürfte keinen Erfolg versprechen, da erstens die höchst zulässigen therapeutischen Dosen zur Abtötung der Spirochäten nicht ausreichen, und zweitens die Krankheitserreger schon in das Blut gelangt sein dürften, wenn der Primäraffekt als solcher erkannt wird. Derartige Versuche sind von Quadrone und Gramegna angestellt worden, ohne daß ein deutlicher Einfluß auf den Verlauf der Sekundärerscheinungen konstatiert werden konnte. Morton, Cowen, Hall-Edwards, Wetterer haben dann die Röntgenstrahlen mit bestem Erfolge bei hartnäckigen tertiären Hautsyphiliden angewandt. Buschke sah ein primäres progredientes Ulkus einer malignen Lues an der Oberlippe, das der spezifischen Behandlung nicht weichen wollte, nach Röntgenbestrahlung heilen [1]), ebenso ein ausgedehntes tertiäres Ulkus der Vagina und Vulva und einen Primäraffekt auf der Glans penis, der weder auf spezifische Allgemeinbehandlung, noch auf Lokaltherapie reagiert hatte.

Ich selbst habe des öfteren hartnäckige tertiäre Ulzera durch Röntgenbehandlung schnell zur Vernarbung bringen können. In einem Falle versagten die Röntgenstrahlen allerdings vollkommen. Es handelte sich um tertiäre Ulzerationen an beiden Füßen, die weder auf Schmierkur und Jodkali, noch auch auf Kalomelinjektionen reagierten. Ein Versuch mit schwachen Röntgenbestrahlungen bis zum Auftreten eines Erythems führte ebenfalls keine Veränderung herbei. Erst nach einer vierwöchigen Schwitz- und Abführkur (Zittmannsches Dekokt) war der Körper wieder für Hg empfänglich geworden und jetzt heilten die Ulzerationen nach 10 Injektionen von Hydrargyrum salicylicum. Bei hartnäckigen tertiären Syphiliden der Kutis und Subkutis ist nach den bisher vorliegenden Erfahrungen ein Versuch mit Röntgenbehandlung durchaus indiziert, ebenso bei hartnäckiger Skleradenitis syphilitica. Bei den Ulzerationen

[1]) Vom Herausgeber selbst behandelt, und zwar vor etwa 11 Jahren noch mit Strömen geringer sekundärer Stärke (etwa 0,3 M.-A.). Der kosmetische Effekt war dabei ein relativ guter, obwohl die Zerstörung der Oberlippe schon recht erheblich war.

ist eine mittelweiche, bei der Skleradenitis eine harte filtrierte Strahlung zu verwenden. Im ersten Falle sind $^3/_4$—1 S.-N. zu verabfolgen, im letzteren unter 5 mm Aluminiumfilter $1^1/_2$—2 S.-N.).

Pruritus.

Das Hautjucken ist entweder eine Begleiterscheinung bzw. ein Symptom anderer Erkrankungen, oder es tritt selbständig als reine Sensibilitätsneurose auf.

Das Hautjucken auf rein nervöser Basis wird durch Röntgenbestrahlung ebenso günstig beeinflußt wie z. B. der durch Ekzeme oder den Lichen ruber verrucosus bedingte Juckreiz. Auch hier sind die Röntgenstrahlen das Mittel der Wahl; die von verschiedenen Autoren empfohlenen Hochfrequenzströme versagen hier entweder vollkommen oder die Wirkung ist nur eine momentane. Dagegen wird das Jucken durch Röntgenbestrahlung für sehr lange Zeit, mitunter dauernd beseitigt. Besonders häufig werden exzessive Grade des Pruritus ani et vulvae für die Röntgenbehandlung in Frage kommen. Ich will hier nur einen meiner Fälle von sehr heftigem Pruritus vulvae anführen, der von verschiedenen Dermatologen mit allen möglichen Mitteln (Teer-, Karbolzinkpaste, Pinselungen mit Argentum nitricum und Kalilauge) ohne Erfolg behandelt worden war; durch einige Röntgenbestrahlungen im Januar 1905 wurde das Jucken für ein Jahr behoben; Anfang Januar 1906 stellte sich der Juckreiz wieder ein und wich prompt einer neuen Röntgenbehandlung; bis Anfang 1909, also 3 volle Jahre, blieb die Patientin beschwerdefrei; dann trat wiederum Jucken auf, das wiederum auf Röntgenbestrahlung verschwand. In letzter Zeit sind die Rezidive etwas häufiger geworden, so daß in Pausen von $^1/_2$—1 Jahr in der Regel eine schwache Röntgenbestrahlung erforderlich war. In diesem Falle hat sich (im Laufe von 7 Jahren!) allerdings allmählich eine leichte Atrophie der Haut mit Teleangiektasiebildung eingestellt, die aber die Patientin nicht im geringsten belästigt.

Pruritus ani wird am besten in Knie-Ellenbogenlage mit Unterstützung des Abdomens (vgl. Abb. 72), Pruritus vulvae entweder auf einem Untersuchungstisch mit Beinstützen oder auch bei Verwendung kleiner Spezialröhren für Hauttherapie auf einem gewöhnlichen Divan in Rückenlage unter Spreizung der Beine bestrahlt (vgl. Abb. 71). Man appliziert $^1/_3$ S.-N. bei 5—7 We. oder $^1/_2$—$^3/_4$ S.-N. bei 3 mm Aluminiumfilter, eventuell öfter in den nötigen Pausen von 3—4 Wochen.

Bei der Bestrahlung der Analgegend müssen die Nates meist entweder von einem Gehilfen oder durch mehrere Heftpflasterstreifen auseinandergezogen werden, oder der Patient muß das selbst mit der einen Hand besorgen, was aber im allgemeinen etwas schwer fällt.

In besonders hartnäckigen Fällen würde sich ein Versuch mit harter filtrierter Strahlung empfehlen [1]). Erytheme sind auf jeden Fall zu vermeiden, da sie gerade in der Anal- und Genitalgegend besonders unangenehm sind, ganz abgesehen davon, daß sie später eine Hautatrophie zur Folge haben können.

b) Innere Medizin.

Leukämie.

Die Leukämie wurde zuerst von Senn (1903) erfolgreich mit Röntgenstrahlen behandelt. Seit der Mitteilung Senns sind viele hundert Fälle beschrieben worden, und heute steht so viel fest, daß zwar in keinem Falle eine wirkliche Heilung einwandfrei nachgewiesen ist, daß aber in 80—90% der Fälle der progressive Verlauf der Erkrankung durch die Röntgenbestrahlung — oft wie mit einem Schlage — aufgehalten und das Leben der Kranken um Jahre verlängert werden kann. So gelang es Gottschalk, einen Kranken durch intermittierende Röntgenbehandlung, welcher die nach längerer Behandlungspause wieder auftretenden Rezidive ebenso prompt immer wieder wichen, 5 Jahre lang bei leidlichem Wohlbefinden zu erhalten. Bei der Leukämie — sowohl der myeloiden als auch der lymphatischen Form — ist heute die Röntgenbehandlung die Therapie der Wahl. Eine gleichzeitige Arsenmedikation ist überflüssig, eventuell kann man sie in den Behandlungspausen anwenden, welche ja von Zeit zu Zeit bei der sich immer über Monate oder Jahre erstreckenden chronisch-intermittierenden Röntgenbehandlung nötig sind. Belot hat nicht unrecht, wenn er die Unterlassung der Röntgenbehandlung bei der Leukämie und Pseudoleukämie der Unterlassung der Quecksilberkur bei der Syphilis gleichstellt.

Das leukämische Gewebe ist hochempfindlich für Röntgenstrahlen, der Blutbefund ändert sich meist sehr rasch in dem Sinne, daß die Zahl der Leukozyten abnimmt, in einem Falle von Grawitz von 1 250 000 auf 8000 innerhalb 4—5 Wochen, während Franke einen besonders steilen Abfall der Leukozyten sah. Gleichzeitig tritt meist eine Zunahme der Erythrozyten und des Hämoglobingehaltes ein. Am auffallendsten ist mir immer die schnelle Besserung des Allgemeinbefindens, das Schwinden der Mattigkeit und Schwäche

[1]) Herausgeber verwendet stets eine solche (5 mm Aluminiumfilterung), und zwar mit ausgezeichnetem Erfolge.

und die Gewichtszunahme erschienen, und ich werde immer einen Leukämiker in der Erinnerung behalten, der als Kutscher in einer großen Brauerei beschäftigt war und vor Beginn der Röntgenbehandlung so schwach war, daß ihn schon das Sitzen und Stehen ermüdete, und der die letzte Zeit nur im Bette zugebracht hatte. Der sehr abgemagerte, elende Mann erholte sich in 6 Wochen unter der Röntgenbehandlung so sehr, daß er sich für ganz gesund hielt und nicht davon abzuhalten war, seine schwere körperliche Arbeit wieder aufzunehmen [1]). Leider war auch in diesem Falle, wie in allen anderen, die ich gesehen habe, der Erfolg kein dauernder; wenngleich Exazerbationen des Krankheitsprozesses zunächst immer wieder der Röntgenbehandlung wichen, erlag der Patient schließlich doch seinem Leiden [2]).

Alle Störungen der normalen Funktionen, welche die Leukämie hervorrufen kann, können durch Röntgenbehandlung beseitigt werden: so können die geschwundenen Menses zurückkehren, Priapismus kann vergehen; die Neigung zur hämorrhagischen Diathese (Blutungen in die Haut und Retina, aus Nase und Nieren) verschwindet, ebenso das leukämische Fieber (Kienböck und v. Decastello).

Im Anfang können scheinbare Verschlechterungen eintreten, Kopfschmerzen, Übelkeit, Erbrechen, Durchfall, Temperatursteigerung: alle diese Erscheinungen, die teils als Folgen einer direkten Darmschädigung („Röntgenkater"), teils als toxämische Symptome aufzufassen und durch die Wirkung der Röntgenstrahlen hervorgerufen sind, schwinden im Verlauf weniger Tage.

Regelmäßige Blutuntersuchungen in bestimmten Pausen, etwa alle 4 Wochen, sind unbedingt erforderlich; ist der Blutbefund ein der Norm entsprechender, so wird man mit der Behandlung zunächst aufhören, auch wenn der Milztumor noch nicht ganz verschwunden ist.

Erstens geht die Rückbildung des Milztumors meist langsamer vor sich als die Besserung des Blutes und des Allgemeinbefindens, und zweitens muß man mit der Nachwirkung der Röntgenstrahlen rechnen, die sehr lange nach Aussetzen der Behandlung — zuweilen 2 bis 3 Monate — anhalten kann.

[1]) Dieses Beispiel mag für viele gelten, wo das Behandlungsresultat zunächst ein überraschend gutes ist. Selbst in einem Falle des Herausgebers von myeloider Leukämie, der mit Amyloid der Nieren kompliziert war, war der Erfolg zunächst ebenfalls frappierend. Sank doch der Albumengehalt unter der Bestrahlung von $15^0/_{00}$ auf $1{,}0^0/_{00}$, und die Menses traten nach einer Pause von $^3/_4$ Jahren wieder ein. Im Verein mit anderen Beobachtungen über die Reaktion der Niere auf Röntgenstrahlen kann es übrigens keinem Zweifel mehr unterliegen, daß das eigentliche Nierengewebe in der Reaktionsskala der Gewebe auf Röntgenstrahlen untenan steht.

[2]) In der Regel nach 2—3 Jahren.

Blutuntersuchungen sind auch darum unbedingt erforderlich, um eine Verschlechterung in den Behandlungspausen rechtzeitig zu erkennen, wie sie sich namentlich im Ansteigen der Leukozytenzahl zu erkennen gibt.

Die Wirkung der Röntgenstrahlen läßt sich ohne weiteres durch die direkte Schädigung des wuchernden leukämischen Gewebes in der Milz und in den Lymphdrüsen und die dadurch bedingte Hemmung der übermäßigen Leukozytenproduktion und der Bildung des leukämischen Toxins erklären, welche sekundär — eben durch Verminderung bzw. Fortfall des leukämischen Toxins — eine Erholung des Knochenmarks, eine Mehrproduktion von Erythrozyten und damit eine Besserung der Anämie zur Folge hat.

Ist freilich die Bildungsstätte der Erythrozyten durch das leukämische Toxin bereits sehr erheblich geschädigt, so findet auch nach Beseitigung dieses Toxins durch die Röntgenstrahlenwirkung keine Erholung mehr statt, die Anämie schreitet trotz Rückbildung der leukämischen Tumoren, trotz Entlastung des Organismus von den leukämischen Giften unaufhaltsam fort und führt schließlich ad exitum. Nimmt daher die Zahl der Erythrozyten nach der ersten Bestrahlungsserie nicht zu oder gar ab, so ist weitere Röntgentherapie kontraindiziert.

Außer der direkten Wirkung auf die Milz ist noch eine Fernwirkung von der Milz auf das Knochenmark dadurch denkbar, daß durch den Zerfall der Leukozyten toxische Produkte (fälschlich von Helber und Linser als „Leukolysine" bezeichnet) die Produktion von Leukozyten einschränken. Vielleicht kommt als wirksames „Leukotoxin" das aus dem Lezithin abgespaltene Cholin in Betracht.

Die Hauptbildungsstätte der Leukozyten scheint freilich nicht das Knochenmark zu sein, wie das Ehrlich annimmt, sondern die Milz und die Lymphdrüsen, denn Bestrahlung der Knochen allein hat fast gar keinen Einfluß auf die Beschaffenheit des Blutes, und auch die Milz wird nicht kleiner; bei der myeloiden Form genügt die Bestrahlung der Milz allein, um eklatante Besserung der Blutbeschaffenheit und des Allgemeinbefindens und eine Rückbildung des Milztumors zu erzielen (Krause, Kienböck), und auch bei der lymphatischen Form der Leukämie kommt man anscheinend nicht weiter, wenn man außer der Milz und den Drüsentumoren gleichzeitig auch noch die Röhrenknochen bestrahlt.

Was die Technik anbelangt, so dürfte es sich empfehlen, bei 10—12 We. bzw. 7—8 Walter und Filtration durch 5 mm oder besser durch 10 mm Aluminium, etwa $1^1/_3$—2—3 S.-N. pro loco je nach der Größe des Milztumors meist unter Kreuzfeuer von 2—3 Einfallspforten zu applizieren und die Bestrahlung in der gleichen Weise in Pausen von 6—8 Wochen zu wiederholen; um bei der meist hohen Empfindlichkeit des leukämischen Gewebes einen zu rapiden Zerfall der Zellen und damit eine Röntgentoxämie zu vermeiden, kann man auch mit noch kleineren Dosen beginnen. Die akute Leukämie ist durch Röntgenbestrahlung in ihrem progredienten Verlaufe anscheinend nicht aufzuhalten.

Bei der myeloiden Form wird nur die Milz von vorn, von der Seite und von hinten bestrahlt, bei der lymphatischen Form außer der Milz alle fühlbaren Drüsen und auch die Gegend der retroperitonealen, abdominalen und thorakalen tiefen Drüsen, (Dosis hierbei 3 S.-N. bei 35—40 cm Fokushautdistanz und 10 cm Aluminiumfilter).

Pseudoleukämie.

Bei der Pseudoleukämie handelt es sich bekanntlich um Vergrößerung der Lymphdrüsen und eine meist geringe Schwellung der Milz ohne leukämische Beschaffenheit des Blutes, das entweder normale oder anämische Beschaffenheit zeigt. Eine strenge Scheidung von der Leukämie ist wohl nicht angängig, da eine Pseudoleukämie in eine echte Leukämie mit typischer leukämischer Blutbeschaffenheit übergehen kann. Auch bei dieser Erkrankung bildet die Röntgenbehandlung die Therapie der Wahl. Die ersten Fälle sind von Pusey (1902) behandelt worden. Die Rückbildung der pseudoleukämischen Tumoren geht oft sehr rasch, in 2—3 Tagen vor sich (Holzknecht). Diese schnelle Rückbildung ist oft mit recht erheblichen Schmerzen verbunden, welche wohl auf Zerrung oder Zerreissung periadenitischer Adhäsionen durch den schrumpfenden Tumor zurückzuführen sind. Es ist nach den bisher publizierten Erfahrungen noch nicht zu beurteilen, ob Dauerheilungen möglich sind. Die Erfolge sind anscheinend bezüglich des Dauereffektes günstiger als bei der Leukämie.

Bezüglich der Strahlenqualität und Dosis gilt das gleiche wie für die Leukämie (vgl. voriges Kapitel).

Polyglobulie. Polyzythämie.

Abgesehen von häufigeren, in variablen Zwischenräumen wiederholten Aderlässen stand man bisher dieser krankhaften Vermehrung der roten Blutkörperchen ziemlich machtlos gegenüber (vgl. die Monographie über Polyzythämie von Mosse und die Arbeiten Plehns). Als neues Mittel, die Zahl der roten Blutkörperchen wesentlich herabzudrücken, kommt jetzt die Behandlung mit Röntgenstrahlen in Betracht. Wie bei allen Bluterkrankungen, muß die Bestrahlung unter ständiger Kontrolle des Blutes vor sich gehen, um einerseits eine Leukopenie zu vermeiden, andererseits erst bei Rückkehr der roten Blutkörperchen zur Norm mit der Behandlung aufzuhören. Als Therapie der Wahl verdient jedenfalls die Röntgenbestrahlung mehr als bisher angewendet zu werden. So konnte ich in 2 Fällen von Polyzythämie, bei denen es sich um Brüder handelte, die subjektiven Beschwerden und objektiven Blutveränderungen verschwinden sehen. Als Dosis sind $1^1/_2$—2 S.-N. pro loco unter 10 mm Aluminiumfilter zu empfehlen bei 40 cm Fokushautdistanz, bei den langen Röhrenknochen bis zu 45 und 50 cm Distanz. Bestrahlt werden: Sternum, Oberschenkel, Unterschenkel mit den Weichteilen, in schwereren Fällen eventuell auch die Milz. Diese von vorn und von hinten mit je $1^1/_2$—2 S.-N., je nach der Zahl der roten Blutkörperchen auch noch von der Seite, und zwar gibt man wöchentlich zwei bis höchstens drei Sitzungen.

Malaria.

In chronischen Fällen von Malaria sind günstige Erfolge durch Röntgenbestrahlung erzielt worden. Ricciardi hat über 4 Fälle von alten Malariamilzen berichtet, die geheilt wurden. Sommer sah in einem Falle zunächst erheblichen Rückgang, später allerdings wieder Zunahme der Milzschwellung, wenn auch in geringerem Grade.

Skinner und Carson haben über 11 Fälle von akuter Malaria berichtet, in welcher durch Röntgenbestrahlung Nachlassen der Schmerzen, Rückbildung des Milztumors und Beseitigung des Fiebers erzielt wurde. Sie empfehlen daher die Röntgenbehandlung gerade für die akuten Fälle, da diese Chinin schlecht vertragen. Dagegen konnten sie in 5 Fällen von chronischer Malaria keinen nennenswerten Erfolg erzielen.

Petrone sah eine Milzschwellung infolge von Malaria, welche weder durch Arsen, noch durch Chinin gebessert wurde, nach Röntgenbestrahlung in 4 Monaten vollkommen zurückgehen.

Es dürfte sich eine harte Strahlung von 10—12 We. bzw. etwa 8 Walter durch 5 oder 10 mm Aluminium filtriert empfehlen. Bestrahlung von drei Seiten (vorn, links, hinten), eventuell unter Kompression. Dosis: $1^1/_2$—2—3 S.-N. pro loco. Dann folgt eine Pause von 6—8 Wochen.

Morbus Banti.

Bei der Milzhyperplasie bewirkt die Röntgenbehandlung Rückbildung resp. völliges Verschwinden des Milztumors. Rezidive scheinen häufig zu sein. Die Technik ist die gleiche wie bei anderen Milztumoren, z. B. bei der Malaria-Milz (vgl. voriges Kapitel).

Morbus Addisonii.

Auch bei der Addisonschen Krankheit, welche durch eine Affektion der Nebennieren (meist Tuberkulose) bedingt ist, sind günstige Erfolge, wenn auch meist temporäre, erzielt worden (Golubinin 1905, Wiesner 1908). Bei der Aussichtslosigkeit anderer therapeutischer Maßnahmen dürfte ein Versuch mit Röntgenbehandlung in jedem Falle gerechtfertigt sein.

Man bestrahlt die rechte und linke Nierengegend (eventuell unter Kompression der Haut) vom Rücken und vom Abdomen aus mit möglichst hartem Röntgenlicht unter Filtration durch 10mm Aluminium und gibt am besten große Dosen, d. h. 2—3 S.-N. pro loco. Dann folgt eine Pause von 4 Wochen.

Morbus Basedowii.

Nach der von Möbius aufgestellten Theorie beruht die Basedowsche Krankheit auf einer krankhaften Veränderung der Schilddrüsenfunktion, in der abnorm reichlichen Bildung gewisser „reizender“ Substanzen. Für die Richtigkeit dieser Hypothese spricht jedenfalls der auffallende Gegensatz, in welchem die Symptome der Kachexia strumipriva (Myxödem) und des Morbus Basedowii zueinander stehen; bei der erstgenannten Krankheit Fehlen der Schilddrüse, Hautverdickung, Pulsverlangsamung, motorische und psychische Trägheit, bei der letztgenannten dagegen mehr oder weniger ausgesprochene Schwellung der Schilddrüse, Abmagerung und Hautatrophie, Tachykardie, Tremor, und psychische Erregtheit. Durch Röntgenbestrahlung dürfte eine Schädigung des Schilddrüsenparenchyms — gerade so wie bei allen anderen Drüsen des Körpers, deren Zelltätigkeit normaler- oder pathologischerweise eine besonders lebhafte ist — stattfinden und damit natürlich auch eine Herabsetzung der Funktion bzw. ein Stillstand in der Produktion von schädlichen „toxischen“ Substanzen eintreten.

Die in der Tat recht günstigen Erfolge der Röntgenbehandlung sprechen ebenfalls für die Richtigkeit der Möbiusschen Theorie, gerade so wie die Erfolge der Strumektomie.

Die ersten Fälle sind von Williams und Stegmann beschrieben worden. Schwarz hat über 40 Fälle berichtet; in allen besserten sich die nervösen Symptome, in 36 trat Verminderung der Pulsfrequenz, in 26 Gewichtszunahme, in 15 Besserung des Exophthalmus, in 8 Verkleinerung der Struma ein. Beck hat über 50 Fälle berichtet, von denen 14 operativ und radiotherapeutisch, 36 nur radiotherapeutisch in Angriff genommen wurden; der Erfolg war in allen Fällen sehr günstig. Kuchendorf hat 2 Fälle mit gutem Erfolg behandelt. Der eine bietet darum ein besonderes Interesse, weil vorher ein Teil der Schilddrüse entfernt worden war, der sich als krebsig entartet erwies. Der Rest wucherte in der Wunde weiter. Nach Röntgenbestrahlung in die Wunde hinein kam es zur Vernarbung, die Basedow-Symptome verschwanden bis auf den Exophthalmus, in 2 Jahren wurde kein Rezidiv beobachtet.

Michailow erzielte unter 12 Fällen 2mal Heilung, 6mal Besserung, 2mal keinen Erfolg und 2mal Verschlimmerung. Auch Holzknecht, Immelmann, Krause und Heßmann treten für die Behandlung des Morbus Basedow mit Röntgenstrahlen ein. v. Eiselbsberg verwirft die Röntgenbehandlung und macht diese im besonderen für bindegewebige Verwachsungen zwischen Drüsenkapsel und Muskulatur verantwortlich, welche eine später eventuell doch noch nötige Operation sehr erschweren sollen.

Bisweilen bringt aber ja auch die Operation keinen Erfolg. Dann kann man oft durch nachfolgende Bestrahlung noch ein günstiges Resultat erzielen.

Man bestrahlt die Schilddrüse entweder nur von vorn oder auch von rechts und von links durch einen Tubus oder unter Abdeckung der Umgebung mit Bleiblech und appliziert pro loco $1^1/_2$—2 S.-N. bei 10—12 We., nach Filtration der Strahlung durch 8 oder 10 mm Aluminium. Nach 5—6 Wochen kann die gleiche Dosis wieder gegeben werden. Es empfiehlt sich, nach 2 derartigen Bestrahlungen mindestens 8 Wochen abzuwarten. Ein Versuch sollte meines Erachtens in jedem Falle mit der Röntgentherapie in erster Linie gemacht werden. Ob Dauerheilungen möglich sind, läßt sich bei dem bisher vorliegenden Material nicht sicher beurteilen; eklatante Besserungen sind zweifellos möglich. Am auffallendsten ist gewöhnlich die rapide Gewichtszunahme und nach meinen Erfahrungen auch die rasche Abnahme der allgemeinen psychischen Erregtheit und Unruhe; das Herzklopfen, die Pulsfrequenz und die sonstigen nervösen Symptome können vollständig verschwinden, auch der Exophthalmus, der gewöhnlich am hartnäckigsten ist. Die vergrößerte, meist auffallend weiche Struma bildet sich ebenfalls meist erheblich zurück. Die Rückbildung der Basedow-Struma und der Basedow-Symptome kann bisweilen erst spät erfolgen, nach 2—3 Monaten (Krause). Es gibt anscheinend wenige Fälle, die gegen Röntgenbehandlung refraktär sind.

Arthritis deformans und Arthritis urica.

Gelenkschwellungen und Schmerzen verschwinden nach Röntgenbestrahlung in frischeren Fällen (Sokolow 1897, Grunmach, Moser, Wetterer u. a.). Auch in älteren Fällen, in denen es schon zu Gelenkversteifungen gekommen ist, kann durch Röntgenbestrahlung die Beweglichkeit in gewissen Grenzen wieder hergestellt werden (Moser).

In einem Fall von partieller Kniegelenksankylose (Tuberkulose?) konnte Sommer durch Röntgenbehandlung anscheinend vollständige Heilung erzielen, die allerdings erst 3 Monate nach der letzten Bestrahlung eintrat. Der Fall war gegen alle sonst angewandten Mittel refraktär.

Ich selbst habe bei Muskelrheumatismus, Gicht und chronischer Arthritis eklatante Erfolge erzielt[1]). Auch in einem Fall von chronischer gonorrhoischer Kniegelenkentzündung konnte ich durch Röntgenbestrahlung die Schmerzen und Bewegungsbehinderung vollkommen beseitigen. Man benutzt eine harte Strahlung von 10—12 We. und filtriert durch 3 oder 5 mm Aluminium. Bei Gelenken Kreuzfeuerbestrahlung von zwei Seiten. Dosis pro loco: 2—$2^1/_4$ S.-N., dann Pause von 5—6 Wochen, bei Kreuzfeuerbestrahlung von 4 Seiten 1—$1^1/_2$ S.-N.

Bronchitis, Bronchialasthma.

Schilling fand, daß bei chronischer Bronchitis und Bronchialasthma die Auswurfsmengen nach Röntgenbestrahlung des Thorax rapide abnehmen, daß die Rasselgeräusche bald verschwinden und auch die übrigen Beschwerden nachlassen.

Offenbar ist die Wirkung auf eine direkte Schädigung der Schleimdrüsen in den Wandungen der Bronchien zurückzuführen. Da von v. Strümpell das Glühlichtbad sehr warm für derartige Fälle empfohlen wird, dürfte die Röntgenbestrahlung nur in besonders hartnäckigen Fällen in Betracht kommen. Man wird

[1]) Das gleiche konnte H. feststellen. So gingen in einem Falle von chronischer Gonarthritis die Beschwerden beim Gehen so zurück, daß der Patient wieder größere Bergtouren machen konnte. Ein die Knieaffektion komplizierendes Hygrom ging unter der Bestrahlung ebenfalls deutlich zurück (Dosis 2 S.-N. pro loco unter 3 mm Aluminiumfilter).

6 Röhrenstellungen (rechte und linke Brusthälfte vorn, hinten und seitlich) wählen und am besten in jeder Stellung $1^1/_2$—2 S.-N. bei 10—12 We. nach Filtration durch 10 mm Aluminium applizieren. Dann folgt eine Pause von 6 Wochen. Natürlich muß die eine Rückenhälfte und die eine Brusthälfte während der Bestrahlung der benachbarten abgedeckt werden. Mit dieser Methodik ist es dem Herausgeber in einem Fall von schwerstem Bronchialasthma gelungen, sämtliche quälenden Symptome zu beseitigen, so die oft Schlag auf Schlag einsetzenden Anfälle von Atemnot besonders in der Nacht und den reichlichen Auswurf zumal des Morgens.

Neuralgie.

Die Indikation für Röntgenbehandlung bei Neuralgien ist leider immer noch viel zu wenig bekannt; denn nur selten läßt die schmerzlindernde Wirkung der Röntgenstrahlen bei den Neuralgien im Stich. Es wäre daher endlich an der Zeit, daß die Röntgentherapie bei den Neuralgien häufiger als bisher im Interesse der Patienten angewendet würde, natürlich nur von sachkundiger Seite, da Mißerfolge sonst unausbleiblich sind und den Röntgenstrahlen zugeschrieben werden. Die ersten Fälle wurden von Stembo mitgeteilt. Béclère und Haret haben 1906 einen hartnäckigen, mit allen möglichen Mitteln, auch operativ erfolglos behandelten Fall von Trigeminusneuralgie mitgeteilt, die durch Röntgenbestrahlung zur Heilung gebracht wurde; 10 Monate nach Abschluß der Behandlung war noch kein Rezidiv eingetreten.

Freund hat 4 Fälle von Ischias rheumatica mit Röntgenstrahlen behandelt. Schon 1—2 Tage nach 2—3 offenbar ganz schwachen Bestrahlungen waren die Schmerzen fast völlig verschwunden, während früher alle sonst üblichen Behandlungsmethoden versagt hatten.

Ich selbst habe eklatante Erfolge in einem Fall von rechtsseitiger Trigeminusneuralgie im Anschluß an einen unter Narbenbildung abgeheilten Herpes zoster (gangraenosus) und in zahlreichen Fällen von Ischias rheumatica gesehen; auch hier waren die Schmerzen nach wenigen Tagen fast gänzlich beseitigt. Mitunter vergehen allerdings auch 2—3 Wochen, ehe sich die Wirkung einstellt; sie tritt nach meinen Erfahrungen um so schneller ein, je frischer die Fälle sind.

In einem Falle wurde eine hartnäckige, seit mehreren Monaten bestehende linksseitige Interkostalneuralgie durch Röntgenbestrahlung der linken Dorsokostalgegend ohne Abdeckung der Umgebung geheilt. Die Patientin ist seitdem rezidivfrei geblieben, nachdem vorher ebenfalls alle möglichen Mittel ohne Erfolg angewandt worden waren.

In einem Falle von Neuralgie im Bereiche des rechten Plexus cervicalis versagte die Röntgenbehandlung anscheinend; in diesem Falle bestand auch eine ganz ungewöhnliche Schmerzempfindlichkeit der Haut bei der leisesten Berührung. Solche Mißerfolge gehören aber zu den Ausnahmen. Über 4 Ischiasfälle, die nach erfolgloser Anwendung anderer Methoden durch Röntgenbestrahlung geheilt wurden, haben Babinski, Charpentier und Delherme berichtet. Es handelte sich in diesen Fällen zum Teil um sehr schwere Formen mit Skoliose und Fehlen des Achillessehnenreflexes. Auch Hessmann hat bereits 1907 einen Fall von Ischias scoliotica erfolgreich behandelt, in gleichem Sinne später mehrere Fälle von Ischias rheumatica, darunter solche mit Gehunfähigkeit. Als Dosis genügen meist 1—2 S.-N. pro loco bei 3 mm Aluminiumfilterung. Nur in schweren chronischen Fällen sind zuweilen 3 S.-N. und 5 mm Filter notwendig. Rezidive kommen auch bei der Röntgenbehandlung der Neuralgien vor, doch reagieren diese meist auf erneute Bestrahlung wieder günstig, so daß nach 2, spätestens aber nach 3 Turnus Heilung erzielt werden kann. Bei reinen Formen von Ischias rheumatica sind Versager jedenfalls kaum zu beobachten.

Auch die gastrischen Krisen und lanzinierenden Schmerzen bei der Tabes werden fast immer günstig beeinflußt. Jaquet und Jaugeas haben über gute Erfolge bei der sog. Talalgie berichtet. Es handelt sich hierbei um Schmerzen in der Gegend des Kalkaneus, die wohl in der Regel durch chronisch entzündliche Veränderungen des Bandapparates bedingt sind. Auch zwei derartige Fälle, in welchen eine Gonorrhöe als Ursache für die Talalgie anzusehen war, wurden zur Heilung gebracht (vgl. meinen früher beschriebenen Fall von gonorrhoischer Kniegelenkentzündung!). Ganz abgesehen von der schmerzstillenden Wirkung an sich hat die Röntgenbestrahlung wohl auch eine Schrumpfung des entzündlich gewucherten Gewebes zur Folge. Bei der Ischias bestrahlt man die Gegend der Articulatio sacro-iliaca. Abdeckung ist nicht erforderlich; in chronischen und schweren Fällen auch den Verlauf des Nervus ischiadicus, also die Austrittsstelle, Mitte des Femur, Rautengrube, Fibulaköpfchen, Malleolus externus und die Mitte der Wade. Bei der Neuralgie anderer Hautnerven wird ebenfalls das ganze Ausbreitungsgebiet bestrahlt, also möglichst wenig abgedeckt.

Harte Strahlung von 10—12 We. durch 3 oder 5 mm Aluminium filtriert, 1—2 S.-N. pro loco sind erforderlich. Dann Pause von 4—6 Wochen.

Syringomyelie.

Nach den Mitteilungen von Raymond (1905), Beaujard und Lhermitte gehen motorische, sensorische und trophische Störungen, wie sie durch die gewöhnlich im Halsmark auftretenden gliomatösen Wucherungen hervorgerufen werden, nach Röntgenbestrahlung der zerviko-dorsalen Region des Rückenmarkes zurück; ein Erfolg wird natürlich nur im Anfangsstadium der Krankheit zu erwarten sein, in welchem die Symptome (vorwiegend Muskelatrophie und trophische Störungen an den Händen im Verein mit Analgesie und Störung des Temperatursinns) durch Druck der gliomatösen Wucherungen auf das Rückenmark bedingt sind, weil dann Schrumpfung der Gliome und damit Rückgang der Symptome möglich ist. Wenn es erst einmal zum Zerfall der Wucherungen und zur Höhlenbildung gekommen ist, muß natürlich auch die Röntgenbehandlung versagen.

In einem Fall von Beaujard hielt die Besserung schon 5, in einem anderen 3 Jahre an. Was die Technik anbelangt, so wird die zerviko-dorsale Region des Rückenmarks, eventuell die ganze Wirbelsäule von rechts und links unter Abdeckung bis zur Mittellinie bestrahlt. Man muß sich also die unmittelbar rechts und links von den Dornfortsätzen gelegenen Hautpartien längs der Wirbelsäule in mehrere kleinere Bestrahlungsfelder einteilen.

Pro loco wird 3 S.-N. bei 10 We. nach Filtration durch 3 mm oder 10 mm Aluminium appliziert. Dann folgt eine Pause von 4—6 Wochen. Sieht man nach 2—3 solchen Serien keinen Erfolg, ist eine Fortsetzung der Behandlung meist zwecklos.

Multiple Sklerose.

Marinesco hat über 4 Fälle berichtet, von denen 2 eine Besserung des Ganges, des Zitterns und der Sprache zeigten. Auch Beaujard hat in einigen Fällen gute Erfolge gesehen.

Die Technik der Bestrahlung ist die gleiche wie bei der Syringomyelie. Eventuell sind auch Schädelbestrahlungen erforderlich, wobei natürlich eine Epilation mit in den Kauf zu nehmen ist, die bei mehrstelliger Bestrahlung und wiederholten Turnus auch dauernd sein kann.

Arteriosklerose.

Ausgehend von der durch tierexperimentelle Erfahrungen (Josué) gestützten Annahme, daß die Arteriosklerose mit der gesteigerten sekretorischen Funktion der Nebennieren zusammenhängt, haben Zimmern und Cottenot Bestrahlungen der Nebennieren bei arterieller Hypertension angewandt und in den meisten Fällen ein rasches Sinken des Blutdruckes erzielt. Was die Technik anbelangt, so dürfte eine harte Strahlung und Filtration durch 10 mm Aluminium empfehlenswert sein. Dosis: $2^1/_2$ S.-N. auf die rechte und linke Nebennierengegend von vorn und von hinten. Auch die bei Endarteriitis obliterans auftretenden heftigen Schmerzen im Bereich der Hände und Füße alter Leute können durch Röntgentherapie gemildert werden. Als Dosis genügt je 1 S.-N. auf Streck- und Beugeseite von Hand und Unterarm bzw. Fuß und Unterschenkel verteilt unter 3 mm bzw. 5 mm Aluminiumfilter. In Abständen von 4 Wochen kann diese Dose nach Bedarf wiederholt werden.

c) Chirurgie.

Tuberkulose der Drüsen, Knochen und Gelenke.

Auf dem Gebiete der Chirurgie ist ein besonders dankbares Feld für die Röntgenbehandlung die Tuberkulose, wenngleich nicht unerwähnt bleiben soll, daß hier die Sonnenbehandlung (Heliotherapie), wie sie in verschiedenen Höhenkurorten, besonders in St. Moritz (Bernhard) und in Leysin (Rollier) ausgeübt wird, ebensoviel, in manchen Fällen vielleicht noch mehr leistet. Doch dürfte diese Heliotherapie eben nur in Höhenkurorten mit Erfolg anzuwenden sein, da dort die Intensität der Strahlung bei weitem größer ist als in der Ebene, und da außerdem in der Ebene die Sonne — wenigstens in unseren Breitegraden — nur verhältnismäßig selten zur Verfügung steht. Ob die den Sammelnamen „künstliche Höhensonne“ tragenden technischen Lichtquellen (wie Quecksilberdampflampen, Aureollampen, Solluxlampen usw.) als ausreichender Ersatz für das Hochgebirgssonnenlicht bei der Behandlung tuberkulöser Drüsen anzusehen sind, läßt sich zur Zeit noch nicht sicher beurteilen, so daß in Gegenden, in welchen die Sonne nur eine geringe Intensität besitzt und die Zahl der sonnigen Tage überhaupt gering ist, als Ersatz in erster Linie die Röntgenstrahlen in Betracht kommen.

Bei tuberkulösen Drüsenschwellungen leistet die Röntgentherapie jedenfalls Vorzügliches und verdient fast in allen Fällen den Vorzug vor der chirurgischen Behandlung, nach welcher ja Rezidive nicht selten sind, und die schließlich immer noch als ultimum refugium bleibt. Die ersten Fälle sind von Williams (1902) mitgeteilt worden.

Handelt es sich um ulzerierte Drüsen, so tritt relativ rasch Vernarbung ein, auch Fisteln kommen zur Ausheilung (vgl. Abb. 90 und 91).

Handelt es sich um nicht erweichte Drüsen, so kann völlige Rückbildung eintreten, ohne daß es zur eitrigen Einschmelzung kommt. Hat die Erweichung schon begonnen, so wird sie durch die Röntgenbestrahlung in der Regel rapide beschleunigt. Es kommt eigentlich niemals zur Bildung käsiger Massen wie bei unbestrahlten Drüsen, sondern zur Bildung eines

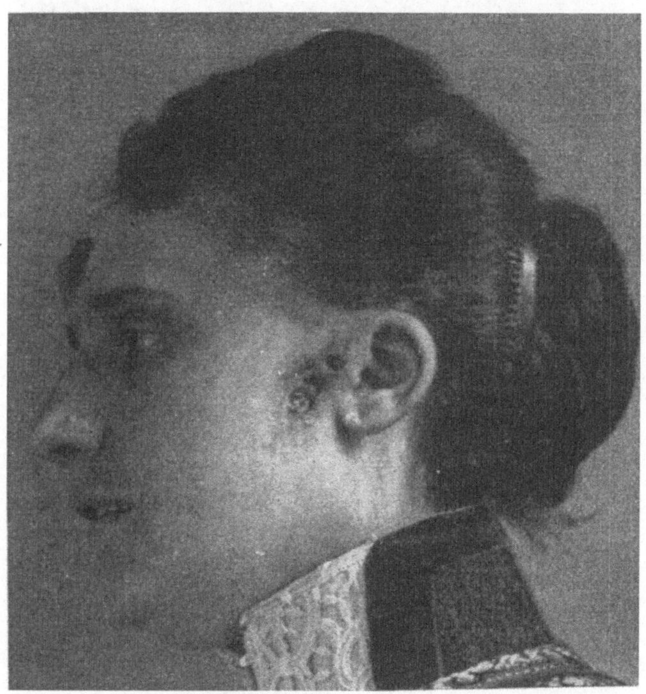

Abb. 90. Ulzerierte tuberkulöse Drüsen vor der Röntgenbehandlung (H. E. Schmidt).

dünnflüssigen Eiters. Es genügt dann bisweilen eine kleine Inzision, um den ganzen Krankheitsprozeß zur Heilung zu bringen.

Noch besser wirken in kosmetischer Hinsicht Punktionen, die, einmal ausgeführt oder auch nach Bedarf wiederholt, Narbenbildungen vermeiden. Bei weiblichen Patienten ist daher die Bestrahlungs-Punktions-Methode unbedingt vorzuziehen. Natürlich muß dann dafür gesorgt werden, daß die Punktionsöffnung sich nicht verstopft und so Verhaltungen und Perilymphadenitis eintritt. Durch feuchte Verbände kann diese Komplikation mit einiger Sicherheit verhindert werden. In den seltenen Fällen, wo es zu einer Perilymphadenitis kommt, ist eine Stichinzision indiziert, da jede länger dauernde Perilymphadenitis zu schlechten kosmetischen Resultaten führt.

Ich habe mehrere Fälle von ulzerierten tuberkulösen Drüsen in der Halsgegend mit Röntgenstrahlen behandelt und geheilt; das ist in solchen Fällen viel rascher mit kleinen Strahlendosen

Abb. 91. Der gleiche Fall, durch Röntgenbehandlung geheilt, über 9 Jahre rezidivfrei beobachtet (H. E. Schmidt).

zu erreichen als in den Fällen, in welchen es sich um größere, nicht erweichte Drüsenpakete handelt. Aber auch diese Fälle sind zur Heilung zu bringen. Besonders möchte ich die Röntgentherapie bei großen Drüsenpaketen am Halse, die oft durch periadenitische Prozesse mit den großen Gefäßen verwachsen sind, empfehlen. Ich verfüge über einen derartigen Fall, der von einem ersten Berliner Chirurgen operiert worden war und ein halbes Jahr nach der Operation ein Rezidiv bekam. Es war die linke Fossa infra- und supraclavicularis gründlich ausgeräumt worden und trotzdem trat in so kurzer Zeit ein Rezidiv in Form eines fast faustgroßen Drüsenpaketes am Rande des linken Sternocleido mastoideus auf, das die Zusammensetzung aus einzelnen bohnen- bis hühnereigroßen Drüsen, die untereinander und mit der Unterlage verwachsen schienen, deutlich erkennen ließ. Einzelne Drüsen waren in Erweichung begriffen. Bei diesen wurde die Einschmelzung durch die Röntgenstrahlen noch weiter beschleunigt, so daß ein paar Inzisionen erforderlich waren. Der weitaus größte Teil der Drüsen war nicht erweicht und kam zur Rückbildung, ohne daß Einschmelzung eintrat. Der Patient ist zur Zeit 6 Jahre rezidivfrei; allerdings ist die bestrahlte Haut an der linken Halsseite leicht atrophisch und von Teleangiektasien durchsetzt. In den letzten Jahren habe ich bei nicht ulzerierten tuberkulösen Drüsen nur harte filtrierte Strahlen mit bestem Erfolg angewandt und Hautatrophie oder Teleangiektasien bisher nicht beobachtet. Über günstige Erfolge an größerem Material haben Iselin, Baisch und Wetterer berichtet.

Auch die Tuberkulose der Knochen kann durch Röntgenbestrahlung völlig ausgeheilt werden; tuberkulöse Fisteln schließen sich bisweilen sehr rasch.

Bei der Tuberkulose der Gelenke ist ein Versuch mit Röntgenstrahlen ebenfalls angezeigt. So hat Rudis (1904) über 4 Fälle von Kniegelenktuberkulose berichtet, die durch Röntgenbehandlung in 4 Monaten zu vollständiger Ankylosierung gebracht wurden; ebenso kam ein Tumor albus zur Rückbildung, eine Koxitis zur Ausheilung.

Auch Wilms und Wetterer haben über günstige Erfolge berichtet. Am besten beeinflußt werden anscheinend die geschlossenen fungösen Gelenktuberkulosen. Auch bei der Sehnenscheidentuberkulose rechtfertigt sich ein Versuch mit der Röntgenbehandlung.

Überhaupt ist bei der heute wesentlich verbesserten Technik der Tiefenbestrahlung auch bei der Tuberkulose der größeren Knochen und Gelenke ein Versuch mit der Röntgenbehandlung wohl in erster Linie indiziert. Hat doch Schede sogar mit mittelweichen Strahlen meist ohne Filter bei schweren Fällen von Koxitis, Gonitis und Fußtuberkulose, bei denen die chirurgische und orthopädische Behandlung zu keinem Resultat geführt hatte, völlige Ausheilung erzielt. Eine Hautatrophie, wie sie bei meinem oben erwähnten Fall von Halsdrüsentuberkulose auftrat, der noch mit einer ziemlich primitiven Technik behandelt wurde, werden wir heute vermeiden können. Kinder, auch solche von 1—2 Jahren, wegen der Gefahr einer eventuellen Wachtumsschädigung von der Behandlung mit Röntgenstrahlen auszuschließen, erscheint nach den praktischen Erfahrungen von

Wilms, Menne, Schede und Hessmann nicht mehr gerechtfertigt. Jedenfalls hat die Praxis gezeigt, daß ein einfaches Übertragen des Tierversuches auf den im Wachstum befindlichen Menschen in dieser Hinsicht nicht stimmt, vor allen Dingen schon deshalb nicht, weil bei den veröffentlichten Tierexperimenten pro Kilo Körpergewicht in der Regel eine weit größere Röntgendosis verabreicht worden ist, als sie bei Kindern üblich ist, pro loco nämlich 1 S.-N. oder noch weniger unter 3 mm bzw. 5 mm Aluminiumfilter.

Neuere Versuche gehen dahin, die Erfolge bei Gelenktuberkulose, besonders was die Gelenke kleineren Durchmessers anbetrifft, durch künstliche Vergrößerung des Dickendurchmessers zu verbessern mittels wenig Röntgenstrahlen absorbierender Körper. Solche komplizierenden Maßnahmen sind aber unnötig, sofern man eine hinreichend große Fokushautdistanz (40 bis 45 cm) wählt und Kreuzfeuer möglichst von vier Seiten.

Man verwendet ausschließlich harte Strahlen, welche durch 8 oder 10 mm Aluminium filtriert werden, und appliziert möglichst mit Kreuzfeuer von 3 oder 4 Seiten 1—2 S.-N., so daß im Krankheitsherd etwa $50^0/_0$ der H.E.D. zur Wirkung gelangen (bzgl. der Dosierung vergleiche das spätere Kapitel — Behandlung maligner Tumoren —. Bei der **Coxitis** tuberculosa muß man oft bis 3 S.-N. von drei Seiten (vorn, außen und hinten) verabfolgen, um zum Erfolg zu kommen. Wiederholung der Dose ist einmal gestattet, und zwar nach 8 Wochen.

Die Behandlung dauert, ebenso wie die Behandlung mit Sonnenstrahlen im Hochgebirge, immer mehrere Monate, wobei die Röntgentherapie besonders nach deren Beendigung durch Behandlung mit künstlicher Höhensonne unterstützt werden kann, und zwar in der Regel in Form der Allgemeinbestrahlung.

Lungen-, Kehlkopf-, Nieren-, Blasen-, Bauchfell-, Nebenhoden-Tuberkulose.

Über günstige Erfolge der Röntgenbehandlung bei der Lungentuberkulose hat 1913 Küpferle berichtet, und nach den Erfahrungen bei tuberkulösen Prozessen der Drüsen, Knochen und Gelenke scheint — zumal in Anbetracht der heute so erheblich vervollkommneten Technik — auch die Röntgenbehandlung der Lungentuberkulose recht aussichtsvoll.

Dieser Methode eine breitere praktische Grundlage gegeben zu haben, ist vor allem das Verdienst Bacmeisters. Zu einer Zeit, wo die meisten Röntgentherapeuten sich noch mehr oder weniger abwartend verhielten, hat er an einem Material von über 700 Fällen nachgewiesen, daß die Röntgentherapie gerade für die Heilung der Lungentuberkulose in Zukunft überall da ausgenutzt werden kann, wo Granulationsgewebe in der Lunge zu vernichten ist. Ziel der Röntgenbehandlung ist indessen nicht nur die Vernichtung des Granulationsgewebes, sondern im Anschluß daran die Anregung von Bindegewebsbildung mit dem Endeffekt einer Narbe. Ohne weiteres ist Bacmeister zuzustimmen, wenn er als Kontraindikation für die Anwendung der Röntgentherapie akut destruierende Formen der Tuberkulose und exsudativ käsige Prozesse gelten läßt[1]). Als eigentliche Domäne der Röntgentherapie sind dagegen zur Latenz neigende Affektionen sowie stationäre und langsam progrediente Formen der indurierenden und disseminierten Tuberkulose anzusehen. Wenn nun Bacmeister die Röntgenbehandlung nur im Rahmen einer allgemeinen klimatischen Kur mit strenger Liegekur durchgeführt wissen will, so geht er darin doch etwas weit, wenigstens was die gutartigen Formen der Lungentuberkulose betrifft, ich meine alle zur Latenz neigenden und chronisch indurierenden Affektionen. Jedenfalls habe ich dabei bisher keinen Nachteil von einer ambulanten Röntgenbehandlung gesehen, die natürlich unter allen Kautelen für die Patienten durchgeführt werden muß. Als solche haben zu gelten: Dreimalige Überwachung der Temperatur mittels rektaler bzw. oraler Messung, Melden jedes auffallenden Symptoms seitens des Allgemeinbefindens und des Respirationstraktus, Verordnung einer kürzeren Liegezeit nach der Bestrahlung (1 bis $1^1/_2$ Stunden), frühzeitiger Beginn der Nachtruhe, Anregung des Stoffwechsels bzw. Einwirkung auf die Schleimhaut des Respirationstraktus durch einen alkalischen Säuerling, z. B. Salzbrunner Oberbrunnen oder dergleichen; außerdem gebe ich den Rat, monatelang ein Kalkpräparat, z. B. Kalzan oder Camagol zu gebrauchen, bei Anämie abwechselnd mit einem Arsenpräparat.

Am Tage nach der Bestrahlung können dann die Patienten ruhig ihrer Tätigkeit nachgehen. Ein Kranker, der Schauspieler ist, hat das Liegen nach der Bestrahlung ohne jeden Schaden nicht genau innegehalten.

Möglich ist die ambulante Röntgenbehandlung übrigens auch bei der disseminierten Form der chronischen Tuberkulose, wie mir ein Fall gezeigt hat. Dieser betrifft eine Kranke, die einen verantwortlichen Posten in einem großen Geschäft bekleidet und unter solchen Umständen drei Monate lang die ambulante Röntgenbehandlung ohne Schaden vertrug. Unter der Ungunst

[1]) Das Vorhandensein einer Kaverne schließt indessen nach den jetzigen Erfahrungen de la Camps und Bacmeisters die Röntgenbehandlung nicht aus, sofern nur die Kaverne im schrumpfenden Lungengewebe liegt.

winterlicher Witterung und geschäftlicher Überbürdung setzte dann allerdings im Monat Dezember eine geringe Verschlimmerung des Prozesses auf der einen Seite ein, worauf die ambulante Röntgenbehandlung sofort ausgesetzt wurde. Selbstverständlich kann und darf diese nur als Ausnahme dort zugelassen werden, wo die äußeren Verhältnisse eines Patienten bei sonst zufriedenstellendem Befinden hierzu nötigen. In der Regel muß — und das sei ausdrücklich betont — bei der disseminierten Form der Tuberkulose unbedingt bei Durchführung der ambulanten Röntgentherapie eine strenge Liegekur innegehalten werden.

Bei der Röntgenbehandlung der Tuberkulose spielt selbstverständlich eine sämtliche Kautelen beachtende Tiefenbestrahlungstechnik eine außerordentlich große Rolle. Ich empfehle folgendermaßen vorzugehen:

Zunächst wird eine Übersichtsaufnahme der Lungen gemacht, bei beginnenden Fällen auch eine Spezialspitzenaufnahme mit Projektion der Klavikeln nach oben. Unter Anpassung an die pathologisch-anatomischen Veränderungen der Lungen wird dann der Bestrahlungsplan festgelegt, und zwar wird jede kranke Seite in 1—2 Belichtungsfelder eingeteilt und dann mit Übersichtsfilter bestrahlt unter 10 mm Aluminiumfilter unter Anwendung von Kreuzfeuer, vorn, hinten und eventuell noch seitlich, so daß in der Mitte des Dickendurchmessers des jeweiligen Bestrahlungsfeldes in 20—30% der H.E.D. zur Wirkung gelangen. Je nach der Dicke des Thorax wird man also 1—$1^1/_2$ bis höchstens 2 S.-N. pro Einfallsfeld geben bei einer Fokushautdistanz von 40 cm. Bei Hilusdrüsentuberkulose wird man natürlich die Bestrahlung besser mit einem Rundtubus ausführen. (Vgl. bezüglich der Dosierung auch das spätere Kapitel: Behandlung maligner Tumoren.)

Außer mehreren Lagen von Ziegenleder lege ich dann noch bei den disseminierten Formen der Tuberkulose das Köhlersche Metalldrahtschutznetz auf die Haut, einmal zur Abschwächung der Oberflächendose zwecks Schonung des für den Tuberkulösen besonders wichtigen Hautorgans, außerdem aber zur Verringerung der in der Lunge wirksamen Tiefendose im Sinne einer Abschwächung der beim Einschmelzen des tuberkulösen Proliferationsgewebes entstehenden toxischen Dose.

Selbst Kranke mit vorgeschrittenen Affektionen fühlen sich nach den in dieser Weise vorsichtig ausgeführten Bestrahlungen „frischer“ bzw. „freier“, doch tut man gut, in solchen Fällen nur 1 S.-N. als Sitzungsdose zu verabfolgen.

Objektiv treten die bekannten Folgen der Bestrahlung ein, wie Rückgang des Sputums (Einwirkung auf die Bronchialdrüsen!), Rückgang bzw. Schwinden der Tuberkelbazillen, weniger deutlich war ein Rückgang der allerdings meist nur geringfügig gesteigerten Temperatur. Die Zuweisung und klinische Überwachung der betreffenden Fälle verdanke ich Herrn Privatdozent Dr. Wolff-Eisner, der ebenfalls einen günstigen Eindruck von der Einwirkung der Röntgenstrahlen bei der Lungentuberkulose erhielt. Nach den bisher vorliegenden Erfahrungen verdient daher die Röntgentherapie auch bei dieser so sehr verbreiteten Erkrankung häufiger als bisher angewendet zu werden, da bei gegebener Indikation und dem Befolgen der geschilderten Technik eine Schädigung des Patienten sicher zu vermeiden ist.

Will man dann noch, wie das Bacmeister empfiehlt, mit der Röntgentherapie die Bestrahlung mit Höhensonne kombinieren, so wird das für die Kranken nur von Vorteil sein, und zwar am besten in Form der Allgemeinbestrahlung.

Auch die Kehlkopftuberkulose kann sehr günstig beeinflußt, wohl auch zur Ausheilung gebracht werden (Wilms, Wetterer). Weitere Versuche sind dringend zu wünschen. Bei der Nierentuberkulose liegen vereinzelte günstige Berichte vor (Bircher 1907, Wetterer 1914). Ich selbst konnte in einem Fall von Nieren- und Blasentuberkulose keinen nennenswerten Erfolg erzielen. Dagegen konnte Herausgeber bei einem Fall von Blasentuberkulose mittels Röntgentiefenbestrahlung einen Rückgang der erheblichen Beschwerden herbeiführen. Dosis von vorn und hinten je 3 S.-N. unter 8 mm Aluminiumfilter.

Bei der Bauchfelltuberkulose kann Abnahme des Aszites, Verschwinden der knolligen Geschwülste und Besserung des Allgemeinbefindens durch Röntgenbehandlung erzielt werden (Bircher 1907), besonders bei Kombination mit Höhensonnenbestrahlung. Als Dosis ist für die Behandlung der Peritonealtuberkulose eine Strahlenmenge zu wählen, die ca. 50% der Haut-Erythemdose entspricht. Bei mageren Patienten, um die es sich wohl meist handelt, nimmt man am besten ein einziges großes, das ganze Abdomen umfassende Einfallsfeld bei einer Distanz von 70 cm, im Minimum aber von 60 cm. Bei dickeren Patienten muß man von vorn und hinten bestrahlen bei 60 cm Distanz unter Verabreichung von ca. je $2^1/_4$ S.-N. Würde man hierbei die Haut vorn und hinten bis zur Haut-Erythemdose belasten (gleich 3—4 S.-N.), so ist die Gefahr einer Verbrennung besonders bei stark divergierendem Strahlenkegel (also besonders bei kleinerer Fokushautdistanz), recht groß und die Folgen für die Patienten, was das Abdomen anbetrifft, recht traurig. Bei der erwähnten, von Wintz angegebenen Technik sind aber Komplikationen nicht zu befürchten.

Auch die Adnextuberkulose ist durch Röntgenbestrahlung günstig zu beeinflussen (Wintz). Hierbei kommt nur die Form der Konzentrationsbestrahlung in Betracht. Am vorteilhaftesten wählt man vorn und hinten je 2 Einfallsfelder von 10 × 16 cm Größe mit dem Mitteltubus von Wintz. Trennungslinie ist die Mittellinie des Abdomens. Unterer Rand des Feldes 2—3 Querfinger unterhalb der Symphyse.

Ist der Wintzsche Tubus nicht verfügbar, so nimmt man Übersichtsfilter (10 mm Aluminium) mit Kompression des Abdomens mittels Zelluloidplatte und Holzstabes zwischen Filter und der lederbedeckten Zelluloidplatte. Fokushautdistanz 30 bis 35 cm je nach der Dicke der Patienten. Gesamtdosis: $50^0/_0$ der Haut-Erythemdose (vorn und hinten je $2^1/_2$ S.-N., links wie rechts). Hinten ist die Einstellung durch die Artic. sacro- und iliaca gegeben. Über gute Erfolge bei der Nebenhodentuberkulose hat Friedländer (1914) berichtet.

Aktinomykose.

Günstige Erfolge bei der Aktinomykose hat Wetterer mitgeteilt. Verfasser verfügt gleichfalls über einen Fall, in welchem in der linken Unterkiefergegend trotz vorangegangener Operation eine sehr harte tiefgreifende Infiltration in der Umgebung der Narbe bestand, die sich nach Röntgenbestrahlung zurückbildete.

Im allgemeinen wird möglichst radikale Entfernung des erkrankten Gewebes auf operativem Wege vorzuziehen sein; eventuell kommt dann die Röntgenbestrahlung als Nachbehandlung in Betracht. Technik: Harte Strahlung, Filtration durch 10 mm Aluminium; Dosis: 3 S.-N. Dann Pause von 5—6 Wochen. Über die Aktinomykose tiefer gelegener Organe liegen noch keine Erfahrungen vor. Derartige Fälle sind nach den Grundsätzen zu bestrahlen, die im späteren Kapitel: Behandlung maligner Tumoren angegeben sind. Als prozentuale Tiefendose kommen $50-60^0/_0$ der H.E.D. in Betracht.

Venerische Bubonen.

Herxheimer und Hübner haben zuerst (1906) über günstige Einwirkung der Röntgenstrahlen auf venerische, besonders strumöse Bubonen berichtet, die sich — oft schon innerhalb 24—48 Stunden — erheblich verkleinern und schließlich ganz verschwinden können. Ich empfehle die Röntgenbehandlung nicht nur bei den strumösen, nicht erweichten, sondern auch bei ulzerierten und fistulösen Bubonen; die Heilung erfolgt dann oft überraschend schnell, immer jedenfalls schneller als ohne Röntgenbestrahlung. Bezüglich der Strahlenqualität und der Dosis gilt das bei der Aktinomykose Gesagte (vgl. voriges Kapitel).

Morbus Mikulicz-Kümmel.

Bei der symmetrischen Vergrößerung der Tränen- und Mundspeicheldrüsen ist durch schwache Röntgenbestrahlung Rückbildung der Drüsenschwellung zu erzielen (Fittig 1904, Ranzi). Hänisch hat über einen Fall berichtet, der längere Zeit rezidivfrei war. Anscheinend genügen meist kleine Dosen. Es ist eine harte Strahlung empfehlenswert von 10 We. und Filtration durch 10 mm Aluminium. Man wird auf die Gegend der Parotis —, unter möglichst geringer Abdeckung, um die kleineren Glandulae buccales und linguales, ferner die Glandula sublingualis und submaxillaris mit zu treffen — etwa 2—3 S.-N. applizieren, ebenso auf die Glandula lacrymalis am oberen lateralen Orbitalrand unter möglichst guter Abdeckung des Bulbus. Dann folgt eine Pause von 5—6 Wochen. Eventuell empfiehlt sich noch eine Bestrahlung der Unterkinngegend, um die Glandulae submaxillares und die Glandula sublingualis besser zu treffen. Eigene Erfahrungen fehlen.

Struma.

Die Vergrößerung der Schilddrüse ohne Basedow-Symptome ist ebenfalls vielfach mit Röntgenstrahlen behandelt worden (Williams 1902, Görl, Stegmann u. a.).

Im allgemeinen wird man sich der Ansicht Albers-Schönbergs anschließen, daß nur Parenchymstrumen junger Leute zu einem Versuch mit Röntgenbestrahlung berechtigen.

Jedenfalls scheint es nach den bisher vorliegenden Erfahrungen, daß die Röntgenbehandlung bei der indifferenten Struma weniger leistet als beim Morbus Basedow. Besserung der subjektiven Beschwerden, besonders der Atemnot und der Diarrhöen, Abnahme der Drüsenschwellung sind mitunter zu erzielen, eine wirkliche Heilung anscheinend nicht. Grunmach hat über einen Fall von substernaler Struma berichtet, in welchem die subjektiven Beschwerden beseitigt und auch der über mannsfaustgroße Kropf fast vollständig zur Rückbildung gebracht wurde, wie durch das Röntgenogramm nachgewiesen werden konnte.

Ich selbst habe in manchen Fällen nur Besserung der subjektiven Beschwerden, in anderen auch eine bedeutende Abnahme der Schilddrüsenschwellung (Verringerung des Halsumfanges bis um 7 cm!) gesehen; in 2 Fällen sah ich nach ca. 2 Jahren Rezidive eintreten, und zwar in einem von diesen Fällen mit ausgesprochenen Basedow-Symptomen (Exophthalmus, Tachykardie, Tremor, Magenbeschwerden). Die betreffende Patientin ging an Herzschwäche zugrunde. Es handelte sich hier also um einen echten Morbus Basedow, der sich aus einer indifferenten Struma entwickelte, ohne daß man einen Zusammenhang mit der ca. 2 Jahre zurückliegenden Röntgenbehandlung anzunehmen braucht. Etwas anders liegen die Verhältnisse in einem Falle von Kienböck und v. Decastello, in welchem unmittelbar im Anschluß an die Röntgenbehandlung einer indifferenten Struma Symptome von Thyreoidismus auftraten, die sich langsam wieder zurückbildeten und vielleicht auf eine Reizwirkung infolge zu schwacher Röntgenbestrahlung und eine dadurch bedingte transitorische Steigerung der Sekretion der Drüse zurückzuführen sind. Gottschalk, Hänisch, Krause haben von der Röntgenbehandlung keine Erfolge gesehen.

Im allgemeinen wird man also die Röntgenbehandlung der Struma nur in seltenen, besonders geeigneten Fällen, also vorwiegend bei weichen Parenchymstrumen junger Leute, und auch dann nur mit besonderer Vorsicht anwenden. Es sind hier meist größere Dosen erforderlich als bei der Basedow-Struma, am besten $2-2^1/_2$ S.-N. bei 10 We. und Filtration durch 10 mm Aluminium auf die rechte, linke und eventuell auch noch auf die vordere Partie des Kropfes (dann aber nur $1^1/_2-2$ S.-N. pro loco) unter Abdeckung der Umgebung oder durch Tubus. Dann folgt eine Pause von 6—8 Wochen. Die Behandlung darf unter diesen Bedingungen nur einmal wiederholt werden, da anderenfalls Schädigungen der Haut des Halses eintreten würden.

Thymushypertrophie.

Bei der Thymushypertrophie der Kinder wird die Röntgenbehandlung von Regaud und Crémieu warm empfohlen. Auf Grund der vorliegenden Erfahrungen an 8 erfolgreich behandelten Fällen kommen diese Autoren zu dem Schluß, daß die Röntgenbehandlung dem chirurgischen Eingriff entschieden vorzuziehen ist. Bestrahlt wird die Sternalgegend; Härtegrad 10 We., Filtration durch 10 mm Aluminium, Dosis: 2 S.-N. Eigene Erfahrungen fehlen.

Prostatahypertrophie.

Die einfache Hypertrophie der Prostata ist zuerst von Moskowicz und Stegmann (1905) mit Röntgenstrahlen behandelt worden. Später haben Hahn, Hänisch und Wetterer ebenfalls über günstige Resultate berichtet. Ein Erfolg ist nur dann zu erwarten, wenn es sich nur oder vorwiegend um Hyperplasie des Parenchyms, des Drüsengewebes handelt; ist die Vergrößerung der Prostata nur oder vorwiegend durch Hypertrophie des Bindegewebes bedingt, so dürfte die Röntgenbehandlung nicht viel nützen.

In Anbetracht aber der keineswegs einwandfreien Resultate, welche die verschiedenen, nicht ungefährlichen operativen Methoden ergeben, ist ein Versuch mit Röntgenstrahlen in jedem Falle geboten, in welchem es sich um eine Drüsenschwellung von nicht zu harter Konsistenz handelt.

Zur Operation ist es schließlich immer noch Zeit. Ich selbst habe nur wenige Fälle längere Zeit behandelt und meist auch eine deutliche, wenn auch nicht sehr erhebliche Verkleinerung der Drüse und vor allem eine Verringerung oder Beseitigung der Harnbeschwerden erzielt. Auch Rezidive sind beobachtet worden (Schlagintweit), und auch derartige Rezidive sind erfolgreich wieder mit Röntgenstrahlen behandelt worden. So gelang es Hänisch und Hahn, einen Patienten durch zeitweilig wiederholte Bestrahlungsserien immer auf 6—8 Monate von seinen Beschwerden zu befreien. Die Technik ist wichtig, wenn man die Bestrahlung mittels eines in das Rektum eingeführten Spekulums (aus Metall oder Bleiglas) vornimmt, da dann erstens auf eine gute Einstellung der Drüse und zweitens auf eine gute Zentrierung der Röhre zu achten ist, wenn wirklich die Strahlen die Prostata treffen sollen. Freilich hat man die Bestrahlung auch vom Damm aus ohne Spekulum, durch die Weichteile hindurch vorgenommen und auch mit diesem Modus ebenso günstige Erfolge erzielt, was ja ohne weiteres erklärlich ist, wenn man eine besondere Radiosensibilität des hypertrophischen Drüsengewebes annimmt (Luraschi und Carabelli). Benutzt man ein Spekulum, so darf dieses nicht zu eng und nicht zu lang sein, da man die richtige Einstellung der Drüse nicht durch Inspektion, bei welcher man immer nur die in das Lumen des Spekulums sich vorwölbende Rektalschleimhaut sieht, feststellen kann, sondern nur durch Palpation mittels des kondomierten Fingers. Die Bestrahlungen werden dann in Knie-Ellenbogen-Lage oder in Seitenlage vorgenommen. Ich empfehle die letztere, weil sie bequemer für die Patienten ist, und die Patienten ruhiger liegen. Das Gesäß kommt an den Rand des Lagerbettes zu liegen. Die Kniee müssen gebeugt, die Beine angezogen werden.

Bei der Bestrahlung der Prostata vom Damm aus in Rückenlage stützt man am besten die Knie durch gynäkologische Beinhalter nach Gauss und setzt einen Kompressionstubus nach Wintz fest auf den Damm. Außerdem wird die Prostata von vorn bestrahlt ebenfalls mit Kompressionstubus. Die Einstellung desselben muß unter Kontrolle des Fingers vom Rektum her geschehen.

Bisweilen beobachtet man im Anschluß an die Bestrahlungen Fieber und stenokardische Anfälle, Erscheinungen, welche durch toxische Wirkung der infolge der Röntgenbestrahlung entstehenden Zerfallsprodukte bedingt sein dürften und rasch vorübergehen. Unangenehme Zufälle sind bisher bei dieser Behandlungsart der Prostatahypertrophie nicht beobachtet worden. Wilms und Posner (1911) haben zuerst die isolierte Bestrahlung des Skrotums bei der Prostatahypertrophie empfohlen, um sekundär durch Atrophie der Hoden eine Schrumpfung der hypertrophischen Prostata zu erzielen, analog der Schrumpfung des Myoms nach Atrophie der Ovarien. Ehrmann (1912) hat über einen Fall berichtet, der gleichfalls durch Hodenbestrahlung erheblich gebessert wurde. Blutungen und Residualharn, die über $^1/_4$ Jahr bestanden hatten, verschwanden nach 10 Tagen. Die Besserung hielt zur Zeit der Publikation über $^1/_4$ Jahr an. Ein anderer Fall von derb fibröser Prostata blieb unbeeinflußt. Man wird nach diesen Erfahrungen am besten so vorgehen, daß man das eine tut und das andere nicht läßt, d. h. sowohl die Prostata als auch die Hoden bestrahlt. Man bestrahlt in Knie-Ellenbogen-Lage oder am besten bei Rückenlage in gynäkologischer Stellung den Damm durch einen fest aufgesetzten Tubus von etwa 10 cm Durchmesser, dann in der gleichen Lage, aber mit ausgestreckten Beinen das Skrotum von vorn und in Bauchlage von hinten. Auch soll man nicht unterlassen, die Prostata von vorn durch einen dicht oberhalb der Symphyse möglichst fest eingedrückten Kompressionstubus zu treffen. Während der Bestrahlung des Skrotums von vorn und von hinten ist genaue Abdeckung der Umgebung des Skrotums unbedingt erforderlich.

Harte Strahlung, durch 10 mm Aluminium filtriert, dürfte am meisten zu empfehlen sein. Dosis bei Bestrahlung der Blasengegend und des Dammes zunächst $2^1/_2$—$2^3/_4$ S.-N. Bei Bestrahlung der Blasengegend unter Kompression evtl. bis zu drei Volldosen. Pause von sechs Wochen. Dann zweiter Turnus in gleicher Weise.

Zur Bestrahlung der Testes genügt eine Dosis von je $1^1/_2$ bis 2 S.-N. vorn und hinten bei gleicher Technik!

Behandlung maligner Tumoren.

Bei der Behandlung maligner Tumoren, die subkutan oder in der Tiefe des Körpers liegen, war der Röntgentherapeut bis etwa zum Jahre 1919 mehr oder weniger auf seine Erfahrung angewiesen. Oberster Grundsatz jedes therapeutischen Handelns mußte dabei sein, die Haut zunächst nicht zu schädigen. Das konnte er ohne weiteres durch eine exakte Dosierung an der Körperoberfläche erreichen. Die entsprechende Verringerung der Hauterythemdosis (H.-E.-D.) bei Mehrseiten- bzw. Kreuzfeuerbestrahlung war dann Sache der Erfahrung des Röntgentherapeuten. Radiosensible maligne Geschwülste gingen auch zweifellos bei diesem Verfahren zurück. Es blieb aber, besonders bei den Karzinomen, eine Anzahl von Geschwülsten übrig, die bei der üblichen Methodik nicht schwinden wollten. Diese Lücke in der Röntgentherapie der malignen Tumoren wurde durch die zielbewußte Arbeit zahlreicher Kliniken — jahrelang fortgeführt — endlich ausgefüllt. Der Erfolg kam auf diesem Gebiete vor allem von seiten der Gynäkologen durch Festlegung der Tiefendosis in Prozenten der H.-E.-D. In Idealkonkurrenz sind hierbei zu nennen die Freiburger Schule (Krönig-Gauß-Friedrich), die Berliner Schule (Bumm-Warnekros-Dessauer) und ganz besonders die Erlanger Schule (Wintz). Auch die Frankfurter Schule (Schmieden-Holfelder) und die Münchener Schule (Chaoul) müssen entsprechend hervorgehoben werden. Das Wesentliche dieser Schulen ist zu suchen in der Bestimmung einer gültigen letalen Tumordosis, die so zu verabreichen ist, daß jeder materielle Punkt der Geschwulst von einer äquivalenten Strahlenmenge getroffen wird, damit die Geschwulst insgesamt gleichmäßig reagiert. Eine solche Dosis heißt dann, wenn es sich um ein Karzinom handelt, die Karzinomdosis. In Beziehung gesetzt wurde sie zu der jedem Röntgentherapeuten geläufigen Hautrötungsdosis (H.-E.-D.), und zwar in Prozenten derselben. So wurde dann in jahrelanger Arbeit die Karzinomdosis auf 90 bis 110% der H.-E.-D. normiert, kontrolliert vom Erfolg in der Praxis. Schon aus diesen beiden Zahlen ist zu ersehen, daß die Karzinomdosis keinen absoluten Wert darstellt, vielmehr variabel ist und schwankt je nach dem elementaren Aufbau des Tumors und dem Allgemeinzustand des Kranken. Ja es gibt auch Karzinome, die schon unter 90% der H.-E.-D. reagieren, andere wieder, die erst bei einer Strahlenmenge über 110% reagieren. Im allgemeinen hat aber der Röntgentherapeut sich daran zu halten, mindestens 90% der H.-E.-D. bei einem Karzinom lokal zu verabfolgen. Wie das im einzelnen zu machen ist, wird von den erwähnten Schulen verschieden angegeben. Eine bestimmte Normalmethode gibt es heute jedenfalls noch nicht, wird es auch voraussichtlich vor Ablauf von 3—5 Jahren nicht geben. Es muß sich eben erst auf Grund von Statistiken herausstellen, welche Methode die besten Erfolge zeitigt auch auf die Dauer. Diese Methode hat dann Aussicht, die Normalmethode zu werden, um so eher, je weniger kompliziert sie in der Handhabung ist.

Die am meisten angewendete ist heute die Methode von Wintz und daher soll sie zunächst ausführlich erörtert werden. Nachdem Wintz seiner Tiefenbestrahlungsmethodik durch die Bestimmung der Ovarialdosis eine exakte biologisch-physikalische Grundlage gegeben hatte (biologisch mit 34% der H.-E.-D., physikalisch mit 12 Sektoreneinheiten des Iontoquantimeters), ging er an die prozentuale Festlegung der Karzinomdosis und fand sie, wie bereits erwähnt, mit 90—110% der H.-E.-D.

Die Rolle, welche die iontoquantimetrische Meßmethode hierbei spielte, ließ zunächst daran denken, jede Karzinombestrahlung — soweit das wenigstens lokal möglich war — unter iontoquantimetrischer Kontrolle auszuführen. Da aber die gesamte auf die karzinomatös erkrankte Stelle zu verabfolgende Strahlenmenge nur mit einer größeren Reihe von Entladungen des Iontoquantimeters zu erreichen ist, sind mehr oder weniger zeitraubende Neuaufladungen des Instruments notwendig. Die ohnedies sehr lange Bestrahlungszeit zur Zerstörung eines Karzinoms würde hierdurch nicht unwesentlich verlängert werden.

Ganz abgesehen aber von diesem speziellen Gesichtspunkt war auch die Anwendung des Iontoquantimeters im allgemeinen nicht einfach durchzuführen. Es gelang wohl durch Erden aller Metallteile des Iontoquantimeters einschließlich des Bleiglasfensters, hinreichenden Schutz vor Aufladung zu erzielen; es gelang auch der Schutz vor spontaner Entladung des Instruments durch besonders gut hergestellte Kabel mit Seele aus feinem geflochtenen Kupferdraht — aber nur unter besonders großen Schwierigkeiten, wie sie in die allgemeine Praxis gar nicht übernommen werden können. Denn bei der geringsten Selbstentladung der Ionisationskammer wird eine größere Dosis vorgetäuscht, das Karzinom erhält also zu wenig an Röntgenstrahlung, andererseits erhält der Patient bei Aufladung des Instruments während der Bestrahlung zuviel an Röntgenstrahlen. Eine Verbrennung müßte also die Folge sein.

Wenn es aber selbst gelänge, alle diese Schwierigkeiten zu beheben, so bleibt immer das Einlegen der Ionisationskammer in die Scheide bei gynäkologischen Bestrahlungen, das von vielen Frauen unangenehm empfunden wird. Auch kommen elektrische Entladungen zwischen Patient und Kammer vor, die Empfindungen in gleichem Sinne hervorrufen.

Das Iontoquantimeter wird daher von Wintz jetzt nur noch gelegentlich eingeführt und dadurch die zu verabfolgende Röntgendosis gewissermaßen in Form einer Stichprobe kontrolliert.

Als Dosierungsmethode für die Praxis wurde dagegen ein fundamental vereinfachtes Verfahren durchgeführt, nämlich durch

Dosierung mittels Bestrahlung nach Zeit. Dieses Verfahren stellt nun keine prinzipiell neue Methode dar. Vielmehr bedienten sich ihrer vielbeschäftigte Röntgenologen in Form der kombinierten Dosierung schon seit langer Zeit und bedienen sich eines solchen Verfahrens auch jetzt noch, wie z. B. H.

Wintz arbeitete allerdings die Dosierung nach Zeit besonders exakt durch in bezug auf sämtliche Betriebsbedingungen:

1. In bezug auf konstante Leistung des Röntgenapparates mit Hergabe besonders hoher Spannungen (Symmetrieinduktor).

2. Auf genaue Meßinstrumente für sekundäre Stromstärke (Milliamperemeter) und die sekundäre Stromspannung (Hochspannungsvoltmeter mit Kondensator, parallele sekundäre Funkenstrecke, oder Sklerometer (Voltmeter mit Messung der Spannung im primären Stromkreis).

3. Auf Röntgenröhren, deren Strahlenausbeute und Strahlenhärte bei gleichen Vorbedingungen immer dieselben bleiben.

Von der Fabrik gelieferte Röhren werden zunächst trainiert (ca. 2—6 Stunden lang), dann ihre Strahlenhärte festgestellt, am besten mit Hilfe der Halbwertschicht, was nur im Laboratorium zu geschehen hat. Als Durchgangssubstanz wird Wasser in einem hierzu konstruierten Kasten oder eine dicke Aluminiumplatte benutzt. Bei dieser Gelegenheit kann auch die Aufstellung der Absorptionskurve für die jeweilig benutzte Röntgenstrahlung erfolgen, und zwar unter Ausblendung eines feinen Röntgenstrahlenbündels mit Durchdringung von 1 mm starken Aluminiumplatten in arithmetrischer Progression. Die Absorptionszeiten kann man graphisch darstellen entweder auf sogenanntem Millimeterpapier, bei dem auf der Abszisse die Zeit und auf der Ordinate die Schichtdicke des Aluminiums aufgetragen wird, oder nach dem Vorschlag von Weißenberg auf sogenanntem Logarithmenpapier.

Gleichzeitig mit der Halbwertschicht wird die prozentuale Tiefendosis gemessen, entweder mit dem Iontoquantimeter oder auch annähernd richtig mit Hilfe des Kienböckstreifens. Hiermit ist die Strahlenausbeute festgelegt, besonders wenn bei der Bestimmung der prozentualen Tiefendosis die in jedem Zentimeter des durchstrahlten Testkörpers resultierende Dosis festgelegt wird.

Bleiben nun die übrigen Betriebsbedingungen die gleichen bei der therapeutischen Bestrahlung, so wird die Hautrötungsdosis gemessen. Sie wurde von Wintz bei 35 Sektoreneinheiten des Iontoquantimeters gefunden und damit die Hauteinheitsdosis (H.-E.-D.) festgelegt. Diese Dosis wurde dann als Einheit = 100% gesetzt und stellt die biologische Einheit dar. Für die Tiefentherapiepraxis kann die H.-E.-D. auch annähernd genau mit Hilfe des

Sabourand-Noiré-Dosimeters bestimmt werden. Jedenfalls hat diese Methode den Verf. in jahrelangen Versuchen bezüglich des biologischen Effekts nie im Stich gelassen. Die Hauteinheitsdosis ist natürlich als biologische Größe nicht als eine absolute zu betrachten, vielmehr gibt es eine gewisse Unter- und Überempfindlichkeit der Haut, die sich aber nur innerhalb enger Grenzen hält und zwischen 10—15% schwankt.

Eine eigentliche Idiosynkrasie der gesunden Haut gegen Röntgenstrahlen gibt es nicht. Wissen muß man allerdings, daß primäre Hautkrankheiten, zumal das Ekzem in der akuten und subakuten Form, die Haut gegen Röntgenstrahlen weit empfindlicher machen, ebenso irgendeine vorhergehende Behandlung der Haut mit einem differenten Mittel (Wärmestrahlen, ultraviolette Strahlen, Quecksilbersalze, Zinkpaste u. dgl.). Auch einmal mit Röntgenlicht bis zur H.-E.-D. bestrahlte Haut ist empfindlicher gegen wiederholte Einwirkung in gleicher Dosis. Es ist daher notwendig, in einem solchen Falle die betreffende Hautstelle mit einer etwas kleineren Dosis zu belegen, was besonders für die postoperative, wiederholte Bestrahlung nach Karzinom wichtig ist. Die Überempfindlichkeit der Haut kann noch nach 1—1½ Jahren vorhanden sein.

Allgemeine Krankheiten setzen die Widerstandsfähigkeit der Haut gegen Röntgenstrahlen ebenfalls herab (Ödeme bei Nephritis, Basedow mit Struma [Halshaut], exsudative Diathese). Die Überempfindlichkeit schwankt hierbei zwischen 30—50%.

Die Kenntnis der H.-E.-D. und der prozentualen Tiefendosierung im Experiment verbürgen nun noch nicht den therapeutischen Erfolg im gegebenen Falle, vielmehr muß der Tiefentherapeut auch den Dosenquotienten am Menschen beherrschen lernen. Natürlich hängt dieser auch ab von der Dispersion, Absorption und Streustrahlung im durchstrahlten Gewebe.

Bei gynäkologischen Bestrahlungen kann der Dosenquotient unschwer bestimmt werden, wobei die Iontoquantimeterkammer in die Vagina eingeführt und nun die Strahlenintensität für das hintere Scheidengewölbe in einer gewissen Zeit festgestellt wird. Hiermit vergleicht man die Zeit, die eine Hautstelle über der Symphyse für die gleiche Strahlenmenge benötigt und kann dann sofort die prozentuale Tiefendosis berechnen (z. B. Ablaufszeit des I.-Qu.-M. im hinteren Scheidengewölbe 82 Minuten. Ablaufszeit des Instruments auf der Haut 18 Minuten. Die Gleichung lautet dann

$$82 : 18 = 100 : x$$
$$82\,x = 1800$$
$$x = 21{,}9\,\% = \text{rund } 22\,\%.$$

Wissen muß der Tiefentherapeut außerdem, durch welche Kunstgriffe er die prozentuale Tiefendose steigern kann. Denn in vielen Fällen hängt der volle Erfolg nur von einer größtmöglichen Steigerung der Tiefendosis ab. (Man denke beispielsweise an ein Prostatakarzinom bei einem dicken Manne oder an ein umfangreiches Spindelzellensarkom am Oberschenkel.)

Erhöht werden kann die Tiefendosis

1. durch Steigerung des Härtegrades der Röntgenstrahlen,
2. durch Vergrößerung des Fokushautabstandes,
3. durch Vergrößerung des Einfallsfeldes,
4. durch Konzentration der möglichst harten Strahlung von mehreren Einfallsfeldern her.

Mit der Steigerung des Härtegrades und damit der Durchdringungsfähigkeit der Röntgenstrahlen hängt eng zusammen die Wahl des Filters. Man kann einen Leichtfilter aus Aluminium nehmen, oder einen Schwerfilter aus Zink oder Kupfer, meist in Verbindung mit Aluminiumfiltern, selbstverständlich das Leichtfilter in dickerer Masse als das Schwerfilter. Es entsprechen etwa 10 mm Al $^1/_2$ mm Zn bzw. $^1/_2$ mm Cu (genauer 11 mm Al.).

Das geeignetste Filter für die selbsthärtende Siederöhre ist das $^1/_2$ mm-Zinkfilter, während für die Coolidgeröhre der A.E.G. 0,5 mm Zn + 4 mm Al (= 15 mm Al) eine geeignete Filterung der Strahlen ergibt. (Die prozentuale 10-cm-Tiefendosis beträgt dabei bis zu 23 und 24%.)

Benutzt man nur 10 mm Al, wie dies Herausgeber seit Jahren tut, so ist die prozentuale Tiefendosis dabei ungefähr die gleiche, vorausgesetzt, daß sämtliche kurz zuvor erwähnten Gesichtspunkte bezüglich Steigerung der Tiefendosis entsprechend gewählt werden. Eine Angleichung der Röntgenstrahlen an die γ-Strahlen des Radiums wurde durch eine erhebliche Steigerung der Dicke des Zinkfilters versucht und von Rapp und Werner in die Praxis umgesetzt. Letzterer berichtete auf dem Röntgenkongreß des Jahres 1922 von einer größeren Zahl von Fällen, die erst auf die 3-mm-Zinkfiltermethode ansprachen. Selbstverständlich kann diese Methode wegen des enormen Zeitaufwandes bei der Bestrahlung im allgemeinen nur da angewendet werden, wo die jetzt üblichen Methoden im ersten Behandlungsturnus versagt haben. Die genannten Verbesserungen der Filter hinsichtlich ihrer Dicke und Dichte wurden erst ermöglicht durch eine Steigerung der Strahlendurchdringungsfähigkeit. Die mit Hilfe der jetzt eingeführten modernen Tiefentherapieapparate gelieferten Strahlen sind aber nunmehr hinsichtlich ihrer Penetration praktisch an einer Grenze angelangt, die nur unter ganz besonderen Bedingungen überschritten werden kann. So ist es gelungen bei Spannungen von 220 000 Volt Strahlen zu erzeugen, die hinsichtlich ihrer Härte den γ-Strahlen außerordentlich nahekommen. Leider fehlen uns aber für derartig extrem hohe Spannungen noch die entsprechenden Röhren, wenigstens, wenn man die Bedürfnisse der Praxis hinsichtlich der Ökonomie berücksichtigt.

Mehr Aussicht auf Erfolg verspricht indessen ein Weg, der darauf hinausgeht, bei möglichst hoher Spannung — d. h. also etwa 180 000 Volt — die Strahlenintensität zu steigern, um hierdurch die Bestrahlungszeit nach Möglichkeit abzukürzen. So ist mit dem Radio-Silexapparat und der Lilienfeldröhre ein Dauerbetrieb mit 5 Milliampère zu erzielen, gegenüber dem jetzt meist üblichen von 2,5 M.-A. Der Multivoltapparat gestattet sogar einen Dauerbetrieb mit 8 Milliampère in Verbindung mit der Siemens-Therapie-Elektronenröhre bei einer konstanten sekundären Klemmenspannung von 180 000 Volt. Die Zeit muß lehren, wie lange diese Röhre eine so erhebliche Belastung im Dauerbetrieb auszuhalten vermag. Als gesichert ist bisher zu betrachten, daß gute Elektronenröhren Spannungen bis zu 180 000 Volt bei 2,5 bis 3 Milliampère dauernd aufzunehmen vermögen[1]).

Erhöht werden kann die Tiefendosis weiter durch Vergrößerung des Fokushautabstandes. Dieser Gesichtspunkt ist zwar schon seit Einführung der Tiefentherapie in die Praxis durch Perthes bekannt, konsequent durchgeführt ist er aber erst in den Arbeiten von Wintz. Schon eine einfache Rechnung gibt darüber Aufschluß, in welcher Weise die Tiefendosis nur durch Vergrößerung des Fokushautabstandes vermehrt wird. Bei einer Fokushautdistanz von beispielsweise 25 cm beträgt die 10-cm-Tiefendosis rechnerisch $^{25}/_{49}$ der auf der Hautoberfläche wirksamen Dosis. Bei Vergrößerung des Fokushautabstandes auf 50 cm kommt als 10-cm-Tiefendosis $^{25}/_{36}$ der Oberflächendosis heraus. Die Tiefendosis wächst also von rund $^{1}/_{2}$ auf $^{5}/_{7}$ bzw. von $^{7}/_{14}$ auf $^{10}/_{14}$, d. h. etwa um rund 40%. Tatsächlich im Körper vorgenommene Messungen haben nun ergeben, daß die Zunahme der Tiefendosis bis zu 50% der Oberflächendosis betragen kann. Als Beispiel mögen zwei von Wintz mit dem Iontoquantimeter vorgenommene Untersuchungen dienen, unter bestimmten Betriebsbedingungen, die hier der Einfachheit halber fortgelassen sind.

a) Für 10-cm-Tiefendosis:

Fokushautabstand	Einfallsfeldgröße	Tiefendosis
23 cm	6 × 8 cm	18%
50 cm	6 × 8 cm	28%

[1]) Nach den neuesten Untersuchungen soll übrigens der Tiefeneffekt bei einer Belastung von 2,5 Milliampère günstiger sein als bei 5 und 8 Milliampère.

b) Für 8-cm-Tiefendosis:

Fokushautabstand	Einfallsfeldgröße	Tiefendosis
23 cm	6 × 8 cm	26%
30 cm	6 × 8 cm	31%
50 cm	6 × 8 cm	39%

Die Zunahme der prozentualen Tiefendosis erfolgt also im wesentlichen durch eine starke Vergrößerung des Fokushautabstandes, die nicht unerhebliche Verbesserung der Tiefendosis kommt dann, wie man wissen muß, von der Addition durch Streustrahlung.

Steigerung der prozentualen Tiefendosis durch Vergrößerung des Einfallsfeldes.

Die Rolle, welche die Größe des Einfallsfeldes für die resultierende Tiefendosis spielt, erhellt deutlich aus verschiedenen, ebenfalls mit dem Iontoquantimeter unter gleichen Betriebsbedingungen vorgenommenen Untersuchungen von Wintz.

a)

Fokushautabstand	Einfallsfeldgröße	Tiefendosis
30 cm	6 × 8 cm	27%
30 cm	8 × 10 cm	30%
30 cm	10 × 15 cm	44%

b)

Fokushautabstand	Einfallsfeldgröße	Tiefendosis
50 cm	6 × 8 cm	35%
50 cm	8 × 10 cm	39%
50 cm	10 × 15 cm	44%

Eine Untersuchung desselben Autors, welche die Beziehung der Einfallsfeldgröße zur Tiefendosis und zugleich zur Zeit zwecks Erzielung dieser Dosis darstellt, mag hier angeführt werden.

Einfallsfeld	Prozentuale Tiefendosis	Zeit zur Erzielung dieser Dosis am Iontoquantimeter
4 × 6 cm	20	307″
6 × 8 cm	22	279″
10 × 10 cm	26	236″
10 × 15 cm.	28	218″

Der Gewinn an prozentualer Tiefendosis mag dem weniger Bewanderten nicht so groß erscheinen. In der Praxis ist aber ein Gewinn von beispielsweise 8% nur durch Vergrößerung des Einfallsfeldes schon als wesentlich zu bezeichnen. Es wird das sofort klar, wenn man bedenkt, daß in den seltensten Fällen nur mit einem Einfallsfeld gearbeitet wird, vielmehr beispielsweise bei den malignen Tumoren meist mit mindestens vier Feldern, so daß ein Gewinn von rund 30% dabei herauskommt.

Steigerung der prozentualen Tiefendosis durch Vergrößerung des Einfallsfeldes und gleichzeitige Vergrößerung des Fokushautabstandes.

In der Praxis werden beide Maßnahmen aus leicht begreiflichen Gründen kombiniert, wenigstens sofern es sich um maligne Tumoren handelt, die ja vorwiegend Gegenstand einer intensiven Röntgentiefentherapiebestrahlung sind.

Die Summation der Vergrößerung des Einfallsfeldes und des Fokushautabstandes erhellt aus folgender Tabelle (gleichfalls nach Wintz):

Fokushautabstand	Einfallsfeldgröße	Tiefendosis
23 cm	6 × 8 cm	22%
30 cm	10 × 15 cm	34%
50 cm	10 × 15 cm	44%

Dieser erhebliche Gewinn an prozentualer Tiefendosis muß natürlich durch entsprechende Opfer an Zeit erkauft werden, nach Maßgabe des Satzes, daß die Intensitäten sich umgekehrt proportional dem Quadrat der Entfernungen verhalten; oder anders ausgedrückt: Bei gleicher Oberflächendosis entspricht der Zeitverlust dem Quadrat der Entfernung. So wird z. B. bei einem

Fokushautabstand von	die Erythemdosis erreicht in
25 cm	27' (rund 1/2 Std.)
50 cm	108' (rund 1 3/4 Std.)
60 cm	156' (rund 2 1/2 Std.)
70 cm	216' (rund 3 1/2 Std.)

unter 10-mm-Aluminiumfilter.

Diese Zeiten sprechen für sich und ein jeder Röntgentherapeut wird nicht ohne zwingenden Grund die Fokushautdistanz über 50 cm bemessen. Zu berücksichtigen ist dabei aber in der Praxis, daß bei gleichzeitiger Vergrößerung des Fokushautabstandes und des Einfallsfeldes die Zeit, in der eine bestimmte Tiefendosis zu verzeichnen ist, verringert wird, und zwar entsprechend der Komponente, die der Vergrößerung des Einfallsfeldes entspricht (z. B. bei Steigerung der Größe des Einfallsfeldes von 4 × 6 cm auf 10 × 15 cm um ca. 30%.

Die Zeitdauer für eine bestimmte Oberflächendosis wird gleichfalls durch eine Vergrößerung des Einfallsfeldes verkürzt. Diese Zeitersparnis ist aber nicht wesentlich und beträgt nach Wintz höchstens 10%, die natürlich erzielt werden durch vermehrt auftretende Streustrahlen aus dem in größerem Ausmaß durchstrahlten Gewebe.

Konzentration der Bestrahlung.

Einen der wesentlichsten Faktoren zur Verbesserung der prozentualen Tiefendosis stellt die Konzentration dar, zuweilen auch Mehrseiten- bzw. Kreuzfeuerbestrahlung genannt. Die Konzentration kann von einem Einfallsfeld aus (vorn, hinten bzw. seitlich) vorgenommen werden, oder von mehreren Oberflächenfeldern her, je nach der vorliegenden praktischen Aufgabe. Soll z. B. an der Portio uteri eine karzinomatöse Wucherung mit einer Dosis von 100—110° der H.-E.-D. belegt werden, so sind bei einer Fokushautdistanz von 23 cm und einer Tiefendosis von 18—20% an der Portio 6 Einfallsfelder notwendig, 3 vorn und 3 hinten, sämtlich zentriert auf die Portio. Hierbei müssen die seitlichen Felder eine ziemlich starke Neigung zur Medianebene hin erhalten. Da bei einer Fokushautdistanz von 23 cm die H.-E.-D. in relativ kurzer Zeit (ca. 30 Minuten) zu erreichen ist, so bedeutet das praktisch eine gute Röhren- und Zeitökonomie. Aus diesen Tatsachen heraus hat Wintz seinem kleinen Tubus die Maße von 6 × 8 cm gegeben, mit dem Uteruskarzinome durchaus rationell zu bestrahlen sind, vor allem, wenn es sich um schlanke Frauen mit kleineren Beckenmaßen handelt. Bei Frauen mit stärkerem Fettpolster und größerem Becken wird der Fokushautabstand besser auf 30 cm oder sogar 40 cm vergrößert unter gleichzeitiger Vergrößerung des Einfallsfeldes auf ca. 10 × 15 cm. Die prozentuale Tiefendosis steigt dann auf 25—30%, so daß unter solchen Verhältnissen ein karzinomatöser Herd an der Portio nur von je zwei Einfallsfeldern vorn und hinten zu bestrahlen ist. Bei sehr dicken Frauen kommen eventuell noch zwei seitliche Felder am Becken hinzu oder besser ein Dammfeld.

Auch für diese Zwecke hat Wintz besondere Tuben angegeben und zwar für 30- bzw. 40-cm-Fokushautdistanz, die sich in der Praxis sehr bewährt haben. Sie erfüllen zugleich den Zweck der Kompression und der Wegnahme der Streustrahlen der Luft über dem Einfallsfeld. Bei weniger zentral gelegenen pathologischen Gebilden als beim Portiokarzinom ist häufig die Art der Konzentration viel schwieriger zu wählen, so z. B. bei einer großen Reihe chirurgischer Tumoren (Magen-, Darm-, Nieren-, Nebennieren-, Mammatumoren). Hier spielt die geeignete Kombination eines Fernfeldes mit mehreren Nahfeldern eine große Rolle, wobei unter Fernfeld Fokushautdistanzen von 50—70 cm zu verstehen sind.

Eine kleine Tabelle (nach Wintz) mag noch einen Überblick geben über verschiedene Tiefendosenwerte bei verschiedenem Einfallsfeld. Die Iontoquantimeterkammer lag dabei stets an der Portio.

Einfallsfeld dicht über Symphyse . . . . 22—27%
,, seitlich (ungefähr am Rande der Darmbeinschaufel) geneigt . . . . 17—23%
,, über der Mitte des Kreuzbeins . . . 16—21%
,, seitlich auf dem Glutäus . . . . . . 13—17%

Will nun der Röntgentherapeut einen bestimmten Fall, gleichgültig welcher Art, bestrahlen, muß ihm zunächst ein moderner Apparat zur Verfügung stehen, aus dem er eine hinreichend penetrationsfähige Strahlung (hohe Spannung! 180 000—200 000 Volt) stundenlang hintereinander gleichmäßig beziehen kann, und eine gute, trainierte Glühkathodenröhre bzw. selbsthärtende Siedekühlröhre. Ferner muß der Röntgenarzt über eine genaue Kenntnis der Oberflächen- und Tiefendosierung verfügen. Dies schließt ein, daß er zunächst an seinem Apparat die H.-E.-D. biologisch festlegt. Meist wird dem Anfänger von dem Röntgeningenieur bei der Lieferung des Apparates mitgeteilt werden, bei welcher F.-H.-D., welcher Spannung, welcher Minutenzahl und unter welchem Filter die Haut- bzw. Erythem-Einheitsdosis erreicht wird. Wird ihm beispielsweise unter bestimmten Betriebsbedingungen die Zeit von 35—40 Minuten genannt, so markiert er sich bei irgendeinem aussichtslosen Falle, z. B. von weit vorgeschrittenem Uteruskarzinom, 4—5 kleine Hautfelder entsprechend den Ausmaßen des kleinen Wintzschen rechteckigen Tubus (6 × 8 cm) auf der Bauchhaut über der Symphyse und bestrahlt dann das I. Feld 35 Minuten lang, das II. Feld 36 Minuten, das III. Feld 37 Minuten und das IV. Feld 38 Minuten lang. Dann ist diejenige Zeit als gültige H.-E.-D. zu nehmen, bei der das Feld

am ersten Tage ein Früherythem (kann auch fehlen),
am 6.—8. ,, ein Erythema folliculare
und am 35. ,, eine geringe Bräunung zeigt.

Wird der kleine Wintzsche Tubus selbst hierzu benutzt, so ist die F.-H.-D. 23 cm.

War die vom Ingenieur gegebene Standard-Entfernung eine andere, so muß umgerechnet werden, am einfachsten nach der Formel

$$x = \frac{t_0 \cdot h_n^2}{h_0^2}$$

$x = t_n$, d. h. die Zeit, die bestrahlt werden muß zur Erzielung der H.-E.-D. bei der neuen F.-H.-D. (also bei 23 cm), t_0 die Zeit bei der Standard F.-H.-D. (alten), h_n die neue F.-H.-D., h_0 die alte F.-H.-D.

Viel einfacher als dieses experimentell biologische Verfahren ist die Ausdosierung der Röhre mit dem Sabouraud-Noiréplättchen (vgl. das Kapitel über Oberflächentherapie).

1 SN ist dann erfahrungsgemäß = $^1/_3$ H.-E.-D. zu setzen, also 3 SN = 1 H.-E.-D.

Wählt man eine Oberflächendosis von 3 S.-N., so wird man nie eine über das beabsichtigte Maß geringer Hautbräunung hinausgehende Hautveränderung erleben, während bei 4 S.-N. schon unbeabsichtigte Nebenwirkungen auftreten können, sofern man bedenkt, daß es sich meist um Konzentrationsbestrahlungen handelt. Ein einziges Feld kann natürlich ruhig mit der Oberflächendosis von 4 S.-N. belegt werden.

Ist nun der Anfänger genau mit der Haut-Einheitsdosis an seiner Apparatur vertraut, so muß er die prozentuale Tiefendosis in den verschiedenen Zentimetern durchstrahlter Masse, am besten bis zu 15 cm Tiefe bestimmen z. B. (mit Hilfe des Wasserphantoms nach Fürstenau und der wasserdicht abgeschlossenen Selenzelle des Intensimeters oder mit Hilfe eines Iontoquantimeters bzw. des Siemens'schen Röntgen-Dosismessers oder mit Benutzung von Kienböckstreifen, die wasserdicht eingepackt sind).

Ist der angehende Röntgentherapeut so gerüstet, kann er an die Tiefenbestrahlung eines vorliegenden Falles herangehen und die etwa erforderliche Sarkom- bzw. Karzinomdosis zu erreichen suchen mit Aufstellung eines bestimmten Bestrahlungsplanes, der enthält:

1. Eingezeichnet die Lage des zu bestrahlenden kranken Teiles bezüglich zur Körperoberfläche.
2. Fokus-Haut-Distanz,
3. Größe und Zahl der Einfallsfelder.
4. Art der Konzentration.

Nach Wintz soll die gesamte Karzinom- bzw. Sarkomdosis in einer einzigen langen Sitzung von ca. 8—11stündiger Dauer verabfolgt werden. Es ist nicht weiter zu verwundern, daß den Kranken bei so langen Bestrahlungszeiten Beruhigungsmittel verabreicht werden müssen. Er gibt zu diesem Zweck Morphium allein oder in Verbindung mit Skopolamin, letzteres in kleinen Dosen. Die Bestrahlung geht dann in einem geringen Dämmerschlaf vor sich. Manche Patienten reagieren aber auf Skopolamin mit Erregungszuständen, so daß Vorsicht geboten ist.

Herausgeber verabfolgt nur Pantopon oder Laudanon, bei großen Schmerzen in Verbindung mit Gelonida antineuralgica.

Sicherlich stellt die Verabfolgung der Karzinomdosis in einer einzigen Sitzung, auch wenn sie bis zu 6, ja 11 Stunden dauert, das Ideal des Erreichbaren dar. Die Resultate sind dabei, wie Wintz gezeigt hat, zweifellos am besten, der Röntgenkater dabei im allgemeinen auch nicht schlimmer als bei mehrmaligen Sitzungen.

Wo die Karzinomdosis also in einer einzigen Sitzung durchgeführt werden kann, soll sie unbedingt so verabfolgt werden. Man soll aber über dem Prinzip nicht das Mögliche vergessen und es lieber bei der einen Einstellung bewenden lassen, wenn der Patient schon hierbei anfängt zu erbrechen und das Erbrechen mit allen seinen unangenehmen Folgeerscheinungen gerade bezüglich der notwendigen Unverrückbarkeit des eingestellten Oberflächenfeldes nicht bald aufhört. Allerdings — ohne Not soll die ganze Karzinomdosis nicht über mehr als drei Tage verteilt werden, da sonst die prozentuale Berechnung der Tiefendosis durch Verzettelung derselben ungenau wird. Das Minus an wirksamer Energie, das durch die Verteilung der Dosis über mehrere Tage tatsächlich eintritt, läßt sich nämlich kaum genau angeben. Man tut daher gut, sich dann an die obere Grenze der Karzinomdosis von 110% der H.-E.-D. zu halten. Bei besonders empfindlichen und schwer zu lagernden Patienten bleibt aber zuweilen nichts anderes übrig, als die ganze Dosis auf eine Woche zu verteilen. Die Lähmungsdosis für das Karzinom wird auch dann erreicht — genaue Dosierung natürlich vorausgesetzt. Man hat aber in solchen Fällen besonders streng darauf zu achten, daß der II. Turnus bereits nach 6 Wochen spätestens aber nach 8 Wochen einsetzt.

Bei der Wichtigkeit der ungestört durchzuführenden jedesmaligen Sitzung ist eine entsprechende Vorbereitung des Patienten von großer Wichtigkeit. Am Tage der Bestrahlung muß eine ausreichende Stuhlentleerung stattgefunden haben. Wird vormittags behandelt, muß das erste Frühstück mindestens $1^1/_2$ Stunden vorher eingenommen werden. Es besteht nur aus einer Schleimsuppe oder Tee bzw. Kakao mit einer Semmel. Findet die Bestrahlung nachmittags statt, muß das Mittagessen, das möglichst einfach und wenig voluminös zu gestalten ist, mindestens 3 Stunden vorher erledigt worden sein. Kaffee und Alkoholika sind zu verbieten. Unmittelbar vor der Lagerung des Patienten ist darauf zu achten, daß die Blase entleert wird. Unnötige Kleidungsstücke müssen abgelegt, beengende Bänder gelöst werden. Der oder die Kranke wird dann auf ein dickes Federbett oder besser noch auf zwei mitteldünne Federbetten gelagert, Kreuzbein und Lendenwirbel, sowie Kniekehlen sollen dabei durch besonders weiche Kissen unterstützt werden. Das Bett wird dann seitlich fest den Konturen des Körpers angedrückt. Diese kleinen und anscheinend selbstverständlichen Vorschriften müssen genau befolgt werden, immer wieder — bei jeder einzelnen längeren Bestrahlung, da sonst eine solche schnell zum Martyrium für den Patienten wie für den Arzt wird. Patienten, die gegen Geräusche empfindlich sind, müssen die Ohren durch kleine Wattebäusche verstopft werden. Auch ist es vorteilhaft, Kranken, die gern etwas Anregendes riechen und denen die Röntgenluft unangenehm ist, kleine Wattebäusche mit Spiritus Lavendulae in die Nasenlöcher zu stecken.

Nach der Bestrahlung muß der Patient, nachdem während der ganzen Bestrahlung für ausgiebige Ventilation des Röntgenraumes gesorgt worden ist, am besten durch einen in den oberen Teil eines Fensters eingebauten großen Ventilator, sofort von allen Abdeckungsstücken befreit und möglichst schnell in ein anderes gut gelüftetes Zimmer geführt werden, um sich hier zu erholen. Brechbecken sind bereitzuhalten und die Kranken, die gleich an starker Übelkeit leiden, darauf aufmerksam zu machen, daß Erbrechen nach Bestrahlung gar nicht selten eintritt und bald vorübergeht. Sobald dieses der Fall ist, sollen die Patienten hinaus in die frische Luft und zu Haus gleich ins Bett. Vor Nahrungsaufnahme nach der Bestrahlung ist zu warnen, da bei vorhandener Nausea doch alles erbrochen wird. Gestattet ist nur Schleimsuppe, Tee mit Zitrone bzw. kleine Eisstückchen. Hält die Übelkeit auch am folgenden Tage an, so kann man verordnen

Rp. Menthol. 1,0
Tinct. valerian. aether. ad 20,0
S. Nach Bedarf 10—20 Tropfen auf Zucker.

Selbstverständlich sind während der ganzen Bestrahlungskur schwere Speisen zu verbieten, Vermehrung der Salzzufuhr dagegen anzuordnen.

Unabhängig von dieser Vorsorge vor, während und nach der einzelnen Sitzung, muß vor Beginn der ganzen Bestrahlung der Darm soviel wie eben möglich entleert worden sein, und zwar fängt man am besten 4 Tage vor der ersten Bestrahlung damit an, entweder durch Verabfolgung von Rizinusöl oder Rhabarber, z. B. in Form der leicht zu nehmenden Leopillen (1—2 Pillen des Abends). Am Morgen vor der Bestrahlung wird noch ein Klysma gegeben. Die Nahrung wird während der vier Vorbereitungstage sukzessiv verringert. Wie wichtig eine so eingreifende Vorbereitung für den Patienten ist, erhellt sofort aus der Tatsache, daß die Nausea während der Bestrahlung im allgemeinen um so geringer ist, je leerer Magen und Darm ist.

Bei Bestrahlungen des Abdomens ist, besonders wenn der Mastdarm mitgetroffen werden mußte, auch eine gewisse Nachbehandlung notwendig. Gegen die Reizzustände gibt man kleine Ölklystiere von 30 ccm und sorgt für weiche Stuhlentleerung.

Etwaige kleine Epitheldefekte der Schleimhaut werden dann viel schneller abheilen und Veränderungen der Submukosa überhaupt nicht auftreten. Ist es nämlich erst einmal hierzu gekommen, tritt die bekannte Verdickung des Darmrohres auf mit allen möglichen unangenehmen Folgeerscheinungen je nach dem Grad der lokalen Verdickung bis zur manifesten Stenose. Die Aufladung des Patienten während der Bestrahlung kann durch sachgemäße Ableitung des elektrischen Potentials vermieden werden. Zu diesem Zweck wird eine aus vernickeltem Kupfernetz hergestellte Metallbinde fest um ein Glied des Kranken gewickelt und mit der Erdleitung verbunden. Dem Auftreten des Röntgenkaters wird hierdurch wesentlich entgegengearbeitet.

Rückbildungserscheinungen bestrahlter Tumoren.

Hat irgendein maligner Tumor die Karzinomdosis bzw. die Sarkomdosis erhalten, so kann man zwei Arten der Verkleinerung beobachten. Weiche, zellreiche Tumoren schwinden im allgemeinen schneller als derbe und zellarme Geschwülste. Der langsame Rückgang solcher Neubildungen darf daher keinesfalls Grund zu erneuter Bestrahlung abgeben, vielmehr muß nach Beendigung des ersten Röntgenturnus abgewartet werden. Erst nach etwa 14 Tagen wird dann eine merkliche Verkleinerung des Tumors beginnen, die dann langsam fortschreitet und meist erst nach 6—10 Wochen ihr Ende findet. In günstigen Fällen ist dann die Geschwulst für den Tast- und Gesichtssinn verschwunden, so daß von einer klinischen Heilung gesprochen werden kann. Diesem Verlauf der Rückbildung entspricht der mikroskopische Befund. In den ersten 2—3 Wochen nach der Bestrahlung läßt sich z. B. an den Karzinomzellen selbst noch keine merkbare Veränderung feststellen. Dagegen ist in diesem Zeitraum schon eine deutliche kleinzellige Infiltration des Stromagewebes zu sehen, verbunden mit Hyperämie und Ödem. In der Folge tritt im Stroma eine Bindegewebs- und Gefäßneubildung ein, während sich im Protoplasma der Karzinomzellen Vakuolen bilden mit dem Effekt der völligen Degeneration der Zellen bis zur amorphen Masse. Dazwischen sind physiologische Umwandlungsprodukte von Zellen zu finden, wie Schleim und Keratin sowie andersartige Zerfallsprodukte in der Form von Kolloid und Hyalin. Zu beachten ist dabei, daß gelegentlich einer Exzision, die etwa 6 Wochen nach einer wirksamen Bestrahlung zu deren Kontrolle vorgenommen wird, noch spindelförmige Karzinomzellen im Bindegewebe oder bereits von ihm stärker umschlossen gefunden werden können, und daß solche Zellen auch ohne weitere Bestrahlung schwinden können. Untersucht man nämlich an der gleichen Stelle mikroskopisch 6 Wochen später, natürlich ohne erneute Bestrahlung, so bekommt man eine weitere Rückbildung solcher Zellen zu Gesicht, ja ein völliges Verschwinden der ehemals als noch regenerationsfähig angesprochenen Karzinomzellen. Man kann daher sagen, daß die spindelförmigen, geschrumpften Karzinomzellen bereits einen Absterbezustand darstellen, der schließlich noch zum völligen Zelltod führt.

Die Blutveränderungen nach der Karzinomdosis.

Entsprechend den eben beschriebenen lokalen Veränderungen im Bereiche des Tumors wird auch das strömende Blut verändert, und zwar um so stärker, je größer die Dosis war, je schneller diese verabreicht wurde und je größer das Einfallsfeld war.

Dabei werden die Erythrozyten nur relativ wenig vermindert, wie ich schon im Jahre 1917 betont habe. Denn 100 000 bis 200 000 rote Blutkörperchen weniger bedeuten bei ursprünglich normaler Zahl für den Körper nicht viel. In den allermeisten Fällen genügt aber der Zerfall einer solchen Anzahl von Erythrozyten, um den Gehalt des Blutes an Hämoglobin zu vermehren, wenigstens unmittelbar nach Verabfolgung einer Karzinomdosis in einer einzigen Sitzung. Die Vermehrung des Hämoglobins beträgt durchschnittlich 5%, kann aber bis zu 10% steigen. Natürlich ist diese Vermehrung nur eine scheinbare und fast ohne Ausnahme bereits nach 6 Stunden wieder geschwunden.

Qualitative Schädigungen des roten Blutbildes sind bisher nicht aufgefallen.

Außerordentlich stark werden dagegen die weißen Blutkörperchen verändert an Zahl sowohl, als auch in der Art ihrer prozentualen Zusammensetzung. Von den Leukozyten leiden quantitativ wieder am meisten die Lymphozyten, die um 60%, ja 80% ihrer ursprünglichen Zahl vermindert werden können. Bemerkenswert ist auch eine sehr bald nach intensiver Bestrahlung auftretende Eosinophilie, die meist drei Tage nach der Behandlung ihren Höhepunkt aufweist, aber vereinzelt auch noch nach 6 Wochen anzutreffen ist.

Bisher noch kaum hinreichend gewürdigt ist auch eine auffallende Veränderung der Blutgerinnung nach der Karzinomdosis in einer einzigen Sitzung. Die Blutgerinnungszeit ist nämlich verlangsamt, und zwar im Durchschnitt um 1 Minute. Das Wichtigste ist nun, daß nach den methodischen Blutuntersuchungen von Wintz das Blutbild sich 6 Wochen nach der Bestrahlung wieder dem Ausgangszustand genähert hat und 8 Wochen danach wieder normal geworden ist. Wenigstens bedeutet das die Regel. Für die Praxis ist diese Regel von ungeheurer Wichtigkeit; denn sie gibt uns den Hinweis, wann ein neuer Röntgenturnus wieder beginnen darf. Auf keinen Fall also vor Ablauf von 6 Wochen, möglichst aber erst 8 Wochen nach dem ersten Turnus; denn erst dann ist die Erholung des Blutes als abgeschlossen anzusehen. Die dauernde Kontrolle des Blutbildes hat auch gezeigt, wie oft eine so starke Schädigung des Blutes dem Körper zugemutet werden darf. Das ist bis zu viermal möglich. Die Karzinomdosis kann also, was das Blut anbetrifft, dreimal wiederholt werden. Für die Praxis ist es allerdings wichtig, zu wissen, daß die Haut im allgemeinen nur eine einmalige Wiederholung der Karzinomdosis verträgt.

Noch einen ausgezeichneten Hinweis gibt uns das Blutbild, und zwar in den Fällen, wo sich das Allgemeinbefinden trotz Rückgangs des Karzinoms nicht bessert. Das Blut zeigt nämlich unter diesen Umständen keine völlige Wiederherstellung, auch nicht, wenn bereits 8 Wochen nach der Bestrahlung vergangen sind. Es bedeutet das immer ein Signum mali ominis. Denn der Organismus, der nach einer intensiven Bestrahlung sein Blut nicht wieder normal bereiten kann, hat auch die Fähigkeit verloren, die zerstörten Karzinomzellen durch neugebildetes Bindegewebe zu ersetzen. Der Kranke geht dann meist unter Erscheinungen der Kachexie ein, genau so, als ob das Karzinom nicht beeinflußt worden wäre.

Ich habe bereits zu Beginn dieser Ausführungen hervorgehoben, daß die Pioniere auf dem Gebiete der exakten Tiefentherapie aus den Reihen der Gynäkologen gekommen sind. Ganz besonders war es Krönig in Freiburg, der mit dem ihm eigenen Temperament in den Jahren 1912 und 1913 eine neue Ära der wissenschaftlichen Strahlentherapie einleitete. So wesentlich aber auch die Arbeiten aus der Freiburger Schule für den Ausbau der exakten Röntgentiefenbestrahlung gewesen sind, am meisten Schule gemacht hat bisher doch Wintz, der unter Seitz in Erlangen Jahr um Jahr die Früchte emsiger Arbeit sammelte und in glänzender Weise propagierte. Wenn auch dessen Karzinomdosis natürlich am gynäkologischen Material gewonnen war, so erprobte er diese bald auch an anderen der Chirurgie und inneren Medizin entstammenden Tumorobjekten und die dabei errungenen Erfolge ergaben endlich eine allgemeine Grundlage für die Bestrahlung maligner Tumoren. Deshalb die eingehende Beschreibung der Methode von Wintz, die dem Praktiker in den vorhergehenden Seiten vermittelt worden ist. Selbstverständlich erzielte Wintz seine Haupterfolge immerhin bei dem für die Aufgaben der Röntgentiefentherapie ausgezeichnet gelegenen Uteruskarzinom. Dagegen ist der Röntgentherapeut, dem auch viel chirurgisches Material in die Hände kommt, nicht so günstig daran mit der Strahlenbekämpfung von Tumoren; sind doch diese an allen möglichen Stellen des Körpers gelegen. Die Lücken, die hier noch klaffen, hat besonders Schmieden erkannt und in rastloser Initiative seinem ausgezeichneten röntgenologischen Mitarbeiter Holfelder die Möglichkeit gegeben, diese Lücken weiter auszufüllen. So ist in der Frankfurter chirurgischen Klinik eine Bestrahlungsmethode ausgearbeitet worden, welche die Ergebnisse der gynäkologischen Technik auf das ganze Gebiet der Chirurgie überträgt. Schwierigkeiten, die sich Holfelder hierbei zunächst in den Weg stellten, sind von ihm durch Neuerungen überwunden worden, die sich für die Praxis als recht bedeutungsvoll erwiesen haben.

Ein besonders schwieriger Fall von großem Lebertumor, noch dazu zur Klasse der Melanosarkome gehörig, gab Holfelder den unmittelbaren Anlaß, seinen Felderwähler zu konstruieren, der zum erstenmal die Idee der räumlich homogenen Tiefendosis im ganzen Krankheitsherd sinnlich wahrnehmbar machte. Maßgebend hierbei war die Forderung, die durch mehrere Strahlenkegel von verschiedenen Richtungen aus in das Körperinnere hineingeschickten Röntgenenergien entsprechend den dort wirksamen jeweiligen Tiefendosen instrumentell festzulegen. Der springende Punkt dabei war, daß die Schablonen des Felderwählers in ihrem Farbwert dem Dosenwert bestimmter Strahlenkegel entsprechen. Durch Überkreuzung mehrerer Schablonen summiert sich bei der Durchsicht der Farbwert in derselben Weise, wie der Dosenwert in der Tiefe des Körpers bei der Kreuzung mehrerer Röntgenstrahlenkegel zunimmt. Auf diese Weise war es möglich, dem Röntgenarzt Tiefendosen für jeden einzelnen Raumzentimeter in einem gedachten Körperquerschnitt sichtbar zu machen. Ob eine bestimmte Tiefendosis erreicht ist, kann der Arzt an dem Dasein oder Verschwinden leicht erkennbarer Figurenmuster auf einer Glasplatte durch die Schablonen hindurch erkennen. Die Farbwerte dieser Figurenmuster sind so gehalten, daß die einzelnen Figuren bei Überlagerung einer bestimmten Farbschicht zum Verschwinden gebracht werden. Diese Figurenmuster stellen nun praktisch festumrissene Tiefendosenwerte dar, und zwar Dreiecke (△) die Karzinomreizdosis, Vierecke (□) die Sarkomsdosis, Punkte (●) die Karzinomdosis und Ringe (○), was außerordentlich wichtig ist, die Darm- und Hautschädigungsdosis. Die Ringe dürfen nie verschwinden, andernfalls man mit einer oberflächlichen oder tiefen Verbrennung zu rechnen hat. Dagegen muß von den anderen Figurenmustern jeweilig dasjenige verschwinden, welches die im einzelnen Falle beabsichtigte Tiefendosis darstellt. Es ist klar, daß ein solches Instrument wie der Felderwähler die Dosierung in der Tiefe außerordentlich vereinfacht. Für den Erfolg in der Praxis ist es nun aber wichtig, daß die Sarkom- oder die Karzinomdosis nicht nur in einem oder in vielen Punkten des betreffenden Tumors, sondern in allen Punkten erreicht wird, d. h. also, daß die Dosis räumlich homogen ist. Ob eine Dosis aber in der Tiefe

Abb. 92. Körperquerschnitt der Oberbauchgegend mit Felderwähler nach Holfelder. Hergestellt von der Firma Reinigo Gebbert u. Schall. Wirbelsäule und Milz sind angedeutet. Ein Tumor mit Umgrenzung des zugehörigen Lymphgebietes ist eingezeichnet. Eine aufgelegte Farbschablone, die einem Strahlenkegel von 23 $^0/_0$ Tiefendosis entspricht, deckt im Tumorgebiet nur die Zeichen der Reizdosis, die Dreiecke, zu, im regionären Lymphgebiet sind aber auch die Dreiecke noch sichtbar, also würde in diesem Falle eine sehr schädliche Reizwirkung erzielt werden.
a) Figurenmuster. b) Farbschablone.

des Körpers in einer bestimmten Ausdehnung räumlich homogen ist, davon kann nur dann mit einer gewissen Sicherheit die Rede sein, wenn die zu bestrahlende pathologische Veränderung in einem bestimmten Organ bzw. über dessen Grenzen hinaus zeichnerisch festgelegt wird. Selbstverständlich muß die Zeichnung den körperlichen Abmessungen des Einzelfalles entsprechend ausgeführt werden und dann mittels der Schablonen des Felderwählers die räumlich homogene Dosis ermittelt werden. Erleichtert wird die Festlegung des Bestrahlungsplanes mittels Zeichnung durch das von Schmieden und Holfelder ausgearbeitete anatomische Querschnittssystem. Durch dieses wird der Körper in eine Folge von normalen Querschnitten zerlegt, die jeder einzelnen Bestrah-

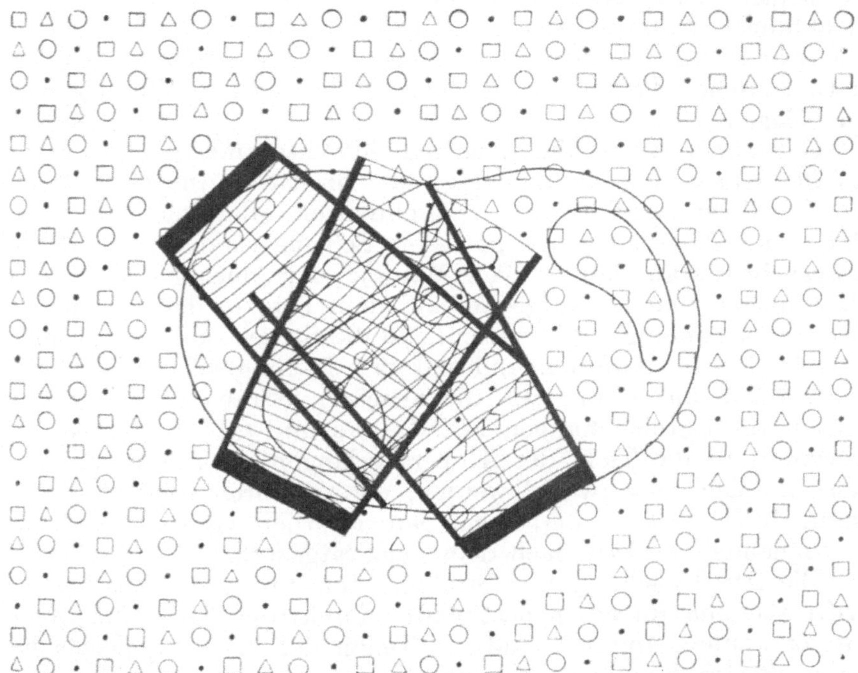

Abb. 93. Derselbe Querschnitt. Durch zweckmäßige Überkreuzung von drei Farbenschablonen gelingt es in diesem Falle eine Felderwahl zu treffen, bei der im ganzen Tumorgebiet einschließlich des zugehörigen Lymphgebietes die Karzinomdosis räumlich homogen erreicht wird. Wir sehen überall die Ringe, befinden uns also überall unter der Darmschädigungsdosis, während uns das Verschwinden der übrigen Figuren einschließlich Punkte anzeigt, daß die Karzinomdosis im ganzen Krankheitsherd gleichmäßig zur Wirkung gelangt.

lung zugrunde gelegt werden, natürlich mit entsprechender Anpassung an den praktischen Fall. Den Querschnitten schließen sich sagittale, frontale und auch Schrägschnitte an (Abb. 92 u. 93). Schmieden hebt hervor, daß durch eine solche genaue anatomische Orientierung des Bestrahlungsplanes die räumlich homogene Dosierung natürlich im Verein mit dem Felderwähler sehr erleichtert wird, und daß die Erfolge der chirurgischen Tiefentherapie dabei weit bessere geworden sind. Auch wird von Schmieden und Holfelder betont, daß es mit Hilfe des anatomischen Querschnittsystems weit eher gelingt, strahlenüberempfindliche Organe, wie z. B. die Nebennieren, aus dem Strahlengang auszuschalten und so schwere Beeinträchtigung des Allgemeinbefindens mit Adynamie und Apathie des Kranken zu vermeiden. Mit Hilfe des Schmieden-Holfelderschen Bestrahlungsverfahrens haben wir also jetzt die Möglichkeit, so gut wie jeden Tumor seiner anatomischen Lage gemäß mit einer dem pathologischen Prozeß entsprechenden homogenen Wirkungsdosis zu belegen.

Gegenüber dieser durchaus individualisierenden Methode, die an die Kunst des Röntgenarztes die höchsten Ansprüche stellt, ist das Verfahren Chaouls weit einfacher, allerdings haftet ihm dafür der Nachteil eines gewissen Schematisierens an. Es ist ausgearbeitet an dem großen Material der chirurgischen Klinik in München und ist aufgebaut auf dem Prinzip der Ausnützung der Streustrahlung. Wir wissen, daß die Streustrahlen abgelenkte primäre Röntgenstrahlen sind und daß sie die gleiche Wellenlänge bzw. Härte aufweisen, wie die primären Strahlen. Wir wissen ferner aus Untersuchungen Friedrichs und Glockers, daß die perkutan in die Tiefe des Körpers gelangenden Röntgenstrahlen dort zweifach geschwächt werden, einmal durch Absorption und dann durch Zerstreuung, abgesehen natürlich von dem leicht zu errechnenden Verlust nach dem Quadratgesetz.

Die Abschwächung der Strahlenintensität durch Zerstreuung trifft aber nur für einen bestimmten Punkt des Körperinnern zu. Im Zusammenhang mit anderen Teilen der Körpertiefe, die bei jeder Bestrahlung in größerer Ausdehnung getroffen werden, erhält dieser Punkt nämlich wieder diffus abgelenkte Strahlen aus der Umgebung, so daß der erwähnte Strahlenverlust kompensiert wird durch die Zusatzstreustrahlung aus der Umgebung. Der Betrag der Zusatzstreustrahlen kann sogar unter gewissen Bedingungen — z. B. Wahl eines genügend großen Oberflächenfeldes und einer hinreichend großen Fokushautdistanz, sowie Vornahme starker Filterung — überkompensiert werden. Das Instrument, das dieses Prinzip der Überkompensierung in die Praxis umsetzt, ist der Chaoulsche Strahlensammler. Dieser besteht im wesentlichen aus einem viereckigen Grundteil, der mit seinen beiden längeren Seiten den zu bestrahlenden Körper seitlich begleitet und mit den anderen kürzeren Seiten sich der Körperoberfläche anschmiegt mittels zweier keilförmiger, nach innen vorspringender Ansätze. Eine weitere Anpassung an den Breitendurchmesser des Patienten wird noch durch zwei dem Grundteil untergeschobene, längliche, rechteckige Klötze ermöglicht, die je nach der Breite des Patienten nach innen oder nach außen gestellt werden können. Dem viereckigen Grundteil sitzt ein Oberteil auf, das die Form eines kurzen Pyramidenstumpfes von rechteckigem Querschnitt hat. Zwischen beiden Teilen liegen die Filter. Zur genauen Anpassung an die Körperwölbung kann der Grundteil durch vier als Schraubenspindeln ausgebildete Füsse in bestimmtem Ausmaß gehoben und gesenkt werden. Zur Aufnahme der Röntgenröhre dient ein durch Bleiglas geschützter Kasten, der dem Oberteil aufgesetzt wird. Durch Zwischenrahmen von 5 und 10 cm Höhe, die zwischen dem Oberteil und Grundteil eingeschoben werden, kann der Fokus-Hautabstand in gewissem Maße verändert werden und zwar von 35 cm auf 50 cm. Von den unterhalb des eigentlichen Grundteils befindlichen länglichen Paraffinkästen wird nur der an der erkrankten Seite eingeschoben, während er an der gesunden Seite zur Abschwächung der Strahlenintensität weggelassen wird. Mit Hilfe dieser eigenartigen Vorrichtung ist es Chaoul gelungen, bei sämtlichen in der Praxis vorkommenden malignen Geschwülsten mit zwei Strahlenrichtungen auszukommen, die eine von vorn nach hinten, die andere in entgegengesetzter Richtung (vgl. die Abb. 94 und 95). Die Voraussetzung hierfür ist allerdings eine sekundäre Spannung von 210 000 Volt (210 Kilovolt), eine Filterung mittels 1 mm Cu. und eine entsprechende Fokushautdistanz. In einer Intensitätskurve, die bei 50-cm-Fokushautabstand gewonnen wurde, ist z. B. die 20-cm-Tiefendosis noch mit beinahe 15% vermerkt, eine Tiefenausbeute an Strahlen, die als ausgezeichnet betrachtet werden muß. Wer aber die Verhältnisse in der Tiefenbestrahlungspraxis kennt, weiß, wie wenig Röhren tatsächlich imstande sind, eine Spannung von 210 Kilovolt Tag für Tag, Woche um Woche, oder gar Monat um Monat stundenlang zu ertragen. Es leuchtet daher ein, daß die Röhrenökonomie bei solchem Verfahren einigermaßen gefährdet ist.

Als Kunstmittel, Niveauverschiedenheiten von Körperteilen auszugleichen, verwendet Chaoul, vornehmlich bei Bestrahlung des Kopfes, (vgl. Abb. 94) ein mit Wasser gefülltes Gummikissen oder auch ein mit Paraffinmehl gefülltes Kissen, so daß die ganze Bestrahlungsfläche eine einzige Ebene bildet. Als Gewinn bei dem Gebrauch des Strahlensammlers ist auch die Tatsache zu buchen, daß an den Randpartien des Bestrahlungsfeldes kein wesentlicher Abfall der Intensität stattfindet, vielmehr eine deutlich nachweisbare Seitenhomogenisierung. Die einzelnen Messungen in der Tiefe zur Ermittlung der prozentualen Tiefendosis wurden in einem mit Wasser gefüllten Paraffingefäß angestellt, das annähernd Form und Maße des unteren Leibsegmentes aufwies, und zwar nach den bereits bei der Wintzschen Methodik angeführten Grundsätzen.

Praktisch wieder etwas komplizierter ist die Methode von Warnekros - Dessauer, die in jahrelanger mühevoller Zusammenarbeit hauptsächlich in der Berliner Universitäts-Frauenklinik unter dem zielbewußten Protektorat Bumms ausgearbeitet worden ist. Warnekros und Dessauer verwenden nicht nur zwei große Einfallsfelder — je eins von vorn und von hinten — sondern fügen diesen noch zwei kleinere von der Seite hinzu. Sie haben auch eine besondere Bestrahlungsvorrichtung angegeben, bestehend aus einem Bestrahlungsgestell mit einer Einstell- und

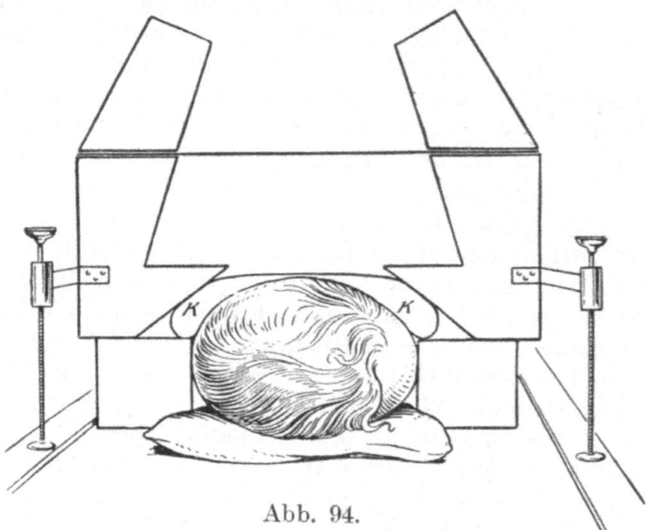

Abb. 94.

einer Zentriervorrichtung (Abb. 96). Obwohl das Bestrahlungsgestell in gewissem Maße in der Höhe verstellbar ist, verwendet Warnekros im allgemeinen nur eine Fokushautdistanz von 30 cm, außerdem eine sekundäre Klemmenspannung von 180—200 Kilovolt, eine Belastung von 2—2,5 Milliampere, sowie eine Filterung von 0,5 Cu + 1 mm Alum. Die bereits vor vielen Jahren von Dessauer aufgestellten Bedingungen für eine homogene Bestrahlungslehre sind bei diesem Verfahren verwirklicht, wenigstens praktisch in vollkommen ausreichendem Maße nach der Richtung einer qualitativ homogenen Strahlung. Das Prinzip der quantitativen Homogenität hat Dessauer ebenfalls wesentlich gefördert in jahrelanger exakter Arbeit teils experimenteller, teils praktischer Natur, gemeinsam mit Warnekros. Es gelang ihnen dabei, die Forderung zu erfüllen, daß der ganze Krankheitsherd in seiner vollen

Ausdehnung möglichst gleichmäßig viel von der Röntgenstrahlung erhält, unter Vermeidung eines Übermaßes besonders an den gesunden Stellen, und mit Recht sprechen sie von einem Wendepunkt in der Technik der Tiefentherapie. Denn zweifellos wird derjenige die besten Erfolge in der Praxis haben, welcher die Forderung einer quantitativ homogenen Durchstrahlung eines Karzinoms am genauesten erfüllt. Diesen Zusammenhang hat, wie bereits ausgeführt ist, auch Holfelder erkannt und wird in seinen Arbeiten nicht müde, immer wieder auf dieses so außer-

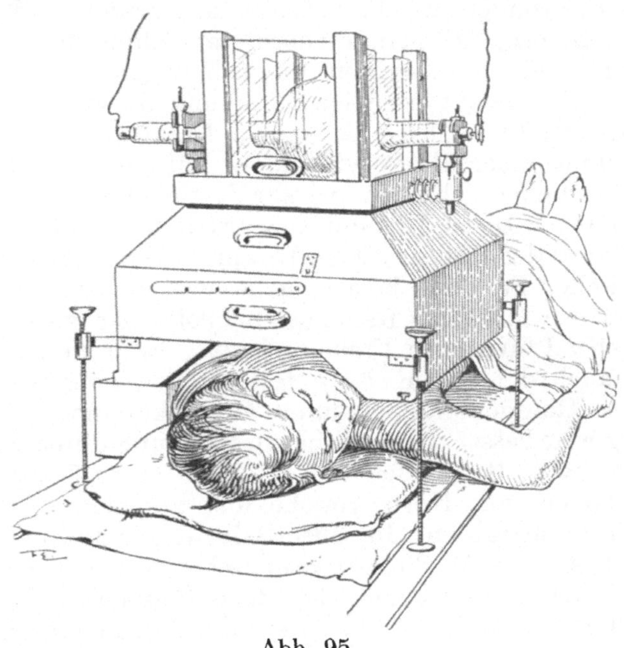

Abb. 95.

ordentlich wichtige Prinzip hinzuweisen. Auch auf ein anderes, nicht minder wichtiges Prinzip lenkt Dessauer die Aufmerksamkeit des Praktikers. Jeder weiß, wie schwer es ohne besondere Kunstgriffe ist, kleine an der Oberfläche oder dicht unter ihr gelegene pathologische Gebilde restlos zum Verschwinden zu bringen, z. B. kleine Mammatumoren, Augentumoren, Zungen- und Kiefergeschwülste. Das Prinzip, das hierbei angewendet werden muß, ist das der Überdeckung, Umhüllung eines Körperteils mit Stoffen, die ähnliche Absorptions- bzw. Zerstreuungseigenschaften aufweisen wie der Körper, z. B. Wasser, Paraffin und Wachs oder Radio-Plastin nach dem Umbauverfahren von Jüngling. Statt der Oberfläche des Körpers wird dann die

Masse des Überdeckungsmaterials den stärksten Intensitätsabfall aufweisen, der gerade in den ersten Zentimetern statthat. Hier kommt Dessauer den Forderungen Chaouls, v. Viesers und Grödels entgegen, in der Erkenntnis, daß derartige Hilfsmittel in Zukunft bei weiterem praktischen Ausbau erheblich bessere Resultate in der Karzinombehandlung zeitigen werden.

Trotz des großen Verdienstes, welches der Freiburger Schule unter Krönigs Ägide für die gesamte Strahlenforschung zukommt, hat die in Freiburg geübte Methodik im Laufe der Zeit nicht die Verbreitung gewonnen, welche ihr eigentlich gebührt. Wir müssen uns daran erinnern, daß gerade von dieser Schule die Anwendung des Radiums und Mesothoriums wesentlich gefördert wurde und vor allem auch eine vernünftige Dosierung dieser so differenten Stoffe ausgearbeitet wurde. So kamen Friedrich und Krönig zur Aufstellung einer Hauterythemdose mit 160—170 Einheiten, die sie kurz mit e bezeichneten und zur Festlegung einer Karzinomdose mit 150 e. Diese Ergebnisse wurden dann übertragen auf die Verhältnisse der Röntgentiefentherapie und die experimentellen und biologischen Funde in Beziehung gesetzt, wobei es sich herausstellte, daß 1 e mit 7 mg Radiumelementstunden zu werten war. Richtunggebend für die in Freiburg jetzt geübte Methodik wurde vor allem auch die von Krönig festgestellte Tatsache, daß die gleiche Dosis Röntgenstrahlen auf ein Uteruskarzinom in vaginaler Einstellung weit besser wirkt als bei Bestrahlung durch die Bauchdecken hindurch. Begründet wurde das mit einer Durchstrahlung größerer Massen von Körpergewebe und angenommen, daß die sekundären Betastrahlen, die überall im durchstrahlten Gewebe entstehen, besondere Wirkungen chemischer Natur hervorbringen. Wird die Summe dieser chemischen Umsetzungen im betroffenen Gewebe zu groß, so leidet darunter die Reaktionsfähigkeit des Gewebes, und zwar allgemein durch Schädigung der Blutelemente, wie auch lokal durch Einwirkung auf die Zellen des Stroma und auf die eigentlichen Organzellen. Hierdurch kann bis zu einem gewissen Grade die unmittelbare Schädigung der Karzinomzellen durch die Strahlen aufgewogen werden.

Die Krönigsche Schule machte es sich daher zur Aufgabe, zu starke chemische Umsetzungen im Gewebe mit ihren als Röntgenkater und Röntgenkachexie bekannten Folgeerscheinungen auszuschalten. Geschehen konnte das am ehesten durch eine bestimmte Herabminderung der perkutanen Dose bei gleichzeitiger starker Einwirkung auf die Karzinomzellen in der Tiefe. Ganz von selbst ergab sich auf diesem Wege eine kombinierte Methode mit Anwendung von Röntgenstrahlen durch die Haut hindurch und mit Einlage von Radium- bzw. Mesothoriumpräparaten am

Orte des Karzinoms, eine Methode, die natürlich ihren besonderen Wert und Anwendungsmöglichkeit in gynäkologischen Fällen hat. Opitz hat es sich dann im Ausbau dieser Methode mit Friedrich angelegen sein lassen, die einzelnen Dosenanteilgrößen hierbei genau festzulegen. Sämtliche Teile des Gewebes, die eine gleiche

Abb. 96. Bestrahlungsgerät nach Warnekros-Dessauer. (Veifa-Werke.)

Dosis erhalten, werden im anatomischen Bilde schematisch vermerkt und auf diese Weise durch Vereinigung von Punkten mit gleicher Dosengröße bestimmte geometrische Gebilde konstruiert, die als Isodosenkurven bezeichnet werden. Alle Gewebspartien also, die auf einer Isodosenlinie liegen, haben während der

Bestrahlung die gleiche Dosis Radiumstrahlen erhalten. Durch Addition der einzelnen Dosenteilgrößen von der Röntgen- und Radiumbestrahlung ist dann die Gesamtdose leicht zu ermitteln, die anzeigt, ob eine Schädigung für ein bestimmtes Gewebe zu erwarten ist oder nicht. Für den Fall eines markigen Karzinoms der vorderen Muttermundslippe bestimmt z. B. Opitz die Gesamtdose für die Rektalschleimhaut auf etwa 190 e, die zu 152 e von der Röntgenbestrahlung herrühren und zu 40 e von der eingelegten Radiumkapsel, eine Dose, die nach seiner Meinung das Rektum nicht dauernd zu schädigen vermag.

Trotz dieser relativ großen Gesamtdose stellt dann Opitz die Forderung auf, für jeden Fall nur eine solche Dosis zu verabfolgen, die zwar die Karzinomzellen zu schädigen imstande ist, zugleich aber einen erregenden Reiz auf das Bindegewebe ausübt. Offenbar wird man dieser Forderung am ehesten genügen können, wenn man sich an die untere Grenze der von Wintz festgelegten Karzinomdose hält, also etwa 90% der H.-E.-D. lokal verabfolgt. Ein Verdienst Opitz' ist es, wenn er über der lokalen Behandlung des Karzinoms auch die Wichtigkeit der Allgemeinbehandlung des betreffenden Kranken nicht vergißt. Er weist daher auf die hyperämisierenden Verfahren hin, um die Vitalität der durchstrahlten Gewebe zu verbessern.

Zweifellos wird man besonders die Diathermie in allen den Fällen mit Nutzen anwenden können, wo nach Bestrahlungen sklerosierende Prozesse im Bindegewebe auftreten, verbunden mit lederartiger Verdickung der Haut, Anämie derselben und Kapillarektasie.

Der allgemeine Ernährungszustand muß natürlich ebenfalls möglichst gehoben werden.

Zwecks Protoplasmaaktivierung empfiehlt Opitz die intravenöse Injektion von Kasein nach dem von Lindig angegebenen Verfahren in der Absicht, in den Kampf zwischen den Karzinomzellen einerseits und dem gesunden umgebenden Gewebe sowie den allgemeinen Schutzkräften des Organismus andererseits fördernd eingreifen.

Zu demselben Zweck wendet Warnekros, worauf schon einmal hingewiesen ist, Bluttransfusionen an, und zwar, wie er angibt, mit großem Erfolg.

An unspezifische Leistungssteigerung des Organismus durch Anregung der Leukozytose denkt auch C. Lewin, wenn er seine Karzinompatienten neben der Röntgenbestrahlung noch mit Jatren, Kaseosan oder nukleinsaurem Natrium behandelt. Er injiziert z. B. von Kaseosan 1—1,5—2 ccm und von nukleinsaurem Natrium 1—2—3 ccm intraglutäal.

In geeigneten Fällen wird von Lewin auch die Behandlung mit dem eigenen Exsudat der Karzinomkranken empfohlen, um so eine passive Immunisierung zu erzielen.

Auch an die Einverleibung von Extrakten des eigenen bei der Operation entfernten Tumors wäre zwecks aktiver Immunisierung zu erinnern, als einer Form der Karzinombehandlung, die noch eine große Zukunft haben dürfte, wenigstens hinsichtlich der Bekämpfung der allgemeinen Krebsdisposition.

Neben der Röntgenbehandlung redet F. Blumenthal gestützt auf seine reiche Erfahrung im Berliner Krebsinstitut großen Arsendosen das Wort. Täglich oder jeden zweiten Tag gibt er intravenös oder intraglutäal 0,1 g Atoxyl mit arsenigsaurem Natrium in steigenden Dosen von 2—7 mg und wieder abfallend bis 2 mg, im ganzen 12 Spritzen. Dann Pause von 14 Tagen und Wiederholung des Arsenturnus. In dieser Weise wird die Behandlung monatelang fortgesetzt. Irgendwelche Schädigung des karzinomkranken Organismus hat Blumenthal hierbei nicht beobachtet, insbesondere auch keine unangenehme Wirkung auf das Auge.

Neuerdings bedient er sich des von G. Klemperer inaugurierten und erprobten Solarson, und zwar gleich in Form des Solarson stark ebenfalls intravenös bzw. intraglutäal. Zur Verstärkung der Wirkung auf den karzinomkranken Organismus mischt er das Arsenpräparat auch gern in der Spritze mit Jod in Gestalt von Alival, ohne das beschriebene Injektionsverfahren sonst zu ändern.

Gutes berichtet auch Schück über die Anwendung großer Arsendosen bei der Krebskachexie und auch bei der Adynamie nach intensiver Röntgentiefentherapie. Er verwendet intravenös Atoxyl 0,1 g + Natr. arsenicos. 0,002 steigend bis zu 0,01! und geht dann wieder auf 0,002 zurück. Jeder Injektion fügt er noch Natr. glycerin. phosphor. 0,2 hinzu.

Die Unschädlichkeit und ausgezeichnete Wirkung so großer Arsendosen, die er übrigens in Form seiner Kur monatelang verabfolgt, führt Schück auf die gleichzeitige Darreichung eines Kalkpräparats per os zurück.

Ausführlich ist in diesem Abschnitt auf die Allgemeinbehandlung der Karzinomkranken neben der Röntgenbestrahlung hingewiesen worden, eben weil das Karzinom neben der lokalen Tumoraffektion meist eine Allgemeinerkrankung des Körpers darstellt. In diesem Sinne muß auch auf die sogenannte Röntgenbehandlung mit Reizdosen eingegangen werden, die von M. Fränkel nach den aufsehenerregenden Untersuchungen von Stephan, Holzknecht und Steinach sowie von Brock in die Praxis eingeführt worden ist. Mit aller Schärfe muß bei dieser Gelegenheit hervorgehoben werden, daß unter keinen Umständen ein Tumor lokal mit einer Reizdose angegangen werden darf. Geschieht das trotzdem, entweder infolge mangelhafter Dosierung oder Übersehens eines Herdes in der Tiefe des Körpers, so wächst die Geschwulst, und zwar oft rapid. Es liegt dann ein Kunstfehler vor, sei es aus schlechtem technischen Vermögen, sei es aus Unachtsamkeit; von einem Kunstfehler kann natürlich dann nicht gesprochen werden, wenn der betreffende Herd sich trotz sorgfältiger Untersuchung dem klinischen Nachweis noch entzog. Ganz etwas anderes aber ist die Allgemeinbehandlung eines an Karzinom erkrankten Menschen mit Röntgenstrahlen unter Anwendung von Reizdosen an Stellen, die frei von Karzinom sind. Als Angriffspunkte der Allgemeinbehandlung kommen besonders die Drüsen mit innerer Sekretion in Frage: also Hoden, Eierstock, Milz, Thymus, Schilddrüse, Nebennieren und Hypophyse. Bei einer Behandlung dieser Organe mit Röntgenreizdosen werden nämlich gewisse organeigentümliche Stoffe frei, die in dem betreffenden Organismus protoplasmaaktivierende und immunisatorische Eigenschaften entfalten, besonders in dem gefährdeten Gebiet um den lokalen Tumor oder auch in der Umgebung metastatischer Herde. Möglich ist das nur durch die außerordentlich hohe Empfindlichkeit der innersekretorischen Organe gegen Röntgenstrahlen, und zwar gibt die oben angeführte Reihenfolge die Reaktionsskala der betreffenden Organe bei Reizbestrahlungen an. Die zu verabfolgende Reizdose schwankt demzufolge zwischen 10—30% der Hauterythemdose. Die überaus wichtige Allgemeinbehandlung beim Karzinom ist also mit kleinen Röntgendosen durchzuführen. Wenn heute wieder versucht wird, gegen die lokale Behandlung des Karzinoms mit „hohen“ bzw. „großen“ Dosen anzukämpfen, so ist so lange nichts dagegen einzuwenden, als bei der Bestrahlung eines lokalen Herdes ausreichende Dosen angewendet werden, also Dosen, die den betreffenden Tumor zum Verschwinden bringen oder wesentlich verkleinern. Diese biologisch ausreichende Dosis ist dann gleichbedeutend mit der Minimal-Karzinomdosis, die nach unseren heutigen Kenntnissen bei 90% der H.-E.-D. wirksam wird. Wenn einige maligne Tumoren schon unter und auch weit unter 90% der H.-E.-D. reagieren, so bedeuten solche Fälle Ausnahmen, und stehen als solche nicht im Widerspruch mit der Regel. Wäre es anders, wir Röntgenologen, die vor langen Jahren kleinere und kleine Dosen auch lokal beim Karzinom anwandten, hätten schon immer die glänzendsten Resultate bei malignen Tumoren haben müssen. Dem war aber nicht so. Vielmehr sind die Erfolge bei Anwendung größerer und großer Dosen immer zahlreicher geworden. Selbstverständlich darf die Verabfolgung großer Dosen nicht zu sinnloser Überdosierung in der Praxis führen, da die im Kampf mit dem Karzinom stehenden gesunden und abwehrkräftigen Zellen der Umgebung einer Geschwulst dann im Kampfe mit den Karzinomzellen unterliegen müssen. In diesem Sinne ist auch Holzknechts Warnung vor der Röntgentiefenbestrahlung mit sog. „hohen“ Dosen, besonders bei einzeitiger Bestrahlung, zu verstehen, wobei er übrigens ausdrücklich das Uteruskarzinom ausnimmt.

Im übrigen denkt Holzknecht natürlich nicht daran, andere Karzinome mit kleinen Dosen zu behandeln, vielmehr sucht er sie mit der biologisch zweckmäßigen Dose zu beeinflussen, d. h. also mit Energiemengen, die in der Regel als groß zu bezeichnen sind, in ihrer Größe aber natürlich verschieden sein können. Das Maß der verschieden großen Dose zu treffen, muß natürlich Sache größter Erfahrung sein, und nur ein in jahrelanger Spezialpraxis geübter Röntgentiefentherapeut darf es wagen, Karzinome so zu behandeln. Man muß sich aber auch klar darüber sein, daß eine derartige Methodik von so bedeutender Stelle aus propagiert, Gefahren in sich birgt. Die Gefahr liegt nämlich in der Möglichkeit der Deutung, die der weniger Geübte einem solchen Verfahren geben kann, und deshalb gehe ich so nachdrücklich hierauf ein. Der weniger Geübte wird nämlich allzu leicht dazu verführt werden, aus der großen Kunst, die richtige biologische Dose zwischen 70 und 110% im entsprechenden Falle präzise zu wählen, etwas ganz anderes zu machen, nämlich unpräzise eine nicht genügend kontrollierte Tiefendose zu geben, sicher in der Überzeugung, es werde schon die zureichende biologische Dose sein. Mißerfolge, die unter solchen Umständen eintreten müssen, werden dann allzu leicht der Röntgentiefentherapiemethodik als solcher angerechnet, und so auch die in jahrelanger, mühevoller Arbeit errungenen Fortschritte der Erfahrenen in Mißkredit gebracht.

Ich hoffe nach alledem richtig verstanden zu werden, wenn ich sage: Es darf nie und nimmer heißen: Fort mit den großen Dosen und fort mit der präzisen Karzinom-Bestrahlungsmethodik. Vielmehr muß der Röntgentiefentherapeut grundsätzlich bestrebt sein, lokal die hinreichend große Dose für das Karzinom anzuwenden und außerdem die Allgemeinbehandlung des an Krebs erkrankten Menschen mit kleinen Dosen durchzuführen in Form der leistungssteigernden Reiztherapie innersekretorischer Organe. Nur so wird es möglich sein, in der Karzinomtherapie weiterzukommen.

Karzinome innerer Organe.

Von den tiefgelegenen Karzinomen nehmen die malignen Tumoren der Gebärmutter eine besondere Stellung ein. Sie liegen fast zentral im kleinen Becken und können daher ohne weiteres unter möglichster Ausnutzung der Konzentrationsbestrahlung mit einer günstigen prozentualen Tiefendose angegangen werden.

Schon weniger günstig für die Röntgenbehandlung liegen die Verhältnisse beim Magenkarzinom; dabei war der erste röntgentherapeutische Versuch, der überhaupt gemacht wurde, die Bestrahlung eines Magenkarzinoms durch Depeignes im Jahre 1896; er konnte allerdings nur eine Linderung der Schmerzen und eine vorübergehende Besserung des Allgemeinbefindens erzielen. Sehr viel günstiger waren die Erfolge, die Doumer und Lemoine 1904 bei etwa 20 Fällen von Magenkarzinomen erreichten, von denen drei sogar als geheilt bezeichnet werden. Wenn auch in der Mehrzahl der Fälle der Verlauf schließlich ungünstig war, so konnte doch in allen Fällen eine Hebung des Allgemeinbefindens, in manchen auch eine Verkleinerung des Tumors erreicht werden.

Auch Gottschalk und Grunmach haben über deutliche Verkleinerung krebsiger Tumoren des Magens berichtet, letzterer konnte die Schrumpfung des Tumors auch röntgenographisch beweisen.

Verfasser konnte gleichfalls in einem Fall eine eklatante Verkleinerung eines Tumors unter gleichzeitigem Nachlassen der Schmerzen, Besserung des Allgemeinbefindens und Gewichtszunahme im Laufe einer intermittierenden Röntgenbehandlung sicher feststellen. Es handelte sich um einen Fall, in dem von dem Chirurgen wegen zu großer Ausdehnung des Tumors die Gastro-Enterostomie gemacht worden war. Von dem durch die Bauchdecken palpablen faustgroßen harten Tumor war schließlich mit Sicherheit nichts mehr nachzuweisen. Die Bestrahlungen waren mit einer gewöhnlichen mittelweichen Röhre ohne Filtration gemacht worden. Sie wurden später von anderer Seite aus prophylaktischen Gründen noch weiter fortgesetzt. Es entwickelte sich eine Atrophie der Haut, auf deren Basis dann ein Röntgenkarzinom entstand, was bei der angewandten primitiven Technik nicht gerade verwunderlich ist[1]). Die Exstirpation, die leicht möglich gewesen wäre, wurde abgelehnt, und die Patientin hatte das tragische Geschick, nicht an ihrem Magen-, sondern an ihrem Röntgenkarzinom zugrunde zu gehen. Bei der Sektion war übrigens von irgendeinem Magentumor keine Spur zu finden.

Werner hat über einen Fall berichtet, in welchem es sich um ein inoperables Rezidiv nach Resectio ventriculi (Juni 1907) wegen

---

[1]) Bei Anwendung harter Strahlen und genügender Filtrierung, wozu mindestens eine Dicke von 10 mm Aluminium gehört, ist eine derartige Komplikation nicht zu befürchten, vorausgesetzt, daß die prophylaktische Behandlung nicht zu lange fortgesetzt wird. Im allgemeinen dürfen während derselben nicht mehr als zwei Turnus verabfolgt werden. Nur wo sich ein Rezidiv zeigt, darf die Röntgenbehandlung fortgesetzt werden. Handelt es sich um eine bereits atrophisch gewordene oder gar verdickte, schwer verschiebliche Haut, so ist größte Vorsicht im Falle weiterer Bestrahlung am Platze bzw. die Hinzuziehung eines anerkannten Tiefentherapeuten.

Carcinoma pylori handelte; der kindskopfgroße Tumor an der Resektionsstelle des Magens war mit Leber und Pankreas verwachsen, zahlreiche Drüsenmetastasen waren längs der großen Gefäße vorhanden. Der Tumor wurde in die Hautwunde eingenäht (Juli 1910), nachdem eine Gastroenterostomia posterior nach Hacker-Murphy gemacht worden war; der so vorgelagerte und freigelegte Tumor bekam am 12., 16. und 21. Tage nach der Operation je $2^1/_2$ H. Nach der Entlassung im Verlaufe von $5^1/_2$ Monaten 16×5 H, wobei die Umgebung nur alle Monate einmal 5 H mit harter Röhre bekam, während die lokale Bestrahlung außerdem noch 11mal mit mittelweichen Röhren durchgeführt wurde. Der Tumor verkleinerte sich allmählich, so daß schon Ende 1910 „an keiner Stelle eine größere Infiltration nachweisbar war". Anfang 1911 wuchs die Epidermis über die gesamte Wundfläche. Seitdem war Patient arbeitsfähig und beschwerdefrei. Die Beobachtungszeit betrug seit der Operation 20 Monate.

Auch Hessmann ist es mittels perkutaner Bestrahlung gelungen, einen bei der Laparotomie als etwa faustgroß befundenen stenosierenden Magentumor so zu bessern, daß jetzt, nach etwa $6^1/_2$ Jahren, der betreffende Patient noch arbeitsfähig ist. Leider haben sich im Laufe der letzten Monate — etwa vier Jahre nach der letzten Röntgenbehandlung — die bis zum Jahre 1918 nach der geltenden Regel intermediär längere Zeit hindurch fortgeführt wurde, auf der verdickten und teleangiektatisch veränderten Bauchhaut mehrere Hautdefekte entwickelt, und zwar, was recht charakteristisch ist, nach starken mechanischen Reizungen der Bauchhaut. Der Patient hatte nämlich Krätze erworben und die wiederholten Kratzeffekte führten dann am Locus minoris resistentiae zum Zerfall der Haut.

Der Fall lehrt, entsprechend den Erfahrungen von Wintz, wie wichtig es nach intensiven und besonders nach längerer Zeit hindurch vorgenommenen Röntgentiefenbestrahlungen ist, jeden Kranken vor jeder mechanischen, chemischen und thermischen Reizung der bestrahlten Haut zu warnen, da unter der Wirkung solcher akzidentellen Ursachen verdickte Hautstellen leicht zu Ulzerationen neigen können. Wenn derartige Ausnahmefälle auch kaum zu vermeiden sind, so bietet doch die von mir im vorigen Jahre aufgestellte Forderung den besten Schutz dagegen. Nach dieser Forderung darf nämlich eine wirksame Röntgentiefentherapiekur nur einmal wiederholt werden, und zwar frühestens nach acht Wochen, am besten aber erst nach drei bis vier Monaten.

Bei der Bestrahlung des Magenkarzinoms ist das technische Problem der räumlich homogenen Tiefendosierung im Bereiche des Karzinoms deshalb schwierig zu lösen, weil bei dem Ansetzen der verschiedenen Strahlenkegel beide Nebennieren leicht von hohen Röntgendosen getroffen werden. Dies ist aber unbedingt zu vermeiden, da sonst eine schwere Adynamie, zweilen mit Bronzefärbung der Haut, also eine Beschleunigung der Kachexie eintritt. Grundsätzlich muß man daher bestrebt sein, die Anordnung der Strahlenkegel aus dem queren Durchmesser in den schrägen zu verlegen. So gelingt es, die Nebennieren aus dem Hauptstrahlengang auszuschalten. Voraussetzung hierbei ist, daß der bzw. die Tumoren in den oberen Partien des Magens ihren Sitz haben.

Prognostisch günstiger für die Röntgentherapie sind also Karzinome der Kardia und der kleinen Kurvatur, während die Tumoren im Bereiche der großen Kurvatur für die Röntgenbehandlung nur geringe Aussichten auf Erfolg bieten, besonders wenn es sich um große hyperplastische Karzinome handelt. Solche Geschwülste sollen daher zunächst stets operativ angegangen werden und entweder soweit wie möglich entfernt werden und dann postoperativ bestrahlt werden, oder aber vor die Bauchwunde gelagert werden und dann direkt bestrahlt werden. Lebermetastasen bieten dabei keine Kontraindikation, sofern dieselben nämlich homogen mitbestrahlt werden, wie Holfelder an einem Fall von großem Melanosarkom der Leber und an Lebermetastasen bei Rektumkarzinomen gezeigt hat. Ein allgemein gültiges Schema der Bestrahlung eines Magenkarzinoms läßt sich nicht aufstellen, einmal wegen der Verschiedenheit der Topographie der betreffenden Geschwülste und dann wegen der Differenzen der Durchmesser bei den verschiedenen Menschen. Vorteilhaft hält man sich an das Verfahren, wie es in der Schmiedenschen Klinik geübt wird nach den Angaben Holfelders unter Anwendung des bereits beschriebenen Felderwählers, der auf dem Röntgenkongreß des Jahres 1923 in neuer Gestalt vorgeführt wurde.

Die Dosis für das Magenkarzinom beträgt etwa 100% der H.-E.-D., und zwar räumlich homogen.

Eine solche ist z. B. bei einem Menschen mit größerem Dickendurchmesser mit Hilfe von fünf Strahlenkegeln zu erzielen, von denen drei vorn angesetzt werden, eines davon als exquisites Fernfeld auf den Tumor, die beiden anderen vorn seitlich als Kompressionsfelder, außerdem zwei Strahlenkegel hinten, und zwar als Nahfelder auf den Tumor gerichtet.

Dagegen erreicht man bei einem mageren Patienten die notwendige Dose schon mit vier Strahlenkegeln, von denen zwei vorn als mittlere Fernfelder (50—60 cm Fokus-Hautdistanz), rechts und links schräg auf den Tumor gerichtet werden, von hinten indessen zwei Nahfelder in derselben Weise.

Vgl. das Kapitel über die Behandlung maligner Tumoren.

Noch günstiger sind die Erfolge beim Uteruskarzinom, wohl darum, weil es von der Vagina aus durch ein Spekulum direkt und außerdem noch perkutan von verschiedenen Einfallspforten aus in Angriff genommen werden kann.

Auch mit einer sehr primitiven Technik — Bestrahlung mit kleinen Dosen mittelweicher Strahlen nur von der Vagina aus — sind schon 1903 von Suilly sehr günstige Erfolge (Schrumpfung karzinomatöser Tumoren, Vernarbung karzinomatöser Ulzerationen der Portio) erzielt worden. Ähnliche Resultate hatten andere Autoren (Cleaves, Rudis-Jicinsky, Pfahler, Leduc, Haret u. a.).

1910 hat Nahmmacher über sechs Narbenrezidive nach Exstirpation des karzinomatösen Uterus berichtet: vier bis haselnußgroße Knoten in der Vaginalnarbe wurden durch Bestrahlung von der Vagina und vom Rektum aus vollkommen beseitigt. Drei Jahre später waren die Fälle noch rezidivfrei.

In einem anderen Falle wurde ein eigroßer gestielter karzinomatöser Uteruspolyp abgetragen und der Stumpf bestrahlt. Ein Jahr später war der Fall noch rezidivfrei.

Gauß und Krönig haben 1912 über zwei Fälle von inoperablem Uteruskarzinom berichtet, die sehr günstig beeinflußt wurden, so daß mikroskopisch bei der Probeexzision kein Karzinom mehr nachweisbar war. Es wurden in diesen Fällen große Dosen appliziert, in dem einen insgesamt 2600 x. Bumm hat 1912 einen Fall von inoperablem Uteruskarzinom publiziert, der durch Röntgenbestrahlung wieder operabel wurde. Auch in diesem Falle sind große Dosen auf den Karzinomtrichter appliziert worden, nämlich 800 H (nach der Skala von Holzknecht) in drei Monaten, und zwar nur vaginal durch Bleiglasspekulum. Täglich oder jeden zweiten Tag jedesmal 15 bis 40 H. Blutung und Ausfluß ließen nach, das Allgemeinbefinden besserte sich, der Tumor selbst wurde beweglich, so daß die Operation vorgenommen werden konnte. Vor allem zeigte sich eine starke Bindegewebsentwicklung, die das Karzinom wie ein Schutzwall am Weiterwuchern gehindert hatte. Man muß wohl auch eine Schrumfung des Karzinoms selbst infolge direkter Einwirkung der Röntgenstrahlen annehmen, sonst wäre das Kleiner- und Beweglichwerden des Tumors schwer verständlich. Daß sich mikroskopisch noch wucherndes Karzinomgewebe nachweisen ließ, spricht nicht gegen diese Annahme. Harte, vergrößerte Drüsen, welche beiderseits von den Gefäßstämmen entfernt wurden, erwiesen sich mikroskopisch frei von Karzinom. Die Heilung verlief glatt.

Döderlein, Krönig und Gauß, Bumm haben dann 1913 über ein größeres Material berichtet und in der Mehrzahl der noch nicht weit fortgeschrittenen Fälle klinisch anscheinend eine Heilung erzielt; sie plädieren im Gegensatz zu der bisher herrschenden Ansicht gerade für die Bestrahlung der operablen Fälle, bei denen die Chancen natürlich günstiger sind als bei den desolaten, inoperablen Fällen. Ja, Haendly (1914) rät sogar, die weit fortgeschrittenen Karzinomfälle wegen der Aussichtslosigkeit einer Röntgenbehandlung von der Bestrahlung auszuschließen. Dem muß Hessmann auf Grund jahrelanger Erfahrungen entschieden widersprechen. Im Gegenteil muß betont werden, daß die Indikation für die vaginale Tiefentherapie bei inoperablen Tumoren soweit wie irgend möglich gestellt wird, da so mancher progrediente und anscheinend völlig aussichtslose Fall vor dem Siechenhaus gerettet und wieder arbeitsfähig gemacht werden kann. So gelang es Hessmann noch bei einem vom Gynäkologen aufgegebenen Fall von karzinomatöser Durchwucherung des kleinen Beckens mit Verschluß des größten Teiles der Vagina wenigstens die Kachexie zu beseitigen und die im kleinen Becken überall gewucherten Karzinommassen so einzudämmen, daß die Patientin, wenn zunächst auch nicht geheilt, so doch wenigstens wieder arbeitsfähig geworden ist und 15 Pfund zugenommen hat. Kontraindikationen bilden nur völlige Kachexie mit Fernmetastasen, vollkommenes Beckeninfiltrat nach Uterusexstirpation mit völligem Verschluß der Vagina, Perforation von Karzinommassen der Vagina in die Nachbarorgane besonders bei Komplikationen mit Radiumverbrennung.

Wenn nun auch durchaus die Möglichkeit besteht, ein beginnendes Portiokarzinom nur durch Röntgenbestrahlung zur Heilung zu bringen, so dürfte doch wohl das sicherere Verfahren die Exstirpation des Uterus und eine nachfolgende prophylaktische Bestrahlung sein. Denn was exstirpiert ist, braucht nicht erst durch Röntgenstrahlen zur Schrumpfung gebracht zu werden. und etwa zurückgebliebene kleine Keime werden durch die nachfolgende Röntgenbestrahlung leichter zerstört werden, als massige Tumoren. Zugunsten der Strahlenbehandlung wird ferner angeführt, daß die Resultate der chirurgischen Behandlung quoad Dauerheilung schlecht sind; aber wir wissen noch nicht, ob die Resultate der Röntgentherapie quoad Dauerheilung besser sind!

Dagegen werden die Dauerresultate nach der Radikaloperation besser werden, wenn eine systematische prophylaktische Behandlung mit Röntgenstrahlen nachfolgt und diese prophylaktische Behandlung zunächst zweimal methodisch durchgeführt wird.

Von den Karzinomen des Uterus kommen von vornherein die Fälle für die Röntgenbehandlung in Betracht, die auf der Grenze der Operabilität stehen und durch die Bestrahlung leichter operabel werden können, ferner die Rezidive wegen der infausten Prognose bei wiederholter Operation und schließlich die weit vorgeschrittenen inoperablen Fälle, bei denen doch in der Regel eine Vernarbung vorhandener Ulzerationen und damit ein Aufhören der Blutungen und der Jauchung und eine Beseitigung oder Linderung der Schmerzen erzielt werden kann, wenn auch eine völlige Heilung in solchen Fällen kaum zu erwarten ist.

Die jetzt geübte Technik bei der Bestrahlung des Uteruskarzinoms ist bekannt geworden unter dem Namen: Röntgen-Wertheim. Die Dosis beträgt 100 bis 110% der H.-E.-D. und ist natürlich räumlich homogen zu verabfolgen. Die Körperteile, die hierbei in der Tiefe des kleinen Beckens und zum großen Becken hin zu treffen sind, haben der Quere nach etwa 25 cm Durchmesser und der Länge nach etwa 20 cm. Von der räumlich homogenen Tiefendose von etwa 110% müssen außer dem Uterus durchsetzt werden das Gewebe rings um den Uterus mit den Lymphbahnen, also das parametrane und das sacro uterine Beckengewebe, außerdem noch die iliakalen und hypogastrischen Drüsen. Wird der Röntgen-Wertheim mit dem kleinen rechteckigen Tubus nach Wintz vom Ausmaß 6 × 8 cm ausgeführt, so umfaßt der Strahlenkegel in etwa 10 cm Tiefe eine Fläche von 9 × 12 cm. Es ist also nicht möglich, in einem einzigen Turnus das ganze zu bestrahlende Gebiet von etwa 25 × 20 cm gleichmäßig mit der Karzinomdose zu belegen. Die ganze Bestrahlung wird daher geteilt in drei Abschnitte. Der erste umfaßt den Primärtumor, und zwar wird dabei der Zentralstrahl auf die Portio oder das Corpus uteri gerichtet, je nach dem Sitz des Karzinoms. Erreicht wird dann eine räumlich homogene Tiefendose von ca. 110% durch drei Einfallsfelder von vorn und ebensoviele Felder von hinten, die längsgerichtet zu geben sind. Notwendig für den Erfolg ist eine exakte Konzentration der einzelnen Strahlenkegel. Daher muß der Tubus bei den beiden Seitenfeldern sehr schräg eingestellt werden, wobei die äußere Seitenfläche des Kompressionstubus mit der Horizontalen einen Winkel von ungefähr 45° bilden muß. Bei Frauen mit starkem Fettpolster muß zuweilen noch ein 7. Feld von der Vulva aus hinzugefügt werden, eine Einstellung, die oft einige Schwierigkeiten bietet. Ist der maligne Tumor auf den Uterus beschränkt, so könnte man sich mit diesem einen Turnus begnügen. Da aber die Parametrien meist vom Karzinom schon ergriffen sind, auch wenn die Erkrankung dort mit dem Tastsinn noch nicht festzustellen ist, so müssen die Parametrien regelmäßig mitbestrahlt werden, und zwar getrennt in einem zweiten und dritten Turnus. Zuerst das rechte zur Schonung der Schleimhaut des Rektums, die nach den Karzinomzellen unter den Beckengebilden am empfindlichsten ist und bei dem ersten Turnus schon volle 100 bis 110% der H.-E.-D. erhält. Der Zwischenraum zwischen dem ersten und zweiten Turnus muß mindestens sechs Wochen betragen, da erst dann eine Erholung der Blutelemente und der bestrahlten Haut eingetreten ist. Besser wartet man acht Wochen mit dem Beginn des zweiten Turnus. Nach weiteren acht bis 10 Wochen wird schließlich in einem dritten Turnus das linke Parametrium bestrahlt, wo inzwischen eine völlige Erholung der Rektalschleimhaut eingetreten ist. Auch hierbei werden vorn und hinten je drei Einfallfelder eingestellt, und zwar das mediale längsgerichtet ▯ mit geringer Neigung nach außen, während zwei quergestellte ▭ Seitenfelder direkt auf das Parametrium gerichtet werden, zuweilen mit geringer Neigung nach der Mitte zu. Alle diese Einstellungen haben unter Kontrolle des an der Portio liegenden Fingers zu erfolgen. Nur wenn das linke Parametrium stärker infiltriert ist als das rechte, darf die Regel durchbrochen werden und zuerst das linke Parametrium bestrahlt werden, auch auf die Gefahr einer stärkeren Reizung der Rektalschleimhaut, die sich in Abgang von reichlichem Schleim, der zuweilen mit Blut gemischt ist, und in Tenesmen äußert. Mit der geschilderten Methodik hat Wintz von 24 Fällen 23 klinisch geheilt, d. h. nach Beendigung der Röntgenbehandlung war vom Karzinom nichts mehr zu fühlen noch zu sehen, noch war mikroskopisch etwas vom Karzinom nachzuweisen. Dieser klassische Röntgen-Wertheim ist im allgemeinen nur bei solchen Patientinnen zu empfehlen, bei denen man sicher ist, daß sie sich auch zu dem notwendigen zweiten und dritten Turnus einfinden werden. In der Spitalpraxis der großstädtischen Krankenhäuser indessen, deren Insassen ihren Wohnsitz auch heute noch häufiger wechseln, ist diese Voraussetzung für die Durchführung des klassischen Röntgen-Wertheim nicht hinreichend gegeben. Da nun das Geheimnis des Erfolges bei ihm eine ganz genaue Einstellung der einzelnen relativ kleinen Strahlenkegel ist und diese immer von demselben Röntgenarzt vorgenommen werden muß, so sieht man sich häufig in der Krankenhauspraxis zu einer etwas einfacheren Technik genötigt, deren Grundsatz natürlich ebenfalls in der Verabreichung einer räumlich homogenen Tielendose von etwa 100% der H.-E.-D. zu suchen ist.

Bei Frauen bis zu 20 cm Körperdurchmesser in Höhe der Symphysenmitte — sagittal gemessen — genügen in der Regel fünf Einfallfelder. Zwei vorn, zwei hinten, je links und rechts von der Mittellinie, und ein Damm-Vulvafeld. Eingestellt werden sie vorteilhaft mit Hilfe des Mitteltubus von Wintz unter genauer Abdeckung der anderen, nicht bestrahlten Körperhälfte. Die Fokus-Hautdistanz beträgt dabei in der Regel 35 cm. Der Tubus ist schräg zur Mittellinie des Beckens einzustellen, derart, daß die Außenfläche des Kompressionstubus mit der Horizontalen einen Winkel von etwa 50° bildet. Eine stärkere Neigung des Tubus ist zu vermeiden, da sonst leicht eine Überschneidung der beiden Strahlenkegel in den obersten, am ehesten gefährdeten Zentimetern bis zu 3 cm Tiefe unter der Hautoberfläche stattfindet mit allen für den Arzt unangenehmen und für die Patienten schädlichen Folgen einer Überdosierung.

Die eben geschilderte Art der Technik ist aber nur dann zu empfehlen, wenn das Infiltrat in der Umgebung des Uterus gering ist. In allen den Fällen, wo sich die karzinomatöse Infitration der Parametrien dem tastenden Finger stärker darbietet, und diese bilden leider noch immer die Mehrzahl in der Spitalpraxis — ist eine andere Technik zu wählen. Unter solchen Verhältnissen sind Übersichtsfelder zu wählen, eines vorn, eines hinten, je nach Lage des Falles bis zu 25 Quer- mal 22 cm Längsdurchmesser. Die Filterebene beim vorderen Übersichtsfeld soll zur Symphyse hin ein wenig geneigt sein, der Zentralstrahl etwas oberhalb des oberen Symphysenrandes gerichtet sein. Bei dickeren Frauen kann dabei der Zentralstrahl vorteilhaft bis zu 2 cm nach links und rechts von der Mittellinie eingestellt werden eventuell unter geringfügiger Neigung der Filterebene zur anderen Körperhälfte hin. Zur Planierung der mehr oder weniger vorquellenden Unterbauchgegend werden 1—2 mm starke viereckige Zelluloidplatten von entsprechenden Ausmaßen verwendet. Einfache Holzstäbe von geeigneter Länge, die zwischen Filterebene und der lederbedeckten Zelluloidplatte festgestellt werden, sorgen dafür, daß kein Teil der Bauchhaut sich der Filterebene irgendwie nähern kann. Da die Haut-Erythemdosis auch beim Übersichtsfeld in einer Sitzung zu verabfolgen ist, so muß die Verschiebung des Fokus nach der anderen Seite in der Mitte der Sitzung erfolgen.

Hinten wird das Übersichtsfeld im entsprechenden Ausmaß eingestellt, parallel zur Körperoberfläche. Der Zentralstrahl trifft den Gesäßspalt etwas oberhalb des oberen Endes und bis zu 3 cm nach links und rechts von der Mittellinie, da er hier eine dünnere Knochenmasse zu durchdringen hat als in der Mittellinie. Auch hierbei ist die Filterebene ein wenig zu neigen, aber nur in der Richtung zur anderen Körperhälfte hin. Die Fokus-Hautdistanz beträgt beim Übersichtsfeld vorn und hinten je nach der Infiltration der Parametrien und dem Dickendurchmesser der Frauen 40, 45 und 50 cm.

Bei mageren Frauen genügt dann die Hinzunahme eines dritten Damm-Vulva-Feldes mit dem Wintzschen Mitteltubus, um die notwendigen 100 % an den Stellen des Karzinoms zu erreichen. Bei dicken Frauen genügen indessen diese drei Felder nicht. Vielmehr muß noch von der Seite des Beckens je ein Oberflächenfeld, am besten mit dem bekannten Mitteltubus zu Hilfe genommen werden. Der Zentralstrahl ist hierbei unter vaginaler Kontrolle auf das entsprechende Parametrium zu richten.

Ist es bei einem Portiokarzinom bereits zu einem Übergreifen des Prozesses auf die Vagina gekommen, so läßt man am besten das Damm-Vulvafeld fort und stellt auf die Wucherungen vaginal mit entsprechend großem, vorn ausgeschweiftem Bleiglastubus ein, und zwar vorn, hinten und seitlich — links wie rechts. Man verabfolgt dabei in jeder Richtung $2^3/_4$—3 S.-N. bei 35 cm Fokus-Portio-Distanz, insgesamt also bis zu 12 S.-N. unter 10 mm Aluminiumfilter. Gar nicht selten kommt man schon mit 3 Einstellungen aus (vorn, seitlich, links und rechts unter Verabfolgung von 9 S.-N. Da die Vagina und besonders die Portio sehr viel größere Strahlendosen verträgt als die Haut, so braucht man eine Schädigung der betreffenden Stellen nicht zu befürchten. Es ist ein Verdienst von Bumm, auf diesen Umstand hingewiesen zu haben. Bei den direkten Bestrahlungen der Portio hat man übrigens früher auch mit harten, wenig gefilterten Strahlen (2—3 mm Aluminiumfilter) anscheinend dasselbe erreicht wie heute mit exzessiv harten Strahlen und starker Filterung; trotzdem ist ein solches Vorgehen aus physikalischen Gründen vorzuziehen. Als Stativ bedient man sich eines der bekannten Tiefentherapiestative (z. B. der Veifa-Werke, Siemens u. Halske), am besten mit der Modifikation für vaginale Bestrahlungen. Die Bleiglastuben werden dabei mit Hilfe des sog. Fängers am Röhrenschutzkasten festgehalten, entweder unstarr oder starr, mit Hilfe eines dicken Bleigummiringes. Die unstarre Anordnung ist zwar für die Einstellung bequemer. Da sich aber hier bei unruhigen Patienten das Bleiglasspekulum mehr oder weniger verschieben kann, ist die starre Anordnung vorzuziehen.

Eine sorgfältige Abdeckung der Vulva und aller umgebenden Teile ist bei vaginaler Einstellung besonders wichtig; Oberschenkel, Unterschenkel und Füße sind also vollkommen mit Schutzstoff abzudecken. Außerdem muß jede Möglichkeit des Überspringens eines Funkens von den zuführenden Hochspannungsröhrenkabeln zum Körper unbedingt ausgeschlossen sein.

Abb. 97 veranschaulicht die Stellung der Röhre bei vaginaler Bestrahlung. Vulvakarzinome werden am besten mit Hilfe eines Fernfeldes aus 80—100 cm Distanz bestrahlt, sofern das Karzinom bis zu 2 cm in die Tiefe reicht. Die Beine lagert man am besten auf bequeme gynäkologische hölzerne Beinhalter. Falls die Karzinomdose in einer Sitzung verabfolgt wird, muß während derselben katheterisiert werden. Vor Beginn der Bestrahlung verabfolge man subkutan eine entsprechende Dosis Laudanon, das sich durch seine zuverlässige Wirkung bewährt hat, ohne Brechreiz auszulösen. Bezüglich der Vorbereitung des Kranken für die Röntgentiefenbestrahlung und dessen Lagerung vgl. das Kapitel: Behandlung maligner Tumoren.

Als Filter genügt für die Zwecke der gynäkologischen Tiefentherapie eine Schicht von 10 bzw. 11 mm Aluminium oder als Äquivalent das $^1/_2$ mm-Zink- bzw. Kupferfilter eventuell in Verbindung mit 3—4 mm-Aluminiumfilter. Neuerdings wird auch ein Kupferfilter von 0,7—0,8 mm Dicke angewendet.

Sekundäre Belastung: entsprechend einer parallelen Funkenstrecke an der Röhre von etwa 40 cm Länge 180 Kilovolt am Transformator und 2,5 M.-A. sekundäre Stromstärke.

Apparat: Einer der modernen, hochwertigen Tiefentherapieapparate.

Es wäre falsch, in Anbetracht der so günstigen Erfahrungen beim Portiokarzinom anzunehmen, daß auch andere Karzinome (mit Ausnahme der gut zugänglichen Karzinome der Haut, der Lippen und der äußeren Genitalien) ebenso günstig durch Röntgenstrahlen beeinflußt werden. Die Erfahrungen beim Karzinom des Rektums und des Larynx sind bei weitem nicht so günstig, während das Carcinoma mammae eine Mittelstellung einnimmt. Schon manches inoperable und auch verjauchte Mammakarzinom konnte durch die Bestrahlung wieder operabel gemacht bzw. zur klinischen Heilung gebracht werden, was Hessmann schon im Jahre 1909 mit einer noch relativ primitiven Technik gelang. Jetzt ist das bei der so außerordentlich verfeinerten Tiefenbestrahlungsmethodik viel häufiger und weit schneller möglich, sofern das inoperable Mammakarzinom in den drei Dimensionen, besonders aber nach der Lunge hin, noch nicht zu weit vorgedrungen ist.

Mehr oder weniger erhebliche Besserungen sind aber heute auch dann noch zu erreichen, natürlich nur in der Voraussetzung, daß der Arzt selbst die Röntgentechnik ausübt, zum mindesten aber sie stetig überwacht. Die rechtzeitige Kontrolldurchleuchtung bzw. Aufnahme der Lungen spielt dabei eine wichtige Rolle, einerseits, um die Prognose der Bestrahlung entsprechend zu stellen, andererseits aber auch um etwa vorhandene Lungenmetastasen unverzüglich in den therapeutischen Plan einbeziehen zu können.

Besondere Erfolge gehörten früher immerhin infolge der geübten relativ primitiven Technik zu den Ausnahmen. Um daher mit einer gewissen Regelmäßigkeit die leider so häufigen malignen Tumoren der Mamma zu beseitigen, wird jetzt das Ziel verfolgt, im Bereich der Brustwand, der Achselhöhle sowie der Unter- und Oberschlüsselbeingrube die Karzinomdose wirksam werden zu lassen. Holfelder macht das mit Hilfe eines doppelten Fernfeldes aus 80—100 cm Distanz. Der Zentralstrahl des ersten Feldes soll dabei die Vorderfläche der Brust treffen, der andere Zentralstrahl die Seitenfläche derselben. Beide Röhren sind gleichzeitig auf das große Einfallfeld gerichtet, welches bei möglichster Entfaltung der Schultergegend die ganze erkrankte Brusthälfte einschließlich des ganzen Brustbeins bis zur hinteren Axillarlinie umfaßt. Von jeder Röhre aus wird dieses gemeinsame Feld mit je 50% der H.-E.-D. bestrahlt. Diesem doppelten Fernfelde wird ein zweites Feld aus kleinerem Abstand von 40—50 cm schräg von hinten her zugefügt, dessen Zentralstrahl etwa die Mitte der Skapula trifft. Die gleiche Technik wird dabei in der Schmiedenschen Klinik geübt, ob es sich um einen inoperablen Tumor, um ein Rezidiv oder um eine prophylaktische Nachbestrahlung handelt. Der Einfachheit halber kann vorn auch ein einziges Fernfeld genommen werden, das mit der vollen H.-E.-D. auf die Oberfläche trifft und zwar mit dem Zentralstrahl zwischen Axilla und dem Tumor, diesem eher etwas genähert. Wintz empfiehlt ein etwas anderes Verfahren. Sofern es sich, wie das meist der Fall ist, um Mammakarzinome an einer kleinen atrophischen Brust handelt, bedient er sich eines Fernfeldes aus 60—80 cm Distanz bei einem Einfallfeld von 20 × 20 cm Größe. Bis zu einer Tiefe von 3 cm gelingt es unter diesen Verhältnissen, die Minimalkarzinomdose von 90% zu erzielen, wobei natürlich als eine Vorbedingung des Erfolges die betreffende Mamma zu fixieren und deren Oberfläche mit geeigneten Mitteln (Zelluloidplatte, Holzbrettchen usw.) möglichst eben zu gestalten ist. Die zugehörigen Drüsengebiete, Axilla, Fossa supra- und Fossa infraclavicularis, werden dann mit einem Wintzschen Kompressionstubus aus 30 oder 40 cm Fokus-Tubusboden-Distanz mit der H.-E.-D. bestrahlt und diese Dose nach sechs bis acht Wochen unbedingt wiederholt. In den wenigen Fällen, wo es sich um gut entwickelte und fettreiche Brüste mit einem Tumor in deren Mitte handelt, ist dagegen die Technik viel einfacher. Man kommt dann mit zwei Konzentrationsfeldern zum Ziel, die natürlich gut auf den Tumor gezielt verabfolgt werden müssen. Es genügt dann der kleine Wintzsche Kompressionstubus von 8 × 10 cm Bodenfläche, um bei 23 cm Fokus-Hautabstand noch in 5 cm Tiefe die Karzinomdose zu bekommen.

Wintz und Holfelder sind mit ihren Erfolgen beim Mammakarzinom mit Hilfe der exquisiten Tiefenbestrahlung zufrieden. Wenn dagegen in der Perthesschen Klinik im Jahre 1920 ungünstige Resultate bei der postoperativen Intensivbestrahlung des Mammakarzinoms erzielt worden sind, so liegt das offenbar an der damals angewandten Technik, bei der eine räumlich homogene Dose von 90% der H.-E.-D. in den gefährdeten 3—5 cm unter der Hautoberfläche nicht wirksam werden konnte, worauf auch Halberstädter schon hingewiesen hat. Leider hat aber gerade diese noch aus dem Jahre 1919 stammende, nicht einwandfreie Tiefentherapietechnik, für die ein so bedeutender Name wie der von Perthes verantwortlich zeichnete, dazu geführt, die postoperative Bestrahlung beim Mammakarzinom zu diskreditieren und Verwirrung in die Reihen der Chirurgen zu tragen. Um so mehr hat jeder, der jetzt an die postoperative Bestrahlung eines Mammakarzinoms herangeht, die Pflicht, eine Technik zu befolgen, die eine räumlich homogene Dose bis zu 5 cm Tiefe gewährleistet, wozu die geschilderte Verabfolgung von Fernfeldern die beste Chance bietet.

Ganz anders gestaltet sich wieder die Technik, wenn das Mammakarzinom bereits zu Pleura- und Lungenmetastasen geführt hat (Röntgenkontrollbild, zum mindesten Durchleuchtung vor jeder Mammakarzinombestrahlung notwendig). Man gibt dann drei Konzentrationsfelder aus 45—50 cm Distanz, vorn, seitlich und hinten bei genauer Abgrenzung der einzelnen Felder mit Hilfe einer 10%igen Argentum-nitricum-Lösung und Abdeckung des angrenzenden Feldes. Die einzelnen Felder müssen an der Oberfläche bis zur H.-E.-D. belastet werden, um in der Tiefe der Lunge die notwendigen 90% der H.-E.-D. zu erzielen bei der jetzt üblichen Filtrierung.

Die Prognose des Mammakarzinoms ist übrigens wegen der weitaus stärkeren Beeinträchtigung des Allgemeinbefindens links etwas weniger günstig als rechts wegen der meist starken Reaktion seitens des Herzens (Einwirkung auf das strömende Blut) und Magens. Nach Möglichkeit sollen daher diese Organe bei der Bestrahlung ausgespart werden.

Recht häufig kommen in der Tiefentherapiepraxis noch Rektumkarzinome zur Behandlung. Wichtig ist genaue Lokalisation des Tumors eventuell mit Hilfe eines Bariumklysmas. Eine vollständige Rückbildung der Geschwulst findet ziemlich selten statt, so daß eine Kombination mit Radiumbestrahlung angezeigt erscheint. Auffallend ist stets die Hebung des Allgemeinbefindens und des Kräftezustandes. Es empfiehlt sich, fünf Konzentrationsfelder mit dem kleinen oder mittleren Kompressionstubus nach

Wintz zu geben, zwei von vorn, zwei von hinten (unter scharfer Abdeckung der anderen Seite) und ein Dammfeld. Bei kleinem Tumor wird ein solches Vorgehen meist zum Ziele führen[1]). Anders beim großen, zerklüfteten, mit den Nachbarorganen — besonders dem Kreuzbein — bereits verwachsenen Rektumkarzinom. Hier wähle man ein mittleres Fernfeld von hinten aus 50—60 cm Distanz bei genügend großem Einfallfeld und füge zwei Konzentrationsfelder von vorn und eines vom Damm hinzu. Dosis: 90—100% der H.-E.-D.

Ebenso ist bei der postoperativen Bestrahlung eines Rektumkarzinoms zu verfahren und bei großen Prostatakarzinomen[2]).

Besser ist die Prognose beim Karzinom der Flexura sigmoidea. Doch muß man hier vor der Bestrahlung unbedingt durch ein Bariumklysma den Sitz des Tumors genau lokalisieren, um an dessen Stelle durch entsprechende Konzentrationsfelder die Karzinomdose zu verabreichen. Nach zwei oder gar mehr Turnus von Bestrahlungen im Bereiche des Dickdarmes und der Flexur fühlt sich die Wand dieser Darmabschnitte dicker und steifer an als in der Norm. Dieses Phänomen ist die Folge einer mehr oder weniger erheblichen Hypertrophie der Muskelschichten des Darmrohres, verbunden mit einer Vermehrung des Bindegewebes, entsprechend der Hautverdickung bei mehrfachem Turnus.

Maligne Geschwülste der Blase sind, sofern sie noch klein sind, mit drei Konzentrationsfeldern anzugehen, eines vorn mit entsprechender Neigung in das kleine Becken hinein und Kompression der Bauchdecken, eines von hinten und eines vom Damm her. Größere Tumoren erfordern besonders beim Überschreiten der Organgrenzen ein mittleres Fernfeld von vorn aus 50 cm Distanz, zwei Nahkompressionsfelder von hinten und eventuell noch ein Dammfeld, um die Karzinomdose zu erreichen. Wenig Aussicht auf Erfolg haben auch bei guter Technik Anilintumoren der Blase. Besser ist die Prognose wieder bei dem Pankreaskarzinom, wobei der zu bestrahlende Raum mit Rücksicht auf die Nachbarschaft der Nebennieren und des Duodenum möglichst einzuengen ist. Da diese Organe aber aus dem Strahlengang nicht völlig auszuschalten sind, wird man eine stärkere Beeinträchtigung des Allgemeinbefindens kaum vermeiden können. Es müssen daher möglichst kleine Oberflächenfelder nur von drei Seiten her angewendet werden, eines von vorn unter starker Kompression der Bauchdecken, soweit ein solcher Druck vertragen wird, und zwei Kon-

---

[1]) Die gleiche Technik ist beim umschriebenen Prostatakarzinom anzuwenden.

[2]) Mit Übergreifen des Ca. auf die Nachbarorgane.

zentrationsfelder von hinten. Mehr Felder sind nur bei dicken Patienten zu wählen, doch wird man beim Pankreaskarzinom in der Regel abgemagerte Patienten antreffen.

Von retroperitoneal gelegenen Tumoren der Bauchorgane kommen für die Röntgentherapie noch Geschwülste der Niere in Frage. Gut reagieren Hypernephrome, weniger gut Karzinome derselben. Bei diesen muß man mit der Dosierung meist oberhalb der Minimalkarzinomdose gehen, also etwa 100 % der H.-E.-D. räumlich homogen verabfolgen. Am besten erreicht man das mit einem mittleren Fernfeld von hinten und drei bis vier Nahkompressionsfeldern seitlich und vorn, je nach der Dicke des Patienten.

Beim Hypernephrom genügen im allgemeinen drei Felder, die so angesetzt werden, daß etwa 80 % der H.-E.-D. im Bereiche des Tumors wirksam werden.

Karzinome, die im Bereiche des Abdomens an anderen Stellen in weniger typischer Weise vorkommen, sind nach den Grundsätzen zu bestrahlen, die im Kapitel Behandlung maligner Tumoren angegeben worden sind unter Anlehnung an die eben vermerkten Bestrahlungspläne. Bei allen Dünn- und Dickdarm- bzw. Mesenterialtumoren darf dabei die obere Grenze der Karzinomdose keinesfalls überschritten werden, d. h.: Im Tumorgebiet dürfen nicht mehr als höchstens 110 % räumlich homogen wirksam werden (Aufstellung des Bestrahlungsplanes mit Hilfe des Felderwählers nach Holfelder und experimentelle Kontrolle der einzelnen Dosenwerte am besten mit einem Ionometer).

Etwas weniger häufig kommen Lungentumoren in der Tiefentherapiepraxis vor, speziell Bronchialkarzinome.

Für die Röntgenbehandlung unumgänglich notwendig ist natürlich die Anfertigung eines Röntgenbildes. Bei der Deutung eines jeden vorgeschrittenen Falles von Bronchialkarzinom, wo sich meist mehr oder weniger diffuse Schatten eines Lungenlappens oder mehrerer Lappen dem Auge des Betrachters darbieten, ist zu berücksichtigen, daß nicht etwa der ganze Schatten Ausdruck des Karzinoms ist, vielmehr ist der Tumor meist in einem der Hauptbronchien lokalisiert, also am Hilus oder in der Umgebung des Hilus zu suchen. Von hier aus dringt dann das Karzinom in die Umgebung vor und verlegt dann bei einer gewissen Größe einen größeren Bronchus mit dem Effekt der sekundären Pneumonie im Bereiche des verlegten Lungengebietes. Der weitaus größere Umfang der Verschattung im Röntgenbild gehört demnach der sekundären Pneumonie an. Diese pathologisch anatomischen Verhältnisse sind für die Einstellung des Zentralstrahles bei der Behandlung wichtig.

Sofern nämlich kein scharf umschriebener Tumor nur eines

Lappens vorliegt, ist der Zentralstrahl der einzelnen Strahlenkegel auf die Gegend des Hilus bzw. etwas nach außen davon zu richten, dabei natürlich das ganze verschattete Gebiet in die Bestrahlung einzubeziehen. Es ist übrigens für die Wirkung derselben als außerordentlich günstig zu bezeichnen, daß der Bezirk der sekundären Pneumonie sich zuerst aufhellt. Die Röntgenstrahlen stellen also ein ausgezeichnetes Resorbens dar, was man sich auch bei stark verzögerter Resolution anderer Pneumonien merken sollte. Wichtig ist noch, vor der Bestrahlung mittels der Lokalisationsdurchleuchtung festzustellen, ob der Tumor der vorderen oder der hinteren Brustwand näher liegt, da sich hiernach die Wahl der Einfallfelder richtet. Entsprechend dem Bestrahlungsplan für die Lungenmetastasierung beim Mammakarzinom wird man meist mit drei Strahlenkegeln auskommen, wobei die hochwertigste Strahlung — also aus größerer Distanz — dort einzufallen hat, wo der Tumor der Thoraxoberfläche zunächst liegt. Die räumlich homogene Dose beim Bronchialkarzinom beträgt 100 bis 110% der H.-E.-D.

In den außerordentlich ungünstigen Fällen, wo die andere Lungenseite bereits metastatisch erkrankt ist (insbesondere die Pleura) soll man erst die eine Lunge behandeln und erst nach einem entsprechenden Zeitraum die andere. Freilich wird man es sich in den Fällen, wo schon ein metastatischer Lungenprozeß vorliegt, reiflich überlegen müssen, ob die Röntgenbehandlung überhaupt noch angezeigt ist. Denn erfahrungsgemäß sind dann Krebsmetastasen auch in zahlreichen anderen Organen zu finden, so besonders in der Leber, dem Zwerchfell und dem Netz. Die früher eingehend geschilderte Allgemeinbehandlung des Karzinoms ist dann weit eher am Platz.

Mediastinaltumoren, die den Lungentumoren an Häufigkeit fast geichkommen, reagieren zwar im allgemeinen gut auf Röntgenstrahlen. Leider kommen sie aber meist erst zur Röntgenbehandlung, wenn sie einen ziemlich großen Umfang erreicht haben. Oft ragt dann ein solcher Mediastinaltumor schon in beide Lungenfelder hinein, und es sind dann relativ große Einfallfelder nötig, um die Geschwulst zu beseitigen. Hierunter leidet natürlich das Allgemeinbefinden ganz außerordentlich, besonders wenn es sich um solche Geschwulstformen handelt, die mit sog. Krebsfüßen in das Lungengewebe vorspringen, da dann hohe Dosen räumlich homogen zu verfolgen sind, also 110% der H.-E.-D. Die untere Grenze der Karzinomdose, also 90% der H.-E.-D., erfordern lymphogranulomatöse Mediastinaltumoren und Sarkome (s. das spätere Kapitel über Sarkome innerer Organe). Daß manche Formen von Mediastinaltumoren für Röntgenlicht außerordentlich empfindlich sind, besonders Lymphosarkome, und schon bei 60%

der H.-E.-D. und darunter im Laufe weniger Tage schwinden können, ist bekannt. Leider zählen aber solche Fälle zu den Ausnahmen in der täglichen Tiefentherapiepraxis.

Erstreckt sich der Mediastinaltumor bereits auf beide Lungenfelder, so ist erst die eine Thoraxseite zu behandeln und erst drei bis vier Wochen später die andere Brusthälfte. Das Herz ist dabei nach Möglichkeit aus dem Strahlenbereich auszusparen.

Ist der Mediastinaltumor noch klein, liegt er also noch zentral im Mittelfellraum, so kann er von mehreren entsprechend kleinen Einfallsfeldern angegangen werden. Das Allgemeinbefinden leidet dann viel weniger. Die erste Vorbedingung für einen unkomplizierten, günstigen Verlauf einer Röntgenbehandlung beim Mediastinaltumor bildet also eine frühzeitige Diagnose. Diese ist aber bei den außerordentlich unbestimmten subjektiven Klagen und den geringfügigen objektiven Erscheinungen klinisch gar nicht zu stellen. Der Praktiker muß daher gerade bei solchen Fällen an die Röntgenuntersuchung denken und das Röntgenbild viel häufiger als bisher zur Klärung der Diagnose heranziehen, worauf auch schon von W. Wolff hingewiesen worden ist. Mit einem Schlage ist die Diagnose dann klar, sofern es sich um einen Mediastinaltumor handelt. Liegt ein solcher nicht vor, so ist dem Patienten auch mit dem negativen Befund gedient, da eine Röntgenbehandlung sich dann erübrigt.

Ösophaguskarzinome brauchen die obere Grenze der Karzinomdose (110%) zur Einschmelzung. Wegen der ziemlich zentralen Lage des Ösophagus im Thoraxraum kann man diese Dose relativ gut mit Hilfe von fünf bis sieben länglich rechteckigen Feldern anbringen, die gut gezielt sein müssen. Die Lokalisation der einzelnen Hautfelder geschieht bei einer zu diesem besonderen Zweck vorgenommenen Röntgendurchleuchtung des Ösophagus mittels Bariumbrei oder Citobarium. Beim Ösophaguskarzinom kommt außerdem eine direkte Bestrahlung des Tumors mit Hilfe einer schmalen Radiumkapsel in Betracht, entweder allein oder noch besser in Verbindung mit der Röntgentherapie. In den meisten Fällen ist aber die Beförderung des Radiumpräparates in die Tumorstenose so schwierig, daß dieses Verfahren nur selten anwendbar ist. Ein allmähliches Hineinleiten der Radiumkapsel in die Tumormassen hinein erscheint deswegen nicht empfehlenswert, weil dann die Ösophaguswand im Beginn der Stenose gefährdet ist. Gelingt es allerdings, das Radium in die Tumorstenose leicht hineinzubringen, so muß das Verweilen der Radiumkapsel häufiger mittels Röntgendurchleuchtung kontrolliert werden. Natürlich muß die Kapsel mit Hilfe eines langen, dickeren Fadens an einem der vorderen Zähne oder an anderer geeigneter Stelle bestimmte Zeit fixiert werden.

Bei den branchiogenen Karzinomen der Halswirbelsäule, die nicht gerade häufig vorkommen, sind die Aussichten für die Behandlung mit Röntgenstrahlen recht günstig. Die Dose beträgt 100 bis 110% der H.-E.-D. Die kranke Seite erhält dabei den hochwertigeren Strahlenkegel (also mittleres Fernfeld). Schräg dagegen von der gesunden Seite wirken zwei Nahfelder. Der Kehlkopf ist dabei möglichst abzudecken.

Noch günstiger pflegt das Karzinom der Schilddrüse zu reagieren. Bei einiger Größe muß es von drei nicht zu geringwertigen Strahlenkegeln getroffen werden unter Schutz des Kehlkopfes, soweit ein solcher möglich ist. Dosis 90% der H.-E.-D. Die einzelnen Oberflächenfelder sollen dabei aus kosmetischen Gründen — besonders bei Frauen — keinesfalls bis zur vollen H.-E.-D. belastet werden.

Die Behandlung des Kehlkopfkarzinoms ist in dem späteren Kapitel: Oto-Rhino-Laryngologie nachzusehen.

Lippenkarzinome sind meist günstig zu beeinflussen, besonders mit Hilfe eines Fernfeldes, sofern der Tumor über einen Zentimeter in die Tiefe reicht. Harte Strahlung ist nicht unbedingt nötig. Man kommt häufiger auch mit weicherer Strahlung aus (8 bis 10 Wehnelt). Dosis 100 bis 110% der H.-E.-D.

Bei sehr dünner atrophischer Lippe ist der karzinomatöse Tumor zuweilen weniger röntgenempfindlich. Dann ist eine Vorbehandlung mit Diathermie zu empfehlen. Das regionäre Drüsengebiet reicht bis unter den Kiefer hinab und muß natürlich mitbestrahlt werden. Zur Angleichung des Halsumfanges an den des Unterkiefers zwecks homogener Durchstrahlung des Drüsengebietes bediene man sich des Paraffinkragens[1]), oder einfacher mit Bolus alba gefüllter Säckchen.

Zungen- und Unterkieferkarzinome bilden, ebenso wie Oberkieferkarzinome, weniger günstige Bestrahlungsobjekte, was offenbar mit ihrer Lokalisation im Knochen bzw. hinter demselben zusammenhängt. Man muß daher bis zur obersten Grenze der Karzinomdose gehen, um eine günstige Wirkung zu erzielen. Das zugehörige Drüsengebiet reicht beim Zungen- und Unterkieferkarzinom bis zur Höhe des Kehlkopfes hinunter. Zur homogenen Durchstrahlung des betreffenden Gebietes ist wieder ein Paraffinkoagen bzw. sind Säckchen mit Bolus alba anzubringen, um dann mit Hilfe von drei Feldern die nötigen 110% der H.-E.-D. zu erreichen. Noch tiefer hinab reichen die regionären Drüsen beim Tonsillen- und Oberkieferkarzinom, nämlich bis zur Klavikel. Da sie dicht unter der Haut liegen, müssen die Drüsen mit einem seitlichen Fernfeld angegangen werden, das von Margo infraorbitalis bis zur Klavikel reicht. Von der gesunden Seite sind

[1]) Bzw. der Radio-Plastinmasse Jünglings.

dann zwei Nahfelder, die sich in Richtung auf das Karzinom kreuzen, anzusetzen. Dosis 110 bis 120%.

Der Kehlkopf muß geschützt werden. Auf die der Röntgenbehandlung folgende Trockenheit im Munde wegen temporärer Atrophie der betreffenden Speicheldrüsen ist bei allen diesen Bestrahlungen vorher aufmerksam zu machen!

Bei Tumoren der Hypophysis cerebri ist die Röntgenbehandlung strikte indiziert, sofern die lokalen Symptome, wie Kopfschmerzen, Sehstörungen und andere Hirndruckerscheinungen überwiegen. Versucht werden kann sie bei den Fällen, in welchen Fernsymptome (Gigantismus, Akromegalie, Hypersekretion der Keimdrüsen oder Infantilismus, allgemeine Adipositas) im Vordergrund stehen, und zwar nur in den ersten Stadien der Erkrankung (Jaugeas). Béclère hat über einen Fall mit röntgenologisch festgestellter Vergrößerung der Hypophysis bei einem 17jährigen Mädchen berichtet, in welchem eine Besserung des schon fast völlig verlorenen Sehvermögens und ein Aufhören der Kopfschmerzen erzielt wurde. Die Besserung des Sehvermögens trat, wie so häufig, schon am zweiten Tage nach der ersten Bestrahlung auf. Ein Fall von Akromegalie wurde durch Schädelbestrahlung ebenfalls günstig beeinflußt. Auf einen vollen Erfolg ist aber nur zu rechnen, wenn das Ziel der einzelnen Strahlenkegel, die Hypophyse, von jedem Einfallfeld aus auch tatsächlich getroffen wird. Zu diesem Zweck hat Kriser jetzt ein besonderes Einstellgerät konstruiert, mit dem man sich die Zentralstrahlen der verschiedenen Einfallsfelder auf der Haut des Kranken zielsicher markieren kann. Das Minimum an Einfallfeldern beträgt vier (Béclère wählte sie an beiden Temporalgegenden sowie der rechten und linken Stirngegend). Das Maximum hat wohl Gunsett mit elf Feldern erreicht, von denen zwei auf die Stirn, vier auf die rechte und vier auf die linke Temporal- und die dahinter gelegene seitliche Schädelwand entfallen. Als elfte Einfallpforte diente das Schädeldach. Auch vom Munde aus kann man mit Hilfe eines längeren Bleiglastubus die Hypophyse erreichen. Die Tiefendose beträgt etwa 90% der H.-E.-D. Bei der großen Zahl von Einfallsfeldern, die zur Verfügung stehen, braucht man die Haut des einzelnen Oberflächenfeldes nicht bis zur vollen H.-E.-D. zu belasten. Am Schädel bedeutet das einen großen Vorteil, einmal wegen der immerhin möglichen Schonung der Haare bei etwa zehn Einfallsfeldern und einer Felddose von $^1/_3$ H.-E.-D., außerdem wird auch bei den üblichen kleinen Einfallsfeldern stets nur wenig Hirnmasse durchstrahlt, so daß keine wesentlichen Symptome seitens des Hirnes zu befürchten sind. Als Fokus-Hautdistanz ist dabei mindestens 35 cm zu wählen.

Ist die Prognose der Röntgenbehandlung beim Hypophysenadenom in frischen Fällen bei guter Technik als durchaus günstig zu bezeichnen, so sind die Erfolge bei den eigentlichen Hirntumoren minder zahlreich. Die Ursache hierfür ist vor allem in der Schwierigkeit der genauen Lokalisation des Tumors zu suchen. Dazu sind manche Hirngeschwülste nur wenig röntgenempfindlich, so daß man etwa 110% der H.-E.-D. und darüber verabfolgen muß, um zu einem Erfolg zu gelangen. Zur möglichsten Schonung der Hirnsubstanz und Vermeidung einer eventuell gefährlichen Hirndrucksteigerung verwende man auch hier kleine Einfallfelder bis zu 6×8 cm Umfang und besonders große Fokushautabstände (50 bis 80 cm), damit der einzelne Strahlenkegel so wirksam wie möglich an die Stelle des Tumors gelangt. Die Anzahl der Felder richtet sich nach der Lage des Tumors im Schädel. Um der Gefahr einer zu starken Hirndrucksteigerung zu begegnen, wird von Schmieden der Röntgenbehandlung eine druckentlastende Operation vorausgeschickt (dekompressive Trepanation, Balkenstich, Subokzipitalstich). Weit sicherer sind die Erfolge der Röntgentherapie bei Hirntumoren, die postoperativ angegangen werden wegen der meist bestehenden großen Rezidivgefahr. Die Topographie des Geschwulstbettes ist dann, wie beim Hypophysenadenom, sicher gegeben. Man braucht dann nur mit entsprechenden Feldern die notwendigen 100 bis 110% im ehemaligen Bereiche des Tumors zu verabfolgen. In einem Fall von Gliom des Kleinhirns, das bei einem achtjährigen Mädchen mit bestem Erfolg wegen schwerer Gleichgewichtsstörungen von M. Borchardt 1920 operiert wurde, ist z. B. durch zwei Konzentrationsfelder mit voller H.-E.-D bei einem Oberflächenfeld von 4×4.5 cm, 180 Kilovolt, 2,5 M.-A., 10 mm Aluminiumfilter und einer Fokus-Hautdistanz von 25 bis 30 cm in drei Turnus trotz Beginnes eines Rezidives bis jetzt eine klinische Heilung zu verzeichnen. Die 4-cm-Tiefendose betrug dabei 100% der H.-E.-D.

Zusammenfassend ist festzustellen, daß für den Krebs die lokale Röntgenbehandlung kein absolutes Heilmittel darstellt, ebensowenig wie die Radium- und Mesothoriumbestrahlung. Der Grund hierfür ist eben darin zu suchen, daß in den meisten Fällen beim Krebs nicht nur eine lokale Erkrankung vorliegt, sondern daß man es mit einer Krebsdisposition der Zellen eines ganzen Organismus zu tun hat. Die Allgemeinbehandlung dieser Disposition zum Krebs ist daher nicht minder wichtig mit den Mitteln, die im Abschnitt: Behandlung maligner Tumoren angegeben sind.

Die Röntgenbehandlung des Karzinoms bedeutet aber ein außerordentlich wichtiges Unterstützungsmittel im Kampf mit dem Krebs, das in vorgeschrittenen, zuweilen auch noch in verzweifelten

Fällen eine recht weitgehende Besserung der Beschwerden bringen, ja eine klinische Heilung herbeiführen kann, die an der Grenze der Operabilität stehenden Fälle leichter operabel zu machen und günstig gelegene Krebsgeschwülste kleineren Umfanges auch wirklich zu heilen imstande ist.

Wie steht es nun mit der Frage: Soll man bei Krebsgeschwülsten kleineren Umfanges — etwa bis zu Taubeneigröße — zunächst bestrahlen und erst dann, wenn der Tumor nach einer technisch einwandfreien Bestrahlungskur nicht schwindet, operieren oder umgekehrt? Es unterliegt gar keinem Zweifel, daß eine große Zahl kleiner Tumoren auf die Karzinomdose hin schwindet, worauf besonders von der Freiburger Schule und von Loose hingewiesen worden ist; es muß auch zugegeben werden, daß kleine operable Krebsgeschwülste weit bessere Chancen für eine rationelle Röntgenbehandlung bieten als inoperable Fälle. Trotzdem wird der Einwand der Gegner der Röntgentherapie beim operablen Karzinom kaum zu widerlegen sein, daß ein mit dem Messer entfernter Tumor nicht mehr eingeschmolzen zu werden braucht. Ferner wird von dieser Seite aus auch immer wieder angeführt, daß es im Falle der Bestrahlung einer noch operablen Geschwulst bei der Einschmelzung der Tumorzellen gelegentlich zu einer Metastasierung des Prozesses kommen kann. So selten das auch gerade beim Karzinom vorkommt und so sehr man auch einwerfen kann, daß die Metastasierung durchaus nicht eine Folge der Röntgenbestrahlung sein muß, sondern ebenso der allgemeinen Disposition des betreffenden Organismus zum Krebs zugeschrieben werden kann, so ist zunächst doch noch die Parole auszugeben: Erst operieren, was noch operabel ist, und dann bestrahlen, und zwar aus einem rein praktischen Grund. Es ist ganz natürlich, daß ein kombiniertes chirurgisch-röntgenologisches Verfahren sich weit eher in der Praxis einbürgern wird als ein röntgenologisch-chirurgisches, aus der einfachen Tatsache heraus, daß die Patienten zunächst mit verschwindenden Ausnahmen doch zum Chirurgen gehen. Welches Verfahren soll aber nun ein alle Fortschritte der heutigen Zeit berücksichtigender Operateur wählen, um den Operationseffekt quoad Recidiv möglichst günstig zu gestalten? Bisher gilt im wesentlichen noch der Grundsatz, so radikal wie möglich vorzugehen. Solange die Tiefenbestrahlungstechnik noch nicht auf der jetzigen Höhe war, mußte dieser Grundsatz auch unbedingte Geltung haben. Jetzt aber, wo es zweifellos möglich ist, auch größere Tumoren nur durch Röntgenbestrahlung zu vernichten, ist dieses Prinzip als überholt zu betrachten, dann ist es aber auch, vor allem beim Mammakarzinom, im Interesse der weiblichen Psyche fallen zu lassen. Das Ideal stellt nunmehr ein Verfahren dar, das nur den Tumor und die fühlbaren Drüsen mit dem Messer beseitigt, im übrigen aber das befallene Organ soweit wie eben möglich zu erhalten sucht. Besonders muß dieses Verfahren schon jetzt bei der Operation des Mammakarzinoms geübt werden, so daß verstümmelnde Eingriffe nur noch bei den großen Tumoren, welche die Mamma mehr oder weniger ganz durchsetzen, am Platze sind. In der Regel wird unter dem Einfluß dieses Gesichtspunktes die Operation geringfügig ausfallen, jedenfalls aber keine radikale sein. Denn der Operateur kann mit voller Überzeugung alles nicht Sichtbare und auch Fühlbare der vernichtenden Wirkung der Röntgenstrahlen überlassen. Es ist ja leicht einzusehen und durch die Erfahrung bestätigt, daß die aus den modernen Apparaten bezogene harte Intensivstrahlung die mikroskopischen Ausläufer des Karzinoms weit sicherer und dabei schonender vernichtet als das Messer. Ist der Eingriff aber ein kleiner, kann auch die postoperative Bestrahlung weit eher als nach großen Operationen einsetzen (spätestens nach zwei bis drei Wochen), auch sind dann die zugehörigen Drüsengebiete, besonders die Fossa axillaris, beim Mammakarzinom viel besser der Bestrahlung zugänglich, da im Falle einer kleinen Operation der betreffende Arm ohne besondere Beschwerden vom Thorax abgehoben werden kann. Hiernach muß nunmehr von dem Chirurgen gefordert werden, zunächst verstümmelnde Operationen zu vermeiden, sofern der Umfang des Tumors das irgendwie zuläßt.

Strikte indiziert ist dann in jedem operierten Falle eine rationelle prophylaktische Behandlung mit Röntgenstrahlen.

Die Technik bei der postoperativen Bestrahlung ist die gleiche wie beim nicht mehr operablen Karzinom (vgl. die betreffenden Abschnitte). Nur hält man sich im allgemeinen an die untere Grenze der Karzinomdose; denn die beste Gewähr für das Ausbleiben eines Rezidives bietet eben eine räumlich homogene Dose, die z. B. beim operierten Mammakarzinom 5 cm in die Tiefe reichen muß. Auf diese Weise wird sich auch die von Perthes im Jahre 1920 veröffentlichte schlechte Statistik am besten in das Gegenteil wandeln lassen.

Gänzlich geändert hat sich aber bei der postoperativen Bestrahlung gegen früher Zahl und Intervall des Turnus. Während bis zum Jahre 1921 auch von mir noch die Parole ausgegeben wurde, postoperativ im ersten Jahre nach der Bestrahlung, vier ja fünf Turnus zu geben und das Intervall auf vier bis sechs Wochen zu bemessen, lautet die Weisung jetzt: Nur zwei Turnus sind postoperativ empfehlenswert in einem Zwischenraum von mindestens sechs bis acht Wochen. Sofern man nach dieser Zeit weder durch die genaue klinische noch röntgenologische Untersuchung Anhaltspunkte für ein Rezidiv gewinnt, kann die Pause zwischen zwei Turnus sogar bis auf zwölf Wochen bemessen werden. Wir wissen zwar, daß eine Regeneration der Blutelemente im allgemeinen schon nach sechs Wochen eingetreten ist, besonders nach den Untersuchungen von Wintz, aber dieser Zeitabschnitt stellt eben gerade den Beginn der wiedergewonnenen normalen Blutbeschaffenheit dar. Also nur in dem besonderen Fall, wenn Gefahr im Verzuge ist bezüglich eines Rezidives, kann bereits nach sechs Wochen der zweite Turnus gegeben werden. Ist aber nach sechs Wochen kein Rezidiv im Entstehen nachweisbar, so warte man mit der Blutuntersuchung bis zur achten Woche. Der Ausfall derselben entscheidet dann im Verein mit dem Allgemeinbefinden, ob der Beginn des zweiten Turnus bis zur zwölften Woche nach Beendigung des ersten Turnus verschoben wird.

Ohne Rezidiv soll keinem Kranken mehr als zwei Turnus zugemutet werden wegen der Gefahr eines chronisch indurierenden Ödems, jener eigenartigen lederartigen Verdickung der Haut, hervorgerufen durch Hypertrophie des Bindegewebes und Veränderung der Hautkapillaren.

Wir haben dieses chronisch indurierende Ödem früher bei den zahlreichen Turnus, die noch mit weniger intensiven und penetrierenden Strahlen verabfolgt wurden, recht häufig gesehen, zuweilen mit recht unangenehmen Folgen. Besonders nach irgendwelchen mechanischen, chemischen oder thermischen Reizen, die der Kranke auf sich einwirken ließ, kam es zu mehr oder weniger großem Zerfall der oberen Hautschichten, Veränderungen, die nur geringe Heilungstendenz aufzuweisen pflegen. Bei den jetzt üblichen außerordentlich harten Strahlen wäre nun die Gefahr eines chronisch entzündlichen Ödems wegen der Schädigung der Hautkapillaren bei einer größeren Zahl von Turnus außerordentviel größer. Nach den bisherigen Erfahrungen verträgt die Haut von den aus den modernen Tiefentherapieapparaten bezogenen besonders harten Strahlen zwei Turnus, ohne Schaden zu leiden, besonders wenn das Intervall zwölf Wochen beträgt. Ein dritter Turnus darf nur angeschlossen werden, wenn ein zweifelloses Rezidiv auftritt. Die klinische Kontrolle eines Patienten muß in jedem Fall sorgfältig durchgeführt werden, auch wenn kein Rezidiv auftritt, in den ersten beiden Jahren in Zwischenräumen von sechs bis acht Wochen, später bis zum fünften Jahr jedes Vierteljahr. Von diesem Zeitpunkt an genügt eine zweimalige Kontrolle im Jahre. Sofern die Kranken wissen, was ihnen gefehlt hat, werden sie der Weisung des Arztes auch Folge leisten.

Wie beim inoperablen Karzinom hat mir auch bei der postoperativen Bestrahlung das 10-bzw. 11-mm-Aluminiumfilter gute Dienste bei der Verabfolgung der Karzinomdose geleistet. Die damit erzielten klinischen Erfolge entsprechen den mit dem $^1/_2$-mm-Zink- bzw. $^1/_2$-mm-Kupferfilter beobachteten Heileffekten. Von Vorteil ist es aber, daß man bei dem 10-mm-Aluminiumverfahren etwas weniger Zeit zur Erreichung des jeweiligen H.-E.-D. gebraucht. Die mittlere H.-E.-D. beträgt dabei 3 S.-N. bei Verabfolgung in einer Sitzung, die obere Grenze, die nicht überschritten werden soll, 4 S.-N. Das Verfahren wird von mir seit dem Jahre 1917 geübt, dürfte also hinreichend erprobt sein.

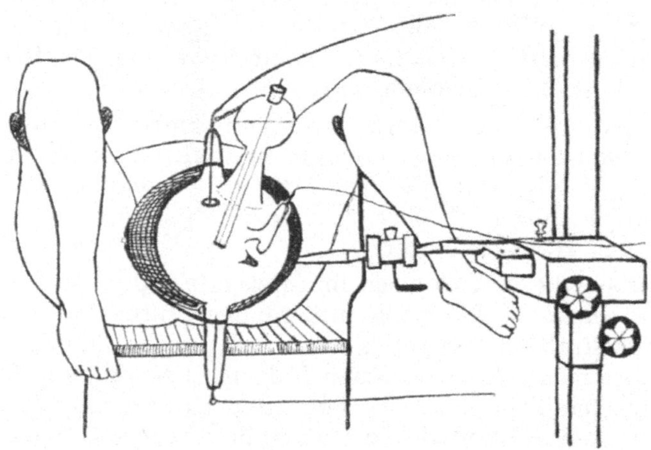

Abb. 97. Stellung der Röhre bei vaginaler Bestrahlung.

Bei Vaginalbestrahlungen mit einem Bleiglastubus verwende ich jetzt ein 8 mm starkes Aluminiumfilter, sofern größere Tumormassen an der Portio einzuschmelzen sind, und drei Einstellungen mit dem für solche Zwecke besonders geeigneten, vorn ausgeschweiften Bleiglastubus (auch beim Übergreifen des Karzinoms auf die Vagina). Die Portiodosis beträgt dabei für jede Einstellung 3 S.-N. In der Regel kommt man mit drei Einstellungen aus (vorn, links seitlich und rechts seitlich). Nur wo der Tumor besonders nach hinten entwickelt ist, wird noch ein viertes Feld zu Hilfe genommen. Hinzu kommen natürlich noch die bereits geschilderten parametranen Felder vorn und hinten mit dem Wintzschen Mitteltubus.

Kontraindikationen für die Röntgenbehandlung beim inoperablen Karzinom bilden nur Fernmetastasen in verschiedenen Organen und beim Uteruskarzinom besonders eine stärkere Infiltration des Spatium vesico-vaginale (cave: Blasenscheidenfistel), vor allem wenn schon eine unrationelle Radiumbehandlung vorausgegangen ist; schließlich auch jene Formen von Krebs, bei denen es bereits zu einer allgemeinen Intoxikation gekommen ist mit entsprechend schlechtem Blutbefund. Im übrigen sei man gerade beim inoperablen Karzinom nicht zu engherzig bei der Stellung der Indikation und versuche, wenn irgend angängig, einen rationell durchgeführten Probeturnus. Gerade in verzweifelt erscheinenden Fällen wird man dann noch zuweilen ein überaschend gutes Resultat erzielen, das wenigstens für den Patienten recht viel bedeutet, obschon natürlich eine klinische Heilung in solchen Fällen kaum noch zu erzielen sein wird.

Wird im Laufe der Röntgenbehandlung ein inoperables Karzinom operabel, so soll es zunächst chirurgisch entfernt und dann postoperativ weiterbestrahlt werden. Sofern die Operation verweigert wird, muß eine röntgenologische Nachbehandlung einsetzen, bis bestenfalls eine klinische Heilung eintritt, und dann der Befund klinisch, wie schon erwähnt, kontrolliert werden.

Sarkome innerer Organe.

Die tiefgelegenen Sarkome sind im allgemeinen noch radiosensibler als die Karzinome. Manche Formen können anscheinend durch Röntgenbestrahlung dauernd geheilt werden. Freilich gibt es — wie schon bei dem Sarkom der Haut erwähnt wurde — auch Fälle, die sich absolut refraktär verhalten.

Es kommen also hier entschieden größere Schwankungen in der Röntgenempfindlichkeit vor als bei den Karzinomen. Besonders günstig reagieren meist die Lymphosarkome, schlecht in der Regel die Chondro- und Osteosarkome. Bisweilen erlebt man bei refraktären Fällen, aber auch bei solchen, die zunächst lokal günstig reagieren, eine derartig plötzliche Metastasierung, daß man diese wohl nur auf eine nicht rationell durchgeführte Bestrahlung im Sinne einer räumlich nicht homogen verabfolgten Tiefendose zurückführen kann. Derartige Aussaaten von Geschwulstkeimen über den ganzen Körper werden — wie schon früher erwähnt — nach Röntgenbestrahlung der Karzinome nur ausnahmsweise beobachtet.

Bei allen inoperablen Fällen ist die Röntgenbehandlung eo ipso das souveräne Mittel, während die Indikation für die Bestrahlung operabler Sarkome zur Zeit erst von einem Teil der Chirurgen anerkannt wird. Nach den Erfahrungen, die von Holfelder in der Schmiedenschen Klinik gesammelt worden sind, steht jetzt schon fest, daß die Erfolge der Röntgenbehandlung mindestens ebensogut sind wie die Erfolge radikalster chirurgischer Therapie — die Verabfolgung räumlich homogener Dosen natürlich vorausgesetzt. Zugunsten der Röntgentherapie spricht außerdem die Tatsache, daß hierbei verstümmelnde Operationen vermieden werden können. Schmieden lehnt daher grundsätzlich jede Operation beim Sarkom ab, die Probeexzision nicht ausgenommen. Manche Beobachtungen sprechen überdies dafür, daß durch jeden operativen Eingriff ein Wachstumsreiz auf das Sarkom ausgeübt wird. Andere Chirurgen wieder operieren grundsätzlich und lassen dann nachbestrahlen, stellen also die Indikation beim operablen Sarkom wie beim Karzinom. Wieder andere operieren und lassen überhaupt nicht nachbestrahlen, weder beim Sarkom noch beim Karzinom. Wahrscheinlich steht diesen kein Fachröntgenolog zur Verfügung, sonst könnten sie leicht eines Besseren belehrt werden.

Pusey (1902) brachte ein seit $1^1/_2$ Jahren bestehendes mikroskopisch festgestelltes Rundzellensarkom der Halsdrüsen durch Röntgenbestrahlung zum Verschwinden; ein Rezidiv verschwand ebenfalls prompt auf erneute Bestrahlung; der Fall kam später infolge Metastasenbildung ad exitum.

Krogius (1903) behandelte ein gleichfalls mikroskopisch festgestelltes Rundzellensarkom des Os occipitale, welches nur unvollständig operiert werden konnte, mit Röntgenstrahlen und erzielte eine völlige Rückbildung der Tumoren; vier Wochen später war kein Rezidiv vorhanden.

Chrysospathes (1903) hat einen Fall beschrieben, in welchem es sich um ein ebenfalls mikroskopisch festgestelltes kindskopfgroßes Rundzellensarkom des rechten Ovariums handelte, das bei der Laparotomie als inoperable erkannt wurde; in der Operationsnarbe traten bald Sarkomknoten auf, die ulzerierten. Nach Röntgenbehandlung schwanden zunächst die Knoten in der Operationsnarbe, dann in wenigen Monaten auch der große Tumor des Ovariums unter Besserung des Allgemeinbefindens und Gewichtszunahme; 17 Monate nach Abschluß der Behandlung war die Patientin noch rezidivfrei.

Mertens (1904) konnte ein Spindelzellensarkom der rechten Skapula sowie regionäre Hals- und Achseldrüsenschwellungen, nachdem eine unvollständige Operation vorausgegangen war, durch Röntgenbestrahlung zum Schwinden bringen.

Béclère (1904) hat über einen Fall von mikroskopisch festgestelltem Rundzellensarkom des Oberkiefers berichtet, das seit vier Jahren bestand, trotz chirurgischer Eingriffe immer wieder rezidiviert war und dann durch Röntgenbestrahlung in ein paar Monaten zum Schwinden gebracht wurde, ohne daß Hautreaktion auftrat.

Kienböck (1907) konnte in einem Fall von Mediastinalsarkom, das gelegentlich der Exstirpation einer supraklavikularen Drüse mikroskopisch festgestellt war, anscheinend völlige Heilung erzielen. Die gewaltige Verkleinerung des Tumors ließ sich durch das Radiogramm deutlich nachweisen (s. Abb. 98 und 99). Auch die Drucksymptome (Schlingbeschwerden, Atemnot, Herzklopfen usw.) schwanden prompt. Ein Jahr nach Abschluß der Behandlung war kein Rezidiv nachzuweisen.

Pfahler (1907) hat meist gute, zum Teil ganz hervorragende Erfolge gesehen und über Fälle berichtet, welche drei bis vier Jahre rezidivfrei waren. Unter anderen hat er auch mehrere Sarkome des Siebbeines behandelt.

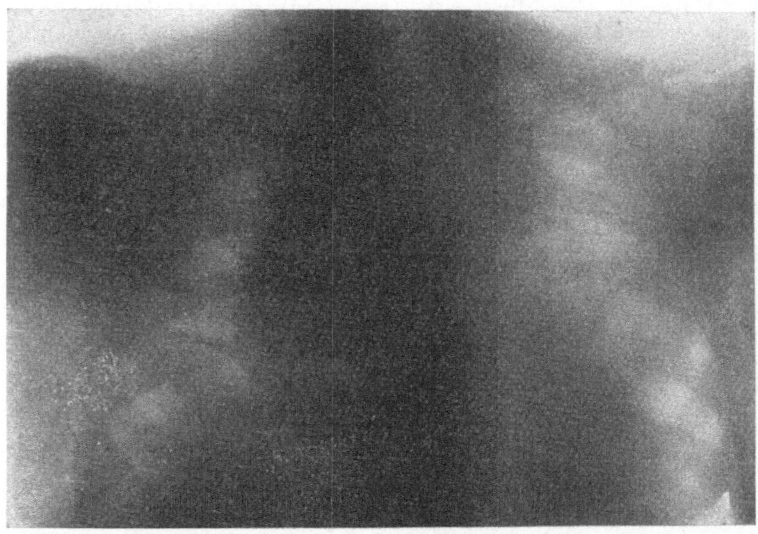

Abb. 98. Radiogramm eines Mediastinalsarkoms vor der Röntgenbehandlung. 10. 2. 1905 (Kienböck).

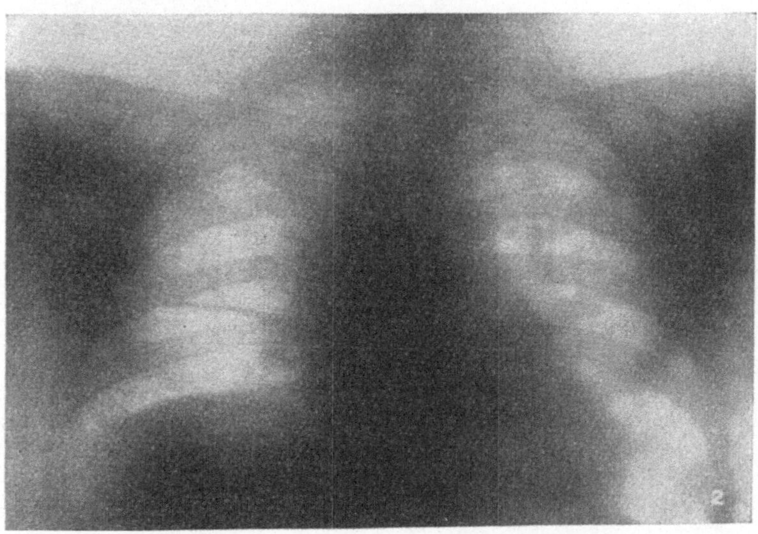

Abb. 99. Der gleiche Fall nach mehreren Serien von Röntgenbestrahlungen. 22. 5. 1905; erhebliche Verkleinerung des Tumors (Kienböck).

Verfasser (1910) konnte ein großes inoperables Drüsensarkom an der rechten Halsseite (Rezidiv nach Operation) bis auf kleine Reste zur Schrumpfung bringen (s. Abb. 100 und 101). Die Behandlung mußte dann

Abb. 101. Der gleiche Fall nach der Röntgenbehandlung (H. E. Schmidt).

Abb. 100. Lymphosarcoma colli vor der Röntgenbehandlung (H. E. Schmidt).

wegen Abreise der Patientin nach Rußland abgebrochen werden. Die Reste waren später wieder etwas gewuchert und reagierten auf eine von neuem vorgenommene Röntgenbestrahlung nicht. Über den weiteren Verlauf des Falles, der in Rußland weiterbehandelt werden sollte, ist nichts bekannt geworden.

Verfasser konnte ferner ein hühnereigroßes Sarkom der linken Tonsille mit Drüsenmetastasen an der linken Halsseite vollkommen beseitigen; auch die Drüsengeschwulst ging bis auf einen etwa kirschgroßen Knoten auf

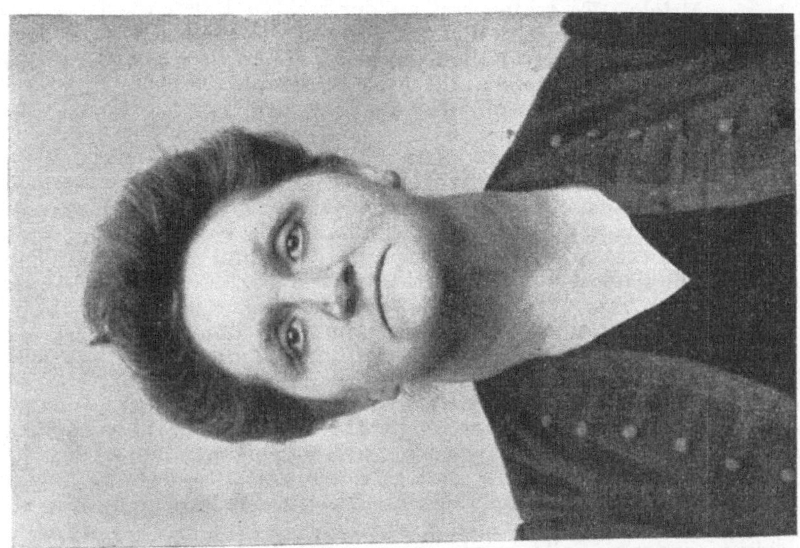

Abb. 103. Rückbildung der Drüsenmetastasen nach der Röntgenbehandlung (H. E. Schmidt).

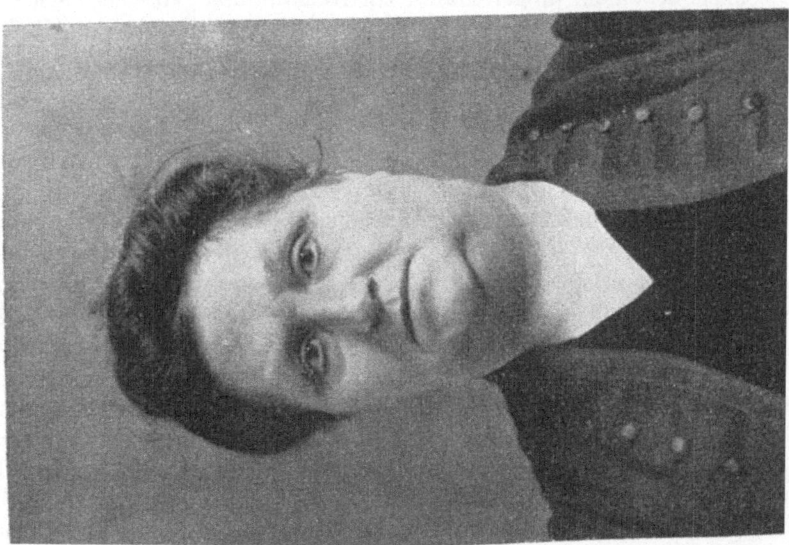

Abb. 102. Drüsenmetastasen eines Sarkoms der linken Tonsille vor der Röntgenbehandlung.

dem Sternokleidomastoideus zurück (s. Abb. 102 und 103). Es wurde der Patientin dringend geraten, sich diesen Knoten exzidieren zu lassen, schon aus dem Grunde, um feststellen zu können, ob es sich um Geschwulst- oder um Bindegewebsreste handelte. Die Patientin war jedoch zu diesem kleinen

Eingriff, der vielleicht für sie die definitive Heilung bedeutet hätte, nicht zu bewegen. Ein paar Monate später kam sie mit einem Rezidiv an der linken Halsseite, das offenbar von dem kleinen übrig gebliebenen Knoten ausgegangen war, wieder. Eine Röntgenbehandlung wurde abgelehnt. Arsen hatte keinen Erfolg. Es traten erst an der rechten Halsseite, dann auch an anderen Stellen Drüsenschwellungen auf und die Patientin kam relativ schnell ad exitum. In beiden Fällen wurde der zunächst so günstige Erfolg mit kleinen Dosen unfiltrierter, mittelweicher Strahlen erzielt. Die später aufgetretenen Rezidive waren offenbar die Folge der räumlich inhomogenen Dose.

Kienböck (1912) hat über einen Fall von histologisch festgestelltem Spindelzellensarkom am rechten Oberarm berichtet, das wahrscheinlich von der Faszie ausging und mit den Gefäßen und Nerven verwachsen war, so daß eine Exartikulation im Schultergelenk vorgenommen wurde. Trotzdem rezidivierte die Geschwulst sehr bald und verschwand dann prompt auf Röntgenbestrahlung. Patient war zur Zeit des Berichtes ein halbes Jahr rezidivfrei. Kienböck ist der Meinung, daß in diesem Falle vielleicht durch Röntgenbehandlung des primären Tumors Heilung zu erzielen gewesen wäre, und daß dann die verstümmelnde und noch dazu nutzlose Operation hätte vermieden werden können.

Levy-Dorn (1912) hat ein Lymphosarkom am Halse durch Röntgenbestrahlung zum Schwinden gebracht. Später aufgetretene Leistendrüsenschwellungen wichen gleichfalls prompt der Röntgenbehandlung. Von den Halsdrüsenschwellungen war die Patientin zur Zeit der Publikation seit sechs Jahren, von den Leistendrüsenschwellungen seit zwei Jahren befreit geblieben.

In einem anderen Falle wurde ein periostales Sarkom des linken Oberschenkels bei einem jungen Manne zur Rückbildung gebracht, nachdem die Exartikulation vorgeschlagen, aber abgelehnt worden war. Außer der Röntgenbehandlung wurden Atoxylinjektionen angewendet. Der Patient ist seit über fünf Jahren wieder schmerzfrei, arbeitsfähig und rezidivfrei geblieben. Eine fast vier Jahre nach Abschluß der Behandlung vorgenommene Röntgenuntersuchung ließ allerdings noch eine spindelförmige Schwellung des Femur erkennen.

Eine größere Statistik von Werner und Caan stammt aus dem Heidelberger Krebsinstitut und umfaßt 50 Fälle, darunter 14 Lymphosarkome. Die Erfolge waren in den meisten Fällen günstig, wenngleich eine Heilung in keinem Falle erzielt wurde.

Aus den hier mitgeteilten und den anderen bisher publizierten Fällen, die übrigens meist nicht mit der modernen Filtertechnik behandelt worden sind, geht so viel hervor, daß wir bei den radiosensiblen Formen die Chancen der Dauerheilung durch die moderne, wesentlich verbesserte Technik erheblich günstiger gestalten können.

Ein charakteristischer Fall aus der Praxis des Herausgebers mag die besondere Wirkung der Röntgenstrahlen hierbei deutlich machen. Ende Juli 1917 kam Herr D., Lehrer in Friedrichswille bei Reppen, zu ihm mit allen Zeichen der Kachexie. Bei einer früheren Operation war dem Patienten der linke Hoden entfernt worden wegen einer Geschwulst, deren Natur mikroskopisch nicht sichergestellt wurde. Jedenfalls stellten sich nicht lange nach der Operation Metastasen im Bauche ein, die erst beachtet wurden, als sie inoperabel waren. Nach Eintritt der Arbeitsunfähigkeit suchte Patient Rettung in Berlin. Hier wurde wegen der enormen Metastasierung des primären Hodenprozesses von Bier und Hildebrandt jeder operative Eingriff abgelehnt. Einer unserer namhaftesten inneren Kliniker an der Universität konnte dem Kranken keinen anderen Rat geben, als daß er sein Testament machen solle. In dieser Situation suchte der Kranke mich auf. Ich fand den ganzen Bauchraum von metastatischen Tumoren durchsetzt, die links besonders hart und groß waren und hier bis unmittelbar an das Zwerchfell reichten.

Wie das Durchleuchtungsbild zeigte, war auch der linke Pleuraraum schon von dem Prozeß ergriffen. Der pleuritische Erguß war bereits so stark, daß eine deutliche Verdrängung des Herzens nach rechts stattgefunden hatte. Der Puls war fast fadenförmig, der Kranke so schwach, daß er allein nicht mehr gehen konnte.

Da der Patient ohne therapeutischen Eingriff sicher verloren war, riet ich zu einer energischen Probebestrahlung, verhehlte aber den Angehörigen gegenüber nicht, daß diese eine Krisis herbeiführen würde. Es wurde die ganze linke Hälfte des Abdomens und auch ein Teil der rechten Hälfte in verschiedenen Fokalstellungen bestrahlt mit einem 8-mm-Aluminium-Übersichtsfilter: Dosis zwei S.-N.

Erst nach mehreren Wochen erfuhr ich brieflich von dem Kranken, daß er in der auf die Bestrahlung folgenden Nacht kollabiert sei und sich nur schwer soweit erholt habe, daß er mit der Bahn nach Hause gebracht werden konnte. Jetzt seien aber die Geschwulstmassen im Leibe um die Hälfte kleiner geworden, und der Kräftezustand hätte sich wesentlich gehoben. Auf jeden Fall wünsche er weitere Behandlung.

Herausgeber führte nunmehr eine chronische intermittierende Röntgenkur durch und hatte nach einjähriger Behandlung die Freude, den Patienten klinisch geheilt und wieder arbeitsfähig entlassen zu können. Herr D. übt seitdem sein Amt als Lehrer in Dornau noch heute aus.

Dieser Fall zeigt zur Evidenz, daß selbst bei so weitgehender Metastasierung im Abdominal- und Pleuraraum die Röntgentherapie noch helfen kann, und vor allen Dingen, daß ein Kranker erst dann aufgegeben werden sollte, wenn eine energische Probebestrahlung ohne Nutzen geblieben ist.

Ist ein sarkomatöser Tumor operativ entfernt worden, ist natürlich eine postoperative Röntgenbehandlung strikte indiziert.

Was die Technik anbelangt, so ist diese identisch mit derjenigen beim tief gelegenen Karzinom (s. den vorigen Abschnitt und das Kapitel über Behandlung maligner Tumoren). Da die

Dosenbreite beim Sarkom in ziemlich erheblichen Grenzen schwankt (etwa zwischen 30 bis 90%), tut man gut, sich an die untere Grenze der Karzinomdose zu halten. Man hat dann die Sicherheit, jedes Sarkom — auch die spindelzellenförmigen und die Knochensarkome — günstig beeinflussen zu können, von einigen Ausnahmen abgesehen. Der zuletzt angeführte Fall hat natürlich eine weit geringere Tiefendose erhalten (etwa 30%). Es war aber ein Zufallstreffer. Solange wir jedenfalls bei einem Sarkom nicht wissen, wieviel es zwischen 30 und 90% zu seiner Rückbildung braucht, wird man sich vorteilhaft an die obere Grenze, wie schon erwähnt, halten müssen; denn das sei mit allem Nachdruck erwähnt: Die Sarkome, die schon auf so geringe Tiefendosen wie 30% der H.-E.-D. schwinden, gehören leider zu den Seltenheiten. Um ein Rezidiv und vor allem auch plötzliche Metastasierung zu vermeiden, muß sich der betreffende Röntgenarzt gerade beim Sarkom darüber klar sein, daß die Sarkomdose räumlich homogen verabfolgt werden muß.

Die von Wintz mit 60 bis 70% der H.-E.-D. angegebene Sarkomdose stellt mithin einen Mittelwert dar, die z. B. beim Uterussarkom genügt — zuweilen gibt übrigens selbst Wintz hierbei 80% —, bei anderen Sarkomformen aber nicht ausreicht. Wichtig ist noch zu wissen, daß die Wirkung der Röntgenbestrahlung beim Sarkom zeitlich außerordentlich verschieden ist. Es gibt Fälle, bei denen die Rückbildung bereits ein bis zwei Tage nach der Bestrahlung einsetzt. In anderen Fällen bleibt dieses erfreuliche Phänomen in den ersten Wochen völlig aus. Ja, es kann vorkommen, daß ein Sarkom bis zur sechsten Woche nach der Bestrahlung dauernd größer wird, bis es dann in wenigen Tagen zu schrumpfen beginnt. Man hüte sich davor, in der unangenehmen Phase des Größerwerdens des Tumors erneut zu bestrahlen. Sofern die verabreichte Dose räumlich homogen war, soll man unbedingt und vollkommen ruhig sieben bis acht Wochen zuwarten, bevor eine weitere Röntgenbehandlung einsetzen darf. Irreführen könnte übrigens der mikroskopische Befund von Tumormaterial, das auf der Höhe des Schwellungsstadiums entnommen worden ist. Es sind dann nämlich an vielen Stellen noch deutliche Sarkomzellen zu sehen, daneben aber Kernzerfall, Aufquellung und myxomatöse Degeneration.

d) Gynäkologie.

Myoma uteri; Präklimakterische Blutungen; Chronische Metritis; Dysmenorrhoe; Osteomalacie; Kraurosis. Funktionelle Blutungen.

Bei den Myomen des Uterus stehen die starken Blutungen im Vordergrunde des Interesses. Diese Blutungen lassen sich durch

Röntgenbestrahlung dauernd beseitigen. Die ersten erfolgreich behandelten Fälle wurden von Deutsch (1904), Görl (1906), Foveau de Courmelles (1907) publiziert.

Systematisch angewandt wurde die Röntgentherapie wohl zuerst von Albers-Schönberg (1908) und Fraenkel (1908). In den letzten Jahren ist gerade dieses Thema besonders aktuell geworden und eine große Anzahl von Publikationen sind erschienen, von welchen die von Krönig und Gauß besonderes Aufsehen erregten und auch darum eine besondere Beachtung verdienen, weil diese Autoren die Technik erheblich verbessert haben.

Die Blutungen schwinden im wesentlichen infolge Atrophie der Ovarien, die Myome schrumpfen mehr oder weniger; bei älteren Frauen, die dem Klimakterium nahestehen und mehr oder weniger stark bluten (präklimakterische Blutungen), ist der Erfolg leichter zu erzielen als bei jüngeren Frauen.

Den Angriffspunkt für die Röntgenstrahlen bilden indessen nicht nur die Ovarien, wie man zuerst fast allgemein annahm, sondern auch das Myomgewebe selbst. Das beweist ein von Gräfenberg (1912) beschriebener Fall, in welchem ein Myom bei einer 60jährigen Patientin, die schon seit 10 Jahren amennorrhöisch war, durch Röntgenbestrahlung zu fast völliger Schrumpfung gebracht wurde. In diesem Fall ist wohl eine Funktionsfähigkeit der Ovarien — zehn Jahre nach Aufhören der Periode — kaum mehr denkbar. Auch histologische Untersuchungen von Robert Meyer (1912) sprechen für eine direkte Wirkung der Röntgenstrahlen auf das Myomgewebe. In sechs Fällen, die untersucht wurden, konnte eine Atrophie des Muskelparenchyms, vor allem aber eine Atrophie und Sklerose der Gefäße, besonders der Adventitia und Media festgestellt werden, während die Intima fast normal war.

Derartige Veränderungen hat Meyer bei nicht bestrahlten Myomen von Frauen in geschlechtsreifem Alter nie gesehen. An den Ovarien fielen degenerierte Eizellen und die geringe Zahl der Follikel auf. Zweifellos werden die Ovarien schon durch kleinere, die Myome erst durch größere Strahlendosen geschädigt. Denn es kommt vor, daß man nach Röntgenbestrahlung Amenorrhöe beobachtet, auch ohne daß die Myome sich nachweisbar verkleinern.

Eine Kontraindikation für die Röntgenbestrahlung bilden die verjauchten Myome; ebenso werden submuköse Myome, die schon halb geboren in der Zervix liegen, einfacher und schneller durch einen kleinen operativen Eingriff beseitigt. Keine Kontraindikation ist in einer Verstärkung der Blutung nach der ersten Bestrahlungsserie zu sehen, wie sie in seltenen Fällen — auch nach großen

Dosen harter, durch drei und mehr Millimeter Aluminium filtrierter Strahlen — beobachtet wird. Auch in solchen Fällen tritt nach der zweiten Serie immer der Erfolg ein, wenn auch zur Erzielung einer dauernden Amonorrhöe eventuell noch ein dritter Turnus erforderlich sein kann.

Sehr häufig beobachtet man Störungen des Allgemeinbefindens. Die Frauen klagen über große Müdigkeit nach den Bestrahlungen; diese Müdigkeit steigert sich in manchen Fällen bis zu einer gewissen Benommenheit („Röntgenrausch"), diesem Zustand folgt mitunter ein anderer, welchen Gauß als „Röntgenkater" bezeichnet hat; die Frauen fühlen sich matt und elend, klagen über Kopfschmerzen, Übelkeit, Brechreiz, Appetitlosigkeit. Selten kommt es auch wirklich zum Erbrechen. All diese Erscheinungen gehen aber bald nach Schluß einer Bestrahlungsserie wieder vollkommen zurück und machen bald einem gesteigerten Wohlbefinden Platz. Sieht man die Patientinnen sechs bis acht Wochen nach einer wirksamen Röntgenkur wieder, so erkennt man die ehemals ausgebluteten und elenden Kranken gar nicht wieder, so aufgeblüht sehen sie aus. Andere Einwirkungen auf Darm und Blase konnten nicht festgestellt werden; manche Patientinnen gaben allerdings an, während der Bestrahlung einen „besonders guten Stuhlgang" bzw. vermehrten Harndrang zu haben. Daß eine Einwirkung der Röntgenstrahlen auf die Schleimhaut des Darmes möglich ist, kann wohl nicht bezweifelt werden. Interessant sind in dieser Hinsicht Erscheinungen, welche Regaud, Nogier und Lacassagne im Experiment am Hunde festgestellt haben. Sie fanden im Darm nach Röntgenbestrahlung degenerative Veränderungen an den Zotten, den Lieberkühnschen Drüsen und den lymphoiden Elementen; nach besonders starken Dosen konnte bisweilen sogar ein restloses Verschwinden der Lieberkühnschen Drüsen konstatiert werden (Arch. d'electr. méd. 1912, Nr. 343). Solche Erscheinungen kommen aber bei den therapeutischen Myomdosen überhaupt nicht in Betracht.

Was die Technik der Bestrahlung anbelangt, so ist die 10-mm-Aluminiumfilterung auch für die Behandlung der Myome besonders geeignet. Die Methode, welche Herausgeber hierfür ausgebildet hat, ist deshalb zu empfehlen, weil sie einfacher als die so vielfach geübte Vierfeldermethode ist, und weil Versager bisher mit ihr nicht zu verzeichnen sind. Dabei erfüllt sie einwandfrei den obersten Grundsatz jedes röntgentherapeutischen Handelns, die Haut so weit wie nur irgend möglich zu schonen. Im Gegensatz zur Vierfeldermethode, bei der Versager mitgeteilt sind, nehme man vorn und hinten ausnahmslos nur ein größeres Übersichtsfeld. Hierdurch wird die gynäkologische Abdominaltherapie fundamental vereinfacht und, da die Ovarien bei den großen Feldern sehr viel leichter getroffen werden, auch ungemein sicher. Damit nicht mehr Gewebe vom Abdomen mitbestrahlt wird, als unbedingt nötig ist, muß die Abdeckung nach oben und nach den Seiten zu in jedem Fall gegenau dem gynäkologischen Palpationsbefund des Uterus angepaßt werden, während die untere Grenze des Feldes drei Querfinger unter der Symphyse zu wählen ist. Am vorteilhaftesten für den Patienten arbeitet daher der Röntgenologe mit einem Gynäkologen zusammen bzw. umgekehrt, besonders wenn vor der Röntgenbestrahlung die Frage zu beantworten ist, ob nur ein Myom vorhanden ist oder eine Komplikation mit maligner Degeneration. Als Dosis verabfolge man vorn und hinten je 3 S.-N. = 1 H.-E.-D., links und rechts verteilt in zwei Einstellungen, und gebe bei empfindlichen Patientinnen die Myomdose in vier Sitzungen. Der Fokus der Röhre steht dabei 4—4,5 cm von der Mittellinie entfernt. Zwecks Deckungsbestrahlung des einen großen Feldes wird der Röhrenschutzkasten mit seiner Filterebene zur anderen Seite und zum kleinen Becken hin ein wenig geneigt. Als Fokus-Hautdistanz sind 35—40 cm zu nehmen, je nach dem Dickendurchmesser der Patientin. Bei kräftigen, nicht sensiblen Frauen kann natürlich die Myomdose auch in zwei Sitzungen verabfolgt werden. Dosis dabei vorn und hinten je $2^3/_4$ S.-N. Bei einer einzigen Sitzung genügen sogar $2^1/_2$ S.-N. vorn und hinten, um die Myomdose = Ovarialdose = 35% der H.-E.-D. zu erzielen. Selbstverständlich ist bei der Bestrahlung mit Übersichtsfilter Kompression der Bauchdecken zur Verdrängung des Darmes anzuwenden, was am besten mit dem Bandkompressorium von Reiniger Gebbert u. Schall geschieht. Billiger und fast ebenso gut sind die schon erwähnten 1—2 mm starken runden oder viereckigen Zelluloidplatten, von denen die runden einen Durchmesser von 19—20 cm haben und die eckigen von 15—20 cm, im Verein mit den bereits erwähnten Distanzstäben zur Innehaltung der gewählten Distanz.

Bei großen Myomen, die bis zum Nabel und weit darüber reichen, ändern sich nur die Grenzen des vorderen und hinteren Einfallsfeldes entsprechend den Ausmaßen des Uterus. Der Fokus der Röhre steht ebenfalls in der Mitte des Feldes und links wie rechts 4—5 cm von der Mittellinie entfernt. Eventuell kann man in solchen Fällen auch 4 Einstellungen wählen.

Vorn beträgt die Dose dann $3^1/_4$ S.-N. im ganzen, am besten in einer Sitzung verabreicht. Bauchlage ist häufig bei großen Myomen unmöglich wegen des meist starken Druckschmerzes. Bei der Bestrahlung von hinten wird daher die Patientin besser in Seitenlage behandelt. Die Blendenebene ist dabei dem Einfallsfeld parallel zu stellen, der Fokus 4 cm von der Mittellinie entfernt links und rechts einzustellen. Die Dosis beträgt hinten bei einer Sitzung $3^1/_4$ S.-N. im ganzen, bei zwei Sitzungen $3^1/_2$ S.-N. im ganzen.

Diese Methode ist etwas summarisch, führt aber in jedem Falle zum Ziel und geht relativ schnell. Der ganze Turnus dauert vier, zwei oder einen Tag, je nach der Zahl der Sitzungen bei kleinen Myomen, oder vier, drei, zwei, einen Tag bei großen Myomen. Im Falle eines eintägigen Intervalles zwischen den Sitzungen doppelt so lange.

In der Regel hören die Blutungen schon nach dem ersten Turnus auf oder sie bestehen in idealen Fällen in subnormaler Weise weiter. Setzt nach der Bestrahlung noch eine weitere menstruelle Blutung ein, ist diese aber zweifellos schon geringer als früher, so braucht die Röntgentherapie nicht fortgesetzt zu werden. Erfahrungsgemäß versickert dann die Blutung auch ohne weitere Bestrahlung mehr und mehr. Meist hat man dann noch den Vorteil, daß die Ausfallserscheinungen auf ein geringes Maß beschränkt bleiben.

Sofern aber bei der dem ersten Turnus folgenden Menstruation kein exaktes Urteil über die Blutung im Sinne der Abnahme zu gewinnen ist, muß unbedingt ein zweiter Turnus in gleicher Stärke oder etwas geringer, je nach Lage des Falles angeschlossen werden, und zwar nach einer Pause von sechs bis acht Wochen, je nach dem Hautzustand. Mehr als zwei Turnus hat Hessmann bei Befolgung dieser Methode nie nötig gehabt. Sollte einmal die Blutung nach zwei Turnus ungeschwächt fortbestehen, muß der Verdacht auf maligne Degeneration bzw. malignen Tumor auftauchen und dann unter allen Umständen die Diagnose sichergestellt werden. Erst dann darf die weitere Röntgenbehandlung nach den beim Karzinom entwickelten Gesichtspunkten einsetzen, falls nicht operiert und dann postoperativ bestrahlt wird. Der eben beschriebenen Methode nähert sich am meisten die von H. E. Schmidt, wenigstens bei kleinen Myomen. Er nimmt hierbei drei Felder, bei großen Myomen aber schon acht und Gauß sogar 20 Felder. Wintz gibt die Kastrationsdose, die er zu $34^0/_0$ der Hauteinheitsdosis bestimmt hat, in der Regel in einer einzigen Sitzung, da in diesem Falle die ovarielle Funktion mit einem Minimum an Röntgenenergie ausgeschaltet wird. Diese Methode stellt daher auch ökonomisch die billigste Methode dar. Im allgemeinen weicht Wintz nur bei nervösen und stark röntgenempfindlichen Personen hiervon ab, indem er die Gesamtdosis auf zwei bis drei Tage verteilt. Wie Wintz hervorhebt, bewirkt die Kastraktionsdose zu $34^0/_0$ der H.-E.-D. unter allen Umständen das Aufhören der Menses. Dagegen hängt der Zeitpunkt des Ausbleibens der Periode von zwei Umständen ab. Einmal von dem Tempo, in dem die Kastrationsdose gegeben wird, und zweitens von der ovariellen Funktionsphase, d. h. ob die Bestrahlung in der ersten Hälfte des Intermenstruums bei Anwesenheit eines noch reifenden Follikels oder in der zweiten Hälfte des Intermentruums, also im Blütezustand des Corpus luteum vor sich geht. Hiernach muß man sich für die Praxis merken, daß der Erfolg der Bestrahlung um so schneller und sicherer eintritt, wenn die Röntgenbehandlung in der ersten Hälfte der menstruationsfreien Zeit erfolgt, und wenn die Gesamtdose in einer einzigen Sitzung gegeben wird. Weicht man hiervon ab, so hat man noch ein- bis zweimal auf Eintritt der Menses zu rechnen.

Wintz bestrahlt jedes Ovar für sich vorn und hinten mit seinem kleinen rechteckigen Kompressionstubus bei einem Fokus-Hautabstand von 23 cm und gibt unter einem $^1/_2$-mm-Zinkfilter bei mageren Frauen 70 bis 90 $^0/_0$ auf der Haut, bei fetten Patientinnen hingegen die volle H.-E.-D. an der Hautoberfläche.

Neuerdings behandelt man auch die funktionellen Blutungen junger Frauen bei nicht pathologischem Genitalbefund mit Röntgenstrahlen (Vogt, Nürnberger, E. Zweifel). Den Angriffspunkt der Strahlen bilden dabei nicht die Ovarien, sondern die Milz. Nach den experimentellen und klinischen Untersuchungen von Stephan führt die Milzbestrahlung zu dem bekannten vermehrten Zerfall von Leuko- und Lymphozyten, wobei ein gerinnungsbeschleunigendes Ferment — die Trombokinase — frei werden soll. Die bisher erzielten klinischen Erfolge sprechen jedenfalls dafür, das Röntgenverfahren bei Menorrhagien junger Frauen methodisch anzuwenden unter stetiger Verbesserung der technischen Möglichkeiten. Die Behandlung, die eine Milzreizbestrahlung sein muß, erfordert eine Dosis von 12 bis 15 $^0/_0$ der H.-E.-D. bei einer Fokus-Hautdistanz von 35 cm. In etwas schräger Lage der Kranken gibt man vorn und hinten je $^3/_4$ bis 1 S.-N. unter 10-mm-Aluminiumfilter in einer oder zwei Sitzungen. Dem funktionellen Charakter der Erkrankung entsprechend (Menorrhagien) muß man beim Ausbleiben eines sofortigen Erfolges die Milzbestrahlung wiederholen in Pausen von ungefähr acht Wochen.

Interessant ist die Tatsache, daß auch bis zur zeitweiligen Amenorrhöe bestrahlte Frauen wieder schwanger werden und im großen und ganzen normale Kinder gebären können, wenn ein solches Vorkommnis auch zu den Seltenheiten gehört. Es sind dann eben nicht alle Follikel zugrunde gegangen. Heimann-Breslau hat an den so geborenen Kindern mehr oder weniger starke Anämie in der Folgezeit auftreten sehen.

Auch bei der Osteomalazie sind günstige Erfolge durch Röntgenbestrahlung der Ovarien erzielt worden (Ascarelli, Fraenkel, Wetterer). Ein Versuch mit Röntgenbestrahlung ist also in jedem Falle gerechtfertigt. Die Technik ist die gleiche wie bei den präklimakterischen Blutungen und beim Myom.

Von anderen gynäkologischen Erkrankungen, bei welchen ein Versuch mit Röntgenbehandlung indiziert ist, sei hier noch die Kraurosis vulvae genannt. Der Juckreiz wird meist günstig beeinflußt. Ulzerationen kommen zur Heilung (Frank Schultz). Man wird etwa $^1/_2$ S.-N. bei 10—12 We. unter 5 mm Aluminium applizieren und dann drei Wochen abwarten, ehe wieder bestrahlt wird. Im II. Turnus kann die Dose bis zu 1 S.-N. gesteigert werden.

e) Ophthalmologie.

Lid-Epitheliome.

Bei den Epitheliomen der Augenlider sollte man in jedem Falle erst einen Versuch mit Röntgenstrahlen machen, weil hier eine operative Entfernung meist nicht ohne Plastik und nachfolgendes Ektropium möglich ist, während die Röntgenbestrahlung in den meisten Fällen eine schmerzlose Heilung mit besonders zarter und weicher Narbe ohne nachfolgendes Ektropium herbeiführt.

Verfasser hat 1905 einen Fall von Kankroid, welches acht Jahre bestand, den medialen Teil des linken unteren Augenlides einnahm, bis an den Lidrand heranreichte und schon über den medialen Augenwinkel nach oben fortgeschritten war — ohne besonderen Schutz des Bulbus — durch sieben Röntgenbestrahlungen zur vollständigen Heilung gebracht. Die Umgebung des ulzerierten Epithelioms wurde durch Bleiblech abgedeckt. Ungefähr die untere Hälfte des Bulbus war also vor den Strahlen nicht geschützt. Erytheme sind siebenmal aufgetreten. Die ophthalmoskopische Untersuchung ergab — fast acht Jahre nach Abschluß der Behandlung — durchaus normale Verhältnisse, trotzdem damals, wie gesagt, der Bulbus nicht besonders gut geschützt worden war. Der Patient war, bevor er zu mir kam, schon anderwärts längere Zeit ohne Erfolg mit Röntgenstrahlen behandelt worden.

Birch-Hirschfeld (1908) hat ein Karzinom, das schon die ganze Orbita zerstört hatte und nur zum Teil operativ entfernt werden konnte, durch intensive Röntgenbehandlung dauernd geheilt (Beobachtungszeit fünf Jahre).

Stargardt (1912) hat ein Kankroid, das sich nach einer Verätzung am unteren Lidrande entwickelt, diesen arrodiert und auch auf die Bindehaut übergegriffen hatte, durch Röntgenbestrahlung zur Heilung gebracht. Das untere Lid wurde mit einem Leukoplaststreifen nach unten gezogen, so daß die erkrankte Bindehautfläche gut getroffen werden konnte. In der ersten Sitzung wurden 15 x appliziert. Danach Rötung und Schwellung der Lid- und Bindehaut. Acht Wochen später wurden nochmals 12 x appliziert. Danach etwas geringere Reaktion. Seit sechs Monaten Heilung. Die Umgebung des Epithelioms wurde während der Bestrahlung sorgfältig abgedeckt.

Diesen hier erwähnten und anderen Erfolgen stehen auch Mißerfolge gegenüber (Cargill, Valude, Dolcet, Trousseau u. a.), die vielleicht auf mangelhafte Technik zurückzuführen sind. Natürlich wird es auch trotz guter Technik bei den Lidepitheliomen ab und zu einmal einen refraktären Fall geben.

Was die Technik anbetrifft, so treten die meisten Röntgenologen und Ophthalmologen für eine möglichst exakte Abdeckung des Bulbus ein, um Schädigungen der Linse oder der Netzhaut sicher auszuschließen, wenngleich solche Schädigungen bei den üblichen therapeutischen Dosen kaum zu befürchten sind. Immerhin ist ein Schutz des Bulbus empfehlenswert, schon um Reizungen der Konjunktiva und der Kornea zu vermeiden.

Zur Abdeckung des Bulbus sind die von Stargardt vorgeschlagenen Bleiglasschalen, welche von F. Ad. Müller (Wiesbaden) hergestellt werden, wohl am geeignetsten. Man muß eine Anzahl verschieden großer Schalen zur Verfügung haben. Eine passende Schale wird mit physiologischer Kochsalzlösung angefeuchtet und in den Bindehautsack eingelegt, nachdem das Auge durch zwei bis drei Tropfen einer 2⁰/₀igen Kokainlösung genügend unempfindlich gemacht ist. Die Umgebung des Kankroids wird dann durch Bleiblech oder Bleigummi abgedeckt.

Handelt es sich um Kankroide, welche auf die Bindehaut übergegriffen haben, so genügt beim unteren Augenlid meist ein Abziehen nach unten durch einen Leukoplaststreifen; das obere Augenlid muß natürlich ektropioniert und mittels einer Pinzette, welche auf der Stirn mit Pflasterstreifen fixiert wird, in der Ektropiumstellung gehalten werden. Man appliziert pro loco mit 10—12 We. und 3 mm Aluminium 3—4 S.-N., dann Pause von mindestens vier Wochen. In refraktären Fällen und bei Epitheliomen von größerem Dickendurchmesser ist am besten ein Fernfeld aus 70—80 cm Distanz anzuwenden und 3 S.-N. unter 10 mm Aluminiumfilter zu geben.

Hornhaut-Epitheliome.

Bei den Hornhautepitheliomen bestand die Therapie bisher in der Enukleation. Es lag daher nahe, hier die Röntgenstrahlen als Heilmittel heranzuziehen.

Guglianetti (1906) hatte keinen Erfolg und mußte enukleieren. Dagegen konnte Burk (1912) anscheinend völlige Heilung erzielen. Es wurden zweimal in einem Abstand von vier Wochen 10 x bei B. W. 5 auf das ungeschützte Auge appliziert: jedesmal trat eine Reaktion ersten Grades ein. Von dem vorher histologisch festgestellten Tumor war schon vier Tage nach der zweiten Bestrahlung nichts mehr nachzuweisen. In den folgenden Tagen hellte sich die im Bereiche des Tumors getrübte Kornea wesentlich auf, und die

Vaskularisation ging so bedeutend zurück, daß drei Wochen nach der zweiten Bestrahlung nur noch vereinzelte feine Zweige übrig waren. „Im Bereich des Tumors war noch eine sehr feine Makula übrig."

Dieser Fall ist erstens darum von Interesse, weil er bisher der einzige ist, in welchem ein Hornhautepitheliom durch zwei Röntgenbestrahlungen in drei Wochen zum Verschwinden gebracht wurde mit Hinterlassung einer zarten Narbe, zweitens darum, weil jegliche Schädigung des Auges — abgesehen von einer vorübergehenden Konjunktivitis — ausblieb. Auch ophthalmoskopisch war der Befund bei maximal erweiterter Pupille normal, insbesondere war nichts von Katarakt zu sehen.

In allen Fällen von Hornhautepitheliom dürfte demnach Röntgenbestrahlung in erster Linie zu empfehlen sein. Bezüglich der Dosis und Strahlenqualität gilt das gleiche wie bei den Lidepitheliomen (s. voriges Kapitel).

Sarkome des Bulbus und der Orbitalgegend.

Die vorliegenden Erfahrungen sind noch recht spärlich.

Hillgartner und Würdemann haben Gliome der Netzhaut mit Erfolg behandelt.

Amman und Schmidt-Rimpler haben bei Sarkomen der Aderhaut keinen Erfolg erzielt.

Braunschweig hat einen Fall von Melanosarkom der Conjunctiva bulbi et palpebrae teils durch Exstirpation, teils durch Bestrahlung zur Heilung gebracht.

Über günstige, teils vorübergehende, teils dauernde Erfolge bei Sarkomen der Orbita haben Beck, Béclère, Sjoegren, Kienböck, Steiner u. a. berichtet.

Wenn auch die Erfahrungen über die Wirkung der Röntgenstrahlen auf die Sarkome des Bulbus und der Orbita noch nicht sehr zahlreich sind, so sind sie doch vorwiegend günstig; trotzdem dürfte es sich im allgemeinen empfehlen, alle irgendwie operablen Fälle chirurgisch anzugreifen und der Operation eine Röntgenbehandlung nachfolgen zu lassen. Nur bei inoperablen Fällen ist natürlich die Röntgenbehandlung von vornherein indiziert.

Was die Technik anbelangt, so ist eine harte Strahlung von 10—12 We. und Filtration durch 5 mm Aluminium wohl am zweckmäßigsten. Pro Turnus werden 3—4 S.-N. in Pausen von mindestens vier Wochen appliziert. Wenn irgend möglich, werden mehrere Einfallspforten (Bulbus von vorn, innerer Augenwinkel, Schläfe) gewählt (Kreuzfeuer).

Lupus conjunctivae.

Noch spärlicher als bei den bösartigen Tumoren sind die Erfahrungen über die Wirkung der Röntgenstrahlen auf die Tuberkulose der Konjunktiva, speziell auf den Lupus.

Stephenson konnte einen Fall durch neun Bestrahlungen innerhalb eines Monates zur Heilung bringen.

Im allgemeinen dürfte die Finsenbehandlung bisher viel häufiger angewandt worden sein, die ja weniger gefährlich, aber sehr viel mühsamer und länger dauernd ist und außerdem nur bei den oberflächlichen Tuberkuloseformen gute Resultate gibt.

Bei der ganz frappanten Wirkung der Röntgenstrahlen gerade auf den Lupus der Mund- und Nasenschleimhaut dürfte doch eine häufigere Anwendung auch bei dem Lupus conjunctivae zu empfehlen sein.

Eine Strahlung von 10—12 We unter 3 mm Aluminium dürfte am zweckmäßigsten sein. Dosis 2 S.-N. Im allgemeinen wird man sich auf die Bestrahlung der elektropionierten Lider beschränken. Eventuell käme außerdem auch die Bestrahlung durch die Lider hindurch in Frage, wobei die Dose etwas zu steigern ist ($2^1/_2$ S.-N.).

Trachom.

Die Erfahrungen über die Röntgenbehandlung des Trachoms sind ziemlich zahlreich. Zuerst hat Mayou (1903) über gute Erfolge (Verschwinden der Follikel, Aufhellung des Pannus) berichtet, später Cassidy-Rayne, Bettrémieux und Darier, Pardo, Geyser, Stephenson und Walsh. Green, Goldzieher, Stargardt u. a.

Wenn auch keine spezifische Wirkung auf den Trachomprozeß anzunehmen ist, so ist doch eine Abflachung der Follikel, eine Abnahme der entzündlichen Schleimhautinfiltration und eine Aufhellung des Pannus möglich. Ob aber die Röntgenbehandlung mehr leistet als die operative Therapie, dürfte zur Zeit noch nicht zu entscheiden sein. So hat Goldzieher die Röntgenbehandlung beim Trachom wieder aufgegeben, weil er sie nur bei der follikulären Form wirksam fand, weil aber auch hier die chirurgische Behandlung (Expression der Körner, eventuell Galvanokaustik) rascher zum Ziele führte als die doch umständlichere Röntgenbestrahlung. Die von den verschiedenen Autoren angewandte Technik ist sehr mannigfaltig. Teils ist nur von außen durch die Lider hindurch bestrahlt worden, teils nur die Schleimhaut der ektropionierten Lider; teils ist der Bulbus besonders geschützt worden (durch Bleiglasschalen), teils absichtlich mitbestrahlt worden.

Da es besonders darauf ankommt, die Übergangsfalte zu treffen, ist von Stargardt die doppelte Ektropionierung des oberen Lides empfohlen worden. Kurzum, die Technik ist ziemlich schwierig. Im allgemeinen dürfte sich ein besonderer Schutz des Bulbus (nach Stargardt am besten durch einen entsprechend geformten Bleilöffel) empfehlen. Doch wird man bisweilen bei vorhandenem Pannus den Bulbus mitbestrahlen müssen. Die Gefahr ist, wie gesagt, für das Auge nach den bisher vorliegenden Erfahrungen sehr gering. So haben z. B. Belot und Kienböck ausdrücklich betont, daß sie bei Bestrahlungen in der Augengegend das Auge niemals besonders geschützt und trotzdem niemals eine Schädigung beobachtet haben. Am besten wird man 2 S.-N. bei 10—12 We. unter 3 mm Aluminium auf die ektropionierten Lider und eventuell auch auf den Bulbus applizieren in Pausen von vier Wochen.

Frühjahrskatarrh, Episkleritis, Hornhautflecke, Hornhautgeschwüre.

Auch bei diesen Affektionen liegen, allerdings spärliche, aber günstige Erfahrungen vor, so daß ein Versuch mit Röntgenstrahlen gerechtfertigt erscheint. Bezüglich der Strahlenqualität und Dosis gilt das gleiche wie für das Trachom.

f) Oto-Rhino-Laryngologie.

In der Otologie kommen für die Röntgenbehandlung in Betracht Ekzeme und Psoriasis des äußeren Ohres. Ich habe eine große Anzahl derartiger Fälle erfolgreich behandelt. Auch das Ulcus rodens der Ohrmuschel und des äußeren Gehörganges habe ich durch Röntgenbestrahlung öfter zur Heilung gebracht. Ferner ist der Lupus exulcerans der Ohrmuschel und der besonders häufige Lupus tumidus des Ohrläppchens ein sehr dankbares Feld für die Anwendung der Röntgenstrahlen, die allerdings auch hier meist nur als Vorbehandlung für die Finsentherapie dient. Bezüglich der Technik muß auf die entsprechenden Kapitel in dem Abschnitt „Dermatologie“ verwiesen werden.

Ferner dürfte die Röntgenbehandlung indiziert sein bei inoperablen bösartigen Tumoren des Ohres und als prophylaktische Bestrahlung nach chirurgischer Entfernung bösartiger Tumoren. Die Technik ist die der Tiefenbestrahlung (vgl. den Abschnitt „Behandlung maligner Tumoren“.

In der Rhinologie ist die Röntgenbehandlung vor allem beim Lupus tumidus und exulcerans der äußeren Nase und dem

Lupus der Nasenschleimhaut indiziert, ferner bei Ulcus rodens, der Akne vulgaris und der rosacea. Bezüglich der Technik siehe die betreffenden Kapitel in dem Abschnitt „Dermatologie“.

Günstige Erfolge sind ferner bei der Ozäna erzielt worden; die Bestrahlung der Nasenhöhle erfolgt hier direkt durch Bleiglasspekula mit einer Strahlung von 10—12 We., und zwar werden pro loco 2 S.-N. in Pausen von vier Wochen unter 3 mm Aluminium appliziert.

In hartnäckigen Fällen wird man eventuell durch die Nasenflügel mit einer Strahlung von 10—12 We. nach Filtration durch 3 oder 5 mm Aluminium bestrahlen und pro loco 2 S.-N. in Pausen von vier Wochen applizieren.

Auch die Eiterungen bei chronischen Nasennebenhöhlenkatarrhen sollten öfter als bisher der Röntgenbehandlung unterzogen werden, da gute Resultate hierbei beobachtet worden sind (E. Meyer).

Technik: $2^1/_2$ S.-N. pro loco unter 10-mm-Aluminiumfilter auf die entsprechenden Nasennebenhöhlen, wo angängig unter Anwendung von Kreuzfeuer. Bei den meist außerordentlich hartnäckigen Eiterungen kommt man natürlich mit einem Turnus selten zum Ziel, so daß ein zweiter nach etwa acht Wochen angeschlossen werden muß.

In der Laryngologie kommt die Röntgenbehandlung bei inoperablen Karzinomen der Trachea und des Larynx in Betracht, ferner als Nachbehandlung in operierten Fällen. Dosis je $2^3/_4$—3 S.-N. von links und rechts auf den Kehlkopf unter 10 mm Aluminium mit dem kleinen Kompressionstubus von Wintz (25 cm Fokus-Hautdistanz). Mit dem zweiten Turnus muß bei der Empfindlichkeit des Larynx mindestens acht Wochen gewartet werden, am besten aber bis zu zwölf Wochen.

Bei operablen Karzinomen ist ein Versuch nur dann gerechtfertigt, wenn der Allgemeinzustand des Patienten die Operation bedenklich erscheinen läßt, oder wenn wegen zu großer Ausdehnung der Erkrankung eine Operation zu große Verstümmelungen setzen würde.

Ein günstiges Resultat läßt sich bisweilen bei der Tuberkulose des Larynx erzielen, wie ja überhaupt die Schleimhaut-Tuberkulose (Nase, Mund) besser auf Röntgenstrahlen reagiert als die Tuberkulose der äußeren Haut.

Wilms (1910) konnte ein tuberkulöses Ulkus des Larynx durch zwei Röntgenbestrahlungen, welche im Abstand von drei Wochen vorgenommen wurden, zur Vernarbung bringen. Es wurde von außen durch die Haut mit filtrierter Strahlung jedesmal 1 S.-N. gegeben. Ich selbst habe in einem sehr vorgeschrittenen Falle von Phthisis laryngis keinen Erfolg gesehen. Allerdings war nur eine Bestrahlung vorgenommen worden. Der Fall kam dann infolge einer Darmtuberkulose ad exitum.

In zwei anderen mehr chronisch verlaufenden Fällen konnte ich eine deutliche Besserung erzielen.

Die akuten Fälle scheinen im allgemeinen eine schlechtere Prognose zu geben.

Bei der Bestrahlung des Larynx kann versucht werden, direkt durch ein Spekulum den Krankheitsherd zu treffen.

Die Prozedur ist immer schwierig auszuführen und unangenehm für den Patienten.

In jedem Falle ist die Bestrahlung von außen möglich, und zwar von rechts und von links. Harte Strahlung von 10—12 We., filtriert durch 3 oder 5 mm Aluminium, Dosis pro loco 1—$1^1/_2$ S.-N.

Nachtrag.

Ulcus ventriculi et duodeni.

Von einer Reihe von Autoren (Holzknecht, Haudek, Kodon, Wilms, Bruegel, Schulze-Berge) wird die Röntgentherapie beim Ulcus ventriculi et duodeni chronicum, bei postoperativen Ulkusbeschwerden und bei Spasmophilie warm empfohlen. Ziel der Röntgenbehandlung ist die Herabminderung der Hyperchlorhydrie, der Hypermotilität sowie der Spasmophilie und damit der Schmerzen.

Technik: 30—40 $^0/_0$ der H.-E.-D. in 2 Sitzungen mit Tiefentherapieapparat, 10 mm Aluminiumfilter bzw. $^1/_2$ mm Zink- oder Cu-Filter. Fokus-Hautdistanz 40—45 cm. Zwei Einfallsfelder, eines vorn, eines hinten, entsprechend der Regio epi- und mesogastrica. Dem chronischen Charakter des Ulcus ventriculi aut duodeni entsprechend sind in der Regel 2—3 Serien erforderlich. Serienintervall 6 Wochen.

Zahnheilkunde.

Auch in der Odontologie verdienen die Röntgenstrahlen häufiger als bisher therapeutisch angewendet zu werden, entsprechend den von Evler schon im Jahre 1907 veröffentlichten Mitteilungen über die heilende Wirkung der Röntgenstrahlen bei abgegrenzten Eiterungen. Als Indikationen sind zu nennen: Periodontitis chronica, Alveolarpyorrhoe, chronische Wurzelspitzenabszesse und Granulome.

Technik: 30—50 $^0/_0$ der H.-E.-D. perkutan mit dem kleinen, runden Kompressionstubus nach Wink bei exakter Abdeckung in 1—2 Sitzungen. 10 mm. Al-Filter bzw. $^1/_2$ mm Zn- oder Cu-Filter. 2—3 Serien. Serienintervall 6—8 Wochen.

Zu Seite 124 ist die neueste Type einer Apparatur für Tiefentherapie nachzutragen, die von der Firma Siemens und Halske in diesem Jahre herausgebracht worden ist, der sog. Stabilivoltapparat. Er liefert hochgespannten Gleichstrom mit Hilfe von Glühventilen und großen Hochspannungskondensatoren. Der prinzipielle Vorteil dieser neuen Apparatur ist in dem Wegfall eines mechanischen Gleichrichtersystems zu finden und damit auch eines Abfalles der Spannung im sekundären Stromkreis, was für die Gleichmäßigkeit der verabfolgten Dose von Bedeutung ist.

Druck der Universitätsdruckerei H. Stürtz A. G., Würzburg.

Physikalische Therapie innerer Krankheiten. Von Dr. med. **M. van Oordt**, leitender Arzt des Sanatoriums Bühler Höhe.

1. Band: **Die Behandlung innerer Krankheiten durch Klima, spektrale Strahlung und Freiluft (Meteorotherapie).** Mit 98 Textabbildungen, Karten, Tabellen, Kurven und 2 Tafeln. (Aus „Enzyklopädie der klinischen Medizin". Allgemeiner Teil.) 1920. GZ. 18/$ 4,35.

Die Praxis der physikalischen Therapie. Ein Lehrbuch für Ärzte und Studierende. Von Dr. **A. Laqueur**, leitendem Arzt der Hydrotherapeutischen Anstalt und des Medikomechanischen Instituts am Städtischen Rudolf Virchow-Krankenhause zu Berlin. Zweite, verbesserte und erweiterte Auflage der „Praxis der Hydrotherapie". Mit 98 Textfiguren. 1922. Gebunden GZ. 10,4/geb. $ 2,35.

Elektrotherapie. Ein Lehrbuch. Von Dr. **Josef Kowarschik**, Primararzt und Vorstand des Institutes für physikalische Therapie im Kaiser-Jubiläums-Spital der Stadt Wien. Zweite, verbesserte Auflage. Mit 274 Abbildungen und 5 Tafeln. Erscheint im Herbst 1923.

Atmungs-Pathologie und -Therapie. Von Dr. **Ludwig Hofbauer**, Erste Medizinische Universitätsklinik in Wien. Mit 144 Textabbildungen. 1921. GZ 12/$ 2,90.

Technik der Inhalationstherapie. Von Dr. med. **A. Muszkat**, Kurarzt in Bad Reichenhall. Mit 23 Abbildungen. 1923. GZ. 3/$ 0,75.

Ärztliches Handbüchlein für hygienisch-diätetische, hydrotherapeutische, mechanische und andere Verordnungen. Eine Ergänzung zu den Arzneivorschriften für den Schreibtisch des praktischen Arztes. Von Sanitätsrat Dr. med. **Hermann Schlesinger**, praktischer Arzt in Frankfurt a. M. Zwölfte Auflage. 1920. GZ. 3,8/$ 0,95.

Ärztliche Behelfstechnik. Bearbeitet von C. Franz-Berlin, Th. Fürst-München, R. Hesse-Graz, K. Holtei-Gratwein, H. Hübner-Elberfeld, O. Mayer-Wien, B. Mayrhofer-Innsbruck, G. von Saar †-Innsbruck, H. Spitzy-Wien, M. Stolz †-Graz, R. von den Velden-Berlin. Herausgegeben von Professor Dr. G. **Freiherr von Saar** † in Innsbruck. Zweite Auflage, bearbeitet von Professor Dr. **Carl Franz**, Generalarzt, Berlin. Mit 372 Textabbildungen. 1923. Gebunden GZ. 22/gebunden $ 5,20.

Die Grundzahlen (GZ.) entsprechen den ungefähren Vorkriegspreisen und ergeben mit dem jeweiligen Entwertungsfaktor (Umrechnungsschlüssel) vervielfacht den Verkaufspreis. Über den zur Zeit geltenden Umrechnungsschlüssel geben alle Buchhandlungen sowie der Verlag bereitwilligst Auskunft.

Fachbücher für Ärzte.

Die Bezieher der „Klinischen Wochenschrift" haben das Recht, die „Fachbücher für Ärzte" zu einem dem Ladenpreis gegenüber um 10% ermäßigten Vorzugspreis zu beziehen.

Band I:

M. Lewandowskys Praktische Neurologie für Ärzte. Vierte, verbesserte Auflage. Von Dr. R. Hirschfeld, Berlin. Mit 21 Abbildungen. 1923. Gebunden GZ. 12/geb. $ 3.

Band II:

Praktische Unfall- und Invalidenbegutachtung bei sozialer und privater Versicherung, Militärversorgung und Haftpflichtfällen für Ärzte und Studierende. Von Dr. med. **Paul Horn**, Privatdozent für Versicherungsmedizin an der Universität Bonn. Zweite, umgearbeitete und erweiterte Auflage. 1922. Gebunden GZ 10/geb. $ 2,50.

Band III:

Psychiatrie für Ärzte. Von Dr. **Hans W. Gruhle**, a. o. Professor der Universität Heidelberg. Zweite, vermehrte und verbesserte Auflage. Mit 23 Textabbildungen. 1922. Gebunden GZ. 7/geb. $ 2,35.

Band IV:

Praktische Ohrenheilkunde für Ärzte. Von **A. Jansen** und **F. Kobrak**, Berlin. Mit 104 Textabb. 1918. Gebunden GZ. 8,4/geb. $ 3,10.

Band V:

Praktisches Lehrbuch der Tuberkulose. Von Professor Dr. G. Deycke, Hauptarzt der Inneren Abteilung und Direktor des Allgemeinen Krankenhauses in Lübeck. Zweite Auflage. Mit 2 Textabbildungen. 1922. Gebunden GZ. 7/geb. $ 2,30.

Band VI:

Infektionskrankheiten. Von Prof. **Georg Jürgens**, Berlin. Mit 112 Kurven. 1920. Gebunden GZ. 7,4/geb. $ 1,90.

Band VII:

Orthopädie des praktischen Arztes. Von Prof. Dr. **August Blencke**, Facharzt für orthopädische Chirurgie in Magdeburg. Mit 101 Textabbildungen. 1921. Gebunden GZ. 6,7/geb. $ 1,60.

Band VIII:

Die Praxis der Nierenkrankheiten. Von Prof. Dr. **L. Lichtwitz**, ärztl. Direktor am Städtischen Krankenhaus Altona. Mit 2 Textabbildungen und 34 Kurven. 1921. Gebunden GZ. 5,8/geb. $ 1,60.

Band IX:

Die Syphilis. Kurzes Lehrbuch der gesamten Syphilis mit besonderer Berücksichtigung der inneren Organe. Unter Mitarbeit von Fachgelehrten herausgegeben von Prof. Dr. **E. Meirowsky**, Köln und Prof. Dr. **F. Pinkus**, Berlin. Mit 79 zum Teil farbigen Abbildungen. Erscheint im Herbst 1923.

Die Grundzahlen (GZ.) entsprechen den ungefähren Vorkriegspreisen und ergeben mit dem jeweiligen Entwertungsfaktor (Umrechnungsschlüssel) vervielfacht den Verkaufspreis. Über den zur Zeit geltenden Umrechnungsschlüssel geben alle Buchhandlungen sowie der Verlag bereitwilligst Auskunft.